Dlabal

Die dunkle Seite des Lichts

Milan Dlabal

Die dunkle Seite des Lichts

Eine neue Sicht auf die Grundlagen der Physik

HANSER

Über den Autor:
Dr. Milan M. Dlabal ist Physiker und Pädagoge mit internationaler Unterrichtserfahrung in Deutschland, Südafrika und Dubai.

MIX
Papier aus verantwortungsvollen Quellen
FSC® C083411
FSC
www.fsc.org

Print-ISBN: 978-3-446-48617-1
E-Book-ISBN: 978-3-446-48644-7

Bibliografische Information der Deutschen Nationalbibliothek:
Die Deutsche Nationalbibliothek verzeichnet diese Publikation in der Deutschen Nationalbibliografie; detaillierte bibliografische Daten sind im Internet unter http://dnb.d-nb.de abrufbar.

Vilshofener Straße 10 | 81679 München | info@hanser.de
www.hanser-fachbuch.de
Lektorat: Dipl.-Ing. Natalia Silakova-Herzberg
Herstellung: Ella Cyriax, Frauke Schafft
Coverkonzept: Marc Müller-Bremer, www.rebranding.de, München
Covergestaltung: Max Kostopoulos
Titelmotiv: © Milan Dlabal, unter Verwendung von firefly.adobe.com
Satz: le-tex publishing services GmbH, Leipzig
Druck: CPI Books GmbH, Leck
Printed in Germany

Inhalt

Auf plus.hanser-fachbuch.de findest Du folgende zusätzliche Kapitel:

Prolog

Hier beginne ich also tatsächlich mit dem Schreiben eines Buches über die Physik hinter der Physik ... Seltsam!

Fast so seltsam wie damals, als mir diese Theorie zum ersten Mal in den Sinn kam.

Es war Ostersonntag in Köln. Ich war etwa dreißig Jahre alt und saß in der ersten Reihe dieser riesigen Kathedrale. Die Luft enthielt mehr Weihrauch als Sauerstoffmoleküle, und während die Stimmen eines Frauenchors durch die Atmosphäre hallten, starrte ich auf das verschwimmende Kerzenlicht.

Ich stellte mir vor, ein Photon zu sein, ein einzelnes Lichtquant, das von einem kalten schwarzen Stein abprallte, einen Funken Information aufnahm und in das Auge eines Touristen flog, der sich vielleicht für immer an diesen Stein erinnern würde.

Als dieses Photon fragte ich mich: „*Was bin ich*?"

Ich habe Farbe, ich habe Frequenz. Ich bin Energie. Ich habe Phase, Polarisierung. Ich bewege mich mit Lichtgeschwindigkeit. Ich bin ein Teilchen. Ich bin eine Welle.

Aber bin ich das wirklich?

Ich habe keinen Bezugspunkt, keinen Referenzrahmen, in dem ich existieren könnte. Ich erlebe keine Zeit, keinen Raum, durch den ich mich bewegen könnte. Ich bin relativistisch. Ich existiere nicht im herkömmlichen Sinne. Und doch kann ich beobachtet werden. Also existiere ich. Aber ich existiere nicht.

An diesem Punkt bekam ich Kopfschmerzen.

Die Physik beschreibt das Verhalten von Photonen auf wunderschöne Weise. Aber sie erklärt nicht, wie etwas ohne interne Zeitachse, ohne eigene Realität, eine solche Informationsfülle haben, eine solch reichhaltige Identität tragen oder ausdrücken kann.

Wenn die Eigenschaften des Photons nicht im Photon selbst sind, dann sind sie woanders. Aber dieses „woanders" ist ein Problem. Dafür gibt es zwei Lösungen. Entweder die Informationen über die Identität des Photons sind in einem Raumzeit-Feld, denn die Physik beharrt darauf, dass es nichts außerhalb der Raumzeit gibt ...

Oder es gibt doch etwas.

Was wäre, wenn es etwas gäbe, eine Art zeitlose Struktur, aus der Informationen in die von uns beobachtete Raumzeit projiziert werden? Eine Idee. Zunächst nicht unbedingt originell, denn einige Philosophien bedienen sich ähnlicher Überlegungen. Aber ich bin kein Philosoph, sondern Physiker, und obwohl sich das so ähnlich anhört, kommt bei einem Physiker früher oder später Mathematik ins Spiel, und dann wird die Sache ernst.

Die Idee klammerte sich an mathematische Konzepte und begann physikalische Strukturen zu unterwandern. Sie wuchs. Je mehr sie wuchs, umso mehr zeigte sich, dass sie eine logische Erklärung der beobachtbaren Physik bildet. Sie wurde zu einem Konzept. Sie wurde zu einer neuen Art, über Materie, Identität und die Realität selbst nachzudenken.

Jetzt schreibe ich sie auf, damit Du sie lesen kannst. Zum Nachdenken, und um hinter die Struktur der Realität zu blicken, auf die dunkle Seite des Lichts.

Das ist der Anfang.

Milan Dlabal März 2026

Einführung

Möglicherweise begann alles mit einem Knall!

Als ein Homo erectus mit dem Kopf an die Decke einer engen Höhle stieß und ins Bewusstsein stolperte. Was folgte, ist Geschichte. Es ist die Geschichte von neugierigen Genies.

Die Menschen betrachteten die Welt, in der sie lebten. Sie beobachteten den Himmel, die Sonne und den Mond, sahen Regen und Äpfel fallen und bemerkten Muster. Sie begannen, Geschichten über diese Muster zu erzählen, und langsam, sehr langsam, fügten sie Zahlen hinzu.

Und dann kam der Moment, in dem sie anfingen, nach dem Warum zu fragen.

Geschichten verwandelten sich in Philosophie und begannen, die Muster der Welt zu erklären. Das war nicht nur das Ergebnis von Genialität, sondern auch der Tatsache geschuldet, dass man, wenn man nicht mehr ständig um sein Leben kämpfen muss, sich langweilt ... und wenn man nichts anderes zu tun hat, beginnt man zu denken. Dieses Denken weckt Neugier, und man fragt sich vielleicht: Was würde passieren, wenn ...?

Das war der Moment, in dem Philosophie zu Physik wurde.

Als Galileo Galilei Steine vom Schiefen Turm in Pisa warf und dafür nicht verhaftet wurde, was bemerkenswert ist, stellte er keinen Unterschied im freien Fall von deutlich unterschiedlichen Steinen fest. Als Newton diese Ergebnisse betrachtete, erkannte er, dass ein Stein im freien Fall und ein Planet in der Umlaufbahn, durch dieselbe Beziehung beschrieben werden können. Das war nicht nur elegant, das war schockierend. Newton erklärte zwar nicht, was Schwerkraft ist. Er zeigte aber, wie sie wirkt.

Physik ist eigentlich nur ein anderes Wort für Natur, aber Newton formte die Physik zu einer Erklärungsmaschine.

Nach und nach wurden dieser Maschine weitere Zahnräder hinzugefügt. Maxwell vereinte Elektrizität und Magnetismus zu Licht. Einstein zeigte, wie Raum und Zeit sich verbiegen und falten. Die Quantentheorie kam mit Wahrscheinlichkeiten, Symmetrien und mathematischen Strukturen hinzu, die sich wie die Poesie der alten Geschichten anfühlen. Die Physik wurde zu einer Kathedrale der Beziehungen, der Korrelationen zwischen Eingaben (Positionen, Geschwindigkeiten, Feldern) und Vorhersagen, die die Kathedrale mit erstaunlicher Präzision verlassen. Die Physik, die Erklärungsmaschine, kann Raketen durch das Sonnensystem steuern. Sie kann Teilchenkollisionen vorhersagen, bevor sie stattfinden. Sie kann Satelliten so synchronisieren, dass Dein Telefon Deinen Standort auf einen Meter genau bestimmt, selbst wenn Du Dich nach Mitternacht in einer fremden Stadt verirrt hast und den Weg zurück zu Deinem Hotel suchst. Es funktioniert wirklich. Es funktioniert besser, als irgendjemand erwarten durfte.

Und doch

Bei aller Brillanz und Leistungsfähigkeit hat die Maschine einen Fehler ... in ihrem Selbstverständnis. Die Physik ist unglaublich gut darin geworden, das Verhalten von Dingen vorherzusagen, und wird täglich besser, aber die Physik hat aufgehört zu fragen, was etwas ist.

Nehmen wir die Zeit. Die Physik behandelt sie als Parameter, als Variable auf einer Achse. Aber wir erleben sie als einen unumkehrbaren Fluss, als gerichtete, unvermeidbare Bewegung in die Zukunft. Die Gleichungen der Zeit sagen nichts darüber aus, was Zeit ist, woher sie kommt oder warum es sie überhaupt gibt. Die Natur der Zeit wird noch rätselhafter, wenn verschränkte Teilchen instantan miteinander „kommunizieren“, egal wie weit sie voneinander entfernt sind. Ohne Signalübertragung zwischen ihnen. Kein Licht. Keine Zeit.

Betrachten wir Schwarze Löcher. Sie komprimieren Masse auf null Volumen und unendliche Dichte. Informationen gehen hinein, und wir sind nicht sicher, ob sie wieder herauskommen. Wenn nicht, verlieren wir die Unitarität, was der Quantentheorie nicht sehr gefallen würde. Aber die Quantentheorie kann sich zurücklehnen und entspannen, denn sie hat bereits bewiesen, dass sie richtig ist. Sie weiß nur eben nicht, wie Informationen in einem Schwarzen Loch nicht verloren gehen.

Es gibt also Paradoxien, sich widersprechende Ergebnisse aus unglaublich präzisen physikalischen Beziehungen. Völlig unlogisch, aber offensichtlich wahr. Paradox eben.

Tatsächlich müssen Paradoxien entstehen, wenn wir versuchen, Probleme zu lösen, die aus genau dem entstehen, was sie zu erklären versuchen.

Was bedeutet das?

Jede Gleichung, jede Messung, jede Transformation, die wir verwenden, ist innerhalb der Raumzeit definiert, der Welt, in der wir leben, unserem Universum. Wir gehen davon aus, dass Teilchen im Raum existieren. Dass die Zeit voranschreitet. Dass Kausalität in die Zukunft wirkt. Aber in dem Moment, in dem wir fragen, wie Raum, Zeit oder sogar Kausalität entstehen, verliert uns die Physik. Die Physik erklärt die Raumzeit nicht.

Sie nutzt sie. Die Quantentheorie geht von einem Hintergrund aus, auf dem sich Wellenfunktionen entwickeln. Die Relativitätstheorie krümmt diesen Hintergrund, dehnt ihn, biegt ihn, aber sie tritt niemals aus ihm heraus.

Das ist so, als würde man versuchen, die Herkunft einer Karte zu finden, indem man eine ihrer Ecken betrachtet. Man kann endlos hineinzoomen, aber das Papier verrät einem nie, woher es stammt.

Jedes Paradoxon in der Physik, von der Verschränkung bis zum Informationsverlust in Schwarzen Löchern, vom Delayed-Choice-Experiment bis zum Pfeil der Zeit, wird zu einem Signal. Ein Signal, dass wir an die Grenze einer Annahme gestoßen sind, von der wir nicht wussten, dass wir sie gemacht haben. Die Maschine funktioniert, aber sie erklärt sich nicht selbst. Weil sie es nicht kann. Nicht, solange sie innerhalb des Rahmens bleibt.

Was wäre, wenn der Rahmen nicht alles wäre, was es gibt?

In jeder unserer physikalischen Theorien steckt eine unausgesprochene Übereinkunft: Realität besteht aus Dingen innerhalb der Raumzeit! Teilchen, Felder, Energien, Kräfte. Diese Dinge interagieren miteinander über Zeit und Raum hinweg. Wir geben den Dingen Eigenschaften, wie Masse, Ladung, oder Energie, die wir alle nicht erklären können. Dies, und die Tatsache der Existenz unzähliger Paradoxien, ist eine Art Offenbarung, die sich anfühlt, als würde man einen geheimen Eingang entdecken, komplett mit einer flackernden Leuchtreklame, auf der steht: „*Geheimer Eingang*".

Lass uns diesen Eingang nehmen, und wir befinden uns in einem Kino. Dort läuft ein Dokumentarfilm darüber, wie die Physik die letzten hundert Jahre damit verbracht hat, Lecks im Dach der Realität zu reparieren, indem sie immer cleverere Gleichungen auf den Boden geschrieben hat. Wir sitzen im Publikum, starren auf die Leinwand, analysieren jedes Einzelbild, berechnen Helligkeitskurven und Bewegungsvektoren, aber wir drehen uns kein einziges Mal um, um zu sehen, wo der Projektor steht.

In diesem Buch geht es darum, sich umzudrehen.

Nicht, um die schöne Maschine der Physik zu zerstören, sondern um aufzudecken, was sie antreibt.

Was folgt, ist keine Fantasie.

Es ist ein Konzept!

I. Das Geheimnis der universellen Konstanten

1 Die Konstanten, die es nicht geben sollte

1.1 Die Magie messen

Wenn Du jemals nachts draußen gestanden und einen roten Laserstrahl gesehen habst, der sauber durch die Dunkelheit schneidet, dann hast Du gesehen, wie seltsam präzise Physik sein kann. Die Farbe ist nicht Rot wie die Farbe einer Erdbeere, bei der man nicht weiß, ob sie reif ist oder schon bald zu Kompost wird. Sie ist rot mit chirurgischer Präzision. Sie stammt von einem Helium-Neon-Laser, der Photonen mit einer Wellenlänge von genau 632,8160 Nanometern aussendet. Nicht „ungefähr“. Nicht „mehr oder weniger“. Genau.

Diese Präzision ist nicht dekorativ. Sie ist strukturell. Der Strahl entsteht, weil Elektronen in Heliumatomen zwischen diskreten Energieniveaus springen und dabei Energie bei genau dieser Wellenlänge abgeben. Dies ist nur eines von unzähligen Beispielen, die alle still darauf hinweisen, dass die Welt nach fein abgestimmten Anweisungen funktioniert. Laserlinien, Atomuhren, die Farben der Sterne, all das wird von Übergängen bestimmt, die so wiederholbar und mathematisch präzise sind, dass man den Eindruck hat, die Realität folge einer mit unsichtbarer Tinte geschriebenen Partitur.

Hinter dieser Präzision stehen zwei Konstanten, die still im Hintergrund die Fäden ziehen: die Plancksche Konstante $\hbar$, die den Maßstab für Vorgänge in der Quantenmechanik festlegt, und die Feinstrukturkonstante α, die definiert, wie stark Teilchen mit Licht interagieren. Keine von beiden ist offensichtlich. Sie sind nicht abgeleitet. Sie sind einfach da, schon immer da, schon immer richtig, als hätte jemand die Batterien eingelegt, bevor wir gekommen sind.

Physiker messen sie mit absurder Präzision. Zum Beispiel kennen wir den Wert von α auf etwa fünfzehn Dezimalstellen genau. Wir kennen $\hbar$ so gut, dass die Neudefinition des Kilogramms im Jahr 2019 eine gesetzliche Festlegung seines Wertes erforderte. Aber trotz all dieser Präzision kann niemand sagen, warum diese Konstanten die Werte haben, die sie haben. Sie werden nicht berechnet. Sie werden nicht erklärt. Sie werden einfach nur gemessen.

Man könnte argumentieren, dass das keine Rolle spielt, dass es ausreicht, die Werte zu kennen. Ja, sicher, aber diese Konstanten tauchen überall auf. In jeder Gleichung, die von Bedeutung ist. Wie Unterschriften am Ende der Naturgesetze, signiert, aber nie adressiert. Und wenn wir das erkennen, erleben wir eine ganz besondere Art von Frustration: das verrückte Gefühl, dass wir den Schlüssel zum Universum in der Hand halten, während wir auf eine glatte Wand starren und uns fragen, ob das Schlüsselloch überhaupt auf dieser Seite ist.

1.2 Naturkonstanten als „verdammtes Rätsel"

Nun kommt die moderne Physik. Obwohl ... in Schulbüchern wird sie immer noch als *moderne Physik* bezeichnet, wahrscheinlich weil *„tief rätselhafte Physik, die wir seit Jahrzehnten nicht mehr verstehen"* bei Schülern nicht gut ankommt. Wie auch immer, innerhalb dieser sogenannten modernen Physik beschreiben Klassiker wie die Schrödinger-Gleichung oder die Gleichungen der Quantenelektrodynamik ein Universum, das mit Licht, Symmetrie und Wahrscheinlichkeitsamplituden mit erstaunlicher Präzision funktioniert.

Aber genau in der Mitte dieser Gleichungen stehen Konstanten. Die Plancksche Konstante $\hbar$, die Feinstrukturkonstante α, die Lichtgeschwindigkeit c, die Gravitationskonstante G. Diese Zahlen sind nicht das Ergebnis der Theorie. Sie sind ihre Bestandteile. Im Labor gemessen. In die Formel eingesetzt.

Als wären die Naturgesetze zuerst abgestimmt und die Erklärungen erst später geschrieben worden. Es ist, als würde man eine perfekte Klaviersonate entdecken, nur um dann zu erfahren, dass die Stimmung des Instruments durch Würfeln festgelegt wurde. Würfel, die auf mysteriöse Weise immer und überall auf dieselbe Weise fallen.

Physiker mögen das nicht!

Sie wollen, dass Konstanten erklärt, abgeleitet und auf erste Prinzipien zurückgeführt werden. Sie wollen den Boden anheben und den Fels finden. Stattdessen stoßen sie immer wieder auf Laminatplatten mit der Aufschrift *„auf Beobachtungen aufgebaut"*. Deshalb haben so viele theoretische Modelle, wie Stringtheorie, Multiversum-Modelle, Große Vereinheitlichte Theorien, nach einem Weg gesucht, diese Zahlen aus Geometrie, Symmetrie oder höherdimensionaler Algebra zu generieren. Bislang: schöne Mathematik. Großartige Science-Fiction. Keine Antworten.

Insbesondere die Feinstrukturkonstante hat Generationen beschäftigt. Eine dimensionslose Zahl, ungefähr 1/137, die bestimmt, wie stark Elektronen an Photonen gekoppelt sind. Sie taucht in der Quantenfeldtheorie, der Spektroskopie, im Wasserstoff und in virtuellen Teilchen auf. Sie ist überall. Und doch haben wir keine Ahnung, warum. Richard Feynman bezeichnete sie einmal als *„eines der größten verdammten Rätsel der Physik“*. Und wer würde Feynman widersprechen? Aber man spürt die echte Frustration hinter seinen Worten, denn diese Konstante, diese Zahl, die das Rückgrat der Realität bildet, spricht nicht. Sie wiederholt nur: „Benutze diese Zahl. Frag nicht.“

1.3 Die Feinstruktur der Verwirrung

1916 bemerkte Arnold Sommerfeld, dass die Spektrallinien des Wasserstoffatoms nicht nur einzelne, scharfe Spitzen waren. Sie spalteten sich, nur leicht, aber messbar und bildeten eine Feinstruktur, die Bohrs Modell nicht vorhergesagt hatte. Sommerfeld erklärte diese Strukturen, indem er Bohrs Gleichungen mithilfe von Einsteins spezieller Relativitätstheorie und einigen sehr cleveren mathematischen Berechnungen korrigierte. Und heraus kam eine Zahl. Eine kleine, dimensionslose Zahl, die definierte, wie groß die Aufspaltung sein würde.

Sommerfeld hat sie nicht erfunden. Sie war bereits da, versteckt in der Physik. Aber er gab ihr einen Namen: die Feinstrukturkonstante. Heute nennen wir sie α und schreiben sie so:

$$\alpha = \frac{e^2}{4\pi\varepsilon_0\hbar c} \approx \frac{1}{137.035999}$$

Seit Sommerfeld ihr einen Namen gegeben hat, sind mehr als hundert Jahre vergangen. Und wir wissen immer noch nicht, was sie ist. Nicht wirklich.

Aber aus der obigen Formel geht eines klar hervor: Dies ist nicht nur eine weitere physikalische Konstante. Es ist eine Zahl, die das Gefühl vermittelt, dass sie etwas bedeuten muss. Sie ist dimensionslos. Sie hängt nicht von Kilogramm, Metern oder Sekunden ab. Man könnte sie auf der Erde, in einer anderen Galaxie oder in einem Universum messen, das vollständig aus Brokkoli besteht, und sie wäre immer noch 1/137.

Sie taucht in der Quantenelektrodynamik, der Vakuumpolarisation, dem Lamb-Effekt, den Casimir-Kräften und der Wahrscheinlichkeit auf, dass ein Elektron ein Photon emittiert oder absorbiert. Sie prägt die Chemie. Wäre α nur ein winziges bisschen anders, um nur wenige Prozent größer oder kleiner, würde das Universum, wie wir es kennen, auseinanderfallen. Wasserstoff würde sich nicht bilden. Sterne würden nicht so brennen, wie sie es tun. Die Chemie würde sich auflösen.

Und doch ...: Wir wissen nicht, woher sie kommt. Oder warum sie diesen Wert hat.

Sommerfeld gab ihr einen Namen, weil sie ein Rätsel in den Atomspektren löste. Aber der Name blieb haften, lange nachdem wir erkannt hatten, dass die Konstante tiefer, seltsamer und weitaus allgegenwärtiger war, als es die Feinstruktur allein erklären konnte. Der Begriff Feinstrukturkonstante wirkt heute wie ein Etikett, das auf einen Koffer geklebt wurde, dessen Inhalt noch völlig unbekannt ist.

Feynman nannte sie *„eine magische Zahl, die uns ohne menschliches Verständnis gegeben ist“*. Er scherzte auch, dass Physiker sie in ihren Büros aufhängen und anstarren sollten, bis sie sie verstanden hätten. Seitdem starren sie sie an.

Obwohl wir nicht wissen, was sie ist, bauen wir ganze Schichten der Physik darauf auf. Sie ist die Grundlage der Quantenelektrodynamik (QED), der präzisesten Theorie, die jemals von Menschen aufgestellt wurde, in der Vorhersagen und Experimente bis auf einen Teil in einer Milliarde übereinstimmen.

Da sind wir nun. Wir starren auf eine Zahl, die den Tanz zwischen Licht und Materie regelt. Eine Zahl, die überall ist, die eng mit der Struktur der Realität verbunden ist und die nirgendwo erklärt wird.

1.4 Plancks $\hbar$ und der Vorhang der Diskretion

Wenn Dir α seltsam erscheint, hast Du noch nicht wirklich über die Plancksche Konstante $\hbar$ (ha quer) nachgedacht, die noch seltsamer ist, weil sie uns sagt, dass die Realität nicht fließt. Die Realität tickt.

Aber spulen wir zurück, bis kurz bevor Max Planck die Bühne betritt. Damals gingen Physiker davon aus, dass Energie kontinuierlich ist. Man konnte sie sanft umrühren, wie Sahne in Kaffee. Wenn man etwas langsam erhitzte, glühte es ein wenig mehr. Wenn man die Hitze erhöhte, glühte es noch heller.

Aber dann kam das Problem des schwarzen Körpers. Ein schwarzer Körper ist kein mysteriöses Objekt in einem Umhang ... nur manchmal. In der Physik ist er ein idealisiertes Gebilde, das Strahlung perfekt absorbiert und perfekt abstrahlt. Eine gute Annäherung daran ist die Sonne oder ein Loch in der Wand eines Ofens. Wie auch immer, als Physiker versuchten zu berechnen, wie viel Energie ein schwarzer Körper bei jeder Frequenz abstrahlen sollte, kam die klassische Theorie zu einer einfachen Vorhersage:

mehr Frequenz = mehr Energie.

Aber das war nicht nur falsch. Es war katastrophal falsch. Bei immer höheren Frequenzen sollten laut den Gleichungen schwarze Körper unendlich viel Energie abgeben, was problematisch war, da noch niemand einen Ofen gesehen hatte, der durch blaues Leuchten ein Labor zum Schmelzen brachte. Dieser Irrtum wurde mit einiger Dramatik als „Ultraviolettkatastrophe“ bekannt.

Dann kam Max Planck.

Er hatte nicht vor, die Physik neu zu schreiben. Er versuchte, die Katastrophe zu beheben. Also führte er eine kleine Korrektur ein: Was wäre, wenn Energie nur in diskreten

Paketen abgegeben werden könnte? Nicht kontinuierlich, sondern in Brocken, sogenannten Quanten. Planck gefiel die Idee nicht. Er führte sie nur widerwillig als mathematischen Trick ein. Aber die Natur kümmerte sich nicht um seine Zurückhaltung. Es funktionierte.

Und mit diesem Trick kam eine Zahl: die Plancksche Konstante h, später reduziert auf

$$\hbar = \frac{h}{2\pi} \approx 1.0545718 \times 10^{-34}\,\mathrm{J \cdot ss}$$

Eine winzige Zahl mit seltsamen Auswirkungen. Sie definierte die kleinstmögliche Einheit einer Wirkung.

Nicht Energie. Nicht Zeit. Sondern etwas Tieferes: der Tick zwischen Ursache und Wirkung, der eine feste Größe der physikalischen Realität definiert, die geschehen kann. Mit weniger als $\hbar$ Aktion kann man kein Pendel schwingen, kein Teilchen drehen oder sich durch den Phasenraum bewegen. Versucht man, es zu halbieren, zuckt das Universum nur mit den Schultern. Es gibt keine halben Ticks.

Dann verwendete Einstein $\hbar$, um den photoelektrischen Effekt zu erklären. Dann baute Schrödinger es in seine Wellengleichung ein. Dann verwendete Heisenberg es, um die Unschärfe zu definieren. Bald war klar: Die Quantenmechanik war nicht nur seltsam, sie basierte auf $\hbar$. Voll und ganz.

Und doch weiß niemand, warum $\hbar$ diesen Wert hat. Es sagt uns, dass die Natur eine eingebaute Körnung hat. Einen Widerstand gegen unendliche Präzision.

In diesem Sinne ist $\hbar$ keine Zahl. Es ist ein Vorhang, der sich über die Gewissheit zieht. Auf der einen Seite liegt die Möglichkeit. Auf der anderen Seite liegen messbare Fakten. Und nein, man darf nicht hineinschauen.

1.5 Konstanten als Projektionskoeffizienten

Hier stehen wir und staunen mit offenem Mund über die Schönheit des Universums, die sich auf zwei Zahlen reduzieren lässt, präzise messbar, universell, essenziell ... und völlig unerklärlich. Es sind keine Vorhersagen. Es sind Einfügungen in Theorien. Konstanten, die die Realität kennt – aber die Theorie nicht.

Das ist seltsam.

Und während wir über diese Seltsamkeit nachdenken, werfen wir einen Blick auf den Film, der immer noch im Hintergrund läuft.

Der Projektor rattert. Die Bilder flackern über die Leinwand. Ein Strand ist zu sehen. Es wäre leicht, sich in die Romantik des Bildes zu versenken, aber dafür sind wir emotional noch nicht bereit, denn wir haben gerade etwas bemerkt. Der Filmstreifen hat präzise kleine Löcher entlang seiner Kante. Die Zahnräder des Projektors greifen in diese

Löcher ein, und der Mechanismus schiebt Bild für Bild, mit chirurgischer Präzision, vor die Linse. Und das, was wir Realität nennen, wird auf die Leinwand projiziert.

Moment mal.

Was wäre, wenn die Konstanten gar nicht Teil des Bildes wären, sondern Teil des Films? Die kleinen Löcher am Rand ... Was wäre, wenn diese Konstanten gar nicht „innerhalb" des Systems wären?

Stell Dir die Realität als Projektion vor, nicht metaphorisch, sondern strukturell. Eine Abbildung von etwas jenseits von Raum und Zeit in die Form, die wir Erfahrung nennen. Aus dieser Sicht sind Konstanten wie α und $\hbar$ keine fundamentalen Substanzen oder Kräfte. Sie sind Einstellungen. Parameter, die definieren, wie die Projektion funktioniert. Wie scharf oder weich Identität sichtbar wird. Wie stark ein Teilchen mit seinem umgebenden Feld interagiert. Wie viel Aktion erforderlich ist, um einen Zustand von einem anderen zu unterscheiden. In diesem Bild ist α nicht nur die Stärke der elektromagnetischen Wechselwirkung. Es ist ein Projektionsaufwand, eine strukturelle Rate, mit der sich Identitäten in Wechselwirkungen entfalten. Und $\hbar$ ist die Einheit dieser Entfaltung. Der kleinstmögliche Akt einer Realisierung.

So gesehen sind Konstanten keine Verzierungen von Gleichungen, sondern Koeffizienten der Entstehung. Umrechnungsfaktoren zwischen dem, was ist, und dem, was erscheint.

Keine Gesetze aus dem Inneren der Raumzeit, sondern Fingerabdrücke von etwas, das direkt dahinter liegt.

1.6 Parameter der Entstehung

Sommerfeld führte α als Korrekturterm ein, als eine elegante Lösung für spektrale Details. Er hätte sich das wahrscheinlich nicht als strukturellen Entstehungskoeffizienten vorgestellt. Stellen wir uns vor, wie er diesen Text liest und die Augenbrauen hochzieht. Er wusste, dass α seltsam war. Aber er hätte sich nie vorstellen können, wie seltsam es wirklich ist.

Planck, der immer zurückhaltend war, wäre vielleicht nicht erfreut, dies zu lesen. Bei seinem Versuch, einen Riss in der Wand zu reparieren, öffnete er nicht nur eine Tür. Er fand ein Portal zur Realität. Bei näherer Betrachtung würde er vielleicht leicht kichern, in ein gedämpftes Lachen ausbrechen und leise den Raum verlassen.

Und Feynman?

Er würde definitiv lachen. Laut. Dann würde er die α-Formel von seiner Wand nehmen, sie in den Papierkorb werfen und eine Weile im Zimmer auf und ab gehen. Schließlich würde er zum Fenster gehen und starren, nicht nach draußen, sondern in etwas hinein. Und dann würde er sich plötzlich umdrehen und sagen: „Nun, das ist verrückt. Aber nicht offensichtlich falsch ... Kannst Du das beweisen?"

2 Die Bibliothek und der Jazz

2.1 Der Blick hinter die Leinwand

Feynman muss warten.

Wir müssen zunächst zurück in dieses Kino der Realität, wo Du Dich gerade umgedreht und die Existenz des Projektors erkannt hast. Die Lampe. Die winzigen Löcher am Rand des Films. Die ganze Maschinerie aus Motoren, Zahnrädern und Getrieben.

Was ist Realität?

Offensichtlich ist der Film nicht alles, denn der Projektor existiert. Und ohne den Projektor würde der Film nicht erscheinen. Beides ist real. Aber für die Figuren, die sich auf der Leinwand bewegen, die sich auf einer Raumstation verlieben, ist das schwer zu verstehen.

Vielleicht ist Dir nicht bewusst, dass Du Dich in einer sehr ähnlichen Situation befindest. Du hast Dich entschieden, dieses immer komplizierter werdende Buch zu lesen, hoffentlich mit Vergnügen, indem Du der Abfolge von Buchstaben folgst, die zu Wörtern geformt, von Dir wahrgenommen und zu Inhalten zusammengesetzt werden. Gerade jetzt. In diesem Moment. Wirklich. Die Buchstaben waren schon die ganze Zeit da. Die Informationen existierten. Aber erst durch das Lesen werden sie zu Deiner Realität.

Wenn Dir das überwältigend seltsam vorkommt, denkst Du an Platon. Er hat dieselbe Idee buchstäblich an die Wand gemalt. Gefangene in einer Höhle, die Schatten für die Realität halten. Ideen werden gerne recycelt, manchmal die Guten, aber viel zu oft auch die Schlechten.

Nach diesem philosophischen Spaziergang kehren wir ins Kino zurück. Ein Raumschiff gleitet auf ein Wurmloch zu. Die Physik sieht solide aus. Beschleunigung, relativistische Effekte, Gravitationslinsen. Hollywood hat seine Hausaufgaben gemacht.

Allerdings scheint das nur so, denn diese physikalischen Gesetze gelten nicht. Sie werden projiziert. Das Raumschiff wurde Bild für Bild gefilmt. Jedes Bild ist eine Momentaufnahme der Realität. Ein Ausschnitt aus der Bewegung, eingefangen und wiedergegeben durch eine stroboskopische Struktur. Die Realität des Films setzt sich aus minimalen Aktionen zusammen – jeweils ein einzelner Moment pro Zeitinterval.

Was ist also Realität?

Die Antwort ist letztlich einfach: Alles.

Alles, was erforderlich ist, damit diese Szene erscheint, ist ihre Realität. Der Projektor. Das Drehbuch. Die Schauspieler. Das Licht. Sogar der Film.

In der Physik dürfen wir nicht nur das zählen, was wir beobachten, Teilchen, Felder, Raumzeit, sondern auch das, was existieren muss, damit diese Dinge überhaupt real werden können. Das ist immer noch Physik, auch wenn wir es nicht sehen. Nein, das ist keine Mystik. Das ist Verantwortung. Der Physiker John Archibald Wheeler sagte einmal: *„Die Realität ist das, was wir brauchen, um Beobachtungen einen Sinn zu geben."* Und Immanuel Kant erinnerte uns, zwei Jahrhunderte früher, daran, dass das, was wir beobachten, immer durch die Struktur unseres Geistes und unserer Sinne gefiltert wird. Das ist eine höfliche Umschreibung für: „Du siehst eine Projektion." Carlo Rovelli schrieb einmal: „Die Welt besteht nicht aus Dingen, sondern aus Ereignissen."

Also ja, die Physik hinter der Physik ist immer noch Physik. Und nun, nachdem wir uns behutsam zu diesem Punkt vorgearbeitet haben, wagen wir die Gretchenfrage der Physik zu stellen: *„Was braucht es, damit die Raumzeit, unser Universum, real ist? Welche Struktur muss existieren, damit Raumzeit* entstehen kann?"

Dies impliziert eine kühne These:

„Die Raumzeit ist nicht fundamental!"

Die Raumzeit ist konstruiert, aus Informationen. Und wenn das stimmt, dann muss es eine tiefere Struktur geben, eine Architektur, die Identität bewahrt, bevor die Zeit tickt oder sich der Raum ausdehnt. Wir nennen diese Struktur **Ω**.

2.2 Identität ohne Koordinaten

Die Mandelbrot-Menge ist eine der komplexesten Strukturen, die Menschen je gesehen haben. Man kann sie unendlich vergrößern und dabei Spiralen in Spiralen, filigrane Strukturen in filigranen Strukturen und Echos ihrer selbst in unendlicher Rekursion entdecken. Das ist faszinierend. Aber das Seltsame daran ist: Sie existiert weder in Raum noch Zeit. Sie hat keine Substanz und besteht nicht aus Atomen. Sie ist unbestreitbar real. Diese schiere, grenzenlose Schönheit wird durch eine einfache Gleichung definiert. Sie entsteht aus reiner Beschränkung, als Struktur von Möglichkeiten.

Das ist der erste Hinweis darauf, was Ω ist.

Eine reine Quinte ist ein Verhältnis. 3:2. Sie kommt in fast jedem musikalischen System vor, das Menschen jemals entwickelt haben. Man kann sie singen, spielen, fühlen. Sie erzeugt Spannung und Auflösung, das Gefühl von Offenheit, die sich in Form auflöst. Sie ist das Funkeln im „Little Star". Aber wo ist sie? Man kann sie nicht aus dem Instrument herausholen. Sie wiegt nichts. Sie ist nicht „lokalisiert". Es ist eine Beziehung, eine strukturelle Resonanz, die immer dann entsteht, wenn zwei Töne in diesem Verhältnis zueinander stehen. Es existiert. Es ist wiederholbar. Es ist emotional real. Und doch, es ist nirgendwo. Das meinen wir, wenn wir sagen, dass Identität vor Erscheinung kommt. Die reine Quinte ist real, aber sie wird nur projiziert, wenn die Bedingungen mit der zugrunde liegenden Struktur übereinstimmen.

Das ist der zweite Hinweis darauf, wie Ω beschaffen ist.

Wenden wir uns nun etwas zu, das fest in der Physik verankert ist: dem Elektron. Jedes Elektron im Universum hat genau die gleiche Ladung. Genau die gleichen Quantenzahlen. Nicht nur ähnlich. Nicht annähernd. Grundsätzlich nicht unterscheidbar. Das sind eine Menge Elektronen. Und sie sind alle genau identisch. Das ist so seltsam, dass einige Physiker, halb zum Spaß, spekuliert haben, dass es vielleicht nur ein einziges Elektron gibt, das an vielen Orten gleichzeitig auftritt.

Die Idee erscheint absurd, bis man eine kleine Änderung vornimmt. Stell Dir nicht vor, dass ein einzelnes Elektron überall gleichzeitig ist. Stell Dir vor, dass die Idee eines Elektrons an viele Orte in der Raumzeit gleichzeitig projiziert wird. Plötzlich verschwindet das Seltsame. Denn in dieser Sichtweise existiert die Identität eines Elektrons außerhalb der Raumzeit. Was wir beobachten, ist seine Erscheinung, seine Realisierung.

Dies ist der dritte Hinweis darauf, wie Ω beschaffen ist.

Kehren wir also zu der Frage zurück: Was bedeutet es, dass etwas existiert, wenn es nirgendwo ist? Die Beispiele sollten eines deutlich gemacht haben: Identitäten können real sein, ohne an einem Ort zu sein. Identität ist das, was über alle Erscheinungsformen hinweg gleich bleibt. Und deshalb kann sie keine Erscheinungsform sein. Sie muss eine Struktur sein. Etwas, das realisiert werden kann, aber nicht auf seine Realisierung reduzierbar ist. Identität ist primär.

2.3 Die Topologie der Identitäts-Signaturen (Ω)

Ich hoffe, Du bist ausgeruht, neugierig und hast Dein Lunchpaket und eine Kanne Kaffee dabei, denn wir werden uns nun auf den Weg machen. Auf den Weg zu einem Ort, der nirgendwo ist und nicht betreten werden kann. Wir gehen in die Bibliothek.

Diese Bibliothek ist nicht die, die Du kennst. Nicht die mit Wänden und Regalen und Neonlicht und einer Bibliothekarin, die aussieht, als würde sie sich mit Quantenmechanik auskennen, es Dir aber nicht verraten will. Diese Bibliothek hat keinen Boden. Kein Staub. Keine Bücher. Sie enthält die Struktur der Identität.

Irgendwo in dieser Bibliothek liegt die Mandelbrot-Menge. Nicht gezeichnet, nicht gerendert, nicht vergrößert, sondern einfach da. Als Möglichkeit. Als Form. Als diese rekursive Eleganz, die darauf wartet, sichtbar zu werden.

In einer anderen Ecke (obwohl die Bibliothek eigentlich keine Ecken hat) summt leise die reine Quinte. Sie klingt nicht, sie vibriert nicht, aber sie ist bereit. Ihre Identität ist vollständig. Es braucht nur zwei Frequenzen im richtigen Verhältnis, damit man sie hören kann.

Und überall verstreut, überall und nirgendwo, ruht die Identität des Elektrons. Nicht eins. Nicht viele. Nur das Elektron, mit seiner exakten Ladung, seinem exakten Spin, seiner seltsamen Verpflichtung, sich niemals von seiner Art abzuheben.

Nichts davon existiert in der Welt. In der Raumzeit. Noch nicht. Aber sie sind da, in der Bibliothek, und warten darauf, gelesen zu werden.

Ω ist diese Bibliothek.

Ω ist kein Ort, kein Moment. Sie ist die Struktur der Identität, bevor irgendetwas beginnt. Sie speichert keine Materie. Sie entfaltet keine Ereignisse. Sie enthält die Blaupausen, aus denen alle Erscheinungen entstehen können. Aber diese Blaupausen sind keine Zeichnungen. Sie sind relationale Muster, die die Möglichkeiten beschreiben, wie alles jemals real werden kann.

Man durchsucht Ω nicht wie Wikipedia. Man sucht nicht nach „Quarks“ und scrollt nach unten, um ihre Ladung zu finden. Stattdessen geht man an Bereichen der Möglichkeiten vorbei, Räumen, in denen bestimmte Ideen real werden können. Man bewegt sich durch eine Landschaft der Logik, in der jeder Schritt filtert, was unter den Bedingungen seiner Umgebung stabil existieren kann. In Ω findet man ein Quark, indem man einen Bereich der Kompatibilität betritt und einen strukturellen Fingerabdruck definiert. Je tiefer man vordringt, desto spezifischer wird die Identität, bis sie sich schließlich zu *„down“*, *„up“* oder *„strange“* verfeinert. Man findet „Quarks“, weil diese bestimmte Konfiguration der Identität sich nicht selbst widerspricht.

Ω ist nicht alphabetisch organisiert. Es ist nach Kompatibilität organisiert, nach der tiefen Symmetrie dessen, was ohne Widerspruch existieren kann. Ω enthält die statischen Identitäten von allem, was projiziert werden kann. Mit dem richtigen Funken, dem richtigen Kontext, der richtigen Interaktion kristallisieren sich Identitäten zu Raumzeit heraus. Wie Buchstaben, die nur beim Lesen Wörter bilden. Wie Harmonien, die nur beim Spielen entstehen. Wie eine Szene, die nur dann real wird, wenn der Projektor läuft.

Ω enthält keine Zeit (nicht einmal eine tickende Stille).

Aber es lässt jede Zeitlinie entstehen.

Ω enthält keinen Raum.

Aber jede Geometrie wird aus seinen Mustern gezeichnet.

Ω enthält keine Dinge.

Nur das, was Dinge sein müssen, um zu erscheinen.

Wenn Du durch diese Bibliothek gehst, beginnst Du, die verborgene Architektur der Realität zu erkennen. Die stille Präzision hinter jedem Teilchen. Die Logik hinter jedem Gesetz. Nicht aufgezwungen, sondern bereits vorhanden. Wir werden bald sehen, dass diese Identitäten nicht frei schweben. Sie halten auf eine Weise zusammen, die alles formt, was wir beobachten können, und sie bilden Netze, nicht aus Materie, sondern aus dem, was zusammenhalten kann. Aber vorerst musst Du nur Folgendes wissen:

Ω ist der Ort, an dem die Realität wartet.

Atme tief durch, vielleicht musst Du diesen Teil noch einmal lesen. Der Besuch der Bibliothek kann anstrengend sein. Eine weitere Tasse Kaffee ist vielleicht eine gute Idee.

Was auch immer Du tust, Du bist stets in der Bibliothek, denn Du wirst von ihr gelesen.

2.4 Constraint und Möglichkeit

Nach diesem letzten Satz hast Du vielleicht auf den Kaffee verzichtet und sich stattdessen einen Drink gegönnt, was völlig in Ordnung wäre, da wir jetzt in eine Bar gehen. Diesmal ist es eine echte Bar. Keine glamouröse. Niedrige Decken in einem Keller. Gedämpftes Licht. Eine Jazzcombo baut ihre Instrumente auf. Warmes Holz. In den Ecken hängt noch etwas Rauch, der an eine Zeit erinnert, als Zigarren noch nicht als tödlich galten, wenn man sich ihnen auf weniger als zwei Kilometer näherte. Das Klavier skizziert einen Mollakkord. Der Bass begleitet ihn und verankert die Form. Der Rauch ist überrascht, vibriert, verflüchtigt sich. Die Trompete wartet, lauscht und füllt den Raum, der zurückbleibt. Die Posaune, die normalerweise mitspielt, hat sich die Stimmung angesehen und ist früh gegangen. Das Saxophon kreist einmal und setzt dann ein, wo die Harmonie Raum lässt. Niemand hat die Leitung. Niemand weiß, was kommt. Aber Musik entsteht.

Folgen wir diesem Klang eine Weile. Wir lauschen...

Warum fühlt sich das so schön an, so harmonisch, so richtig? Woher wissen diese Musiker, was sie tun müssen, ohne Noten und ohne jeglichen Plan? Nun, sie alle wissen genau, was nicht funktioniert: Kämpfe nicht gegen den Rhythmus. Kollidiere nicht mit den Wechseln. Überspiele nicht, was bereits gespielt wird. Jeder von ihnen hat Optionen, Noten, Phrasen, Voicings. Aber nicht alle Kombinationen sind erlaubt. Zum Beispiel, wenn Bass und Klavier beide den Grundton spielen, eine Oktave auseinander, aber leicht phasenverschoben. Anstatt die Harmonie zu festigen, wackelt der Klang. Die Struktur bricht in Unsicherheit zusammen. Das nächste Mal spielt nur einer von beiden. Oder wenn die Trompete versucht, während des Saxophonparts ein Solo zu spielen. Das Ergebnis ist nicht brillant, sondern verwirrend. Keine der beiden Stimmen kommt zur Geltung. Beide ziehen sich verlegen zurück. Nun versucht der Pianist eine E-Dur-Stimme über einen Groove in H-Moll. Sofort entsteht Reibung. Die Akkorde stoßen sich gegenseitig ab wie Magnete, die falsch herum gedreht wurden. Niemand muss etwas sagen. In der nächsten Runde findet er wieder zurück in die richtige Form. Das Schlimmste, was passieren kann, ist, dass jemand perfekt spielt, im Takt, in der richtigen Tonhöhe, aber nicht zuhört. Seine Note ist theoretisch richtig, aber im Kontext falsch. Es geht um kontextuelle Erlaubnis. Das ist der springende Punkt. Die Regeln hindern die Musiker nicht am Schaffen. Sie filtern, was überleben kann. Nur Kombinationen, die zusammen Sinn ergeben, bleiben bestehen. Die entstehende Musik ist nicht vorab geschrieben, nicht vorgegeben, nicht chaotisch. Sie ist einfach ... kompatibel. Das ist Kohärenz. Das ist Jazz.

Das Universum ist auf Jazz in einer Bibliothek aufgebaut.

Wenn Du wieder zu Atem gekommen bist, und noch einen Drink hattest, denk vielleicht über zwei Bilder nach, die sich in Deinem Kopf festgesetzt haben: die Bibliothek möglicher Identitäten und die Beschränkungsstruktur des Jazz, die wir ab sofort Constraints nennen wollen. Vielleicht hast Du das Gefühl, dass Existenz nicht aus Materie oder Bewegung heraus realisiert wird. Sie entsteht aus dem, was sich nicht widerspricht.

Was wir Identität nennen, sei es ein Elektron, eine Note oder eine Erinnerung, ist nichts anderes als eine Struktur, die bei ihrer Verwirklichung konsistent bleibt. Und was wir Emergenz nennen, sei es in einem Jazz-Solo oder in der Raumzeit, ist der Vorgang, nur das zu verwirklichen, was zu dieser Struktur passt.

In diesem Sinne sind Constraints das Fundament der Identität.

Gehen wir einen Schritt zurück. In der Bar, wenn die Trompete ein G über einem G-Moll-Groove spielt, funktioniert das, weil dieses G von allem anderen unterstützt wird. Es macht Sinn. Versuche nun, ein H einzufügen. Die ganze Form bricht zusammen. Nicht, weil H an sich falsch ist, sondern weil es etwas zerbricht, das alles zusammengehalten hat. Man muss kein Musiker sein oder etwas davon verstehen, man spürt, ob die Musik richtig oder falsch ist.

Genau das ist es, was die Bibliothek codiert: Was kann realisiert werden, ohne alles andere zu zerstören? Es geht nicht um Ursache und Wirkung. Es geht um gleichzeitige Kompatibilität. Jede Identität in Ω wird durch ihre Beziehungen zu anderen geprägt, wie Instrumente in einem Akkord oder Teile eines Puzzles, die noch nicht wissen, wo die Ränder sind. Und das führt uns zu etwas Wichtigem:

Die Struktur kommt zuerst. Die Dynamik kommt an zweiter Stelle.

Das kehrt das übliche Bild um. Wir sind es gewohnt, die Welt als etwas in Bewegung zu betrachten. Teilchen fliegen, Uhren ticken, Dinge entwickeln sich. Aber darunter muss es bereits etwas geben, das alles zusammenhält. Etwas, das definiert, was überhaupt passieren darf. Und dieses Etwas sind Constraints. In Ω sind Constraints die Realität, bevor sie projiziert wird.

Wenn Du also das nächste Mal eine seltsame, schöne Jazzharmonie hörst, die aus Gründen funktioniert, die Du nicht ganz erklären kannst, oder einen Satz findest, der sich perfekt anfühlt, obwohl die Grammatik nicht stimmt (wie in diesem Buch), oder eine wissenschaftliche Gesetzmäßigkeit beobachtest, die zu elegant erscheint, um zufällig zu sein – dann ist das das Ergebnis von Constraints, die in der Bibliothek der Realität zu finden sind.

2.5 Was Projektion sein muss

Du wirst wahrscheinlich zustimmen, dass die Identität einer Idee real ist. Aber sie ist nicht lokal und sie ist zeitlos. Und nun befindest Du Dich bereits in dem Dilemma, dass Du anfängst, eine Existenz außerhalb von Raum und Zeit zu akzeptieren.

In der Bibliothek. In **Ω**.

Rufe noch nicht den Arzt. Wir versuchen immer noch, zu verstehen, wie Informationen über Constraints die Bibliothek verlassen können, um in der Raumzeit real zu werden.

Aber, Du weiß es bereits. Du hast es in der Bar gehört. Jede gespielte Note war ein Moment der Kompatibilität. Eine strukturelle Übereinstimmung zwischen Möglichkeit und Kontext. Ein Ausschnitt aus Ω, der in Echtzeit erklang. Die Struktur war unsichtbar, bis sie gespielt wurde.

Das ist Projektion.

Es ist keine Bewegung. Es ist keine Evolution. Es ist Realisierung. Eine Jazznote wird real, wenn alle anderen Noten es zulassen. Wenn kein Widerspruch sie blockiert. Wenn ihre Identität zum lokalen Moment passt, gerade genug, um zu klingen. So ist es mit allem.

Ein Elektron erscheint nicht, weil das Universum eines platziert. Es erscheint, weil unter den gegebenen Umständen diese Realisierung genau hier und jetzt möglich und stabil ist. Seine Ladung passt. Sein Spin passt. Vielleicht sind seine Energielinien gerade so ausgerichtet, dass seine Präsenz kohärent ist. Es entsteht als Projektion, die in diesem Moment, in dieser Struktur Bestand hat. Manchmal erscheint es als Welle, manchmal als Teilchen. Das ist keine duale Natur. Es ist eine duale Realisierung, verschiedene Ausschnitte derselben zugrunde liegenden Identität, je nachdem, was der umgebende Projektionsraum stabilisieren lässt. Wenn Du Dich für Programmierung interessierst, gefällt Dir vielleicht der Vergleich mit einem Bildschirm, der durch die Darstellung des Quellcodes aufleuchtet: Der Code wird durch die Bedingungen der Anzeige, Auflösung, Schriftglättung, GPU-Auslastung, beschränkt, und nur das, was diese Aufteilung übersteht, erscheint auf dem Bildschirm.

Der Weg eines Photons ist ähnlich. Es handelt sich nicht um ein kleines Teilchen, das sich durch den Raum bewegt, sondern um einen Puls aus Struktur, einen Teil der Identität in Ω, der dann beobachtbar wird, wann und wo er projiziert werden kann. Du siehst nicht den gesamten Informationsgehalt des Photons. Du siehst gerade genug davon, um eine Interaktion zu registrieren, eine Messung, eine Verschiebung, einen Funken. Der Rest des Photons, der Teil, der sich nicht manifestiert, der dunkle Teil, fehlt nicht. Er war von Anfang an nie in der Raumzeit. Er bleibt in Ω. Unprojiziert. Das Photon, das Du beobachtest, ist der Keks, den die Ausstechform der Projektion aus dem Ω-Teig aussticht. Das Photon ist nicht unvollständig. Deine Perspektive ist es.

Neuere Experimente zeigen, dass Licht selbst auf eine Weise strukturiert sein kann, die an diesen Gedanken erinnert. An der Nanyang Technological University (NTU) in Singapur wurden ultrakurze Lichtpulse erzeugt, deren beobachtbare Form – ihre Farbe, Richtung und Polarisation – nur ein Teil einer unsichtbaren geometrischen Struktur im Spektrum des Lichts ist, die sich erst durch Projektion in Raum und Zeit manifestiert.[1]

Solche Beobachtungen machen sichtbar, dass das, was wir „Licht" nennen, nicht einfach durch den Raum reist, sondern dass auch hier ein Teil der Struktur außerhalb der Raumzeit bleibt – als Information, die erst durch geeignete Bedingungen real werden kann.

In jedem Fall ist es die Projektion, die eine zeitlose Struktur in lokale Realität abbildet. Aber Du siehst nie die gesamte Struktur auf einmal, denn Realität ist immer eine gefilterte Projektion. Ω zwingt sich der Welt nicht auf. Es wartet, bis die Welt bereit ist, es wahrzunehmen.

2.6 Den Schatten sehen

Wir sind weit gekommen von dieser verrauchten Kellerbar und der flackernden Höhlenwand. Und ja, es stellt sich heraus, dass Platon nicht ganz unrecht hatte. In gewisser Weise sind wir die Gefangenen. Wir erleben nur das, was sein darf, was den Filter der Kompatibilität übersteht, was klar genug projiziert wird, um zu erscheinen. Tatsächlich sind wir aber keineswegs die Ersten, die so denken.

Karl Popper unterschied zwischen Erscheinung und zugrunde liegender Struktur: *„Wir sind Gefangene von Theorien. Wir sehen nur das, was unsere Theorie uns sehen lässt."*

Werner Heisenberg ging noch weiter. Er zog eine direkte Linie zwischen Platons Formen und dem Quantenpotenzial: *„Die kleinsten Einheiten der Materie sind keine physikalischen Objekte im üblichen Sinne, sondern Formen."* Er meinte das nicht metaphorisch. Er meinte mathematische Strukturen, als das Realste, was es gibt. Für Heisenberg waren Teilchen keine Objekte, sondern strukturierte Potenzialitäten. Schatten einer tieferen mathematischen Identität.

Roger Penrose nahm diese Struktur ernst. Er sprach von einer zeitlosen, nicht-physischen Welt mathematischer Formen: *„Objektiv, zeitlos und unabhängig von menschlichen Beobachtern."*

David Bohm gab uns eine andere Sprache: *„Materie ist gefrorenes Licht. Das Sichtbare ist eine Projektion des Unsichtbaren."* Er sah Teilchen nicht als Objekte, sondern als Entfaltungen, vorübergehende, lokale Projektionen von etwas Tieferem.

---

1 Nature Communications (2025): *„Ultrafast space-time optical merons in momentum–energy space"*. In diesem Experiment ist die beobachtbare Gestalt von Lichtpaketen der „Schatten" einer topologischen Struktur im Energie-Impuls-Raum. Dynamik und Stabilität der Pulse ergeben sich aus der Geometrie dieser verborgenen Fläche – nicht aus den üblichen Feldgleichungen der Optik.

Carl Jung verstand Projektion auf seine eigene Weise. Er interpretierte Platons Höhle durch die Psyche neu: *„Wir sehen die Welt nicht einfach nur, wir projizieren Strukturen auf sie. Archetypen, vererbte Muster, die das formen, was wir als 'real' betrachten.“*

Und Claude Shannon zeigte, ohne jemals Platon zu erwähnen, dass nicht alle Informationen übertragen werden können: *„Was wir beobachten, ist nicht alles, was existiert. Es ist das, was den Kanal überlebt. Was in die Bandbreite des Augenblicks passt.“*

Ein Teil der Realität zu sein, half diesen außergewöhnlichen, neugierigen und dabei genialen Menschen, einen Teil der Realität zu verstehen. Sie hatten Visionen. Aber sie schafften es nicht, die Mathematik zu entwickeln, nach der Heisenberg suchte, um die Projektion zu definieren, die Shannon beschrieb.

In diesem Moment spüren wir, wie Feynman den Raum betritt. Er setzt sich nicht. Er lehnt sich vor, grinst und flüstert: *„Wie beweist Ihr das?“* Genau das müssen wir jetzt tun.

Wir wollen keine weitere Science-Fiction erfinden. Oder in reine Fantasie abdriften. Oder eine lyrische Erweiterung der Jungschen Psychologie schreiben. Wir wollen die fundamentalen Konstanten der Raumzeit betrachten, um zu sehen, was sie zulassen und, was noch wichtiger ist, was sie verbieten. Daraus werden wir einen Rahmen entwickeln, der Feynmans Frage beantwortet. Das wird schwierig sein. Nicht weil es abstrakt ist, sondern weil es präzise ist. Wir werden uns gemeinsam auf den Weg machen, um den Mechanismus zu entschlüsseln. Langsam. Einen klaren Schritt nach dem anderen. Atme tief durch.

Wir fangen gleich an.

In den folgenden Kapiteln werden Formeln auftauchen. Manchmal ist es schöner, die Dinge, die man auf den Punkt bringen möchte, auf den Punkt zu bringen. Das geht mit Formeln am besten. Sie tun nicht weh und man kann sie auch überlesen. Wenn man will. Die Formeln sind nicht zuletzt ein Zeichen dafür, dass hier eine reale, mathematisch fundierte physikalische Theorie entsteht, die sich deutlich von esoterischem Geschwurbel unterscheidet. Wenn Du jetzt weiterliest, wird sich Dein Weltbild verändern. Du hast die freie Wahl und einen freien Willen.

Bist Du bereit?

3 Wie Realität entsteht

3.1 Die Mechanik der Projektion

Außerhalb von Raum und Zeit liegt eine verborgene Struktur unter der Realität, eine Bibliothek von Ideen, ein Bereich von Identitätssignaturen, die unter den richtigen Bedingungen in der Raumzeit, unserem Universum, Realität werden könnten. Dieser Akt des Werdens ist ein Mechanismus, der Identität in Existenz verwandelt, und wir nennen diesen Prozess Projektion. Wir bezeichnen den Akt der Projektion mit einem strukturellen Operator Π:

$$\Pi : \sigma \in \Omega \longmapsto \mathcal{F}(x) \in M$$

Was wie Hieroglyphen aus einem Mathematikbuch aussieht, ist eine einfache Definition, und wenn Du in den dunklen Künsten der Set-Theorie bewandert bist, kannst Du lesen: „Die Identitätssignatur σ, die sich in unserer zeitlosen Bibliothek Ω befindet, wird zu einem messbaren Feld $F(x)$, das an einem Punkt x in der Raumzeit sichtbar ist." Falls nicht, macht das gar nichts, denn die Projektion ist der Pfeil in der Mitte, der auf die Identitätssignaturen sigma (σ) in unserer Bibliothek Ω wirkt. Auf der rechten Seite des Projektionspfeils befindet sich das Ergebnis dieser Operation: eine lokalisierte Feldkonfiguration $F(x)$ am Raumzeitpunkt x in M (M ist die Raumzeit). $F(x)$ ist das, was wir messen, eine Feldstärke, ein Teilchenereignis, ein Klick in einem Detektor. Die Projektion ist kein Transfer, keine Bewegung und keine Übertragung. Es handelt sich um eine strukturelle Auflösung. Ein lokaler Filtervorgang: Welcher Teil der Identität kann sich hier und jetzt ohne Widersprüche stabilisieren? Jeder Kandidat für die Projektion wird durch eine strukturierte Signatur σ beschrieben:

$$\sigma = (\omega, \epsilon, \ell, \phi, C) \in \Omega$$

Noch mehr Hieroglyphen. Du wirst dich daran gewöhnen. Versprochen. Die Identitätssignatur σ ist eine statische, vorphysikalische Konfiguration, wie ein Quellcode, der darauf wartet, gerendert zu werden oder, um das Bild unserer unsichtbaren Bibliothek zu bewahren, ein Buch, das gelesen werden will. Der vordere und hintere Einband dieses Buches sind die Klammern im mathematischen Ausdruck, und „Sigma" ist der Titel in einem goldenen griechischen Buchstaben auf dem vorderen Einband. Werfen wir einen Blick hinein.

Das erste Kapitel heißt „ω" (Omega), die Identitätsmarkierung oder einfach die „Frequenz". Stell Dir das als Katalognummer vor. Sie sagt Dir, um welche Struktur es sich handelt, z. B. ein Elektron, Quark, Photon oder etwas weniger Vertrautes. Wie ein Bibliotheksvermerk mit der Bezeichnung „Band 137B: Twisted Spinor Duality (Dritte Ausgabe, kommentiert)". Es existiert nicht in Raum oder Zeit. Aber es existiert, aufgelistet und vollständig definiert. Nicht sein Aussehen, nur seine Identität. Seine Idee.

Blättern wir weiter zum nächsten Kapitel mit dem Titel „ϵ" (Epsilon), dem Einbettungspotenzial. Manche Bücher der unsichtbaren Bibliothek können nur unter besonderen Lichtverhältnissen, von Personen mit einer Berechtigung oder in Anwesenheit anderer Bände gelesen werden. ϵ codiert, wo und wie diese Struktur σ eingebettet werden könnte, unter welchen Bedingungen sie real werden könnte. Es sind die Metadaten, die sagen: „Nur im Ruheraum mit Handschuhen lesbar."

Das nächste Kapitel heißt „ℓ" (el), die Schichtung oder strukturelle Verschachtelung. Dies ist die Index-Tiefe, die Rekursionsstufe. Einige Einträge sind einfach, wie ein kurzes Gedicht. Andere sind verschachtelte Zitate mit zahlreichen Querverweisen. Diese Komponente gibt an, wie viele interne Strukturen zusammenhängen müssen, damit die Identität stabil ist. In unserer Bibliothek-Metapher bedeutet dies: eine fünfbändige Abhandlung, deren erstes Kapitel das Verständnis von vier anderen archivierten Vorworten voraussetzt.

Das vierte Kapitel trägt die Bezeichnung „ϕ" (Phi), die interne Phase oder Selbstkonsistenz. Dieses Kapitel enthält Anweisungen zum Lesen des Buches. Nicht alle Bücher sind in Sprachen geschrieben, die von links nach rechts gelesen werden. Einige müssen gedreht, gespiegelt, laut vorgelesen oder entschlüsselt werden. ϕ erfasst diese interne Struktur, wie sich die Identität in sich selbst „verdreht". Wie ein Möbiusband, das in Glyphen gedruckt ist: nur lesbar, wenn es genau richtig geschlungen und gefaltet ist.

Nun nähern wir uns dem letzten Kapitel. Dies ist das wichtigste Kapitel, in dem die Regeln definiert werden, die die Umstände für ein Happy End bestimmen. Es heißt „C" (die Constraintklasse). „$C \subset \Omega^n$" definiert, welche anderen Identitäten gleichzeitig realisierbar sein müssen (oder nicht), damit σ entstehen kann. Manche Bücher kann man nicht zusammen lesen. Andere werden erst in der richtigen Gesellschaft lebendig. „C" ist die Choreografie der Möglichkeiten. Und sie macht Projektionen selektiv und bedeutungsvoll.

Sobald alle diese Teile aufeinander abgestimmt sind, Identität, Einbettung, Struktur, Phase und Constraints, wird die Projektion möglich. Das Buch öffnet sich. Ein Stück Realität tritt hervor.

Projektion zieht nichts aus Ω heraus. Sie sendet oder extrahiert nichts. Sie prüft lediglich: Kann diese Struktur hier und jetzt erscheinen? Wenn die Antwort ja lautet, tut sie es, aber nicht die gesamte Identität auf einmal. Nur so viel, dass sie unter den gegebenen Umständen real ist. Der Rest der Idee bleibt unprojiziert. Deshalb sieht ein Photon je nach Fragestellung unterschiedlich aus. Es ist nicht „wirklich eine Welle" oder „wirklich ein Teilchen". Es ist eine Struktur, die teilweise dargestellt wird. Man beobachtet ihren Schatten als Realität in der Raumzeit.

Projektion ist keine Kraft. Kein Fluss. Keine Übertragung. Es ist der Akt des Werdens, wenn die Struktur zur Welt passt.

An dieser Stelle hältst Du vielleicht inne, schaust misstrauisch auf die Seite und fragst Dich, ob Du einen Physiker hättest mitbringen sollen. Ein heißer Earl Grey Tee könnte hier helfen. Denn jetzt sprechen wir über Zeit. Ja, genau die. Die, die tickt ... oder auch nicht.

3.2 Zeit

Zeit.

Ja, wir wollen über Zeit sprechen.

Einen Moment noch.

Zunächst eine Erklärung der englischen Wikipedia (Juni 2025): *„Für andere Verwendungen siehe Zeit (Begriffsklärung). Nicht zu verwechseln mit Thymian. Zeit ist der kontinuierliche Verlauf der Existenz, der in einer scheinbar unumkehrbaren Abfolge von der Vergangenheit über die Gegenwart in die Zukunft verläuft. [1][2][3] Sie ist eine Komponente verschiedener Messgrößen, die verwendet wird, um Ereignisse zu ordnen, die Dauer von Ereignissen (oder die Intervalle zwischen ihnen) zu vergleichen und die Änderungsraten von Größen in der materiellen Realität oder in der bewussten Erfahrung zu quantifizieren. [4][5][6][7] Zeit wird oft als vierte Dimension bezeichnet, neben den drei räumlichen Dimensionen."*

Ja.

Das muss wohl stimmen, wie man an der Anzahl der Verweise sehen kann. Leider sagt das rein gar nichts darüber aus, was Zeit eigentlich ist.

Sprechen wir also über Zeit. Nein, nicht die Wikipedia-Zeit oder die abstrakte Zeit, mit der sich Philosophen in Brandygläsern beschäftigen, und schon gar nicht die Zeit, die in Instagram-Zitaten über Heilung vorkommt. Nicht „Zeit ist eine Illusion" oder „Die Zeit vergeht wie im Flug" oder „Gib der Zeit Zeit". Nichts davon.

Zeit.

Die, die man bemerkt, wenn der Toast verbrennt. Die, die Geburtstage zu einem wiederkehrenden existenziellen Problem macht. Die, die garantiert, dass man jetzt älter ist als zu Beginn dieses Satzes. Die, die wir bisher nicht thematisiert haben, weil sie in Ω, dem statischen Identitätsraum, den wir ein Kapitel lang bewundert haben, nicht existiert. Sie tickt dort nicht. Sie fließt nicht. Sie rührt sich nicht einmal leise in ihrem Sitz. Ω ist einfach nur. Jede Struktur ist ewig präsent, unveränderlich, unbewegt. Die Bibliothek der Identitäten wartet nicht. Sie ist bereits vollständig. Schon immer. Für immer. Ewig.

Aber wir leben in einem Universum, in dem die Zeit in schreienden Großbuchstaben an jede Wand geschrieben steht.

ZEIT

Du liest diesen Satz nach dem letzten. Du erinnerst Dich vielleicht an das, was davor stand, aber Du kannst nicht zum nächsten Absatz springen – nicht in Deiner Erfahrung. Der Tee neben Dir wird kalt. Die Welt dreht sich. Photonen kommen nacheinander an, nicht alle auf einmal. Es gibt Bewegung. Es gibt Kausalität. Es gibt Erinnerung.

Was auch immer wir also über Projektion sagen, eines ist absolut unvermeidbar: Projektion muss Zeit erschaffen. Strukturell. Denn wenn Projektion definiert, wie Identität real wird, und Zeit ist real, dann ist Projektion das, was Zeit entstehen lässt.

Das klingt irgendwie paradox: Nichts in „Ω“ weiß, was „als nächstes“ bedeutet. Es gibt nur Kompatibilität, und doch gibt es in der Raumzeit Rhythmus, Abfolge und Unumkehrbarkeit.

Das bedeutet, dass Projektion, der Vorgang in „$\Pi\colon \sigma \in \Omega \longmapsto \mathcal{F}(x) \in M$“ Identität, und mit ihr die Identität von Zeit, nicht einfach in die Welt setzen darf. Die Entstehung von Zeit braucht Zeit. Projektion muss eine Verzögerung haben. Nicht weil sie langsam ist und erst die ganzen Symbole der Formel lesen muss, sondern weil die Realität zum Werden Zeit braucht.

Projektion ist nicht augenblicklich. Das kann sie nicht sein. Sie ist kein magischer Strahl von außerhalb des Universums. Sie ist eine strukturelle Auflösung. Sie überprüft Kompatibilität, löst Einschränkungen auf, stabilisiert die Verwirklichung. Und das dauert einen Moment, nicht in Ω, sondern im Akt des Wirklichkeit-Werdens in der Raumzeit.

Dieser Moment wird Latenz genannt: die Zeit, die benötigt wird, um von der Möglichkeit zur Realität zu gelangen. Jede Projektion hat eine Latenz. Und wenn sich Latenzen aneinanderreihen, Projektion um Projektion, erhalten wir Zeit als Sequenz.

Projektion lässt sich nicht zurückspulen. Sobald eine Struktur realisiert ist, verändert sie das, was als Nächstes kommen kann. Das entstandene Feld $F(x)$ schränkt die nächsten zulässigen Projektionen ein. Das ist Struktur. Die Vergangenheit ist eine Reihe von projizierten Constraints. Die Zukunft ist eine Reihe offener Kompatibilitäten. Man bewegt sich nicht durch die Zeit, weil das Universum fließt, sondern weil man ein wandelnder Filter ist, der navigiert, was als Nächstes kommt.

Zeit wird der Theorie nicht hinzugefügt. Sie fällt aus ihr heraus. Zeit ist das, was das Werden hinterlässt.

Rückprojektion und der Mythos der Aktualisierung in Ω

Es gibt also Zeit. Das wussten wir. Was nicht verwunderlich ist, wenn man bedenkt, dass wir in einer Raumzeit leben, die aus gutem Grund genau diesen Namen trägt.

Zeit existiert.

Es gab eine Zeit, in der ein bestimmtes Photon nicht existierte. Dann änderte sich etwas und dieses bestimmte Photon entstand mit einer bestimmten Latenz. Es legte den ganzen Weg von der Sonne zur Erde zurück, was etwa 8 Minuten dauerte. Wir hätten seine Anwesenheit jederzeit mit Attosekunden-Präzision beobachten können, was sehr genau ist. Wir waren nur zu faul, dies zu tun, und so kam das Photon auf unserem Planeten an, durchdrang die Atmosphäre und schlug ein Elektron aus einer Solarzelle, das später dem Toaster half, unseren Toast zu rösten. Die Geschichte dieses Photons ist eine Geschichte über Ursache und Wirkung und über Zeit. Und weil es darum geht, dass Zeit entsteht, indem die Identität des Photons in die Realität projiziert wird, wird seine Existenz, sein Dasein in der Raumzeit, in Omega aktualisiert. Dies führt zu einer umgekehrten Projektion $\Pi^\dagger : \mathcal{F}(x) \in M \longmapsto \sigma \in \Omega$, die Informationen aus realisierten Feldkonfigurationen in Constraints der Identitätssignatur des Photons σ in Ω abbildet.

Moment mal.

Stellt das nicht eine „Aktualisierung" von Ω dar, dem stabilen, zeitlosen, ewigen Ω? Das ist ein Widerspruch, und diese Theorie, die so überzeugend begann, bricht zusammen, noch bevor das Buch zur Hälfte gelesen ist.

Nein.

Erinnern wir uns an unser Photon. Seine innere Existenz liefert uns die Lösung des Problems. Für das relativistische Photon gibt es keinen Weg von der Sonne zu diesem Elektron in der Solarzelle auf dem Dach irgendwo im Schwarzwald hinter sieben Hügeln ... Es gibt keine Zeit, denn seine Entstehung, die Zeit, die es auf seiner photonischen Reise durch den Raum in Richtung dieses winzigen blauen Flecks verbringt, der immer größer wird, die Solarzelle, die immer näher kommt und der harte Aufprall, all das ist dasselbe. Diese Ereignisse finden nicht gleichzeitig statt, da es keine Zeit gibt, in der diese Dinge stattfinden könnten. Es gibt keinen Bezugsrahmen. Es gibt nur Existenz. Die Existenz ist nicht ewig, sie war nicht geschrieben und wird auch nicht geschrieben. Dies ist kein fatalistisches Photon, das seinem vorbestimmten Schicksal folgt. Wir beobachten, wie Information sich ihren Weg durch die Raumzeit bahnt und dabei Zeit erzeugt.

Ja, aus unserer Perspektive der Raumzeit ist das letztendlich seltsam, weil Informationen zusammen mit Raum und Zeit in die Realität projiziert werden. Nun treten Veränderungen auf, weil die Zeit Ursache und Wirkung erzeugt und somit Ursachen Wirkungen beeinflussen. Veränderungen werden umgekehrt in Informationen projiziert und aktualisieren die Informationen in der Bibliothek, wie wir sie von hier aus sehen. Für uns in der Raumzeit gibt es ein Vorher und ein Nachher, und deshalb würden wir sehen, wie sich die Bibliothek aktualisiert, wenn wir sie sehen könnten. Innerhalb der Bibliothek geschieht dies nicht, da es keine Zeit gibt und der Staub, der zwischen den endlosen Reihen von Büchern mit Informationen in der Luft schwebt, sich nicht absetzt, da sich nichts bewegt, nichts verändert, nichts die Schönheit der reinen Existenz stört.

Wir hätten natürlich auch einfach sagen können, dass es in der Raumzeit Zeit gibt, also ändern sich Dinge, während es in Ω keine Zeit gibt, also ändert sich nichts. Aber das wäre etwas respektlos, denn diese Logik ist durchaus kompliziert und wir haben gerade gemeinsam einen großen Sprung gemacht ... Das Photon hat ihn nicht bemerkt. Aber Du schon.

3.3 Latenz und die Entstehung von Trägheit

Dein Tee ist wahrscheinlich inzwischen kalt geworden. Während Du damit beschäftigt bist, eine neue Kanne aufzusetzen oder ihn in der Mikrowelle aufzuwärmen, backen wir einen Keks, den Du Dir verdient hast. Der passt gut zum Tee. Wir holen nur schnell die Ausstechformen ... Wir haben verschiedene Teigsorten im Kühlschrank – und bitte frag nicht, warum! Für den ersten Keks nehmen wir eine runde Form, eine Kreisform, einen weichen Teig. Er lässt sich schnell und sauber schneiden, fast mühelos, rund, perfekt rund, schön.

Es ist, als wäre die Ausstechform eine Projektion, die die Form der Realität in den Teig der Möglichkeiten schneidet. Wir haben gerade ein Photon eingeprägt. Dein erstes Photon. Es war einfach, ein Kreis, schnell, ein geringer Widerstand im weichen Teig des leeren Raums.

Jetzt machen wir einen Elektron-Keks. Wir nehmen den Stern. Er hat Kanten. Wir müssen vorsichtig sein. Es dauert länger, der Widerstand im weichen Teig der Raumzeit ist größer. Machen wir noch ein Elektron. Diesmal nehmen wir einen anderen Teig. Dieser ist kälter, zähflüssiger, es ist schwieriger, die Existenz dieses Elektrons zu formen, mehr Latenz, mehr Widerstand. Und da ist er, ein Elektron-Keks.

Jetzt sind wir übermotiviert und holen den speziellen Teig. Den mit Nüssen drin. Wie ein waffenfähiger Lebkuchenteig. Und wir nehmen die Weihnachtsbaumform. Mit vier Händen und dem ganzen Gewicht drücken wir, springen auf und ab, holen den Vorschlaghammer aus der Garage, und schaffen es endlich, dieses Weihnachtsbaum-Neutron in die Realität eines Neutronensterns zu schneiden.

So fühlt sich Widerstand an. Nicht in Newton, sondern in Projektionsaufwand. Je zäher der Teig, desto mehr Aufwand. Mehr Aufwand bedeutet mehr Zeit. Und je mehr Zeit es braucht, um etwas zu realisieren, desto mehr Widerstand leistet es, wenn man versucht, es zu verändern.

Das ist Trägheit. Das ist Masse (auf das Higgs-Feld kommen wir später noch zu sprechen).

Du schluckst jetzt einfach den Keks und wir geben eine formelle Definition:

Die minimale Latenz τ (tau) ist die Zeit, die in der Raumzeit für eine stabile Projektion einer gegebenen Identität σ erforderlich ist. Die beschriebene Proportionalität zwischen Latenz und Trägheit wird durch eine neue universelle Projektionskonstante κ_0 (kappa) moderiert, die den Projektionswiderstand für die Stabilisierung pro Zeiteinheit definiert. Wir können dann die träge Masse m, den messbaren Widerstand gegen Beschleunigung in der Raumzeit, mit der Latenzzeit in Beziehung setzen:

$$m = \kappa_0 \cdot \tau$$

Dies ist keine aus der Mechanik abgeleitete Beziehung. Es handelt sich um eine strukturelle Definition aus der Projektionsdynamik. Dies ist Projektionstheorie. Wenn eine Struktur langsam projiziert, mit hoher Latenz, bedeutet ihre physikalische Beschleunigung, dass der Projektionsmechanismus seine komplexen Constraints schneller neu auflösen muss. Je höher die Latenz, desto schwieriger wird dies. Deshalb widerstehen beständigere Strukturen Veränderungen stärker. Das ist Trägheit. Masse ist kein Input. Sie ist keine Eigenschaft, die Teilchen hinzugefügt wird. Sie ist der zeitliche Preis der Beständigkeit, die Projektionsimpedanz einer bestimmten Identität in einem bestimmten Universum.

Was ist mit dem Photon, das bekanntermaßen masselos ist? Bedeutet diese Beziehung, dass ein Photon mühelos und ohne Latenz projiziert wird? Nicht ganz. Selbst um ein einziges Lichtquant zu projizieren, muss das Universum „etwas tun". Raum und Zeit werden mit dem Photon projiziert. Und wenn wir unsere strukturelle Definition von Masse ernst nehmen, müssen wir uns fragen, was das für die Latenz bedeutet, wenn es keine Ruhemasse gibt, aber dennoch eine definierte Frequenz, eine messbare Energie und eine sehr reale Präsenz. Wie lange braucht das Universum, um ein Photon zu realisieren? Berechnen wir seine Latenz.

Nehmen wir ein grünes Photon, sagen wir mit einer Wellenlänge von 540 nm oder einer Frequenz von etwa $\omega \approx 3{,}49 \times 10^{15}$ rad/s. Sein Impuls ($p = m \cdot c$) ergibt sich aus $p = \hbar\omega/c$. Die universelle Projektionskonstante κ_0, ergibt sich aus:

$$\kappa_0 = \frac{{m_e}^2 c^2}{\hbar}$$

Das musst Du zunächst einmal glauben, da wir die Herleitung erst später machen können. Wenn wir dies also vorerst akzeptieren, können wir ein wenig rechnen und eine Formel für die Photonenlatenz ableiten:

$$\tau_{\text{photon}} = \frac{\hbar^2 \omega}{{m_e}^2 c^4}$$

Wenn wir die richtigen Werte für die reduzierte Planck-Konstante, unsere grüne Photonenfrequenz, die Masse eines Elektrons und die Lichtgeschwindigkeit einsetzen, erhalten wir eine Latenz von $\tau_{\text{photon}} \approx 5{,}0 \times 10^{-24}$ s. Das sind fünf Yoktosekunden. Das ist nicht lang, aber auch nicht nichts.

Daraus lassen sich einige interessante Erkenntnisse ableiten. Die erste ist, dass die Photonenlatenz mit der Frequenz zunimmt. Je höher die Energie eines Photons, desto länger dauert seine Projektion. Das Universum braucht mehr Zeit, um energiereicheres Licht zu realisieren. Strukturell gesehen sind hochenergetische Photonen in diesem Rahmen also langsamer. Nicht langsamer in ihrer Bewegung, sondern langsamer in ihrer Existenzwerdung. Und diese Langsamkeit ist von Bedeutung.

Warum?

Weil diese Latenz zwei der seltsamsten Phänomene der Physik erklärt: die Schwerkraft und die Verschränkung (Entanglement).

Obwohl Photonen im Standardmodell masselos sind, unterliegen sie der Schwerkraft. Licht wird um Sterne herum abgelenkt. Gravitationsquellen fangen Strahlung ein. Wir werden später sehen, dass diese Gravitationskopplung auf die Projektionsimpedanz der Identität, auf die Projektionslatenz, reagiert.

Verschränkte Photonen scheinen schneller als Licht zu kommunizieren, aber Experimente zeigen subtile Verzögerungen, Pikosekunden, manchmal Attosekunden, bei denen Ursache und Wirkung nicht ganz verschwimmen, sondern pulsieren. Wir werden ebenfalls später sehen, dass diese Verzögerung kein Signal ist. Es ist die Latenz, in der ein Photon entsteht. Projektionsverzögerung, keine unheimliche Wirkung aus der Ferne.

In der Latenz der Photonen verbirgt sich noch etwas anderes. Diese Zeit, diese fünf Yokosekunden, skaliert linear mit der Photonenenergie. In Kombination mit der räumlichen Ausdehnung legt sie eine maximale Geschwindigkeit für die Ausbreitung der Projektion fest. Diese Zahl wird c genannt. Die „Lichtgeschwindigkeit" ist eine Folge davon, wie schnell das Universum Licht überhaupt projizieren kann.

Ja, das sind Cliffhanger, und es liegt an Dir, weiterzumachen oder den Taschenrechner aus der Schublade Deines Schreibtisches zu holen, die Batterien zu überprüfen, die hier verwendeten Konstanten nachzuschlagen und diese 5 Yoktosekunden selbst zu berechnen.

3.4 Massenverschiebungen und Frequenzsignaturen

In der unsichtbaren Bibliothek der Identitätssignaturen gibt es ein Buch, auf dem überall „Elektron" steht und auf dessen Einband ein goldenes „σ_e" eingeprägt ist. Und wenn diese Elektronidentität in die Ebene des interstellaren Raums oder in die meisten Labore der Erde projiziert wird, kann ein Elektron mit seinen typischen Eigenschaften beobachtet werden, die sich aus der Codierung von σ_e ergeben.

Alle seine Eigenschaften?

Wir haben gerade gelernt, dass die Elektronenmasse das Ergebnis einer Projektionslatenz ist, keine feste Größe, sondern ein struktureller Kostenfaktor des Dimensionssprungs von der Identitätssignatur zur Realität. Daraus folgt etwas sehr Tiefgreifendes:

Die Elektronenmasse ist nicht konstant!

Ja ... das widerspricht jedem Physiklehrbuch und jeder Datentabelle, der Du jemals vertraut hast. Dennoch ist es eine logische Konsequenz der Projektionsdynamik und somit ein Testfeld für die Theorie. Eine gute Gelegenheit, die Theorie zu falsifizieren.

Was wissen wir über die Elektronenmasse? Wir wissen, dass eine Massenverschiebung bei Elektronen nicht nachgewiesen wurde, obwohl Elektronen in Hochpräzisionslabors ein gängiger Kandidat sind, da sie leicht zu beschaffen sind. Üblicherweise in einer Penningfalle, in der die Projektionsbedingungen stabil, gleichmäßig und toleranzreich sind. Der Teig ist glatt. Der Keks lässt sich sauber schneiden. Die Elektronenmasse ist, nach bestem Wissen unserer Instrumente, eine Konstante.

Aber stell Dir, Du platzierst dieses Elektron in der Nähe eines massiven Kerns. Plötzlich wird das Constraints-Feld enger. Die Geometrie ist gekrümmt, Felder überlagern sich, die lokale Struktur widersteht einer sauberen Einbettung. Der Projektionsmechanismus stößt auf höheren Widerstand. Und wenn er härter arbeitet, wenn er länger braucht, dann erhöht sich die Latenz. Und wenn die Latenz zunimmt ... dann nimmt auch die Masse zu. Nicht viel. Nur ein Flüstern. Aber wenn Frequenzen auf 15 Dezimalstellen genau gemessen werden, wird sogar ein Flüstern hörbar.

Wo könnte dieser Effekt auftreten? Wir suchen nach Situationen, in denen Elektronen stark gebunden sind (d. h. stark eingeschränkt), die Kernstruktur variiert (wodurch sich die Hintergrundconstraints ändern) und die Übergangsfrequenzen mit äußerster Präzision gemessen werden. Mit anderen Worten: Atomspektroskopie. Und nicht irgendeine Spektroskopie, wir brauchen die schwere Art. Ionen. Vorzugsweise mit nur einem Elektron, damit es keine Verzerrungen durch das Chaos mehrerer Elektronen gibt. Saubere, high-Z-hydrogenische Ionen. Wie sich herausstellt, hat sich bereits jemand damit beschäftigt. Sehr, sehr genau sogar.

Im Jahr 2022 hat ein Team von Experimentalphysikern die Übergangsfrequenzen von wasserstoffähnlichen Neonionen mit atemberaubender Präzision gemessen.[1] Wir sprechen hier von einzelnen Elektronen, die um Neonkerne kreisen – wie Wasserstoff, aber mit zehnmal so viel Ladung. Es wurden zwei Isotope verglichen: Neon-20 und Neon-22 (mit zwei zusätzlichen Neutronen). Nach der Quantenelektrodynamik (QED) sollte die Isotopenverschiebung, die durch die Änderung der Kernmasse und -struktur verursachte Frequenzänderung, vorhersagbar sein. Und tatsächlich ist das auch größtenteils der Fall. Aber nicht ganz.

---

1 M. Puchalski, V. A. Yerokhin, V. Patkóš, C. H. Keitel und Z. Harman: *Isotope shift of the 2P fine structure in neon: precision test of bound-state QED*. Nature 607, 671 (2022).

Was die Forscher fanden, waren unerklärliche Restverschiebungen von 60 Hz bei einem Übergang in Neon-20 und 160 Hz bei einem anderen Übergang in Neon-22.

Das klingt nicht nach viel, bis man sich vor Augen führt, dass diese Übergänge im Terahertz-Bereich stattfinden. Es handelt sich um Abweichungen in der Größenordnung von Teilen pro Billion in einem Experiment mit einer Auflösung im Sub-Hertz-Bereich. Kein bekannter QED-Effekt, einschließlich Kernrückstoß, Kernkorrekturen oder Lamb-Shifts höherer Ordnung, kann diese Differenz erklären. Das Standardmodell ist trotz all seiner Brillanz gerade so unzureichend, dass man es nicht leugnen kann und gerade so unzureichend, dass man erkennen muss: Hier passiert etwas Strukturelles.

Falls Du mit QED vertraut bist, wirst Du jetzt vielleicht eine Augenbraue hochziehen und wahrscheinlich wissen, dass das beschriebene Experiment „cutting edge QED" darstellt – und dann hättest Du wahrscheinlich auch den Artikel in Nature gelesen. Wahrscheinlicher allerdings ist, dass Du Dich mit nuklearen Übergängen und Lamb-Shifts nicht auskennst. Dann ist für Dich wichtig zu wissen, dass dies nicht nur eine der präzisesten Messungen ist, die je durchgeführt wurden, sondern auch die beste theoretische Betrachtung, die von den führenden Experten auf diesem Gebiet vorgenommen wurde. Das ist Physik vom Feinsten und deshalb wird es in Nature veröffentlicht.

Schauen wir uns noch einmal an, was hier passiert.

Im Teilchenbild ist das Elektron an den hochgeladenen Kern gebunden und umkreist ihn mit relativistischer Geschwindigkeit in einer engen Umlaufbahn. Hier erfährt es eine gegenüber dem leeren Raum leicht veränderte Projektionsumgebung. Keine Kraft. Constraints. Wenn der Kern schwerer wird, Neon-22 statt Neon-20, nehmen die Constraints zu. Jeder Kern bietet einen anderen topologischen Einbettungsraum. Die Projektionslatenz des Elektrons ändert sich. Und wenn sich die Latenz ändert, ändert sich auch die Masse.

In erster Näherung behandeln wir die effektive Masse des Elektrons in einer solchen Umgebung als:

$$m_{\mathrm{e}}^{\mathrm{eff}} = \kappa_0 \cdot \tau_{\mathrm{e}}$$

mit „$\kappa_0 = \frac{m_{\mathrm{e}}^2 c^2}{\hbar}$", wie zuvor definiert. Eine kleine Verschiebung „$\delta\tau_{\mathrm{e}}$" in der Projektionslatenz impliziert also eine entsprechende Verschiebung in der Masse:

$$\delta m_{\mathrm{e}} = \kappa_0 \cdot \delta\tau_{\mathrm{e}}$$

Betrachten wir nun, dass die Energieniveaus des Atoms, und damit seine Übergangsfrequenzen, empfindlich von der Elektronenmasse abhängen. Wenn die Masse zunimmt, steigt die Bindungsenergie und die Frequenz der emittierten Photonen verschiebt sich nach oben. Das bedeutet für die beobachtete Frequenzverschiebung „Δf":

$$\Delta f = \frac{\delta E}{h} = \frac{\delta m_{\mathrm{e}} c^2}{h}$$

Und bemerkenswerterweise erhält man, wenn man die Zahlen einsetzt, wenn man fragt, welche relative Massenverschiebung eine Verschiebung von 160 Hz in einem Multi-Terahertz-Übergang erzeugen würde, eine Massenzunahme in der Größenordnung von 10^{-48} kg. Genau die Art an subtiler struktureller Latenz-Differenz, die zu erwarten ist, wenn ein Elektron in der Nähe unterschiedlicher Isotopen-Constraints projiziert wird.

Das ist keine Spekulation. Das ist es, was die Daten zeigen. Und es wird nicht durch die QED vorhergesagt.

Die Quantenelektrodynamik ist ein Triumph des menschlichen Denkens. Sie sagt den Lamb-Shift, das anomale magnetische Moment und die Feinstruktur des Wasserstoffs mit erstaunlicher Präzision voraus. Sie ist definitiv nicht falsch. Aber sie ist auch auf einem Auge blind.

Die QED basiert auf Feldern innerhalb der Raumzeit. Sie geht davon aus, dass das Elektron bereits vorhanden ist, mit einer festen Masse, und berechnet, wie es interagiert. Sie befasst sich nicht mit den Bedingungen, unter denen das Elektron entsteht, und kann dies auch nicht. Sie kann nicht fragen, welchem Projektionswiderstand es ausgesetzt ist. Sie hat kein Konzept von Latenz. Wenn also Experimente an die Grenzen stoßen, wenn sie alles Bekannte subtrahieren und immer noch 160 Hz finden, muss auch die QED zugeben, dass etwas Tieferes fehlt.

Wie geht es nun weiter?

Wenn sich die Masse des Elektrons je nach Projektionsbedingungen subtil verschieben kann, wenn Masse umgebungsabhängig und nicht global festgelegt ist, dann ist die in Neon beobachtete Anomalie der Anfang eines Weges zur Überprüfbarkeit.

Dies führt uns zu einer konkreten, falsifizierbaren Vorhersage: „*In jedem System, in dem sich die lokalen Projektionsbeschränkungen ändern, verschiebt sich die effektive Masse der projizierten Identitäten, und diese Verschiebungen erscheinen als winzige, aber konsistente Abweichungen in den Übergangsfrequenzen.*“

Dies eröffnet eine völlig neue Kategorie von Präzisionstests:

- Isotopenketten: Variiere systematisch die Kernmasse, während Du die Elektronenzahl konstant hältst. Erwarte monotone Frequenzverschiebungen, die von der QED nicht vollständig erfasst werden. Betrachte nicht nur Neon, sondern auch Magnesium, Kalzium und hochionisierte schwerere Elemente. Erwarte Unterschiede zwischen Li-ähnlichen Ionen und H-ähnlichen Ionen.
- Variabilität von Constraints: Ändere die äußeren Bedingungen. Variieren die Stärke der magnetischen Einschränkung in Penning-Fallen. Wende unterschiedliche Vakuumbedingungen an (Casimir-ähnliche Geometrien). Bette Systeme in die Nähe strukturierter Materialien ein (photonische Kristalle, Graphensubstrate). Wenn die Projektionsresistenz real ist, sollten Elektronen in engeren Fallen oder bei veränderten Randbedingungen messbare, systematische Massenverschiebungen aufweisen.

- Feldinduzierte Modulation von Constraints: Verwende hochintensive Felder (optische Gitter, Hohlraum-QED-Anordnungen), um die Projektionsgeometrie des Elektrons zu verändern, ohne seine Quantenzahl zu verändern. Achte auf „Frequenzermüdung". Abweichungen in der Übergangsenergie aufgrund des strukturellen Kontexts, nicht aufgrund der Quantenzahl selbst.
- Verschränkte Systeme mit gebrochener Symmetrie: Verschränke zwei Elektronen und platziere eines davon in einer strukturell asymmetrischen Umgebung. Achte auf asymmetrische Massensignaturen, auch wenn das Gesamtsystem isoliert ist.

Dies ist nicht nur eine Neuinterpretation. Es handelt sich um eine neue Art von Physik: vorhersagbar, falsifizierbar und bereits in den Daten zu erkennen. Die nächste Anomalie wird kein Rauschen sein. Es wird eine Struktur sein, die gesehen werden will.

Wir wollen nun beobachten, was passiert, wenn sich Projektionslatenzen im Raum ansammeln. Wenn sich die Bildung der Realität so verzögert und so sehr in Zwängen verstrickt ist, dass sich sogar der Raum krümmt.

II. Die Geometrie des Widerstands gegen die Realität

4 Krümmung ohne Felder

4.1 Die klassische Illusion der Kraft

Am Anfang, damit ist Athen gemeint, nicht die Genesis, war die Schwerkraft der Wille des Kosmos. Alle Objekte, Menschen, Philosophen, Dinge, ein Brief von Zeno und alles andere liebten die Erde und strebten danach, an ihren natürlichen Platz zurückzukehren. Es gab keine Anziehungskraft, es war der freie Wille aller Dinge, nach unten zu fallen. Die Erde unten, das Feuer oben am Himmel, das Wasser dazwischen, denn das Wasser konnte sich nicht wirklich entscheiden. Der Himmel hingegen bestand aus etwas ganz anderem, einer perfekten, unveränderlichen Substanz, die sich in Kreisen bewegte, weil Kreise göttlich waren. Das war Ontologie.

Aristoteles' Universum war ordentlich, hierarchisch und zutiefst beruhigend. Alles wusste, wo es hingehörte. Der Apfel fiel nicht aufgrund einer Kraft, er fiel, weil er die Erde vermisste. Ordnung, nicht Mechanik.

Und fast zweitausend Jahre lang reichte das aus.

Galilei war klein. Von Statur, Geduld und Toleranz gegenüber anderen Meinungen, insbesondere denen eines gewissen genialen Deutschen namens Kepler. Aber Galileo mangelte es nicht an Ideen, um sich in Schwierigkeiten zu bringen. Galilei lehrte Physik in Padua, nicht weit von Pisa entfernt, und unter seinen Studenten wurde die Legende erzählt, dass der Maestro selbst Steine vom berühmten Turm geworfen habe. Galileos Experiment war einfach: zwei Objekte unterschiedlicher Masse fallen lassen und beobachten, was passiert. Aristoteles hatte vorausgesagt, dass der schwerere Stein schneller fallen und zuerst den Boden erreichen würde – eine physikalische Gesetzmäßigkeit, die noch heute von Schülern täglich angewendet wird. Aber Galileo stellte fest oder behauptete zumindest, dass beide gleichzeitig aufschlugen, und inspirierte andere dazu, dies zu bestätigen. Die Erde trifft keine Wahl. Sie beschleunigt einfach. Und von diesem Moment an änderte sich die Geschichte der Schwerkraft.

Aber erst Kepler, der von Mars besessen war, und Newton, der sich fragte, warum der Mond nicht fiel, vollendeten den Wandel. Keplers Ellipsen durchschnitten die Himmelssphären wie ein Messer Pergament. Keine perfekten Kreise. Nur ehrliche Daten. Und Newton verwandelte diese Daten in Schicksal. Die Schwerkraft, sagte er, ist kein Streben. Sie ist eine Kraft:

$$F = G\frac{m_1 m_2}{r^2}$$

Ein universelles Gesetz. Eine Anziehungskraft, die kein Seil braucht. Ein stiller Handschlag zwischen Massen, der sich unsichtbar über die Leere erstreckt. Und zum ersten Mal in der Geschichte konnte dasselbe Prinzip sowohl den Fall eines Apfels als auch die Umlaufbahn des Mondes erklären. Das ist immer noch atemberaubend.

Aber der brillante Isaac Newton hatte keine Ahnung, wie die Schwerkraft funktionierte. Der Mechanismus war völlig unbekannt. Hypotheses non fingo, schrieb er. „Ich stelle keine Hypothesen auf." Das Gesetz war richtig, und es ist es immer noch. Es hat Vertrauen gewonnen, da wir es verwenden können, um einen Satelliten in einer geostationären Umlaufbahn oder ein Slingshot-Manöver am Jupiter und jede Raketenladung, die den Mars erreicht, zu berechnen.

Und doch passte etwas nicht ganz.

Newtons Gravitation war augenblicklich. Würde die Sonne verschwinden, nicht verblassen, nicht explodieren, sondern einfach plötzlich verschwinden, weil jemand nicht aufgepasst und sie verloren hat, dann würde die Erde nach Newtons Gesetz die Veränderung sofort spüren. Augenblickliche Dunkelheit. Keine Vorwarnung. Keine Verzögerung. Die mächtige, unsichtbare Kraft verschwindet in Null-Zeit über 150 Millionen Kilometer.

Das störte Albert Einstein. Nicht weil er Angst vor der Dunkelheit hatte, sondern weil dies absolut keinen Sinn ergab. Er dachte weiter und stellte sich vor, dass die Lichtgeschwindigkeit die Grenze sei, mit der sich Informationen fortbewegen können, und fasste dies in seiner speziellen Relativitätstheorie zusammen. Aber wenn nichts schneller als Licht sein kann, dann kann es die Schwerkraft auch nicht. Also schaute Einstein sich um und fand ein Wobbel. Wobble war der Name seiner Katze. Das ist allerdings ein Mythos, aber die Schwankung in der Umlaufbahn des Merkur war es nicht. Newtons Gleichungen beschreiben die Umlaufbahn, aber eben nicht ganz. Eine winzige Präzession blieb ungeklärt, nur wenige Bogensekunden pro Jahrhundert, aber messbar und hartnäckig. Einstein vermutete, dass das Problem nicht beim Planeten lag, sondern bei seiner Umgebung ... Was wäre, wenn Masse und Energie nicht nur in der Raumzeit existierten – sondern sie formten?

Einstein entwickelte eine radikale Theorie. Ein neues Bild, in dem die Schwerkraft nicht mehr als Kraft wirkt, die über den Raum hinweg wirkt, sondern als Verformung des Raums selbst. Er stellte sich Raum und Zeit nicht als Bühne vor, sondern als Gewebe.

Dehnbar. Verdrehbar. Empfindlich gegenüber Präsenz. Wenn man eine Masse in die Raumzeit einbringt, sagte er, krümmt sie sich. Und andere Massen spüren keine Kraft, sie folgen einfach den Krümmungen. Planeten umkreisen nicht, weil sie angezogen werden. Sie umkreisen, weil sie fallen. Immer fallen. Der Apfel fällt nicht, weil er angezogen wird. Er fällt, weil sich die Raumzeit um die Erde neigt. Fallen ist einfach eine gerade Bewegung in einer gekrümmten Welt. Diese Idee wurde zur Allgemeinen Relativitätstheorie, und anstelle von Newtons Kraftgesetz schlug Einstein eine geometrische Beziehung vor:

$$\mathbf{G}_{\mu\nu} = \frac{8\pi G}{c^4}\mathbf{T}_{\mu\nu}$$

Auf der linken Seite ist die Geometrie der Raumzeit, deren Krümmung in einem Krümmungstensor codiert ist. Auf der rechten Seite: Masse, Energie und Impuls, die Präsenz von Materie und Licht. Die Gleichung besagt: Die Masse sagt dem Raum, wie er sich krümmen soll, und der gekrümmte Raum sagt der Masse, wie sie sich bewegen soll. Die Gleichung zieht nicht an. Sie gleicht aus. Eine Rückkopplungsschleife zwischen Materie und der Form ihres Raums.

Es war wunderschön.

Mehr noch – es funktionierte. Es erklärte die Umlaufbahn des Merkur, die Ablenkung des Sternenlichts um die Sonne, den langsamen Tanz der Doppelpulsare, die Entstehung von Schwarzen Löchern. Es sagte Gravitationswellen ein Jahrhundert vor ihrer Entdeckung voraus.

Einstein gab uns die Krümmung. Aber er erklärte nie, warum sich der Raum überhaupt krümmt. Was Krümmung unterhalb der Mathematik ist. Seine Feldgleichungen sagen, wie Masse und Energie die Geometrie formen, aber nicht, warum es überhaupt eine Geometrie geben sollte. Einstein hat die Existenz der Raumzeit nie infrage gestellt. Er benutzte sie als Leinwand für seine Theorie, auf der sich die Leinwand unter dem Gewicht wellt, dehnt, krümmt, aber er wagte nicht zu fragen, woher die Leinwand kam. Wenn wir jedoch genauer hinschauen, sehen wir Risse in der Leinwand, es tauchen Paradoxien auf.

Die Allgemeine Relativitätstheorie behandelt die Raumzeit als real. Als gegeben. Das wird nicht diskutiert. Es ist eine sehr mächtige Annahme in der gesamten Physik. Es ist ein Gesetz. Die Torwächter in den Redaktionen seriöser wissenschaftlicher Zeitschriften sorgen dafür, dass dies niemals angetastet wird, als wäre es eine Art Heiliger Gral, die heilige Leinwand der Existenz. Und das ist für die Physik von entscheidender Bedeutung, da alles, was jemand berechnet, jede Flugbahn, jeder Krümmungstensor, jeder Lichtkegel oder Ereignishorizont, davon abhängt, dass es eine Raumzeit-Leinwand gibt, auf der man arbeiten kann.

Aber Einstein hat nie erklärt, warum das Universum eine Struktur haben sollte, die auf Masse reagiert. Warum Materie sich krümmt, anstatt zu zerbrechen. Oder sich auflöst.

Oder nichts tut und sich langweilt. Und so beantwortet die Allgemeine Relativitätstheorie trotz all ihrer Brillanz nicht die Frage, warum sie funktioniert. Sie umgeht sie mit Anmut und Erfolg und historischem Triumph, weil sie funktioniert, aber sie umgeht sie dennoch.

Während die Physik mit der Allgemeinen Relativitätstheorie im Land der heiligen Leinwand glücklich und zufrieden lebte, gruben sich die sieben Zwerge immer tiefer in die Quantenfeldtheorie ein. Sie fanden Gold, jede Menge Gold in der Tatsache, dass sie alles als Feld modellieren konnten. Licht, Materie, Kräfte, Kamele, Handlungen. Alles ist ein Feld. Glatt, kontinuierlich und doch quantisiert: kleine Erregungen, die auf einem riesigen mathematischen Ozean tanzen. Alles? Es gibt eine Sache in der Physik, die sich dem Ansturm der Quantenfeldtheoretiker widersetzt – die Schwerkraft.

Sie erfanden das Graviton. Ein hypothetisches Teilchen, dessen Aufgabe es sein sollte, die Gravitationskraft zu übertragen, so wie Photonen den Elektromagnetismus übertragen. Wenn Licht ein Teilchen hat, sollte die Schwerkraft auch eines haben. Das war die Logik. Und eine Zeit lang schien das plausibel. Man konnte die Schwerkraft mit Feynman-Diagrammen angreifen. Spielzeugmodelle des Gravitationsaustauschs bauen. Das Lagrange-Funktional optimieren und zusehen, wie die Mathematik lebendig wird. Aber dann kam der Riss. Die Schwerkraft verhielt sich nicht so, wie sie sollte. Die Gleichungen ließen sich nicht renormalisieren, ihre Unendlichkeiten ließen sich nicht aufheben. Gravitonen wollten bei hohen Energien nicht mitspielen. Die Stringtheorie kam mit eleganten zehn-dimensionalen Ablenkungen, die Schleifen-Quantengravitation mit Netzwerken aus Geometrie, aber das Feld widersetzte sich weiterhin der Quantisierung. Das ist für eine ganze Generation von Theoretikern sehr, sehr frustrierend.

Denken wir einen Moment an sie … seufz!

Selbst wenn man eine Theorie der Gravitonen aufschreiben könnte, wo würden sie existieren? Sie würden immer noch Raumzeit brauchen, um zu existieren. Sie würden immer noch die heilige Leinwand brauchen, auf der sie vibrieren können, aber man kann ein Graviton nicht im Raum platzieren, wenn der Raum selbst das ist, was das Graviton erklären soll.

Schlimmer noch, die Schwerkraft kann nicht einmal lokalisiert werden. Gravitationsenergie ist nichts, worauf man zeigen kann. Man kann sie nicht in eine Schachtel stecken. Es gibt keinen Stress-Energie-Tensor für das Gravitationsfeld selbst. Die Idee der Gravitationsenergiedichte ist mehrdeutig. Versucht man, sie streng zu definieren, bricht die Mathematik zusammen und man erhält Pseudotensoren, keine beobachtbaren Größen.

Zugegeben, das war etwas zu mathematisch und völlig unverständlich, aber es hat seinen Zweck erfüllt, Dir einen Hinweis zu geben, dass die Gravitation kein Feld unter Feldern ist.

Es ist etwas anderes. Etwas Strukturelleres. Etwas Architektonischeres. Und das ist vielleicht der Grund, warum jeder Versuch, die Schwerkraft zu einem weiteren Feld zu machen, stillschweigend gescheitert ist.

Denn das ist sie nicht.

Wir begannen dieses Kapitel mit Aristoteles' fallendem Apfel, der nach Hause zurückkehrte. Wir kamen an Newtons Formel vorbei, in der die Schwerkraft zu einer Kraft wurde, unsichtbar, aber messbar. Wir standen mit Einstein, der den Raum selbst krümmte, um die Bewegung der Planeten und Sterne zu erklären.

Auf unserem Weg wurden wir viel besser darin, Dinge zu berechnen, aber wir kamen der Wahrheit nie näher. Jede bisherige Formulierung, von Kraftgesetzen bis zu Krümmungstensoren, beschreibt die Schwerkraft als Reaktion auf Masse. Aber keine erklärt, was Masse ist. Oder warum sie die Geometrie beeinflussen sollte. Oder warum sich überhaupt etwas „krümmen" sollte. Wir haben die Schwerkraft als grundlegend bezeichnet. Aber vielleicht ist sie das nicht. Vielleicht ist sie die sichtbare Folge einer tieferen Spannung: einer Identität, die versucht, sich in einer Welt der Erscheinungen zu stabilisieren – und dabei auf Widerstand stößt.

Vielleicht krümmt sich die Raumzeit nicht wegen dem, was Masse tut, sondern wegen dem, was Masse ist. Eine Verzögerung. Eine Latenz. Eine Langsamkeit in der Entfaltung von Identität. Das würde die Schwerkraft nicht zu einer Kraft machen, sondern zu einem Muster. Ein geometrisches Echo von Zwängen. Und das würde bedeuten, dass das, was wir als Gewicht empfinden, kein Sog ist, sondern ein Widerstand. Kein Faden, der uns nach unten zieht, sondern die Form des verlangsamten Werdens. Es würde bedeuten, dass wir die Schwerkraft seit über zweitausend Jahren missverstanden haben. Und nun, nachdem wir diesem Faden gefolgt sind, von Aristoteles' erdgebundener Gewissheit bis zu Einsteins gekrümmtem Kontinuum, sind wir bereit, die Frage zu stellen, die keine Theorie beantwortet hat:

„Was passiert, wenn die Realität sich ihrer eigenen Erscheinung widersetzt?"

Denn genau das, und nichts weniger, könnte die wahre Natur der Schwerkraft sein.

4.2 Die Geometrie des Widerstands

Was Masse wirklich ist: Latenz als Trägheit

Es ist Zeit für einen weiteren Keks. Wie wäre es mit einem, der wie ein Elektron geformt ist? Vielleicht schaust Du mal in der Küche nach dieser Schachtel, in der all die guten Sachen sind. Ja, genau die. Es ist ein anderer Keks? Macht nichts, solange der Zuckergehalt stimmt, ist er in Ordnung.

Denken wir einmal an die Person, die diesen Keks gebacken hat, obwohl es natürlich viel wahrscheinlicher ist, dass er in einer Fabrik oder in einer Garage hergestellt wurde. Nein, nicht in einer Garage, natürlich nicht. Wie auch immer, diese Maschine musste mit Mühe die Form in den Teig drücken, um die Realität des Kekses zu erzeugen. Der Teig wollte jedoch nicht nachgeben. Er leistete Widerstand. Nicht dramatisch. Nur gerade so viel, dass er den Entstehungsprozess verlangsamte.

Du erinnerst Dich sicher noch, dass wir Masse als „$m = \kappa_0 \cdot \tau$“ definiert haben, mit einer Projektionslatenz „τ“, der Zeit, die eine Identität in Ω benötigt, um sich in der Raumzeit zu stabilisieren und sichtbar zu werden. Das musst Du jetzt noch nicht glauben. Aber vielleicht spürst Du bereits die Eleganz dieser Beziehung.

Je komplexer die Identität, je reichhaltiger ihre innere Struktur, ihre Constraints, ihre Verflechtungen, desto länger dauert es, sie zu projizieren. Nicht unendlich lange. Nur ... länger. Lange genug, um sich Veränderungen zu widersetzen. Lange genug, um sich daran zu erinnern, dass es Mühe gekostet hat, dorthin zu gelangen.

Dieser Widerstand ist Trägheit.

Kein übergestülptes Gesetz. Nicht Newtons erster Grundsatz. Nur der natürliche Preis der Beharrlichkeit.

Masse ist keine Substanz. Sie ist eine Dauer. Kein Gewicht, das man trägt, sondern eine Zeit, die das Universum aufwenden muss, um einen erscheinen zu lassen. Wenn diese Zeit im Raum variiert, wird die Projektion in einigen Regionen einfacher als in anderen. Die Bewegung wird diese Regionen bevorzugen. Die Wege werden sich krümmen, weil das Werden in bestimmten Richtungen einfacher ist. Nicht weil irgendetwas zieht.

Raumzeit als Projektionsgradient

Es ist möglicherweise politisch nicht ganz korrekt, allzuviel Zucker metaphorisch zu verwenden und wir machen das auch nur, weil das Buch von der Zahnfee gesponsert wurde. Und genau das ist der Grund, warum Du Dir jetzt vorstellen musst, durch Honig zu laufen. Nicht auf einmal, sondern allmählich. Du beginnst am Rand, wo es noch sirupartig und flüssig ist und jeder Schritt leicht fällt. Aber dann wird es tiefer und zäher. Allmählich. Unmerklich. Bis Deine Bewegung nicht mehr nur vorwärts geht, sondern mühsam wird. Du bist auf einer Mission. Die Richtung wird wichtig. Ebenso das Momentum. Schließlich läufst Du nicht mehr durch Raum. Du läufst durch Widerstand.

So fühlt sich ein Latenzgradient an.

Genau das ist Raumzeit.

Wäre die Projektion einheitlich, würde Realität überall gleich entstehen und das Universum wäre flach. Keine Krümmungen, keine Biegungen, keine Gravitation. Alles würde mit derselben Leichtigkeit erscheinen. Die Zeit würde gleichmäßig ticken. Die Wege würden gerade bleiben.

Aber Projektion ist nicht einheitlich.

Einige Regionen, in der Nähe von Masse, in der Nähe von Strukturen, in der Nähe von dichten Knotenpunkten, erfordern mehr Aufwand. Sie leisten Widerstand. Sie verzögern. Diese Abweichung ist Geometrie, sie ist Krümmung. Man braucht kein Graviton. Man braucht keine Metapher einer sich verzerrenden Folie. Alles, was man braucht, ist eine Latenz, die sich von Ort zu Ort ändert. Denn wenn die Kosten des Werdens variieren, dann biegt sich der Weg des geringsten Widerstands, der schnellste Weg durch den Projektionsraum. So wie Flüsse sich um Hügel biegen, biegen sich Identitäten um Projektionsimpedanzen.

Und was wir als Geodäte bezeichnen, die „gerade Linie" in gekrümmter Raumzeit, ist nichts anderes als die effizienteste Abfolge der Projektion. Es ist der Weg, den eine Struktur nimmt, um mit minimalem Aufwand real zu werden.

Wir durchlaufen gerade einen Paradigmenwechsel, der die Physik völlig verändert, wenn wir erklären, dass Bewegung nicht die Bahn eines Objekts durch den Raum ist, sondern die Entfaltung von Identität durch einen Projektionsgradienten. Und wenn dieser Gradient nicht flach ist, wenn die Kosten des Seins davon abhängen, wo man sich befindet, dann krümmt sich die Bewegung. Weil das Universum versucht, Zeit zu sparen. Nicht wegen einer unerklärlichen Kraft.

Krümmung als Ableitung der Latenz

Wir sind nicht das Universum und genießen den Luxus, keine Zeit sparen zu müssen, also können wir uns entspannt zurücklehnen, uns noch einen Kaffee holen und uns darauf freuen, dass dieses Kapitel nun in den reinen Physikmodus übergeht. Gehen wir es langsam an.

Zunächst erinnern wir uns: Wir krümmen den Raum nicht. Wir beobachten, wie Identität durch Widerstand projiziert wird. Und Widerstand ist nicht abstrakt, er ist messbar. Wir nennen ihn Latenz. Latenz $\tau(x)$ ist die Zeit, die etwas benötigt, um an einem bestimmten Punkt x in der Raumzeit real zu werden. Aber was passiert, wenn die Latenz variiert?

Man erhält eine Steigung.

Und wo es eine Steigung gibt, bewegen sich Dinge bergab, weil das Werden in einer Richtung einfacher ist als in einer anderen. Eine Projektion fällt nicht, sie fließt bergab, durch den Latenzraum. Strukturieren wir das mal ein bisschen.

Wir definieren: $\tau(x)$ als die minimale Projektionslatenz am Punkt $x \in M$. Dieses Feld codiert die strukturellen Kosten des Werdens, Impedanz. Stell Dir nun ein Teilchen vor, dessen Identität sich über benachbarte Punkte hinweg zu stabilisieren versucht. Es fragt nicht: „Wohin soll ich gehen?" Es fragt: „Wo kann ich mit dem geringsten Aufwand erscheinen?" Die Antwort liegt im Gradienten von $\tau{:}\partial_\mu \tau(x)$. Dieser Gradient zeigt in Richtung des zunehmenden Projektionswiderstands.[1] Eine Struktur folgt also dem Weg des steilsten Abstiegs, der Richtung, die die Latenz am effektivsten minimiert. Das sind die Geodäten.

---

1 Mathematisch wird dies normalerweise als „$\nabla_\mu \tau(x)$" geschrieben, wobei „∇" (Nabla) eine kovariante Ableitung bezeichnet, eine Ableitung, die die Krümmung in der Raumzeit berücksichtigt. Der Einfachheit halber schreiben wir hier „$\partial_\mu \tau(x)$". Man kann sich dies als eine Richtungsneigung vorstellen: Wie schnell sich die Projektionslatenz ändert, wenn man sich ein wenig in Richtung μ bewegt. Wenn sich die Neigung selbst ändert, erhalten wir eine Krümmung, ausgedrückt als zweite Ableitung „$\partial_\nu \partial_\mu \tau(x)$".

Falls Du keine Vorkenntnisse in Differentialgeometrie oder Tensorrechnung hast, bist Du jetzt vielleicht etwas verwirrt. Schlüsseln wir das etwas auf:

Du erinnerst Dich, dass „$\tau(x)$" die Latenz an einem bestimmten Ort in der Raumzeit ist. „∂" ist die Abkürzung für „derivative" und bedeutet einfach: „Schauen wir mal, wie schnell sich etwas verändert." In unserem Fall geht es darum, wie schnell sich die Latenz von Punkt zu Punkt verändert, wenn also „$\tau(x)$" die Höhe des Landes wäre, dann wäre „$\partial\tau(x)$" die Steigung. Ach ja, da ist noch der griechische Buchstabe μ als Index, der uns sagt, in welche Richtung wir schauen. „$\partial_\mu\tau(x)$" bedeutet also einfach: „Wie schnell ändert sich die Projektionslatenz an der Position x in Richtung μ?" Dabei ist „Richtung" in der vierdimensionalen Raumzeit eine von drei Raumrichtungen oder die Zeit.

Und so zeigt sich die Schwerkraft: Wenn die Projektionslatenz in bestimmten Richtungen steiler wird, fallen die Dinge in diese Richtung.

Gehen wir noch einen Schritt weiter. Es kommt nicht nur auf die Steigung an, sondern auch auf die Änderung der Steigung. Das ist die Krümmung. Mathematisch gesehen ist das die zweite Ableitung der Latenz, wie sich der Gradient selbst krümmt: $\partial_\nu\partial_\mu\tau(x)$. Diese zweidimensionale Struktur ergibt Tensoren, die komplex genug sind, um zu beschreiben, wie sich das Werden nicht nur vorwärts, sondern auch seitwärts, nach oben oder entlang der Zeit verzerrt.

Wir betrachten, wie sich die Steigung in einer Richtung (μ) ändert, wenn man sich in eine andere Richtung (ν) bewegt.

Fassen wir zusammen: $\partial_\mu\tau(x)$ sagt uns, wie schwer es ist, in Richtung μ zu projizieren. $\partial_\nu\partial_\mu\tau(x)$ sagt uns, wie sich diese Schwierigkeit selbst krümmt, wenn man sich in Richtung ν bewegt. Das ist das Wesen der Krümmung.

Die von uns entdeckte Krümmung wirkt nicht auf den Raum. Sie ist die Verformung des Werdens. Eine Projektionskrümmung.

Das klingt zwar großartig, aber wir müssen noch herausfinden, was es tatsächlich bedeutet. Gehen wir langsam vor. Die Widerstandslandkarte, die wir aufgedeckt haben, ist nicht flach. Sie hat Täler, in denen Projektionen leicht fallen. Sie hat Grate, an denen sich Projektionsconstraints aufbauen. Und sie hat Sättel, an denen sich die Wege auf subtile Weise winden. Das sind reale Strukturen im Bereich des Werdens. Sie prägen, wie Identitäten in Raumzeit zu Realität werden, wie Uhren ticken, wie Licht gebrochen wird.

Um ein vollständiges Bild zu erhalten und diese Landschaft genau zu beschreiben, brauchen wir mehr als nur eine Zahl oder eine Steigung. Wir brauchen einen Tensor, ein mathematisches Objekt, das uns nicht nur sagt, wie steil etwas ist, sondern auch, wie sich die Steilheit selbst in alle Richtungen gleichzeitig krümmt.

Das ist die Aufgabe des Ricci-Tensors.

Er erfasst alle gerichteten zweiten Ableitungen, wie sich die Latenz krümmt, und extrahiert den Teil, der uns sagt, wie stark eine Region von der Ebenheit abweicht. Das ist gut. Unser Bild wird klarer, aber es reicht noch nicht aus. Der Ricci-Tensor hat noch

Lücken, Spuren davon, wie sich die Skala des Raums nicht nur krümmt, sondern auch ausdehnt. Wir müssen auch die Metrik verwenden, das interne Lineal und den Kompass der Raumzeit selbst. Diese Kombination aus Metrik und Ricci-Tensor ist der Einstein-Tensor $\mathbf{G}_{\mu\nu}$. In der Raumzeitphysik soll dieser Tensor auf Energie und Impuls reagieren.

Aber jetzt geschieht etwas Tieferes.

Der Einstein-Tensor reagiert auf den Widerstand der Projektion, auf den Widerstand, real zu werden. Er codiert, wie sich die Projektionslatenz krümmt, wie schwierig es an jedem Punkt der Raumzeit ist, dass sich eine Struktur stabilisiert. Mathematisch drücken wir das so aus:

$$\mathbf{G}_{\mu\nu} \sim \kappa_0 \cdot d_\mu d_\nu \tau(x)$$

Das sind Einsteins Gleichungen. Aber sie sind nun keine Gesetze der Wechselwirkung. Sie sind die Geometrie des Verlangsamens. Masse verursacht keine Krümmung, weil sie zieht. Sie verursacht Krümmung, weil sie verzögert.

Die Feldgleichungen der Allgemeinen Relativitätstheorie sind eine erstaunlich elegante Art zu sagen:

„Krümmung ist die Biegung der Verzögerung.“[2)]

Projektionsspannung und gravitative Zeitdilatation

Vielleicht sollte man hier explizit erwähnen, dass Einsteins berühmte Gleichung immer noch gilt. Wir haben nur gerade ihre Bedeutung geändert. Jetzt denkst Du vielleicht: „Wie kann man es wagen, den heiligen Gral der Allgemeinen Relativitätstheorie anzutasten!“ Nun, es ist immer noch der Heilige Gral der Allgemeinen Relativitätstheorie und wir ändern auch überhaupt nichts an der schönen Theorie. Wir zeigen hier aber, dass Einsteins Gleichungen, die von ihm durch Genialität hergeleitet und auf die Leinwand der Raumzeit gemalt wurden, tatsächlich durch Projektion entstehen. Sie sind nicht nur die Fantasie eines begabten Physikers, sondern die mathematische Version der Beschreibung, wie das Universum entsteht.

Ja,

Klingeling … *„Feynman hier“* … *„Können Sie das testen?“*

Gut. Testen wir es anhand von Einsteins eigenen Ideen, das scheint fair.

Stell Dir zwei Uhren vor. Eine auf einem Berggipfel, hoch über der Erde. Eine unten im Tal, näher am Erdmittelpunkt. Wir synchronisieren die Uhren, dann lassen wir sie ticken und dann vergleichen wir die Uhrzeiten. Und dann stellen wir fest, nicht wirklich überrascht, weil wir das Buch über die Allgemeine Relativitätstheorie gelesen haben,

---

2 Das ist hier nur sehr oberflächlich illustriert. Im Anhang B findet man eine mathematisch genauere Ableitung. Wer es dann noch genauer wissen will, müsste die Publikationen auf dem Open Science Framework online lesen.

dass die Uhr im Tal langsamer tickt. Sie geht nach. Sie ist nicht kaputt. Sie ist nicht müde. Sie steht nicht in der Schweiz, wo angeblich alles langsamer läuft. Sie ist einfach ... tiefer in etwas drin.

Einstein sagt: „*Die Zeit verlangsamt sich in einem Gravitationsfeld.*“ Aber das ist keine Erklärung. Das ist eine Beschreibung.

Erklären wir es.

Eine Uhr ist kein magisches Wesen, das etwas über die Zeit weiß. Sie ist ein physikalisches System, vibrierende Atome, oszillierende Federn, ausgetauschte Signale, das in Raumzeit real ist und projiziert wird.

Projektionstheoretisch betrachtet, ist eine Uhr eine periodische Struktur, die sich in diskreten, stabilen Intervallen projiziert. Ihr Ticken ist der Rhythmus der Identität, die sich unter lokalen Constraints entfaltet. Wenn also eine Uhr langsamer wird, liegt das nicht daran, dass etwas sie stört. Es liegt daran, dass es länger dauert, bis sich ihre Identität projiziert.

Das Tal ist dichter an den Constraints der Erdmasse. Mehr Masse, mehr Latenz, mehr Widerstand gegen das Werden ... Daher dauert es länger, bis jedes Ticken erscheint. Problem gelöst.

Du bist noch nicht überzeugt? Schade! ... Okay, noch ein Beispiel.

Jetzt strahlen wir ein Photon aus dem Tal nach oben. Es wurde mit einer bestimmten Frequenz projiziert, die durch die Struktur seines Ursprungs festgelegt ist. Diese Frequenz ändert sich nicht. Aber Uhren schon.

In größerer Höhe, wo die Projektionslatenz geringer ist, ticken die Uhren schneller. Und wenn das Photon ankommt, wird es mit diesem schnelleren lokalen Rhythmus verglichen. Seine Schwingungen erscheinen nun gedehnt, langsamer, rötlicher. Das ist die gravitative Rotverschiebung.

Das Photon hat keine Energie verloren, es wird nur in einem anderen Rahmen gemessen, in dem Veränderungen leichter stattfinden. Dasselbe Photon. Unterschiedliche Uhren. Unterschiedliche Taktfrequenz.

Das ist derselbe Effekt, den Einstein beschrieben hat, aus der Perspektive der Projektion betrachtet. Das beweist nichts, da es dasselbe Ergebnis ist. Und das sollte auch so sein, denn so tickt die Raumzeit. Aber die Ontologie ist völlig anders, und das ist tatsächlich faszinierend.

Was ist also die Erkenntnis hier?

Die gravitative Zeitdilatation ist keine Verkrümmung der Raumzeit. Es ist eine Verlangsamung der Projektion in Regionen mit höherer Latenz.

Masse verzerrt die Zeit nicht. Sie verzögert das Werden. Und je tiefer man in dieser Verzögerung steckt, desto langsamer tickt man. Wenn Du also das nächste Mal eine Uhr in der Nähe eines Planeten langsamer laufen siehst, stell Dir nicht vor, dass sie durch unsichtbare Kräfte gedehnt wird. Stell Dir vor, dass die Realität selbst sich Zeit nimmt.

Der Weg des Lichts

Licht bewegt sich nie: Es erscheint.

Das Universum hat alle Zeit, die es braucht.

Es nimmt sich Zeit, um Galaxien zu drehen, Berge zu erodieren und um Beziehungen zwischen Atomen aufzubauen. Werden ist geduldig. Projektion ist vorsichtig. Die Realität entfaltet sich meist wie eine langsame Verhandlung.

Und dann – ist da noch das Licht.

Das Photon verhandelt nicht. Es wartet nicht. Es ruht nicht. Es scheint nicht einmal in der Zeit zu existieren. Aus seiner eigenen Perspektive, obwohl es keine hat, gelangt ein Photon von der Emission zur Detektion, ohne dazwischen irgendetwas zu erleben. Es ist einfach da. Hier, und dort. Keine Geschichte. Keine Schritte. Nur seine Identität ... irgendwo.

Und doch beobachten wir, dass sich Licht so verhält, als hätte es einen Weg. Wir sehen Strahlen sich krümmen. Wir zeichnen gerade Linien von Sternen. Wir sprechen von „Laufzeit", „Flugstrecke" und „Lichtjahren". Wir stellen uns vor, dass Photonen sich von A nach B bewegen, und in gewisser Weise tun sie das ja auch. Sie haben einen messbaren Impuls. Sie bewegen sich mit Lichtgeschwindigkeit. Sie kommen dort an, wo sie erwartet werden.

Aber in diesem Rahmen ist das, was wir „Weg" nennen, keine hinterlassene Spur. Es ist ein Muster der Realisierung, eine verbundene Reihe von Raum-Zeit-Punkten, an denen die Identität des Photons stabil erscheinen kann. Und das löst eine seit Langem bestehende Spannung. Denn seit über einem Jahrhundert sind wir zwischen zwei Bildern hin- und hergerissen:

Das Photon ist eine Welle, die sich ausbreitet und interferiert.

Das Photon ist ein Teilchen, punktförmig und eindeutig.

In der Projektionsdynamik löst sich diese Dualität jedoch auf. Eine Welle ist kein Ding, sondern die Form einer zulässigen Projektion. Ein Teilchen ist ebenfalls kein Ding, sondern das Ereignis seines Erscheinens.

Wenn wir also fragen: „Ist das Photon durch den linken oder den rechten Spalt gegangen?", sind wir bereits verwirrt. Es ist nirgendwo hingegangen. Es ist einfach dort erschienen, wo es die Constraints zuließen und das entstandene Muster war die Form der Kompatibilität.

Dies ist der Ausgangspunkt für das Verständnis, wie Licht gebrochen wird. Nicht weil es angezogen wird. Nicht weil es eine Welle ist, die sich windet. Licht wird gebrochen, weil sich die Struktur der Projektion im Raum verändert, und Licht erscheint wie immer dort, wo es am einfachsten erscheinen kann.

Warum sich Licht um Sterne biegt

1919 wurde während einer Sonnenfinsternis beobachtet, dass sich das Licht der Sterne um die Sonne herum krümmte. Die fotografischen Platten logen nicht. Etwas hatte das

Licht gebrochen, wie eine Linse. Das war rätselhaft, denn in Newtons Universum war die Schwerkraft eine Kraft, die auf Masse wirkte. Und Photonen, die keine Masse haben, sollten geradeaus fliegen, unbeeinträchtigt, wie Kieselsteine, die für Magnete immun sind.

Einsteins Gleichungen hatten diesen Effekt vorhergesagt. Nach der Allgemeinen Relativitätstheorie krümmt die Sonne die Raumzeit, und Licht folgt innerhalb dieser gekrümmten Geometrie dem geradesten Weg, der Geodäte. Das ist eine brillante Beschreibung, aber keine Erklärung.

Die ART sagt uns, was Licht tut. Sie sagt uns nicht, warum die Krümmung existiert oder wie das Licht weiß, dass es ihr folgen muss.

In der Projektionstheorie beginnen wir mit der Latenz.

In der Nähe eines massereichen Objekts wird die Projektion schwieriger. Die Latenz nimmt zu. Und das räumliche Muster, in dem ein Photon stabil erscheinen kann, die zulässige Geometrie seiner Entfaltung, wird verzerrt. Licht weicht diesen Bereichen nicht aus. Es biegt sich ihnen entgegen. Denn genau wie bei einer Glaslinse stößt eine erhöhte Latenz die Wellenfront nicht ab, sondern neigt sie nach innen. Die Projektion des Photons bleibt nur dann kohärent, wenn es durch die Widerstandskrümmung steuert.

Und so krümmt sich der Weg des Lichts nach innen, weil dies der einzige Weg ist, auf dem seine Identität ohne Widerspruch weiter bestehen kann.

Diese Krümmung, hin zur Impedanz, nicht weg davon, ist nicht auf Sterne beschränkt. Genau das passiert auch in einem Glasblock. Gravitationslinsen und optische Linsen sind keine zwei Effekte.

Sie sind ein Prinzip mit zwei Erscheinungsformen.

In Glaslinsen krümmt sich das Licht nach innen, weil die Mitte einen höheren Brechungsindex hat. Mehr Einschränkung, mehr Latenz. In der Raumzeit krümmt sich das Licht nach innen, weil die Mitte Masse hat. Wiederum mehr Einschränkung, mehr Latenz. Unterschiedliche Materialien. Gleiche Regel.

Aber warum nach innen?

Wenn die Latenz in der Nähe von Masse höher ist, sollte Licht sie dann nicht vermeiden? Das würde Sinn ergeben, wenn Licht eine Murmel wäre, die einen Hügel hinunterrollt. Aber Licht rollt nicht. Es verwirklicht sich.

Um dies zu erklären, müssen wir etwas tiefer in die Physik eindringen. Wenn Dir das Anti-Murmel-Analogon ausreicht, kannst Du gerne vorblättern. ... Los geht's:

In der Projektionstheorie ist der Weg des Photons keine Flugbahn durch den Raum, sondern eine Kette kompatibler Projektionsereignisse. Diese Ereignisse müssen die Kohärenz bewahren, die innere Struktur der realisierten Identität. In einem Latenzgradienten ist diese Kohärenz gefährdet. Wenn die Projektionsrichtung durch Bereiche mit wechselnder Impedanz verläuft, können sich lokale Stabilisierungsbedingungen widersprechen. Phasenbeziehungen werden inkonsistent. Die Identität kann sich ohne Widersprüche nicht vollständig realisieren. Die Einwärtskrümmung stellt sicher, dass Projektionsereignisse unter variierenden Latenzen phasenkompatibel bleiben. Die Krümmung des Weges ist eine Folge der Aufrechterhaltung der strukturellen Kontinuität bei zunehmendem Widerstand. Das Photon folgt nicht dem Weg der geringsten Latenz. Es folgt dem Weg, der die Kohärenz unter den gegebenen Bedingungen aufrechterhält. Dies gilt gleichermaßen für die Krümmung der Raumzeit und für brechende Medien. In beiden Fällen ist die Einwärtskrümmung keine Ablenkung, sondern eine, die Constraints erhaltende, Projektionsbahn.

Warum sich Licht in Glas biegt

Nachdem wir erwähnt haben, dass Gravitationslinsen und Optik im Grunde dasselbe sind, können wir leicht über das Verhalten von Photonen sprechen, ohne weit weg zu einem dichten Stern reisen zu müssen. Schauen wir uns noch einmal die Tasse Tee an, oder besser gesagt ein Glas Wasser, denn wahrscheinlich hast Du das erste Mal in einem Glas Wasser gesehen, wie sich Licht biegt.

Du hast vielleicht einen Strohhalm hineingestellt. Er wirkte zerbrochen. Dein Gehirn sagte: „Das ist seltsam." Wenn Du kein Speerfischer bist, hast Du das dann wahrscheinlich wieder vergessen, weil andere Dinge interessanter waren, bis Dein Physiklehrer in der Schule erklärte, dass Licht in Wasser, Glas oder Diamanten langsamer wird. Dass es seine Geschwindigkeit und seine Richtung ändert und an der Grenze gebrochen wird. Und wahrscheinlich hast Du bisher gut weiterleben können, ohne zu fragen, warum das Licht langsamer wird.

Vielleicht verlangsamt es sich, weil es keine Eile hat oder weil es staunend die innere Struktur eines Diamanten betracht oder die Fische im Aquarium aus der Nähe anschauen möchte. Aber das ist höchstwahrscheinlich nicht der Fall, da wir bereits festgestellt haben, dass das Photon keine Zeit hat. Es hat also sicherlich keine Zeit, sich Fische anzusehen. Da es keine Zeit und keinen Weg hat, sich fortzubewegen, und somit überhaupt keine Geschwindigkeit hat, ist die Vorstellung, dass es sich verlangsamt, ziemlich abwegig. Was passiert hier also?

In der klassischen Physik sagen wir, dass die elektromagnetische Welle mit dem Material interagiert, sie streut, polarisiert, von Atomen eingefangen und wieder ausgestrahlt wird. Wir mitteln all dieses Chaos und erklären: „Die effektive Lichtgeschwindigkeit in Glas ist geringer." Wenn Du gerade aufgewacht bist und dies liest, bevor Du Deinen ersten Kaffee getrunken hast, ist diese Erklärung fast so gut wie zu sagen, dass das Licht einfach zu müde ist, um schnell zu sein.

Aber die Geschichte des wandernden Photons beginnt damit, dass seine Identität in die Realität projiziert wird, und Projektion unterliegt Constraints. Glas erhöht die Constraints der Projektion eines Photons zusätzlich.

Es gibt mehr Strukturen, in die es sich einfügen muss. Mehr lokale Regeln. Mehr Einbettungsanforderungen. Das Photon bewegt sich nicht langsamer (es bewegt sich ohnehin nicht), es braucht einfach länger, um pro Längeneinheit real zu werden. Das ist Latenz. Und wo die Latenz zunimmt, verändert sich der Weg, um die Gesamtprojektionskosten zu minimieren.

Wenn Licht also von Luft in Glas eintritt, wird es gebrochen, weil es sich in einer veränderten Constraints-Landschaft bewegt. Es sucht den Weg des geringsten Widerstands. Und dieser Weg ist gekrümmt.

Vielleicht erinnerst Du Dich noch aus der Schule an das Snellsche Gesetz:

$$n_1 \sin \theta_1 = n_2 \sin \theta_2$$

wobei n der Brechungsindex und θ der Winkel ist. Aber was ist n eigentlich?

In der Projektionstheorie ist $n \sim \frac{\tau_{\text{glass}}}{\tau_{\text{vacuum}}}$ ein Verhältnis der Projektionslatenzen. Der Brechungsindex ist ein Maß dafür, wie viel mehr es kostet, in diesem Medium zu erscheinen als im vorherigen. Licht gehorcht dem Snellschen Gesetz, weil es einer Beschränkung gehorcht. Licht biegt sich nicht, um einer Formel zu folgen, die von Schulkindern auf eine Tafel oder ein Tablet gekritzelt wurde, sondern um projizierbar zu bleiben. Und es bleibt projizierbar, solange die Constraints nicht zu stark werden, dann verliert das Material seine Transparenz und das Licht will nicht mehr hineinprojiziert werden.

Totalreflexion als Zusammenbruch der Projektion

Es gibt einen weiteren Punkt auf der Reise jedes Photons, an dem das Licht nicht weitergelassen wird. Das passiert, wenn man Licht in ein Glas strahlt und es genau im richtigen, oder eher im falschen Winkel zur Grenze zur Luft richtet. Anstatt in die Außenwelt zu entweichen, prallt das Licht zurück. Das hast Du gesehen, als Du am Boden des Schwimmbeckens gesessen und die Luft angehalten hast. Du saßt dort, weil Du es konntest. Du hast mit dem Auftrieb gespielt und entdeckt, dass Du durch Ausatmen tiefer tauchen und Dich auf den Boden setzen konntest, umgeben von anderen Kindern, die um Dich herum schwebten, und alles war still und ruhig, und Du hast nach oben geschaut und konntest die Sonne sehen und die Leute, die am Rand des Schwimmbeckens standen und besorgt in Deine Richtung schauten und fragten, was dieses Kind dort macht. Dann hattest Du vielleicht einen Moment allein mit der Physik und hast den Rand der totalen inneren Reflexion gesehen, kurz bevor ein Rettungsschwimmer ins Wasser sprang, Dich herauszog und Dir sagte, dass Du das nie wieder tun sollst.

Das nächste Mal, dass Du Dir der totalen inneren Reflexion bewusst wurdest, war wahrscheinlich wieder in der Schule, wo Du mit einer Lichtquelle und Glasblöcken spielen durftest und erfahren hast, wie Licht in einer Glasfaser geleitet wird, um deine Internetverbindung so schnell wie möglich zu machen. Aber es ist möglich, dass Du nie die Gelegenheit hattest, all das zu erleben, was aber nicht wirklich wichtig ist, da das Phänomen genauso seltsam ist, egal ob Du es erlebt hast oder nicht.

Hier kommt die klassische Erklärung aus der Optik: Ab einem bestimmten „kritischen Winkel“ kann keine durchgelassene Welle mehr das Snellsche Gesetz erfüllen. Der Sinus des Winkels wird zu groß, die Gleichungen stimmen nicht mehr und die Lösung verschwindet. Das Licht wird vollständig reflektiert – das ganze Licht.

Das ist eine zutiefst befriedigende Erklärung ... aber vielleicht auch nicht.

Versuchen wir es mit einer anderen.

Das Photon kann nicht ohne Widerspruch in das neue Medium projiziert werden. Die strukturellen Beschränkungen jenseits der Grenze sind mit seiner aktuellen Einbettungsrichtung unvereinbar. Bedenken wir, was wir gerade über Krümmung gelernt haben. Wenn sich das Photon der Grenzfläche nähert, ändert sich das Projektionslatenzfeld. Die Krümmung seines zuvor glatten Weges hat eine Grenze erreicht. Die Krümmung in diesem Winkel wird zu stark. Die Bedingungen für eine kohärente Projektion über die Grenze hinweg sind nicht mehr erfüllt. Das ist es, was das Snellsche Gesetz besagt. Unterhalb eines bestimmten Winkels kann das Photon in das neue Medium projiziert werden, indem es seinen Weg krümmt – entsprechend den Beschränkungen auf beiden Seiten. Oberhalb des kritischen Winkels gibt es jedoch keine Lösung mehr. Die Beschränkungsgleichungen haben keine kompatible Fortsetzungsrichtung. Die Projektion schlägt fehl. Vollständig. Es gibt keinen Rückprall. Keine Wand. Keine Reaktionskraft. Es passt einfach nicht.

Und so bleibt das Photon, wo es ist. Es projiziert sich in die kompatibelste Alternative zurück – zurück in das Medium, aus dem es gekommen ist, entlang einer Richtung, in der die Constraints wieder erfüllt sind. Deshalb ist die totale interne Reflexion perfekt. Es geht keine Energie verloren. Keine Streuung. Keine Absorption. Nur die kompromisslose Logik der Projektion.

Aus dieser Perspektive sind optische Grenzen keine Orte. Sie sind Filter in der Bibliothek der Realität.

Das allgemeine Prinzip: minimale Projektionskosten

Mittlerweile sollte ein Muster erkennbar sein. Licht biegt sich um Sterne. Es krümmt sich in Glas. Es reflektiert, oder taucht vielmehr wieder auf, wenn eine Grenze es zurückweist. Ein Photon erscheint dort, wo seine Identität mit minimalem Aufwand stabilisiert werden kann. Sein sogenannter Weg ist keine Spur im Raum. Es ist eine Karte davon, wo Werden strukturell erlaubt ist. Wo die Latenz gering ist, fließt die Projektion. Wo die Impedanz steigt, krümmen sich die Wege oder verschwinden. Das ist nicht nur Fermats Prinzip in anderer Form. Das ist es, was Fermats Prinzip möglich macht. Es läuft alles auf eine einfache Regel hinaus:

Licht erscheint dort, wo die Identität auf den geringsten Widerstand zur Realisierung trifft.

Das ist alles.

Das ist das Gesetz.

Der Rest, Beugen, Verlangsamen, Reflektieren, sind alles Schatten dieser Wahrheit. Licht ist der Kompass der Constraints des Universums. Es kartografiert die Topologie der Erlaubnis. Und dabei zeichnet es die Form des Widerstands der Realität nach.

Atmen wir tief durch.

Wir sind der Masse durch Verzögerung gefolgt.

Wir sind dem Licht durch Glas, Sterne und Stille gefolgt.

Und wir haben entdeckt, dass es beim Beugen nicht um Drücken oder Ziehen geht.

Es geht um Anpassung.

Alles, was wir Krümmung genannt haben, von Einsteins eleganten Tensoren bis hin zu einem gebogenen Strohhalm im Wasser, ist nur eine Karte davon, wo Projektion schwieriger oder einfacher wird.

Eine Karte der Latenz.

Die Geometrie der Möglichkeiten.

Dies wirft die Frage auf, was passiert, wenn die Möglichkeit, real zu werden, Null erreicht. Wenn der Widerstand so groß wird, dass keine Identität stabil erscheinen kann, nicht einmal Licht?

Das ist unser Ziel.

5 Projektionsgrenzen

Prolog: Eine kurze Einführung in Schwarze Löcher

Schwarze Löcher! Dies ist wahrscheinlich das Kapitel, auf das Du gewartet hast, denn schwarze Löcher sind das Populärste, Surrealste und Faszinierendste, was man sich vorstellen kann. Und angesichts Deines Buchgeschmacks weißt Du bereits viel darüber, was uns die Gelegenheit gibt, das, was derzeit bekannt ist, auf etwas andere Weise zu erklären. Wir begeben uns auf eine Reise zum Gravitationskollaps der anderen Art.

Ein Schwarzes Loch ist ein Bereich in einem Kühlschrank, in dem die Milchprodukte so kompakt geworden sind und so sehr darauf bedacht sind, vergessen zu werden, dass selbst Licht sich weigert, von ihnen reflektiert zu werden. Es beginnt damit, dass zu viel Käse in zu wenig Tupperware gepresst wird. Der daraus resultierende Zusammenbruch der Materie erzeugt eine Käsesingularität, die von einem Regal ohne Wiederkehr umgeben ist, das als Ereignishorizont bekannt ist. Man kann hineingreifen, aber nichts herausholen. Von außen sieht der Kühlschrank kalt, glatt und verdächtig aus, das ist das No-Mold-Theorem, aber lassen wir uns sich nicht täuschen. Er enthält nur Masse (das Gewicht des vergessenen Käses), Spin (wie schnell sich der Drehteller dreht) und Ladung (emotionale, meist Bedauern). Nichts anderes kommt heraus. Im Inneren bricht die klassische Physik zusammen. Die strukturelle Integrität des Camemberts zerfällt. Cracker kreisen unberührt umher. Fondue zerfließt zu Fondont.

Gelegentlich verursachen Quantenfluktuationen im Kühlschrank ein schwaches Aroma, bekannt als Hawking-Strömung, wegen der Echos von längst aufgelöstem Cheddar.

Am wichtigsten ist jedoch, dass die Entropie des Kühlschranks davon abhängt, wie viele passiv-aggressive Post-it-Zettel an der Außenseite kleben, nicht vom Schrecken im Inneren. Sein Inneres ist geheimnisvoll und unkooperativ.

Was verbirgt sich hinter einem Schwarzen Loch?

Dem Echten.

5.1 Was ein Schwarzes Loch nicht ist

Du weißt es wahrscheinlich, aber wir müssen es trotzdem sagen: Schwarze Löcher sind keine Löcher. Nicht in der Raumzeit. Nicht im Weltraum. Nicht in irgendetwas. Es wurde nichts weggenommen. Es fehlt nichts. Das Universum reißt nicht auf und wir müssen auch leider feststellen, dass wir nicht durch die Galaxie tunneln und im Delta-Quadranten wieder auftauchen können. Es gibt keinen Riss, kein Wurmloch, keine räumliche Lücke. Von außen bleibt die Raumzeit völlig glatt, bis zum Rand.

Tatsächlich ist die Schwarzschild-Lösung, die ein nicht rotierendes Schwarzes Loch in der allgemeinen Relativitätstheorie beschreibt, mathematisch exakt für den gesamten Bereich außerhalb der Singularität. Die Geometrie ist zwar gekrümmt, aber kontinuierlich. Es wird kein „Loch" benötigt. Die Gleichungen funktionieren auch ohne eines.

Und die Singularität?

In der Populärwissenschaft und in Science-Fiction wird die Singularität oft als Zentrum des Schwarzen Lochs dargestellt, als ultimativer Untergangspunkt, an dem die Schwerkraft unendlich wird, die Zeit endet und die Physik in etwas zusammenbricht, das vage nach einem Marvel-Handlungsstrang klingt.

Aber was ist eine Singularität wirklich?

In der allgemeinen Relativitätstheorie ist eine Singularität kein Ding. Es handelt sich nicht um ein Objekt. Es ist ein Zusammenbruch der Mathematik, ein Ort, an dem die Gleichungen Unendlichkeiten ausspucken oder keine Lösung finden. Das bedeutet nicht, dass die Raumzeit zerreißt oder etwas explodiert. Es bedeutet lediglich, dass dieses Modell nicht mehr in der Lage ist, das Geschehen zu beschreiben. Es gibt keine Singularität in der Welt. Singularitäten sind das, was Mathematiker auf ein Blatt Papier zeichnen, um Physiker zu schockieren.

An dieser Stelle verschiebt die Projektionstheorie die Perspektive.

Das, was wir ein „Schwarzes Loch" nennen, ist eine strukturelle Grenze in der Projektionslandschaft, ein Übergangspunkt, an dem Identität nicht mehr stabil realisiert werden kann. Die Projektion läuft bis zu dieser Grenze. Und dann nicht weiter, weil die Bedingungen für eine kohärente Projektion nicht mehr kompatibel sind.

Kein Loch.

Keine Singularität.

Nur der Rand des Realisierbaren.

Und es lässt sich vollständig beschreiben.

Strukturell. Mathematisch. Verständlich.

Und genau damit haben wir gerade begonnen.

Kein Objekt im Inneren

Wenn es also kein Loch ist und es keinen singulären Kern gibt, was befindet sich dann im Inneren eines Schwarzen Lochs?

Die kurze Antwort: nichts.

Das ist nur ein Wort, das man in einer Sekunde begreift.

... nichts ...

Aber man braucht vielleicht Jahre, um zu verstehen, was es wirklich bedeutet. Um es klar zu sagen: „Nichts“ bedeutet hier nicht Vakuum. Ein Vakuum ist ein Bereich im Raum. Es hat Quantenfelder, virtuelle Teilchen, Planck-Skalen-Fluktuationen, eine Zeitkoordinate. Es ist nicht leer, es ist eine Struktur ohne Inhalt.

Das ist nicht das, was dieses Nichts ist.

Wir blicken auf den Rand des Universums.

Wenn dies ein Buch von Douglas Adams wäre, müssten wir uns keine Sorgen machen. Aber in diesem Buch könnte es tatsächlich wahr sein.

Im Inneren eines Schwarzen Lochs, wir werden es weiterhin so nennen, brechen die Bedingungen zusammen, unter denen Raumzeit real wird. Die Identität der Raumzeit kann sich nicht auflösen. Im Inneren gibt es keine Raumzeit. Es ist wirklich der Rand des Universums, denn im Inneren eines Schwarzen Lochs gibt es kein Universum.

Gehen wir das langsam an.

Eine Möglichkeit für die Entstehung eines Schwarzen Lochs ist der Kollaps eines massereichen Sterns während einer Supernova. In der klassischen allgemeinen Relativitätstheorie beschreiben wir dies als Kollaps der Masse nach innen, die sich zu einem Punkt verdichtet und die Raumzeit krümmt. In der Projektionstheorie löst sich dieses Bild auf. Die Masse „geht nicht nach innen“. Sie versteckt sich nicht. Sie tunnelt nicht irgendwohin. Bei der Verdichtung eines explodierenden Sterns schränkt die sich konzentrierende Masse die Identitätsprojektion zunehmend ein. Die Latenz steigt, der Widerstand der Realität gegen die Stabilisierung der Identität, bis sie eine Schwelle überschreitet. Selbst dem wildesten Teilchenphysiker gelingt es dann nicht mehr, ein Teilchen zu finden, das sich realisieren ließe. Die Identitätsrealisierung scheitert. Raumzeitstrukturen sind jenseits einer kritischen Strukturgrenze einfach nicht mehr projektierbar, weil die in Raumzeit maximal mögliche Latenz überschritten wird.

Das Schwarze Loch entsteht, wenn sich dieses Versagen nach außen ausbreitet, wenn die Krümmung zunimmt und die Projektionskompatibilität zusammenbricht, bis die gesamte Oberfläche zu einer Einweggrenze wird: dem Ereignishorizont.

Das Ergebnis ist kein kollabiertes Objekt, sondern eine Oberfläche. Eine Hülle der Kohärenz, die einen Bereich umschließt, der keine Raumzeit mehr unterstützt. Was einst Materie war, wird zu Widerstand, nur noch in Erinnerung durch die Art und Weise, wie es die Bahnen aller anderen Dinge krümmt.

Es gibt kein Inneres. Keinen verborgenen Kern. Kein Objekt.

Es gibt nur die strukturelle Codierung der Masse an der Oberfläche, die Menge der auf dem Ereignishorizont erhaltenen Zwangskompression, wo die Identität endet, weil nichts mehr übrig ist, um sie zu stabilisieren.

Wenn Teilchenphysiker fragen wollen, welche Teilchen die Masse des Schwarzen Lochs tragen, müssen sie fragen, welche realisierbaren Grenzzustände übrig bleiben. Die Antwort findet sich nicht „im Inneren". Sie findet sich am Rand der Realität.

Am Rand des Universums.

Keine Flucht ≠ eine Falle

„Nichts entkommt einem Schwarzen Loch."

Dieser Satz hat etwas Unheimliches. Er klingt wie eine Strafe. Als wäre das Schwarze Loch eine Art kosmisches Gefängnis, nur Gravitation und keine Bewährung. Man stellt sich vor, wie Dinge hineinfallen, langsamer werden, sich ausdehnen, zu Spaghetti werden und am Rand erstarren. Man stellt sich vor, wie sie warten, auf Rettung, auf Befreiung oder darauf, dass das Universum seine Meinung ändert.

Unzählige Menschen haben ihre Fantasien in diese Idee eingewoben, Bilder, Bücher, Filme, ganze Science-Fiction-Genres, die alle um das große Drama der verwehrten Flucht kreisen.

Aber das ist nicht das, was passiert.

In der allgemeinen Relativitätstheorie bedeutet „nichts entkommt", dass die Fluchtgeschwindigkeit die Lichtgeschwindigkeit übersteigt. Aber das ist eine Aussage über die Raumzeit. Sie setzt voraus, dass es ein Innen, ein Außen und etwas dazwischen gibt.

In der Projektionstheorie ist diese Grenze Topologie, die Geometrie des Scheiterns. Die Form der Inkompatibilität.

Da ist nichts, was den Weg versperrt. Es gibt gar keinen Weg. Keinen Pfad. Keinen Prozess. Keine aufgelöste Struktur, die eine Fortsetzung ermöglicht. Es gibt keine Überquerung, weder hinein noch hinaus, weil es keinen Raum gibt, durch den man sich bewegen könnte. Es gibt keine Begrenzung. Nur die Abwesenheit einer stabilen Identität jenseits der Grenze.

Ein Schwarzes Loch ist kein Objekt, das verschluckt. Es ist ein System, dem die Auflösung ausgeht. Eine Zone, in der Realität nicht mehr unterstützt wird. Wo die Welt vergisst, wie man projiziert.

Verwirrt?

Wir behaupten hier, dass es innerhalb eines Schwarzen Lochs kein Universum gibt und dass die Schwärze etwas mit der Unfähigkeit zu tun hat, etwas nach außen zu projizieren – aber das alles fühlt sich ein bisschen seltsam an?

Absolut!

Also kehren wir erst einmal gemeinsam zum Kühlschrank zurück. Wir haben die Tür geöffnet. Wir schauen hinein, ganz nach hinten. Es ist dunkel. Hinter dem Kühlschrank ist kein Kühlschrank. Wir wollen wissen, wo der blaue Stilton geblieben ist. Wir wollen es verstehen. Wir müssen uns noch einmal ansehen, wie die Regale nach hinten gewölbt sind. Wir müssen uns noch einmal Einsteins Tensor ansehen.

Das wird schwierig, aber wir sind nicht ohne Hoffnung, denn wir haben den Käse, der uns den Weg weist.

5.2 Der Einstein-Tensor erneut betrachtet

Die Metrik als Projektionsspannung

Die Struktur der Raumzeit ... Was bedeutet das überhaupt?

Die Raumzeit ist der Ort und die Zeit, an dem die allgemeine Relativitätstheorie ihre Ereignisse inszeniert. Aber um Bewegung, Wechselwirkung oder sogar Trennung zu beschreiben, braucht die Theorie eine Möglichkeit, Punkte in der Raumzeit voneinander zu unterscheiden. Sie braucht Entfernungen und Zeitdauern, ausgedrückt in Raum und Zeit. Um diese zu messen, benötigt sie eine mathematische Struktur, die Raumzeitintervalle definiert.

Das ist die Aufgabe der Metrik. Sie sagt uns, wie wir die infinitesimalen Intervalle ds^2 zwischen zwei nahe beieinander liegenden Punkten berechnen können:

$$ds^2 = \mathbf{g}_{\mu\nu} dx^{\mu} dx^{\nu}$$

Der Metriktensor $\mathbf{g}_{\mu\nu}$ ist genau diese Information und er ist mehr als nur ein Entfernungsrechner. Er bestimmt, wie Uhren ticken, wie Lineale sich dehnen und wie sich Licht bewegt. Er definiert, welche Richtungen zeitlich, räumlich oder null sind. Er legt die kausale Struktur der Raumzeit fest. Kurz gesagt: Er ist äußerst wichtig.

Und mehr noch: Wenn sich die Metrik im Raum verändert, wird ihre Krümmung zum Motor der Schwerkraft. Alle Gravitationsphänomene, von kreisenden Planeten bis hin zu Schwarzen Löchern, entstehen dadurch, wie sich dieses Tensorfeld über die Mannigfaltigkeit krümmt und verzerrt.

Also ja, die Metrik ist letztendlich wichtig.

Aber in der allgemeinen Relativitätstheorie wird die Metrik auf die Leinwand der Raumzeit gemalt. Sie ist so konstruiert, dass Beobachtungen mit der Struktur übereinstimmen und das funktioniert. Wunderbar. Fast überall.

Betrachten wir nun die Sache aus einer anderen Perspektive.

In der Projektionstheorie ist die Raumzeit nicht der Ausgangspunkt. Die Realität erscheint nur, wenn sich Identität unter Constraints stabilisieren kann. Projektion ist der Prozess, der die Struktur der Constraints (in Ω) in eine scheinbare Struktur (in der Raumzeit) umwandelt. Wenn dies gelingt, entsteht eine Konfiguration, die lange genug bestehen bleibt, um als Teilchen, Weg oder Ereignis erkannt zu werden, als etwas mit einer konsistenten Präsenz in Raum und Zeit.

Aber diese Präsenz ist niemals absolut. Sie hat immer ihren Preis.

Wenn wir „an einem bestimmten Ort“ sagen, meinen wir: relativ zu anderen möglichen Orten und Richtungen.

Stellen wir uns nun vor, wir versuchen, eine Identität zu stabilisieren, die sich in einer Richtung dx^{μ} der Projektionsstruktur leicht verschiebt. Das System muss sich entlang dieser Richtung „dehnen“, um die Kohärenz aufrechtzuerhalten. Der Umfang der Projektionsanstrengung, die Impedanz, die für diese Verschiebung erforderlich ist, ist genau das, was $\mathbf{g}_{\mu\nu}dx^{\mu}dx^{\nu}$ codiert.

In diesem Sinne wird die Metrik zu einer Karte der Richtungsspannung der Projektion. Sie gibt an, wie schwer es ist, die Identität intakt zu halten, wenn man versucht, sie in diese Richtung zu verschieben. Und sie ist tensorial, weil der Widerstand je nach Richtung und je nach Raumzeit selbst, variiert.

Also ja, wir haben immer noch ein Tensorfeld $\mathbf{g}_{\mu\nu}$. Es definiert immer noch Intervalle. Aber es existiert nicht vor seiner Erscheinung.

In der Projektionstheorie ist die Metrik nicht grundlegend. Sie ist nicht auf die Leinwand gemalt. Sie entsteht mit der Leinwand selbst, als lokales Muster der Projektionsspannung, wie sich die Raumzeit dehnen oder komprimieren muss, damit sich die Identität realisiert.

Und diese Neuinterpretation verändert unsere Vorstellung von Krümmung. Denn was wir früher als Geometrie bezeichnet haben, könnte nun Stress sein.

Ricci-Tensor und Skalar als Latenzkrümmung

Hast Du schon einmal versucht, ein weiches Stück Brie von einem warmen Teller zu heben und dabei festgestellt, dass sich einige Teile gleichmäßig dehnen, während andere umso mehr durchhängen, je weiter Du ziehst?

Das kann auch bei Projektionen passieren.

Einige Richtungen dehnen sich möglicherweise stärker als andere. Einige beginnen sich umso schneller zu dehnen, je weiter man zieht. Dann ist die Projektion nicht einheitlich.

Hier kommt die Krümmung ins Spiel, als zunehmende Schwierigkeit, Identität über den Raum hinweg zu projizieren.

Die Metrik gibt an, wie viel Spannung vorhanden ist. Nun wollen wir aber messen, wie sich diese Spannung verändert, wenn man sich in eine bestimmte Richtung bewegt. Wie der Widerstand gegen die Realisierung wächst oder sich verdreht. Wo die Identität ausfransen will, wo Beharrlichkeit kostspielig ist und wo die Kohärenz zu bröckeln beginnt.

Wir wollen messen, wie sich Spannung aufbaut.

Es gibt ein mathematisches Objekt, das genau das tut.

Es wird als Ricci-Tensor bezeichnet $\mathbf{R}_{\mu\nu}$.

In der allgemeinen Relativitätstheorie beschreibt $\mathbf{R}_{\mu\nu}$, wie Volumen sich verformen, wie nahe beieinander liegende Geodäten konvergieren oder divergieren. In Projektionsbegriffen erfasst er die Richtungskrümmung der Latenz.

Und wenn man all diese Richtungsverzerrungen addiert, wenn man die Spur dieses Widerstands in alle Richtungen nimmt, erhält man die gesamten Projektionskosten an einem Punkt. Nicht in einer Richtung, sondern in allen zusammen. Das sagt einem, wie schwer es insgesamt ist, die Raumzeit an diesem Ort stabil zu halten. Das ist der Ricci-Skalar R:

$$\mathrm{R} = \mathbf{g}^{\mu\nu}\mathbf{R}_{\mu\nu}$$

Käse oder kein Käse, wir haben gerade gesehen, dass die Metrik, der Ricci-Tensor und der Ricci-Skalar keine Werkzeuge sind, die die allgemeine Relativitätstheorie erfunden hat, um die Theorie funktionieren zu lassen.

Sie entstehen zusammen mit der Raumzeit selbst aus der Projektion aus Ω.

Einstein-Tensor als Stabilisierungsmaß

Wir haben gesehen, dass Projektion mit Spannung einhergeht und dass diese Spannung sich über das Projektionsfeld krümmt. Die Krümmung sagt uns, wie schwer es ist, die Realität stabil zu halten, aber sie sagt uns nicht, ob die Projektion noch kohärent ist. Ob sie noch stabilisiert ist.

Was bedeutet das?

Stell Dir vor, Du hast einen perfekt gereiften Laib Gruyère geschmolzen. Er dehnt sich aus. Er biegt sich. Er hält zusammen. Er hat Kohäsion, das Käseäquivalent zum Projektionsgleichgewicht.

Jetzt überhitzen wir ihn. Rühren ihn zu schnell um. Gießen Schwefelsäure hinein. Plötzlich brechen die Stränge. Die Struktur bricht zusammen. Wir haben keinen Käse mehr, wir haben einen Projektionsfehler.

Wenn wir also fragen, ob Projektion noch immer Identität stabilisieren kann, fragen wir eigentlich:

„Hält der Gruyère noch zusammen?"

Wir brauchen eine Methode, um zu beurteilen, ob und wie eine Region der Raumzeit unter Projektionsstress die Identität stabilisieren kann. Wir interessieren uns nicht nur dafür, wie sich die Dinge verbiegen, wir wollen wissen, ob das System noch kohärent funktioniert. Dafür brauchen wir ein Maß.

Eine solche Größe gibt es.

Sie ergibt sich ganz natürlich, wenn man die Hälfte der Gesamtkosten $\frac{1}{2}\mathbf{g}_{\mu\nu}R$ von der Richtungskrümmung $\mathbf{R}_{\mu\nu}$ subtrahiert.

Das Ergebnis ist ein neuer Tensor:

$$\mathbf{G}_{\mu\nu} = \mathbf{R}_{\mu\nu} - \frac{1}{2}\mathbf{g}_{\mu\nu}R$$

Dies ist der Einstein-Tensor $\mathbf{G}_{\mu\nu}$.

In der allgemeinen Relativitätstheorie wird gesagt, dass er „die Krümmung der Raumzeit aufgrund von Masse-Energie codiert". Jetzt bekommt er noch eine Rolle.

Er misst die verbleibende Verformung in der Projektionsstruktur. Die nicht triviale Form, die durch Constraints noch angepasst werden muss, damit sich die Identität stabilisieren kann. Der Einstein-Tensor sagt uns, wo die Projektion nicht mehr frei ist und wo die Form des Werdens unter Spannung angepasst werden musste. Er ist keine dynamische Größe. Er ist ein Kompatibilitätssignal, der Fingerabdruck der Stabilisierung unter Constraints.

Und wenn der Widerstand einen bestimmten Schwellenwert erreicht?

Dann entsteht ein Schwarzes Loch.

Weil es keine Geometrie mehr gibt, die stabil genug ist, um den Gruyère zusammenzuhalten.

Die Feldgleichung als Gleichgewicht

Der Käse möge uns leiten.

Kehren wir also zum Gruyère zurück.

Es gibt einen ganzen großen Topf davon, erhitzt, gerührt. Gelegentlich bildet sich eine Blase, die an der Oberfläche platzt. Der Käseduft betäubt die Person, die vorsichtig mit einem Holzlöffel umrührt. Der Käse wird gezogen, gepresst. Er biegt sich, verformt sich, verschiebt sich. Er steht unter Spannung. Diese Verformung des Käses bezeichnen wir als Gruyère-Tensor G. Er beschreibt, wie die Struktur derzeit gedehnt, verdreht, verzerrt und beansprucht ist.

Aber der Gruyère hält!

Etwas muss die Spannung ausgleichen, etwas Kohärentes, etwas Entschlossenes, etwas, das den Käse in seiner Käsigkeit zusammenhält. Etwas, das zurückdrückt, mit Struktur. Wir nennen dies den Spannungstensor T.

Es gibt also eine Spannung, die den Käse zu zerstören versucht, und eine Spannung, die den Käse zusammenhält, was zu einem Gleichgewicht zwischen G und T führt:

$$\mathrm{G} \sim \mathrm{T}$$

Der Gruyère hält noch.

Nun verlassen wir die Käserei und wenden uns der Projektionsstruktur in der Raumzeit zu.

Die Restverformung im Projektionsfeld, wie weit das Identitätsfeld gedehnt und gekrümmt wurde, wird durch einen Tensor $\mathbf{G}_{\mu\nu}$ beschrieben.

Diese Verformung kann nur stabil bleiben, wenn sie durch bereits realisierte Struktur ausgeglichen wird, durch Constraints, die sich in stabile Identität aufgelöst haben. Dies wird in einem zweiten Tensor $\mathbf{T}_{\mu\nu}$ codiert, der den projizierten Inhalt der Realität darstellt: Energie, Impuls, innerer Druck – die kohärente Verwirklichung von Identität.

Um das Gleichgewicht aufrechtzuerhalten, müssen diese beiden proportional sein:

$$\mathrm{G}_{\mu\nu} = \kappa\,\mathrm{T}_{\mu\nu}$$

Die Proportionalitätskonstante „κ" muss so gewählt werden, dass sie zu den Einheiten des Universums passt. Physikalisch gesehen ergibt sich diese Konstante zu:

$$\kappa = 8\,\pi G$$

Damit gelangen wir zur Gleichgewichtsbedingung für die Identitätsprojektion:

$$\mathbf{G}_{\mu\nu} = 8\,\pi G\,\mathbf{T}_{\mu\nu}$$

Was bedeutet das?

Es bedeutet, dass sich die Realität nur dort stabilisiert, wo die Krümmung der Projektion genau durch die bereits aufgelöste Struktur ausgeglichen wird. Wo das Gleichgewicht hält, bleibt die Identität bestehen. Wo es ins Wanken gerät, wird die Auflösung instabil. Und wo keine Konfiguration von Constraints den erforderlichen Widerstand aufbringen kann? Dann bricht die Struktur zusammen. Das ist ein Schwarzes Loch.

Nun, erst jetzt, kehren wir zur allgemeinen Relativitätstheorie zurück, wo genau dieselbe Beziehung auftritt. Sie ist als Einstein-Feldgleichung bekannt.

Die linke Seite soll die Raumzeitkrümmung darstellen. Die rechte Seite ist der Energie-Impuls-Tensor: Materie, Strahlung, Felder. Und die Konstante G ist die Gravitationskonstante von Newton.

Die allgemeine Relativitätstheorie interpretiert die Gleichung also wie folgt: „Masse und Energie sagen der Raumzeit, wie sie sich krümmen soll."

In der Projektionstheorie entsteht exakt dieselbe Gleichung, aber es ist kein Bewegungsgesetz. Es handelt sich um eine Kompatibilitätsbedingung, ein strukturelles Gleichgewicht. Das Projektionsfeld verformt sich nur, wenn bereits etwas vorhanden ist, das es zusammenhält.

Jetzt lehnen wir uns erst einmal zurück, knabbern ein Stückchen extra alten Gouda und betrachten, was wir gerade erreicht haben: Wir haben gesehen, wie die Metrik, der Ricci-Tensor und der Einstein-Tensor als Reflexionen der Projektionsspannung entstanden sind. Und wir haben gesehen, wie die Einstein-Feldgleichung, die Grundlage der allgemeinen Relativitätstheorie, als notwendige Bedingung für den Fortbestand der Realität selbst entsteht.

Von Gleichungen zu Geometrie

Wir haben die Feldgleichung als Gleichgewicht zwischen Projektionsimpedanz und realisierten Constraints neu interpretiert. Diese Neuinterpretation macht die Gleichung jedoch nicht weniger aussagekräftig, aber sie macht sie struktureller.

In der Projektionstheorie wird die Feldgleichung zu einem geometrischen Filter. Sie sagt uns, was unter der Bedingung, dass sich die Identität stabilisiert, erscheinen kann. Das bedeutet, dass nicht alle Geometrien möglich sind. Nur diejenigen, die das Gleichgewicht zwischen Krümmung (den Kosten der Realisierung) und Struktur (dem, was bereits real ist) erfüllen, sind zulässig. Geometrie ist nicht länger eine Kulisse. Sie ist eine Kompatibilitätslösung für die Gleichung des Werdens.

Was wir „Raumzeit" nennen, ist lediglich das Ergebnis einer Projektion, die bestimmte Bedingungen erfüllt. Die Einstein-Gleichung fungiert wie ein struktureller Validator: Sie überprüft, ob eine bestimmte Realisierung unter dem Latenzprofil des Universums kohärent ist. Dies definiert die allgemeine Relativitätstheorie als Kompatibilitätsmaschine für kohärente Identität neu. Nur innerhalb der Raumzeit bleibt sie eine geometrische Krafttheorie.

Und nun, da wir dies verstanden haben, können wir uns ansehen, was passiert, wenn Symmetrie ins Spiel kommt und alles vereinfacht. Wenn nämlich die Projektionsspannung isotrop ist, wenn die Beschränkungen sphärisch symmetrisch sind, wenn es nichts außerhalb gibt, das zurückdrängt, dann ist die einzige kompatible Lösung die Schwarzschild-Geometrie.

5.3 Sphärische Symmetrie und die Schwarzschild-Lösung

Projektionsbedingungen der Symmetrie

Irgendwo in der unsichtbaren Bibliothek der Ideen gibt es ein Regal mit verschiedenen Ideen zu Schwarzen Löchern. Wahrscheinlich ein Regal voller Ideen, die Menschen über Schwarze Löcher hatten und die nur in das Gehirn zurückprojiziert werden können, aus dem sie stammen. Und ein weiteres Regal (ein noch größeres) mit Ideen zu physikalischen Schwarzen Löchern, die in der Raumzeit realisiert werden können. Wir suchen nach dem kleinsten Buch, nach dem einfachsten Schwarzen Loch, das möglich ist. Schauen wir uns an, wie sich das projiziert.

Unser einfachstes Schwarzes Loch ist per Definition kein kompliziertes. Es dreht sich nicht, ist nicht elektrisch geladen, verdampft nicht dramatisch, während es mit der kosmischen Mikrowellenhintergrundstrahlung flüstert. Es ist einfach ein schlichtes Schwarzes Loch. Etwas Minimalistisches.

Stellen wir uns etwas vor, das so still und perfekt kugelförmig ist, dass der Begriff „Richtung“ überflüssig wird. Wenn man diese Konstellation in Worte fassen wollte, könnte das etwa so klingen:

Ein vollständig symmetrischer, zeitunabhängiger Bereich des Projektionsfeldes, in dem keine realisierte Struktur mehr vorhanden ist, nur die verbleibende Erinnerung an Constraints, die einst stabilisierend wirkte und nun die Projektion um sich herum verzerrt.

Das ist alles. Das ist unser Aufbau.

Wir betrachten die Einstein-Feldgleichung, die wir gerade aus der Projektion entwickelt haben. Wir schauen noch einmal hin. Moment mal ...

Keine Raumzeit im Inneren. Keine Materie außerhalb. Nur die Grenzspannung, die die Identität zusammenhalten muss, aber nur von außen. Die Projektion krümmt sich immer noch. Nichts drückt von innen zurück. Das bedeutet jedoch, dass die rechte Seite unserer Gleichung verschwindet und wir eine viel einfachere Gleichung erhalten:

$$\mathbf{G}_{\mu\nu} = 0$$

Das Projektionsfeld muss seine eigene Spannung ausgleichen ... Aber dann verschwindet auch das Maß dafür, wie sich Spannung aufbaut. Der Ricci-Tensor verschwindet und unsere Gleichung wird noch einfacher:[1)]

$$\frac{1}{2}\mathbf{g}_{\mu\nu}R = 0$$

Aber das ist nur Metrik. Jede Geometrie, die erscheint, muss vollständig durch Symmetrie zusammengehalten werden, ohne jegliche stabilisierende Struktur, ohne zusätzliche Einschränkungen. Dies führt zu einer ganz besonderen Form der Metrik:

Die Zeit verlangsamt sich, wenn man sich einem bestimmten Radius nähert. Der Raum krümmt sich so stark, dass radiale Bewegungen asymptotisch flach werden, jedoch nach innen. Ein einziger Parameter bleibt bestehen: die in der Projektionslatenz codierte Masse. Und dann wird klar, dass das nicht nur eine Lösung ist, sondern die einzig existierende Lösung.

Die Schwarzschild-Lösung.

[1] Streng genommen ist die Gleichung „$\frac{1}{2}\mathbf{g}_{\mu\nu}R = 0$“ keine eigenständige Feldgleichung. Sie erscheint als Teil des Einstein-Tensorausdrucks, und ihr Verschwinden impliziert „$R = 0$“, woraus sich „$\mathbf{R}_{\mu\nu} = 0$“ im Vakuum ergibt. Die Gleichung wird hier jedoch gezeigt, um hervorzuheben, dass die Stabilität des Systems in Abwesenheit von Materie oder Inhalt vollständig auf der Struktur des Metriktensors selbst zu beruhen scheint – so wie es sein sollte.

Wiederherstellung der Schwarzschild-Metrik

Der nächste Teil enthält Gleichungen.

Sie sind nicht gefährlich. Sie werden Dich nicht verfolgen. Aber sie könnten einen leichten Hauch von Unausweichlichkeit verströmen.

Wir haben bereits gesehen, wie man das infinitesimale Intervall ds^2 zwischen zwei nahe beieinander liegenden Raumzeitpunkten beschreibt: $\mathbf{ds^2} = \mathbf{g}_{\mu\nu}\mathbf{d}x^{\mu}\mathbf{d}x^{\nu}$, unter Verwendung des Metriktensors $\mathbf{g}_{\mu\nu}$. In der allgemeinen Relativitätstheorie wird diese Größe als „Linienelement" bezeichnet. Sie gibt an, wie sich die Raumzeit zwischen zwei infinitesimal nah beieinander liegenden Punkten ausdehnt oder zusammenzieht, wie Entfernungen und Zeitdauern definiert sind, wenn alles gekrümmt ist.

Als wir nun die Projektionsgleichgewichtsgleichung $\mathbf{G}_{\mu\nu} = \mathbf{0}$ unter perfekter sphärischer Symmetrie gelöst haben, erhielten wir die Schwarzschild-Metrik und damit eine ganz bestimmte Form dieses Linienelements. Es sieht so aus:

$$\mathrm{d}s^2 = \left(1 - \frac{2GM}{r}\right)\mathrm{d}t^2 - \left(1 - \frac{2GM}{r}\right)^{-1}\mathrm{d}r^2 - r^2\mathrm{d}\Omega^2$$

Das sieht beeindruckend aus.

Schauen wir uns das einmal genauer an.

Zunächst sollten wir kurz über die Buchstaben reden, die Du wahrscheinlich schon richtig erraten hast. „*M*" ist die Masse – oder besser gesagt, die projizierte Erinnerung an die Constraints, codiert in der Krümmung. „r" ist die Radialkoordinate – der Abstand vom Zentrum (dem hypothetischen, denn da ist ja nichts). Die Newtonsche Gravitationskonstante „*G*" kennen wir schon. Und ganz wichtig: Das „Ω" hier ist nicht dasselbe wie Ω, die Identitätstopologie. Dieses „Ω" bedeutet hier einfach „Winkel auf einer Kugel".

So vorbereitet können wir uns nun die große Formel ansehen. Wir sehen, dass das Linienelement aus drei Teilen besteht.

Der erste Teil, der mit „$\mathrm{d}t^2$" am Ende, ist der Zeitanteil. Er sagt uns, dass die Zeit in der Nähe der Projektionsgrenze langsamer verläuft.

Der zweite Teil hat ein „$\mathrm{d}r^2$" am Ende, was uns sagt, dass dies der Raumteil ist. Er liegt in Richtung des Radius, da es sich um ein perfekt symmetrisches Schwarzes Loch handelt. Dieser Teil sagt uns also, dass sich der Raum immer mehr ausdehnt, je näher wir dem Rand kommen.

Der letzte Teil, der Winkelteil, hat keine besondere Bedeutung. Er bleibt rund, bleibt schön. Reine Symmetrie.

Und dann passiert etwas.

Bei „$r = 2GM$".

Die Zeit verlangsamt sich bis zum Stillstand und der Raum dehnt sich über die Auflösung hinaus.

Wir erblicken den Ereignishorizont, eine Oberfläche, an der die Projektionsspannung ihre endgültige Grenze erreicht. Dort, wo Realität nicht weitergehen kann.

Die Rolle des Massenparameters

Wir haben gerade den Schwarzschild-Horizont gesehen, wo die Realität endet und ein gelangweilter Kartograf „Hier bricht die Metrik zusammen" kritzelt und zum Mittagessen geht.

Und alles hängt von einem einzigen Großbuchstaben ab: „M".

M.

Nur ein Parameter – der einzige Überlebende, nachdem Symmetrie und Spannung ihre Arbeit getan haben.

Aber was bedeutet „M" eigentlich?

In Newtonscher Terminologie ist „M" Masse, die Stärke der Anziehungskraft.

In der allgemeinen Relativitätstheorie wird sie immer noch „Masse" genannt, aber sie wird zu einer Quelle der Krümmung. Sie bestimmt, wie Raum und Zeit gekrümmt sind, aber sie „sitzt" nirgendwo.

In der Projektionstheorie, wo sie den Projektionshorizont definiert, erhält sie eine eher strukturelle Bedeutung.

M steht für „Memory" (Erinnerung).

Ja – „*Memory*" mag vage klingen, aber es gibt eine präzisere Formulierung dafür.

„M" ist die nachklingende Raumzeit-Prägung einer Identität, die einst stabil war und es nun nicht mehr ist. Ein Schwarzes Loch entsteht, wenn die Projektion versagt. Wenn das System die Kohärenz, die zur Aufrechterhaltung der Struktur erforderlich ist, nicht mehr aufrechterhalten kann. Aber das Projektionsfeld verschwindet nicht. Es erinnert sich an das, was einmal aufgelöst wurde.

Diese Erinnerung wird als Krümmung codiert und das Ausmaß der Krümmung spiegelt die Gesamtmasse wider, die einst stabilisiert war.

An dieser Stelle kommt die Latenz ins Spiel.

In früheren Abschnitten haben wir gesehen, dass die Masse direkt proportional zur Projektionslatenz ist:

$$m = \kappa_0 \cdot \tau$$

wobei „τ" die Zeit ist, die die Identität benötigt, um sich zu stabilisieren, und „κ_0" die strukturelle Proportionalitätskonstante ist.

Was passiert also mit der Latenz in einem Schwarzen Loch?

Im Inneren versagt die Projektion. Es gibt keine Realisierung und somit auch keine Latenz. Aber direkt außerhalb des Ereignishorizonts hält die Realisierung noch gerade so. Dort erreicht die Latenz ihren maximal zulässigen Wert, bevor die Identität zusammenbricht.

Diese Grenze, die letzte kohärente Projektion vor dem Zusammenbruch, ist in der Krümmung der Grenze eingefroren. Diese Horizont-Latenz wird zur Masse M in der Metrik.

Also ja: Die Masse eines Schwarzen Lochs ist immer noch sichtbar. Sie ist ein Maß für die Latenz. Aber nicht für die Latenz von irgendwelchen Teilchen, sondern für die Latenz der Grenze.

Wo Realität endet

Es war bereits dunkel, als das Universum seinen letzten Kartographen aussandte, um das perfekte Schwarze Loch zu finden.

Sie kam gerade noch rechtzeitig, ausgerüstet mit einem Bleistift, einem Notizbuch, einer Flasche Laphroaig und genug trockenem Humor, um etwas zu kartografieren, das technisch gesehen nicht existierte. Sie hatte sie schon alle gesehen: Reissner-Nordström, Kerr … aber keines war makellos.

„Dieses könnte perfekt sein“, dachte sie und schenkte sich einen Schluck ein.

Die völlige Abwesenheit von Allem sah vielversprechend aus. Sie öffnete ihr Notizbuch und begann zu skizzieren. Sie zeichnete einen perfekten Kreis und betrachtete ihn mit tiefer Zufriedenheit. *„Ja, das ist, was ich einen perfekten Kreis nenne“*, dachte sie und wusste, dass sie das Schwarze Loch vor sich mit erstaunlicher Präzision eingefangen hatte.

„Jetzt messen wir den Durchmesser“, sagte sie laut – und während ihr Stift über dem Papier schwebte, streckte sie in der altbewährten Tradition der Menschen, die etwas Ernstes zeichnen, vorsichtig die Zunge aus dem Mundwinkel. Einen beliebigen Punkt irgendwo am Horizont. Da sie sehr erfahren war, gelang es ihr nicht nur, einen Punkt zu zeichnen, sondern auch einen zweiten, der diametral gegenüber lag. Auf der gegenüberliegenden Seite des schwarzen Lochs. Dann zog sie eine gerade Linie zwischen den beiden Punkten und betrachtete den perfekten Bogen, den ihr Bleistift gezeichnet hatte. Als kompetente Kartografin erkannte sie sofort einen präzisen Halbkreis.

„Faszinierend“, dachte sie, da sie wusste, dass sie das Lineal richtig benutzt hatte. Als sie erneut zeichnete, sah sie, dass sich das Lineal in einem Halbkreis bog, um den Kreis auf ihrem Notizblock nicht zu kreuzen.

Sie hob eine Augenbraue und murmelte: *„Das muss ich mir selbst ansehen.“* Sie ließ Notizblock und Stift liegen, griff nach der Flasche und trat an den Horizont.

Sie versuchte, durch die Dunkelheit zu blicken, um vielleicht einen Blick auf die Singularität zu erhaschen, die sich in der Mitte befinden sollte. Zunächst konnte sie nichts sehen, doch dann stellte sie langsam fest, dass es keine Richtung gab, in die sie schauen konnte. Also drehte sie sich zur Seite und dort, fast unsichtbar in der weiten Dunkelheit, stand eine weitere Gestalt in einiger Entfernung und hielt eine Flasche in der Hand. Sie erkannte die aufrechte Haltung und das elegante Kleid von hinten. Es war ihr eigener Rücken.

Sie sah ihre eigene Rückseite, die vor ihr stand. Sie drehte sich zur anderen Seite und da war sie wieder. Sie konnte sehen, wie die andere Person, sie selbst, sich am Kopf kratzte. Nur dass sie es war, die sich kratzte. Es war wie in einen Spiegel zu schauen, nur von der anderen Seite.

Sie blickte nach oben und sah ihre Füße. Genauer gesagt sah sie die Unterseite ihrer Schuhe über sich schweben.

„So ist das also“, murmelte sie, trat aus dem Horizont heraus und ging zurück zu ihrem Notizblock, wo sie ***„keine Singularität“*** über die Seite schrieb und sich noch einen Schluck einschenkte.

5.4 Die zwei Singularitäten von Schwarzschild

Der erfahrene Kartograf fand keine Singularität, wo die Schwarzschild-Lösung zu Einsteins Feldgleichung zwei nahelegt.

Richtig ...

Wir müssen uns entscheiden, ob wir Einstein, Schwarzschild und ein paar Generationen von theoretischen Physikern mit einhundert Jahren Erfahrung in der Mathematik der allgemeinen Relativitätstheorie vertrauen wollen – oder einem fiktiven Kartografen mit einem guten Geschmack für Whisky.

Der Kartograf hat recht. Dazu müssen wir uns jedoch noch einmal die große Gleichung der Schwarzschild-Metrik ansehen:

$$\mathrm{d}s^2 = \left(1 - \frac{2GM}{r}\right)\mathrm{d}t^2 - \left(1 - \frac{2GM}{r}\right)^{-1}\mathrm{d}r^2 - r^2\mathrm{d}\Omega^2$$

Diese Gleichung deutet auf ein Problem bei $r = 2GM$ hin. Wenn wir das einsetzen, sehen wir: Der erste Term verschwindet und der zweite explodiert. Das ist die sogenannte Horizont-Singularität. Aber eigentlich ist es nur ein Koordinateneffekt. In anderen Koordinatensystemen (wie Kruskal-Szekeres) verschwindet diese Singularität.

Es ist kein Ort, an dem die Physik versagt, sondern nur Ihre Grafik.

Sehen wir uns nun die zweite an, die zentrale Singularität bei $r = 0$. Diese ist interessanter, da sie nicht verschwindet, wenn man die Koordinaten ändert.

Die Krümmung divergiert hier tatsächlich. Die Geodäten enden wirklich und die Gleichungen können nicht definieren, was als Nächstes passiert. An dieser Stelle bricht das Modell der allgemeinen Relativitätstheorie zusammen. Das deutet darauf hin, dass sich die Raumzeit so stark in sich selbst faltet, dass die Mathematik versagt. Also ja – in der allgemeinen Relativitätstheorie gibt es eine Singularität.

Und in der Realität der Raumzeit?

Schauen wir uns einmal genauer an, was laut der Projektionstheorie wirklich passiert.

Ein Schwarzes Loch entsteht, wenn sich die Identität unter dem Druck ihrer eigenen Krümmung nicht mehr stabilisieren kann. Die Latenz, die Zeit, die bis zur Realisierung vergeht, wächst. Sie dehnt sich unter innerem Zwang aus. Die Kosten für die Fortsetzung steigen.

Schließlich erreichen diese Kosten eine Grenze.

Sie beginnt im Zentrum der Massenrealisierung, dem Kern des kollabierenden Sterns. Dort wird die Konzentration der Constraints so stark, dass die Latenz divergiert. Die Projektion beginnt mangels Kohärenz von innen heraus zu versagen.

Aber selbst wenn die Projektion nach innen versagt, hinterlässt sie eine Krümmung, als Erinnerung. Die Latenz, die einst die Masse stabilisierte, ist nun im Feld codiert. Die Metrik krümmt sich, um die Spannung widerzuspiegeln, die einst die Identität zusammenhielt. Dies spiegelt die Tatsache wider, dass Masse und Krümmung derselbe Effekt sind. Und diese Krümmung wiederum stabilisiert die Grenze, den Ereignishorizont.

Das strukturelle Versagen der Realität breitet sich nach außen aus.

Am Horizont erreicht die Latenz ihren Höchstwert, den letzten Radius, in dem die Projektion noch gerade so gelingt. Jenseits davon kann die Identität nicht mehr aufgelöst werden. Kein Weg stabilisiert sich. Keine Constraints schließen sich. Die Realität bricht nicht zusammen, ihr gehen lediglich die kompatiblen Anweisungen aus.

Die Metrik zwischen dem Zentrum und dem Horizont existiert mathematisch weiter. Sie definiert ein Spannungsfeld, eine Form dessen, was realisierbar gewesen wäre, wenn eine Realisierung noch möglich wäre. Aber die Projektion hat aufgehört. In diesem Bereich gibt es keine Realisierung. Es gibt keinen Bereich. Es gibt keinen physischen Raum. Raumzeit existiert nicht. Es gibt kein Inneres. Deshalb befindet sich die Masse nicht im Inneren des Schwarzen Lochs. Masse ist Krümmung an der Oberfläche, gespeichert in der Feldstruktur am Horizont, codiert in der maximalen Latenz, die die Identität noch stabilisieren kann.

Aus dieser Sicht gibt es keinen Kollaps in eine Singularität. Es gibt keinen Kern, in dem Materie zerquetscht wird. Es gibt einen Prozess: einen wachsenden Bereich fehlgeschlagener Projektion, eine sich an ihrem äußeren Rand stabilisierende Oberfläche und eine Erinnerung an Masse, die in der Grenzspannung und nicht im Volumen codiert ist. Die mathematische Singularität der allgemeinen Relativitätstheorie ist eine Grenze in der Projektionstopologie, die Oberfläche, jenseits derer kein Constraintsgraph geschlossen werden kann.

Eine Hülle.

Eine Oberfläche.

Eine Grenze der Realität.

5.5 Schwarze Löcher mit Struktur

Rotierender Kollaps und Projektionsscherung

Wenn ein Stern kollabiert, packt er nicht einfach seine Koffer und begibt sich ins Zentrum. Er nimmt alles mit. Vor allem den Spin. Rotation ist etwas, das das Universum persönlich nimmt. Der Drehimpuls ist nicht optional. Er bleibt erhalten.

Wenn also der kollabierende Stern rotierte, und das tun fast alle Sterne, dann muss das entstehende Schwarze Loch diesen Spin mitnehmen. Das Ergebnis unterscheidet sich stark von der Schwarzschild-Geometrie. Es ist nicht sphärisch, sondern achsensymmetrisch. Nicht statisch, sondern stationär.

Dies ist die Kerr-Metrik, die 1963 von Roy Kerr entdeckt wurde. Sie ist die exakte Lösung der Einstein-Feldgleichungen für eine rotierende, ungeladene Masse im Vakuum und beschreibt ein rotierendes Schwarzes Loch in der klarsten Sprache, die die allgemeine Relativitätstheorie zu bieten hat.[2)]

Die Kerr-Lösung ist elegant, aber seltsam.

Anstatt nur den Raum zu krümmen, verdreht die Rotation nun die Raumzeit selbst. Dieser Effekt wird als Frame Dragging bezeichnet: In der Nähe des rotierenden Schwarzen Lochs werden alle Bahnen, sogar die des Lichts, zur Mit-Rotation gezwungen. Nichts kann stillstehen. Diese Verdrehung bildet einen Bereich, der als Ergosphäre bezeichnet wird. Sie liegt außerhalb des Ereignishorizonts und berührt ihn an den Polen. In der Ergosphäre kann man dem Schwarzen Loch noch entkommen, aber man kann sich der Rotation nicht entziehen. Dies ist messbar. Innerhalb der Ergosphäre ist es theoretisch möglich, Energie aus dem Schwarzen Loch zu gewinnen. Das wird als Penrose-Prozess bezeichnet: Ein Teilchen fällt hinein, teilt sich in zwei Teile, und ein Teil entkommt mit mehr Energie als das Original, weil es einen Teil des Drehimpulses des Schwarzen Lochs gestohlen hat.

Das Kerr-Schwarze Loch hat nicht nur einen, sondern zwei Horizonte. Es gibt einen äußeren Ereignishorizont, an dem ein Entkommen unmöglich ist, und einen inneren Cauchy-Horizont, an dem der Determinismus zusammenbricht. Innerhalb des Cauchy-Horizonts kann die allgemeine Relativitätstheorie keine Vorhersagen treffen.

Die Kerr-Lösung ist zu einem zentralen Thema der Astrophysik geworden. Schwarze Löcher in Röntgendoppelsternsystemen und galaktischen Kernen zeigen Anzeichen für einen hohen Spin. Aus Beobachtungen der Verbreiterung von Eisenlinien, der Präzession von Scheiben und relativistischer Jets wurde auf Frame Dragging geschlossen. Selbst LIGO hat bei der Detektion von Gravitationswellen aus Verschmelzungen schwarzer Löcher Spin-Effekte beobachtet, die mit Kerr-Geometrien übereinstimmen. Kerr ist also keine Kuriosität. Es ist das Schwarze Loch, das wir am Himmel sehen. Nur sehen wir es nicht.

Nun nehmen wir Einsteins Brille ab und greifen nach einer anderen Linse, einer, die nicht mit der Raumzeit beginnt, sondern mit der Struktur.

Aus Sicht von Projektion sind die Constraints der Identitätssignaturen, die einen massereichen, rotierenden Stern definieren, nicht symmetrisch, sondern mit einer Win-

[2] Geladene Schwarze Löcher – beschrieben durch die Reissner-Nordström- und Kerr-Newman-Metriken – werden hier nicht behandelt. Im Projektionsrahmen führt die Ladung eine eigene Klasse von Constraints ein, die später in diesem Buch behandelt werden. Astrophysikalische Schwarze Löcher sind elektrisch neutral, sodass der ungeladene Fall für unsere Zwecke ausreichend ist.

kelstruktur verwoben. Sie sind verdreht und anisotrop. Wenn ein solcher Stern kollabiert, bleibt sein Drehimpuls erhalten. Dies hat Konsequenzen für die Struktur dessen, was real werden kann.

Wenn es keinen Spin gibt, wie im Fall von Schwarzschild, bleiben die Constraints des kollabierenden Objekts radial kompatibel und die Latenz ist in alle Richtungen symmetrisch. Bei Vorhandensein von Drehimpuls codieren die Identitätsconstraints jedoch eine Richtungskopplung. Die Projektion einer Identität in eine Richtung wird strukturell mit benachbarten Richtungen verknüpft.[3] Dies ist nicht nur eine mathematische Eigenschaft. Es handelt sich um eine physikalische Verformung der Projektionsbedingungen der Identität. Sobald diese Winkelkopplungen vorhanden sind, sind nicht mehr alle Richtungen gleichermaßen realisierbar. Der Projektionstensor muss nicht nur die Position des projizierten Objekts erhalten, sondern auch die strukturelle Kohärenz seiner Identität, einschließlich seines Drehimpulses. Das hat praktische Konsequenzen. Um eine Identität aus einer solchen rotierenden Konfiguration nach außen zu projizieren, muss man sie mit dem Spin projizieren. Der Versuch, sie gegen die Rotationskopplung zu projizieren, führt zu einer zusätzlichen Latenz, einer erhöhten Projektionsverzögerung aufgrund der Nichtübereinstimmung zwischen der Ausrichtung der Constraints und dem Projektionspfad.

Diese Latenz ist eine messbare Verzögerung beim Entstehen der Raumzeitpräsenz, eine Verzögerung bei der Realisierung der Identität, die von der Richtung abhängt. Das Ergebnis ist das, was wir als Frame-Dragging bezeichnen, weil die die Realität definierenden Beschränkungen eine Rotation für eine effiziente Realisierung erfordern. Die Bewegung wird nicht gekrümmt, sondern die Projizierbarkeit wird verzerrt. Aus der Perspektive der Projektion entsteht der Frame-Dragging-Effekt auf natürliche Weise. Er ist die physikalische Manifestation der Projektionsanisotropie in einem Constraintsfeld, das den Drehimpuls intern codiert.

Im symmetrischen Schwarzschild-Fall ist die Projektion von Ω auf M, von der Identität in die Raumzeit, klar. Constraints werden radial projiziert. Alles ist aufeinander abgestimmt. Im rotierenden Fall ist der Projektionstensor jedoch nicht mehr diagonal. Er enthält Kreuzterme. Eine Beschränkung, die in φ-Richtung projizieren will, zieht letztendlich auch in θ-Richtung. Das ist wie der Versuch, auf einem sich drehenden Boden vorwärts zu gehen – man wird seitwärts gezogen, ob man will oder nicht.

Du kannst das auf dem Oktoberfest auf dem „Hexenrad“ selbst ausprobieren.

Dies führt zu dem, was wir Projektionsscherung nennen – eine inhärente Anisotropie des Projektionstensors, die durch interne Winkelkopplung verursacht wird. Diese Scherung ist keine Störung, die sich über die Struktur legt. Sie ist die Struktur. Und es ist diese

3 Die Verschränkung – die tiefe Korrelation zwischen Quantensystemen, die einen Großteil der Diskussion über die Information in Schwarzen Löchern untermauert – wird in Kapitel 6 ausführlich untersucht, wo wir sie im Hinblick auf projektionskompatible Constraints neu interpretieren.

Scherung, die die Ergosphäre definiert, die Grenze, jenseits derer nur noch gleichrotierende Projektionen realisierbar sind.

In der Allgemeinen Relativitätstheorie ist die Ergosphäre der Bereich, in dem man nicht stillstehen kann. In Projektionsbegriffen ist das noch deutlicher: Nicht rotierende Projektionspfade funktionieren einfach nicht mehr. Sie sind mit der Constraintstruktur unvereinbar. Man kann zwar noch herauskommen, aber nur, wenn man sich mitdreht. Es ist wie der Versuch, aus einem Strudel heraus zu schwimmen. Man kann entkommen, aber nicht, indem man stillhält. Die einzigen Pfade, die noch projizierbar sind, sind die rotierenden.

Diese Ergosphären-Grenze ist keine Oberfläche im Raum. Es handelt sich um einen Phasenübergang im Raum der Identitätsprojektionen. Eine topologische Schwelle, an der die Symmetrie entscheidend bricht.

Nun sind die beiden Kerr-Horizonte, der Ereignishorizont und der Cauchy-Horizont, keine rätselhaften Artefakte exotischer Mathematik mehr. Sie sind natürliche Projektionsgrenzen.

Der äußere Horizont ist die innere Ergosphären-Grenze, der Ort, an dem Projektionen in jede Richtung nach außen scheitern, weil die Constraints für diese Richtungen keine realisierbare Latenz mehr zulassen.

Der innere Cauchy-Horizont ist etwas Tieferes. Er markiert die Grenze, an der die Projektion fragmentiert. Es existieren mehrere inkompatible Identitätsfortsetzungen, und der Projektionstensor wählt kein eindeutiges Ergebnis mehr aus. Dies ist kein Zusammenbruch der Physik im herkömmlichen Sinne. Es ist ein Zusammenbruch der Realisierbarkeit, der Fähigkeit, eine Constraintstruktur auf eine kohärente Raum-Zeit-Darstellung abzubilden.

Nun könnte man fragen, ob es innerhalb des Cauchy-Horizonts eine Raumzeit gibt oder ob es sich um einen weiteren Rand des Universums ohne Inneres handelt. Aus der Perspektive der Projektionstheorie ist die Antwort nicht eindeutig. Die Raumzeit kann zwar weiterhin über den Cauchy-Horizont hinaus projiziert werden, allerdings nicht konsistent. Es gibt keine eindeutige Möglichkeit mehr, die Identitätsstruktur zu realisieren, keine kanonische Fortsetzung, auf die sich alle Beobachter einigen könnten. In diesem Sinne existiert die Raumzeit dort zwar, aber nur als ein Flickenteppich aus inkompatiblen Projektionen – jede lokal gültig, aber global inkohärent. Dies ist nicht mit dem Schwarzschild-Inneren vergleichbar. Im Fall von Kerr hört die Realisierung nicht auf, sie fragmentiert jedoch in Zweige, die nicht miteinander in Einklang gebracht werden können. Der Cauchy-Horizont ist also nicht der Rand des Universums. Er ist der Rand der konsistenten Projektion, eine Grenze der Vorhersagbarkeit, nicht des Raums. Der Determinismus stirbt hier, weil die Identität nicht mehr weiß, was die Zukunft ist. Man könnte es auch als Chaos bezeichnen.

Beobachtbare Konsequenzen der Rotationsprojektion

Wir treten nun einen Schritt zurück von Tensoren und Phasengrenzen, um eine unverblümte Frage zu stellen:

„Wenn diese projektionsbasierte Sichtweise richtig ist, wie würde sie sich zeigen? Was würden wir sehen, messen, erkennen?“

In der Nähe eines rotierenden Schwarzen Lochs senden Eisenatome in der Akkretionsscheibe Röntgenstrahlen aus. Präzise Messungen dieser Linien zeigen, dass sie verbreitert und verzerrt sind. In der Allgemeinen Relativitätstheorie wird dies durch Dopplereffekte und die Krümmung der Raumzeit erklärt. Im Projektionsrahmen geht die Erklärung tiefer.

In der Nähe des Schwarzen Lochs hängt die Projektionslatenz von der Richtung und der Winkelkopplung ab. Photonen, die entgegen der Spinrichtung emittiert werden, haben eine längere Projektionszeit: Es dauert länger, bis ihre Identität erkennbar wird. Die mitrotierenden Photonen werden schneller projiziert. Dies führt zu einer Energieasymmetrie, die den Doppler-Effekt und die gravitative Rotverschiebung zeigt, aber nicht auf eine Bewegung durch die gekrümmte Raumzeit zurückzuführen ist, sondern auf eine Verzögerung der Realisierung.

Ein weiterer beobachtbarer Effekt ist die Scheibenpräzession. In Systemen wie GRO J1655–40 wurde diese Lense-Thirring-Präzession beobachtet. Die Ausrichtung der Scheibe verschiebt sich im Laufe der Zeit – nicht zufällig, sondern mit einer Frequenz, die den Drehimpuls des Schwarzen Lochs widerspiegelt.

Die Allgemeine Relativitätstheorie beschreibt dies als ein Mitreißen der Inertialsysteme. Die Projektionstheorie erklärt es als einen zeitlichen Gradienten in der Projektierbarkeit: Die Constraints des rotierenden Kerns beeinflussen, welche Scheibenorientierungen unter kontinuierlicher Projektion kohärent bleiben.

Das Ergebnis sind bevorzugte Achsen, Ausrichtungsdrift und langfristige Strukturen in einem ansonsten chaotischen System.

Ebenso neigen relativistische Jets dazu, entlang der Drehachse zu entstehen – als würde die Geometrie die Energie in diese Richtung leiten. Aus Sicht der Projektion ist dies zu erwarten, da die Kompatibilität der Constraints entlang der Drehachse maximal ist. Projektionen in diese Richtung sind sowohl unverzerrt als auch beständig. Man braucht keine Magnetlinien oder zusätzliche Annahmen. Man braucht lediglich Identitätsstrukturen, die über die Zeit hinweg ausgerichtet bleiben.

Wenn zwei Schwarze Löcher verschmelzen, klingelt das endgültige Objekt wie eine Glocke. Diese Gravitationswellen, die „Ringdown-Phase“, bestehen aus spezifischen Schwingungsmoden, die durch die Kerr-Geometrie genau vorhergesagt werden. Und tatsächlich hat LIGO sie beobachtet.

Die Projektion ändert hier nichts an den Vorhersagen, aber sie ändert unser Verständnis davon.

Ein klingelndes Schwarzes Loch ist nicht nur ein gekrümmtes Objekt, das überschüssige Energie verliert. Es ist eine Identitätsstruktur, die sich in einer stabileren Constraint-Struktur einpendelt. Die Ringdown-Modi sind keine Schwingungen der Raumzeit, sondern Transienten in der Projektionsimpedanz, Wellen in der Ausrichtung zwischen Ω und *M*, wenn sich die Constraints-Überlagerungen einpendeln.

Dass sie mit Kerr übereinstimmen, sagt uns, dass der Endzustand immer noch dieselbe verzerrte Projektion ist. Aber jetzt sehen wir den Prozess durch die Struktur, nicht nur durch die metrische Entwicklung.

An diesem Punkt wird deutlich, dass die Projektionstheorie nichts sagt, was der allgemeinen Relativitätstheorie widerspricht. Und genau darum geht es.

Während die Allgemeine Relativitätstheorie versucht, Raumzeitbeobachtungen aus der Raumzeit heraus zu beschreiben, indem sie eine formbare Struktur von Raum und Zeit postuliert, erklärt die Projektionstheorie diese Ergebnisse, mit weniger Annahmen, indem es stattdessen von Constraints und Projektierbarkeit ausgeht.

Die von uns gemessenen Effekte, Rotverschiebungen, Präzession, Jet-Kollimation, Ringdown-Frequenzen, ergeben sich als logische Konsequenzen und nicht als Postulate. Sie werden nicht auferlegt. Sie sind unvermeidlich.

Und doch bleibt eine Frage offen. Wenn die Projektion jenseits des Horizonts versagt, wie können dann noch Informationen erhalten bleiben? Dies führt uns unweigerlich zur Frage der Entropie.

5.6 Entropie als Projektionsdichte

Der Schock von Bekenstein und Hawking

Es gibt Momente in der Physik, in denen die Zahlen etwas völlig Unerwartetes sagen und die Physiker, Gott sei Dank, tun so, als würden sie nicht in Panik geraten.

Ein solcher Moment kam in den 1970er-Jahren, als Jacob Bekenstein vorschlug, dass Schwarze Löcher Entropie haben könnten. Das war schon ein gewagter Schritt. Entropie ist ein Maß für Unordnung. Sie zählt, wie viele mikroskopische Anordnungen dasselbe sichtbare Ergebnis hervorbringen können. Aber ein Schwarzes Loch ist per Definition das langweiligste Objekt im Universum. Es hat keine Textur, keine Merkmale, keine erkennbare innere Struktur. Es ist das physikalische Äquivalent dazu, jede Frage mit „42“ zu beantworten.

Und doch beharrte Bekenstein darauf: Es hat Entropie.

Dann kam Stephen Hawking und bewies es zufällig.

Er versuchte, Quanteneffekte in der Nähe des Ereignishorizonts zu berechnen, und stellte zu seinem Entsetzen und schließlich zu seiner Freude fest, dass Schwarze Löcher strahlen. Nicht viel. Nicht warm. Aber genug, um darauf schließen zu lassen, dass sie doch nicht völlig schwarz sind. Und mehr noch: Ihre Temperatur und Entropie waren durch eine sehr präzise Formel miteinander verbunden.

Das allein wäre schon beunruhigend gewesen. Aber der eigentliche Schock kam durch das Ergebnis. Die Entropie war nicht proportional zum Volumen des Schwarzen Lochs, sondern zu seiner Oberfläche.

Das widersprach jeder Erwartung. Entropie skaliert normalerweise mit dem Volumen. Je mehr Platz man hat, desto mehr Möglichkeiten gibt es, Teilchen neu anzuordnen. Ein Behälter mit doppeltem Volumen hat ungefähr doppelt so viel Entropie. Das wird jedem Thermodynamikstudenten beigebracht.

Aber schwarze Löcher wollten sich nicht daran halten.

Die Bekenstein-Hawking-Formel zeigte, dass die Entropie eines Schwarzen Lochs proportional zur Fläche seines Ereignishorizonts ist und zu nichts anderem. Es spielte keine Rolle, wie viel Materie hineingelangt war. Entscheidend war, wie groß die Oberfläche war.

Das war seltsam. Es war so seltsam, dass es zu einem grundlegenden Rätsel wurde. Warum sollte die Entropie, eine Zählung möglicher Zustände, nur die Oberfläche berücksichtigen? War das Innere nicht real? Waren die Mikrozustände irgendwie über die Grenze verteilt? Wurden die Informationen holografisch gespeichert? Diese Fragen wurden zentral für die Quantengravitation, die Stringtheorie und die Thermodynamik von Schwarzen Löchern. Und sie stehen nach wie vor im Mittelpunkt dessen, was manchmal als „Informationsproblem der Schwarzen Löcher" bezeichnet wird.

Physiker begannen, über Verschränkungsentropie, Freiheitsgrade des Ereignishorizonts, mikroskopische Horizontflächenquanten und viele andere Dinge zu sprechen, je nachdem, in welchem Bereich der theoretischen Physik man sich bewegte. Einige waren zutiefst beunruhigt. Einige erhielten Nobelpreise. Einige machten sich Käsesandwiches und versuchten, nicht darüber nachzudenken.

Wir stellen eine neue Frage:

„Was wäre, wenn die Entropie mit der Fläche skaliert, weil das Innere einfach nicht existiert?"

Was wäre, wenn dies kein Rätsel um versteckte Informationen wäre, sondern eine strukturelle Tatsache, was realisiert werden kann?

Im Rahmen der Projektionstheorie ist dies keine Überraschung. Es ist genau das, was man erwarten würde, wenn das Innere nicht mehr projizieren kann. Entropie wird zu einer Zählung, wie viele Identitätskonfigurationen sich noch an der Oberfläche stabilisieren können.

Und wenn die Projektion an der Oberfläche aufhört, dann tut dies natürlich auch die Entropie.

In den nächsten Abschnitten werden wir dies sorgfältig aufschlüsseln. Nicht mit Pfadintegralen oder String-Bits, sondern mit Constraint-Strukturen und Realisierungslogik.

Und vielleicht mit ein paar Würfeln gereiftem Manchego.

Fläche, nicht Volumen

Beginnen wir mit einer kühnen Behauptung: Ein Schwarzes Loch hat kein Inneres.

Das hast du zwar schon gehört, aber jetzt nehmen wir es ernst. Wir werden sehen, was passiert, wenn wir es wirklich, wirklich ernst meinen.

Wirklich!

Wenn Physiker über die Entropie eines Systems sprechen, gehen sie traditionell davon aus, dass es sich um eine Art Volumen handelt. Ein Gas in einer Box. Ein Feld in einer Region. Ein langsam schmelzender Camembert in der Mikrowelle. In jedem Fall zählt die Entropie, auf wie viele verschiedene Arten man die Mikrostruktur, Atome, Quanten, käsige Peptide, neu anordnen kann, ohne das Gesamtbild zu verändern.

Je größer das Volumen, desto mehr Umordnungen sind möglich.

Mehr Raum = mehr Konfigurationen = mehr Entropie.

Ganz einfach.

Betrachten wir nun ein Schwarzes Loch vom Schwarzschild-Typ.

Nehmen wir einmal an, es hätte ein Inneres. Man könnte sich vorstellen, dass alle Materie, die hineingefallen ist, noch da ist, nur nicht sichtbar. Vielleicht ist sie zu einer exotischen Form komprimiert. Vielleicht wirbelt sie in winzigen String-Schleifen herum oder prallt von der Raumzeit-Schaumstruktur ab. Was auch immer es ist, man könnte erwarten, dass die Entropie mit dem Volumen zunimmt. Schließlich befinden sich die Mikrozustände dort, im Inneren, denn dort befindet sich die Materie.

Aber nein. Das tut sie nicht.

Sie skaliert mit der Oberfläche. Nur die Grenze zählt. Das wäre sehr seltsam – es sei denn, es gibt wirklich kein Inneres, das man zählen könnte.

Die Logik fordert genau das, was wir behaupten.

Jenseits des Ereignishorizonts versagt die Projektion. Identität kann sich nicht mehr stabilisieren. Es gibt keine kohärente Konfiguration, die sich projizieren lässt. Einfach ausgedrückt: Es ist nichts da. Es hat sich nicht versteckt. Es ist schlicht nicht da, weil es strukturell nicht realisierbar ist. Das Innere eines Schwarzen Lochs ist in dieser Sichtweise kein Ort. Es ist eine Region ohne Auflösung, und im Schwarzschild-Fall ist es nicht einmal eine Region.

Keine Projektion, keine Identität, keine Realität.

Keine Mikrozustände!

Ganz bestimmt nicht!

Wenn Entropie die Anzahl der unterschiedlichen Identitätskonfigurationen zählt, die realisiert werden können, dann trägt das Innere null dazu bei. Damit bleibt nur die Oberfläche. Die Grenze. Der dünne, leuchtende, einseitige Schleier, wo Projektion noch gerade so funktioniert.

Und das reicht aus.

Der Ereignishorizont ist der Ort, an dem die letzten realisierbaren Konfigurationen existieren. Das ist der einzige Ort, an dem Identität noch nachhallt, die einzige Region, die noch zählt. So wird Entropie zu einem Maß dafür, auf wie viele Arten die Oberfläche Identität stabilisieren kann.

Und damit erscheint das Ergebnis von Bekenstein und Hawking plötzlich offensichtlich.

Die Entropie ist proportional zur Fläche des Horizonts, weil dies der einzige Bereich ist, in dem noch Struktur existiert.

Entropie misst die Dichte von Constraints

Kochen wir eine Suppe.

In der statistischen Physik entspricht ein Löffel Suppe der Anzahl mikroskopischer Zustände, die makroskopisch alle wie Suppe aussehen. Sie wird nicht dadurch definiert, welche Moleküle wo sind, sondern nur durch Temperatur, Volumen, Salzgehalt und möglicherweise dadurch, ob sie noch warm genug ist, um genossen zu werden. Man könnte einige Pfeffermoleküle austauschen, umrühren oder drei Korianderatome entfernen – und man würde es nie bemerken. Es wäre immer noch Suppe. Die Entropie zählt, wie viele solche Anordnungen möglich sind, die immer noch als „diese Suppe“ gelten.

Aber bei Entropie geht es nicht um Suppe. Es geht um Struktur unter Constraints. Und hier bietet das Projektions-Framework einen tieferen Einblick. Hier wird ein physikalisches System nicht durch das definiert, was „in ihm“ ist. Es wird dadurch definiert, welche Identitätskonfigurationen noch projiziert werden können, welche Constraints mit einer stabilen Realisierung kompatibel sind. Bei Entropie geht es also darum, wie viele Constraints-kompatible Realisierungen an einer bestimmten Grenze noch existieren.

In der klassischen Physik wird angenommen, dass die Mikrozustände „da“ sind, auch wenn wir sie nicht sehen können. Aber wenn eine Konfiguration nicht projizierbar ist, existiert sie nicht. Nicht als versteckte Daten, nicht als unzugängliche Schicht, nicht als Geist in einem Volumen. Sie löst sich einfach nicht auf. Sie ist nicht real, nicht existent.

Entropie ist also keine Vermutung darüber, was sich im Inneren befinden könnte. Sie ist ein Maß für den Projektionsreichtum, dafür, wie viele strukturell unterschiedliche Möglichkeiten es gibt, Identität zu realisieren.

Stell Dir eine Oberfläche vor, beispielsweise den Ereignishorizont eines Schwarzen Lochs, die aus vielen winzigen Bereichen besteht. Jeder Bereich erlaubt eine bestimmte Anzahl kompatibler Projektionen, eine kleine Menge von Identitätsstrukturen, die trotz der erdrückenden Projektionsspannung direkt darunter stabil bleiben.

Nehmen wir an, es gibt „k“ solcher unabhängigen Bereiche – nennen wir sie Identitätsslots.

Und nehmen wir an, dass es für jeden Slot „n“ verschiedene Möglichkeiten gibt, wie eine mit den Constraints kompatible Identität noch projiziert werden kann.

Dann ist die Gesamtzahl der globalen Konfigurationen auf der Oberfläche:

$$N = n^k$$

Und die Entropie in ihrer grundlegendsten Informationsform lautet:

$$S = \log N = \log(n^k) = k \log n$$

Diese Gleichung besagt: Die Entropie skaliert mit der Anzahl der Identitätsslots, multipliziert mit der internen Freiheit, die jeder Slot noch besitzt. Es ist kein Raum-Zeit-Volumen beteiligt. Es müssen keine versteckten Teilchen gezählt werden. Nur eine Oberfläche und die realisierbaren Möglichkeiten, wie sie noch „Ja“ dazu sagen kann, real zu werden.

Dies ist keine Formel, die wir auferlegt haben. Sie ergibt sich ganz natürlich aus der Struktur der Projektion.

Und wie bei jeder guten Suppe gilt: Je tiefer man rührt, desto mehr findet man.

Rühren wir tiefer.

Bring eine Lupe mit. Und vielleicht einen Cracker.

Planck-Patches und Identitäts-Slots

Wenn man die Oberfläche eines Schwarzen Lochs, oder eine beliebige strukturelle Grenze, an der die Projektionsspannung die Identität an ihre Grenzen gebracht hat, immer genauer untersucht, stellt man etwas Seltsames fest: Irgendwann kann man nichts mehr erkennen. Die Oberfläche wird nicht reichhaltiger, sondern verrauscht. Ab einer bestimmten Feinheit versagt die Projektion. Die Struktur offenbart nicht mehr Details, sie bricht zusammen.

Dies ist eine strukturelle Tatsache. Unterhalb einer bestimmten Größe können die zur Stabilisierung der Identität erforderlichen Constraints nicht mehr geschlossen werden. Diese Größe ist die Planck-Länge, bezeichnet mit „ℓ_P“. Sie ist nicht nur eine theoretische Grenze. Sie ist die Auflösungsgrenze der Projektion.[4] Ist sie kleiner, kann Identität nicht mehr erscheinen.

Wenn wir also von Identitätsslots sprechen, den Bereichen auf der Oberfläche, die noch strukturelle Projektionen unterstützen können, müssen wir davon ausgehen, dass jeder davon eine Fläche hat, die nicht kleiner ist als ℓ_P^2. Das ist die kleinste stabile Einheit der projizierten Oberfläche.

Jetzt können wir k definieren.

Wenn die Gesamtfläche der Grenze A ist und jeder Identitätsslot einen Planck-Patch mit der Fläche ℓ_P^2 bedeckt, dann gilt:

$$k = \frac{A}{\ell_P^2}$$

[4] Die Planck-Länge wird hier nicht als Quantengrenze postuliert, sondern ergibt sich als die minimale Skala, auf der eine constraint-kompatible Projektion noch die Identität stabilisieren kann. Eine vollständige Herleitung, wie diese Auflösungsgrenze und Konstanten, wie ℓ_P, $\hbar$ und c, aus der Struktur der Projektion hervorgehen, findet sich in Kapitel 7 über die Entstehung physikalischer Konstanten.

Dies ergibt:

$$S = \frac{A}{\ell_P^2} \cdot \log n$$

Dies ist eine Formel für die Entropie, die Schritt für Schritt aus der Struktur der Realisierung auf einer Oberfläche aufgebaut ist. Die Entropie skaliert mit der Fläche, da nur die Oberfläche projektierbar bleibt.

Moment mal ...

Vom Flächengesetz zum Projektionsgesetz

Gehen wir mal einen Schritt zurück und betrachten, was wir nun haben.

Wir haben eine Formel für die Entropie konstruiert, indem wir kompatible Identitätskonfigurationen auf einer strukturellen Grenze gezählt haben. Diese Formel wurde nicht vorausgesetzt. Sie wurde nicht aus der Thermodynamik oder der Quantenfeldtheorie übernommen. Sie wurde von Grund auf aufgebaut, wobei nur die Sprache der Constraints, Projektion und Realisierbarkeit verwendet wurde.

Fügen wir noch ein Detail hinzu. Setzen wir „$\log n = \frac{1}{4}$".[5]

Wir erhalten:

$$S = \frac{A}{4\ell_P^2}$$

mit derselben Struktur, derselben Abhängigkeit von der Fläche und derselben Einheitsskala wie die Entropie eines Schwarzen Lochs in der allgemeinen Relativitätstheorie und der Quantenfeldtheorie. Das ist das Bekenstein-Hawking-Ergebnis, abgeleitet aus strukturellen Prinzipien.

Was bedeutet das nun?

Es bedeutet, dass die Entropie eines Schwarzen Lochs nicht aus der Theorie heraus gemalt ist. Sie ist eingebrannt, Stück für Stück, in der tiefsten Auflösung des Realisierungsprozesses.

Jeder Planck-große Fleck auf der Oberfläche enthält nicht ein ganzes Bit. Er enthält etwas Dichteres. Schärferes. Gerade genug Variation, damit die Struktur wackeln kann, bevor sie versagt. Ein Viertel einer natürlichen Entropieeinheit. Etwa 1,284 mögliche Wege, wie sich Identität zeigen kann, nicht mehr. Es ist die feinste Komplexität, die die Realität noch ausdrücken kann, wenn sie bis zum Ende flachgedrückt wird.

[5] Dieser Wert von log n impliziert, dass jeder Planck-Skalenbereich etwa $n = e^{1/4} \approx 1.284$ realisierbare Identitätskonfigurationen zulässt – keine vollständige binäre Freiheit, sondern die maximal unterscheidbare Struktur unter Projektionsbelastung. Dies ist die geringste Informationsvielfalt, die ein System unterstützen kann, ohne an Auflösung zu verlieren. Dies ist keine Vermutung, sondern spiegelt die endgültige Variationskapazität der Struktur vor ihrem Versagen wider.

Das ist es, was die Bekenstein-Hawking-Formel wirklich aussagt: Struktur endet im quantisierten Flackern von Beinahe-Identität, noch gerade so zählbar, an der Oberfläche der Realität.

5.7 Das Informationsparadoxon neu betrachtet

Etwas fällt in ein Schwarzes Loch. Es verschwindet. Später, viel später, zerstrahlt das Schwarze Loch über Hawking-Strahlung und übrig bleibt nur scheinbar zufällige Wärme. Keine Spur des Ursprungs, kein Echo der Struktur, kein Hinweis auf die Identität dessen, was einst hineingefallen war.

So formuliert, scheint das Paradoxon klar, denn Informationen sind offensichtlich verloren gegangen. Und damit wäre eines der Grundprinzipien der Quantenmechanik verletzt, die Unitarität.

Doch das Paradoxon beruht auf dem Trugschluss der Vorstellung, dass Identität im Inneren eines Schwarzen Lochs weiterexistieren müsse. Wir haben gesehen, dass das falsch ist.

Betrachten wir die Situation aus der Sicht der Projektionstheorie. Ein Stück Materie nähert sich dem Ereignishorizont. Dabei ist es zunächst egal, ob der Ereignishorizont im kollabierenden Stern der Materie entgegenrast, oder ob das Schwarze Loch bereits sehr lange existiert und unser Stück Materie nur das Pech hatte, seinen Weg zu kreuzen. Sie bewegt sich in einen Raumzeitbereich mit exponentiell zunehmender Constraints-Dichte. Die Raumzeit ist zunehmend gekrümmt und seine Latenz steigt. Nun beginnt eine Odyssee, die wir als gravitativen Zeno-Effekt beschreiben könnten. Die Materie nähert sich dem Ereignishorizont, aber erreicht ihn nie mit mathematischer Präzision, denn seine Latenz der letzten Realisierbarkeit ist bereits extrem hoch. Diese Divergenz der Latenz entspricht der klassischen Zeitdilatation und darum ist auch der Eindruck eines außenstehenden Beobachters klassisch richtig, der ein „Einfrieren" der Materie am Ereignishorizont beobachtet. Aber unsere Materie ist immer noch da. Zum einen ist ihre Identität in Gänze in Ω existent, zum anderen ist sie in ihrer letzten, möglichen Form innerhalb der verzerrten Raumzeit unmittelbar vor der mathematischen Grenze präsent, kann aber zurzeit nicht erneut projiziert werden, da ihre Latenz noch andauert. Information in Wartestellung.

Reprojektion als Hawking-Strahlung

Am Rande der Realisierbarkeit, unter den extremsten physikalischen Bedingungen, ist Zeit nicht nur relativ, sie ist Glücksache. Oder Pech, wenn wir an unsere Materie denken, die sich in ihrer Zeitlosigkeit inmitten extremer Constraint-Spannungen an der Grenze der Möglichkeit befindet. Irgendwann, scheinbar zufällig, statistisch, thermisch, realisiert die erneute Projektion die Identität der Materie in der einzig denkbaren physikalischen Form, die durch die extreme Constraint-Dichte erlaubt ist. Ohne tangential kompatible Lösungen ist das eine radial gerichtete Strahlung, die Hawking-Strahlung.[6] Wir beobachten am Ereignishorizont ein strukturelles Flackern als Konsequenz des Constraintversagens am Rand der Realisierbarkeit.

Das Paradoxon zerfällt.

Die Information war immer in $\boldsymbol{\Omega}$ präsent und sie war in $\boldsymbol{M}$ nur in Wartestellung, da sie nie in das Schwarze Loch hineingefallen ist, weil es keinen physikalisch erlaubten Raum für ihr Verschwinden gab.

Epilog: Zurück zum Kühlschrank

Wir nähern uns dem Ende dieses Kapitels. Wir haben einen langen Weg zurückgelegt und viel Käse gesehen. Gehen wir noch einmal zu diesem obskuren Kühlschrank am Ende des schlecht beleuchteten Korridors. Unsere Schritte hallen in dem leeren Flur wider. Beim Näherkommen, erinnern wir uns an das letzte Mal, als wir einen kalten, schweren, stillen Ort fanden, an dem sich vergessener Käse zu etwas verdichtet hatte, das selbst das Licht nicht wahrnehmen wollte. Wir konnten nichts herausholen. Einige unbeschreibliche Dinge waren zu einer Singularität zusammengebrochen.

Als wir näherkommen, werden wir langsamer. Der Raum scheint sich zu dehnen. Öffnen wir diese Tür noch einmal.

Quietschen ...

Es gibt kein Inneres. Es gibt keinen Kern aus Roquefort, der sich in der Mitte verbirgt.

Leere Nichtsheit.

Wir schließen die Tür. Irgendwie hatten wir das jetzt erwartet. Die ganze Masse ist nur der Widerstand, der in der Tür codiert ist. Die Entropie? Eine Zählung von Post-its ... jedes ein Planck-großer Zettel mit der Aufschrift „Bitte denk an diese Identität“.

Und die Strahlung?

Dieser schwache, fast nicht wahrnehmbare Geruch? Das ist der Kühlschrank, der seine Oberfläche Stück für Stück neu ordnet. Projektionsslots verschwinden. Constraints brechen zusammen.

Und man kann immer noch nichts herausholen.

---

[6] Das Standardbild der Hawking-Strahlung als „Paarbildung“, bei der sich in der Nähe des Horizonts ein virtuelles Teilchen-Antiteilchen-Paar bildet und eines davon entweicht, ist eine beliebte Heuristik, aber keine wörtliche Ableitung. In Hawkings ursprünglicher Berechnung entsteht das thermische Spektrum aus der Bogoliubov-Transformation von Feldmoden über einen kausalen Horizont in gekrümmter Raumzeit. Es findet keine Paarbildung in Echtzeit statt. Folglich ist im emittierten Spektrum keine Symmetrie zwischen Materie und Antimaterie erforderlich, und es wird kein spezifischer Teilchengehalt impliziert. In der Projektionstheorie wird dieser Prozess als strukturelle Rekonfiguration von Identitätsbeschränkungen an der kollabierenden Grenze, nicht als Vakuumfluktuation, neu interpretiert, und die resultierende Emission spiegelt die Identität wider, die nach außen projiziert werden kann. Antimaterie muss dabei keine besondere Rolle spielen.

6 Entanglement und die Fragilität von Constraints

Prolog: Das Labor der ungelösten Kohärenz

Zurück aus dem dunkelsten Ort des Universums, dem äußersten Rand der Realität, betreten wir gemeinsam das Labor. Es ist ein ganz besonderes Labor, wie es kein zweites auf unserem Heimatplaneten gibt. Nicht weil es in Deutschland liegt, nicht, weil es noch eine Tafel oder ein Sofa hat. Sicherlich nicht, weil draußen im langen Flur ein Kühlschrank steht – aber den kennst Du ja bereits. Dieses Labor ist das „Mad Science Lab", wie es deutlich auf der Labortür neben dem Aufkleber „Ausgang" steht. Wenn Du den Ausgang betrittst, wirst Du wahrscheinlich zuerst das seltsam geordnete Chaos im Inneren bemerken, aber höchstwahrscheinlich wirst Du sofort von Wobble, dem Laborhaustier, begrüßt.

Nein, Wobble ist keine Katze. Das war ein Mythos.

Wobble, halb Tribble, halb Kitsune, kann sich nicht wirklich entscheiden, was sie ist, da das Universum ihr zu viel Symmetrie und zu wenig Constraints gegeben hat, um sich stabil für eine Identität zu entscheiden. Daher könnte Wobble Dich als hyperbolischer topologischer Defekt im Teppich begrüßen, aber höchstwahrscheinlich wird sie ein süßer Hund sein, der auf dem Sofa schläft und darauf wartet, von Physikern gestreichelt zu werden, die es aufgegeben haben, zu verstehen, wie QED und ART zusammenpassen.

Dies ist das Labor, in dem wir einige Zeit zusammen verbringen werden und Wobble wird Dir helfen, das zu verstehen, was kaum zu verstehen ist.

6.1 Die Lüge der Lokalität

„Willkommen, willkommen – Du bist der erste Besucher seit ... wer weiß."

Wie auch immer.

„Wobble. Sitz!"

Entschuldige die Unordnung. Sie versucht, sich in dieses Kapitel einzuschleichen, was ganz natürlich ist.

Wir wollen uns ein Experiment ansehen.

Hier auf dieser Werkbank schweben zwei Quantenmünzen, die leicht summen und perfekt antikorreliert sind. Bringen wir eine nach nebenan, in den Laserraum. Jetzt werfen wir diese hier. Sie landet mit der Kopfseite nach oben. Schauen wir uns jetzt die andere an. Sie ist ebenfalls gelandet, mit der Rückseite nach oben. Gut. Jetzt machen wir das schnell mal unendlich oft ... ja, es ist immer so: Wenn eine Münze mit der Kopfseite nach oben landet, landet die andere mit der Rückseite nach oben – oder umgekehrt. Immer!

Wobble scheint sich für die Münzen zu interessieren.

Jetzt installieren wir eine Webcam mit Attosekundenauflösung und schauen uns das Experiment noch einmal an. Machen wir das noch unzählige Male.

Ja, in dem Moment, in dem die eine Münze landet, landet auch die andere – immer.

Wir nennen das Verschränkung, Entanglement.

Daraufhin gönnen wir uns einen Kaffee und sitzen zusammen auf dem Sofa. Wir blättern in dem Physikbuch der unwiederholbaren Fehlversuche und finden ein Zitat von Einstein: *„spooky action at a distance"* (gespenstische Fernwirkung) und einen Witz von Feynman.

Tatsächlich haben sich viele Physiker dazu geäußert, wie seltsam das ist, was wir da eben beobachtet haben.

Senden die Münzen ein Signal? Haben sie eine versteckte Gebrauchsanweisung? Schreiben sie die Geschichte rückwirkend um?

Entanglement ist aus der Perspektive der Raumzeit tatsächlich rätselhaft – und erinnert uns an das berühmte Zitat von Einstein: *„Wir können unsere Probleme nicht mit derselben Denkweise lösen, mit der wir sie geschaffen haben."* Warum nimmt niemand Einstein ernst? Der Mann hatte wirklich Ahnung.

„Wobble! Nicht schnurren!"

Katzen sind seit – nun ja, Du weißt schon – aus Wissenschaftsbüchern verbannt.

In der Projektionstheorie sind die beiden Münzen ein System. Sie sind eine Struktur. Ein Constraint-Graph, aufgeteilt über den Raum. Jede Messung ist keine Botschaft, sie ist die Realisierung einer gemeinsamen Identität, die sich unter lokalen Bedingungen projiziert und durch eine globale Struktur gebunden ist. Es ist nur eine kohärente Stabilisierung. Eine Projektion, die an zwei Orten real wird, weil die Struktur es verlangt. Das ist einfach. Die Münzen kommunizieren nicht miteinander. Sie lösen sich gemeinsam auf.

Das ist gar nicht unheimlich.

Die falschen Erklärungen

Da wir die Lösung des Entanglement-Problems mithilfe des Projektions-Frameworks bereits vorab verraten haben, können wir uns entspannen und dieses Buch noch einmal anschauen. Es ist Wobbles Lieblingsbuch. Es erzählt Geschichten aus fernen Ländern und von wichtigen Menschen, die deshalb wichtig sind, weil sie brillant sind. Lesen wir Wobble doch ein paar dieser Geschichten vor.

Hier kommt die Erste.

Es war einmal ein Genie namens Albert. Zusammen mit seinen Freunden Podolsky und Rosen formulierte er ein Paradoxon, das noch heute in goldenen Rahmen an vielen Badezimmerwänden hängt:

„Wenn die Quantenmechanik richtig ist, dann scheint sich etwas über eine Entfernung hinweg augenblicklich zu verändern. Wenn wir an Lokalität und Realismus glauben, dann muss die Quantenmechanik unvollständig sein.“

Einstein glaubte an den Realismus. Teilchen haben Eigenschaften, und diese Eigenschaften hängen nicht davon ab, ob oder wie wir sie betrachten. Wenn sich also zwei verschränkte Systeme wie eins verhalten, so argumentierte er, müssen sie jeweils interne Variablen tragen, die zwar verborgen, aber real sind und das Ergebnis der Messung bestimmen.

In gewisser Weise ähnelt dies der Projektionstheorie. Einstein ahnte, zu Recht, dass es etwas unterhalb der Quantenmechanik geben muss: eine strukturelle Ebene, die Ergebnisse erklärt, ohne sich auf Zufall oder Beobachtung zu berufen.

Einstein stellte sich jedoch trennbare Strukturen vor – verborgene Variablen, die jedem Teilchen wie versiegelte Anweisungen zugewiesen waren. Er stellte nie die Idee infrage, dass jedes Objekt eine eigene Identität hat.

In der Projektionstheorie wird Identität nicht in Teilen gespeichert. Sie wird geteilt. Das klingt merkwürdig und das englische Wort „sharing“ wäre hier besser geeignet. Die beiden Münzen sind nicht zwei Münzen mit versteckten Antworten – sie sind ein ungelöstes System, strukturell unteilbar, dessen Realisierung von der gemeinsamen Kompatibilität abhängt. Keine versteckten Umschläge. Nur ein einziger Constraint-Graph. Keine vorab festgelegten Werte. Nur eine latente Struktur.

Einstein stellte die richtige Frage. Aber er behielt sie in der Welt, die er gut kannte: die Raumzeit. Und das funktionierte nicht.

Hier kommt die zweite Geschichte.

In einem weit entfernten Land lebte ein liebenswerter Mann mit irischem Akzent, John Bell, der sich mit einem unbequemen Theorem herumschlug. Die Mathematik war gnadenlos. Er leitete eine Ungleichung ab. Dann widerlegten Experimente sie.

Die Ergebnisse waren eindeutig: *„Man kann Verschränkung nicht mit einem Modell erklären, in dem Systeme lokale, vorbestehende Werte haben und keine Einflüsse schneller als Licht sind."*

Bells Theorem sagt uns nicht, was die richtige Theorie ist. Aber es schließt eine Art von Theorie eindeutig aus – einschließlich der von Einstein. Bell hat recht und er sagt uns, dass alles, was Verschränkung erklärt, nicht innerhalb der Annahmen von klassischem Raum, Zeit und Trennbarkeit existieren kann.

Und genau hier beginnt die Projektion.

Und das ist die dritte Geschichte.

In Dänemark, umgeben von Wasser, fand Niels Bohr Lösungen für Probleme, die andere Menschen nicht hatten. Seine Antwort auf Einsteins Problem war berühmt für ihre Undurchsichtigkeit. Er argumentierte, dass die Eigenschaften von Quantensystemen erst bei der Messung real werden. Der Beobachter wird Teil des Systems. Es gibt kein *„Was passiert hier eigentlich?"*, nur *„Was gesagt werden kann"*.

Das war sehr clever. Es umgeht das Paradoxon, indem es die Frage auflöst.

Bohr bot keinen Mechanismus an. Dasselbe gilt für sein Atommodell … Er bot eine Philosophie des Schweigens an. Er verwandelte die Realität in Grammatik. Für ihn enthüllte die Messung nichts. Sie schuf etwas. Aber bei der Verschränkung geht es nicht um Messung. Es geht um strukturelle Kohärenz über Raum und Zeit hinweg. Eine Theorie, die Ontologie vermeidet, kann nicht erklären, warum zwei Münzen zusammen landen. Sie kann nur darauf bestehen, dass uns das nichts angeht. Der Projektionsansatz widerspricht dem. Er sagt: Es gibt eine Struktur. Sie existiert nur außerhalb der Szene.

Nun kommt die vierte Geschichte.

Hier geht es um den Mann, der Realismus und Determinismus wiederherstellen wollte. David Bohm schlug eine „Pilotwelle" vor, eine Art unsichtbare Quantenflüssigkeit, die Teilchen auf bestimmten Bahnen führt. Die Welle weiß alles, überall. Sie verbindet verschränkte Systeme nicht-lokal. Auf den ersten Blick scheint dies der Projektionssichtweise ähnlich zu sein: Etwas Nicht-Lokales bestimmt das Verhalten.

Schauen wir genauer hin.

Bohms Pilotwelle befindet sich immer noch in der Raumzeit. Sie ist ein Feld über Positionen, wie Luft über Flügeln. Sie muss alles wissen und die Teilchen entsprechend lenken, aber niemand kann sie erkennen, verändern oder aus einer tieferen Struktur ableiten. Sie erklärt, ohne zu entstehen.

In der Projektionstheorie „leitet" nichts die Teilchen. Es gibt keine Teilchen – bis eine Projektion eine Struktur realisiert. Identität wird nicht entlang einer Bahn geschoben.

Sie wird unter Constraints stabilisiert. Bohm hat einen schönen Mechanismus konstruiert. Aber er hat nicht erklärt, warum er funktioniert oder woher er kommt.

Und dann kommt die fünfte Geschichte.

Es war einmal ein Junge, der einen Brief an Einstein schrieb und eine Antwort erhielt. Es war wahrscheinlich nicht diese Antwort, die Hugh Everett dazu veranlasste, das Problem des Zusammenbruchs ganz aufzugeben. Er schlug vor, dass die Wellenfunktion niemals zusammenbricht. Stattdessen verzweigt sie sich … in unzählige Welten.

Jedes mögliche Ergebnis tritt in seiner eigenen Realität ein. Das ist radikal. Es ist logisch konsistent. Aber es wirft ein eigenes Problem auf: Wenn alles geschieht, warum beobachten wir dann nur ein Ergebnis? Und wie „wählt" diese Verzweigung aus, was in der Raumzeit erscheint? Everett hat nie erklärt, was die stabilisierte Version auswählt, die wir erleben. Er ersetzte den Kollaps durch Multiplikation – aber ohne Einschränkung.

Im Projektions-Framework ist dieses fehlende Element von zentraler Bedeutung. Die Welt spaltet sich nicht. Sie filtert. Die Projektion wählt aus, was sich hier und jetzt kohärent stabilisieren kann. Andere Möglichkeiten bleiben in Ω – unrealisiert, ungelöst, strukturell inkompatibel.

Everett hat die Superposition beibehalten. Aber ohne Projektion hat sie keine Struktur.

Wir nähern uns der sechsten Geschichte.

In den österreichischen Alpen kam ein Mann einen Berg herunter und murmelte: *„Die Welt besteht aus Informationen."* Und Anton Zeilinger muss das wissen. Aber was sind diese Informationen? Woher kommen sie? Warum sind nur bestimmte Ergebnisse zulässig? Zeilinger vermeidet Metaphysik. Aber Projektion ist Metaphysik, formalisiert. Wir sind uns einig, dass es bei Quantenexperimenten um Struktur und Schlussfolgerungen geht. Aber die Projektionstheorie besteht darauf, dass diese Struktur nicht willkürlich ist.

Sie ist in Ω definiert, durch Kompatibilität eingeschränkt und durch Projektion in M realisiert. Zu sagen, „Information ist fundamental", verschiebt nur die Frage. Was schränkt die Information ein? Unserer Ansicht nach entsteht Identität nicht aus Zufälligkeit. Sie entsteht aus dem, was noch passt.

Hier kommt die letzte Geschichte.

Der in Israel geborene Yakir Aharonov studierte Physik und promovierte bei David Bohm, mit dem er den Aharonov-Bohm-Effekt entdeckte. Aber das ist eine andere Geschichte. Aharonov bot etwas einzigartig Elegantes: einen Zwei-Zeit-Formalismus. Seiner Ansicht nach lässt sich ein Quantensystem nicht vollständig durch eine sich aus der Vergangenheit entwickelnde Wellenfunktion beschreiben. Stattdessen wird es von zwei Vektoren bestimmt – einem, der sich aus der Vergangenheit nach vorne entwickelt, und einem, der sich aus der Zukunft nach hinten entwickelt. Das ist zeitlich symmetrisch, mathematisch kohärent und zutiefst seltsam. Oberflächlich betrachtet scheint dies tiefgründig: Vielleicht stabilisiert das Universum Ereignisse nicht nur von hinten, sondern auch von vorne. Vielleicht weiß die Münze, wie sie landen muss, weil die Zukunft bereits eingegriffen hat.

Leider macht der Zwei-Zustands-Formalismus einen Projektionsmechanismus nicht überflüssig. Er sagt uns nicht, was sich auflöst, warum oder unter welchen strukturellen Zwängen. Er bereichert die Beschreibung, begründet sie aber nicht.

In der Projektionstheorie wird die Zeitsymmetrie nicht aufgeprägt, denn sie entsteht aus der Struktur. Identität in Ω wird nicht aus der Vergangenheit oder Zukunft bestimmt. Sie existiert zeitlos und was wir „Evolution" nennen, ist die geordnete Auflösung kompatibler Projektionen. Vergangenheit und Zukunft sind keine Triebkräfte. Sie sind Schatten dessen, welche Sequenzen sich stabilisiert haben. Aharonov liefert uns wunderschöne Mathematik. Aber ohne die Topologie der Constraints bleibt das Bild in der Schwebe, elegant, aber ohne Verankerung.

Und da sind wir nun.

Jeder Physiker sah einen Teil der Wahrheit. Einstein sah die Notwendigkeit einer Struktur, Bell zeigte, dass lokale Trennbarkeit versagt, Bohr wich der Frage aus, Bohm erfand einen Geist, um die Dinge zu lenken, Everett vervielfachte das Universum, Zeilinger degradierte die Realität zu Ergebnissen und Aharonov faltete die Zeit auf sich selbst zurück, aber ließ die Identität ohne Grundlage.

Alle kreisten um dasselbe Rätsel: „*Wie können sich zwei Systeme über Entfernungen hinweg ohne Signalaustausch wie eins verhalten?*"

Die Projektionstheorie gibt die Antwort:

„*Es sind nicht zwei Systeme!*"

Ω hat keine Entfernung

Auf dem Sofa liegt ein kleiner, warmer Klumpen aus hundeähnlicher Materie, der sich zu einem Torus zusammengerollt hat und leise schnarcht. Wobble schläft viel.

Zur gleichen Zeit, in der hinteren Ecke des Labors, direkt über der Laseroptik, manifestiert sie sich als Toaster und schnarcht ebenfalls. Wobble gefällt die Form des Toasters. Während sie schnarcht, rüttelt sie leicht an ihrem Tablett. Du fragst Dich vielleicht, warum plötzlich zwei Wobbles da sind, und ignorierst absichtlich unterbewusst die Aussage über die Toasterform – aber es ist tatsächlich nur eine Wobble. Wirklich!

Kitzelt man die eine, kichert die andere ebenfalls. Pfeift man, schauen beide auf. Sie hat sich nicht geteilt. Sie hat sich nie getrennt. Ihre Identität ist ganz, auch wenn ihr Aussehen es nicht ist.

So fühlt sich Verschränkung von innen an. Und von außen sieht es so aus, als würden zwei Teilchen voneinander „wissen", obwohl sie in Wahrheit nur Wobble sind, die zweimal hineinpassen.

Bisher sah alles nur seltsam aus, weil wir immer gefragt haben: „*Wo?*"

Falsche Frage!

Der topologische Bereich der gespeicherten Identitätssignaturen, Ω, ist kein Ort. Er hat keine Koordinaten. Keine Geometrie. Zwei Identitätssignaturen können zur selben nichtrealen Struktur gehören und wenn sie sich realisieren, realisieren sie sich gemeinsam, weil sie Teil desselben topologischen Objekts sind. Deshalb gibt es kein Signal. Keine Flugbahn. Keine Fernwirkung.

Und so hören wir auf, zu fragen, „*wo?*", und beginnen zu fragen, was noch zusammenhält.

Was wir sehen, ist nicht das, was real wird

1998 führte Anton Zeilingers Team[1)] ein Experiment durch, bei dem zwei Photonen auf gegenüberliegenden Seiten der Donau eine Entscheidung trafen. Eines passierte einen Polarisator in einem kleinen Labor im ersten Bezirk von Wien. Das andere passierte einen anderen Polarisator in einem etwas anderen Winkel, kilometerweit entfernt in einem zweiten Labor. Diese Photonen waren verschränkt, sie stammten aus demselben nichtlinearen Kristall und ihre Polarisationen waren miteinander entangled. Sobald sie gemessen wurden, schienen sie sofort auf das Schicksal des anderen zu reagieren. Ihre Ergebnisse stimmten überein. Perfekt. Immer. Statistisch gesehen widersprachen sie jeder Vorhersage, die ein lokaler Realist treffen konnte.

Ändert man die Einstellungen in einem Labor, ändern sich die Ergebnisse im anderen. Nicht nur gelegentlich. Sondern konsistent. Und viel zu schnell, als dass ein Signal dies erklären könnte.

Das ist keine Theorie. Es wurde wiederholt durchgeführt. Mit Photonen, mit Elektronen, mit Ionen, sogar mit ganzen Atomen. Quantenverschränkung ist keine abstrakte Behauptung. Es ist ein reproduzierbares Phänomen.

Von außen, aus der Raumzeit betrachtet, sieht es wie Koordination aus. Zwei Teilchen, weit voneinander entfernt, verhalten sich so, als wüsste das eine, was das andere tut. Es scheint, als würde hier etwas geschehen, das dort etwas bewirkt. Aber das ist nicht der Fall.

Was wir in M sehen, ist eine Korrelation. Was tatsächlich stattfindet, ist jedoch eine Co-Projektion.

Im Projektions-Framework sind diese beiden Photonen keine getrennten Einheiten mit versteckten Anweisungen. Sie sind Teilerscheinungen einer gemeinsamen Identität, ein Constraintsgraph, der noch nicht vollständig realisiert ist. Ihre Stabilisierung ist keine Reaktion. Es ist eine gemeinsame Realisierung.

Diese Realisierung erfolgt in Form von zwei Detektorklicken. Aber die Identität, die hier und dort realisiert wird, existiert außerhalb des Raums, außerhalb der Zeit. Sie

[1] Weihs, G.; Jennewein, T.; Simon, C.; Weinfurter, H.; Zeilinger, A.: Violation of Bell's Inequality under Strict Einstein Locality Conditions. Physical Review Letters, 81(23) 1998, 5039–5043.

realisiert sich in M, und wenn dies geschieht, erscheint sie überall dort, wo die Constraints es zulassen. In dem Moment, in dem wir Teilchen als getrennt betrachten, geraten wir in einen Widerspruch.

Wir suchen nach Signalen, nach Einflüssen, nach retrokausaler Kommunikation.

Aber wenn die Identität nicht in einem der beiden Photonen liegt, wenn sie nur existiert, wenn sich der gesamte Graph stabilisiert, dann sehen wir natürlich eine Korrelation. Wir beobachten dieselbe Realisierung aus zwei verschiedenen Blickwinkeln. So sieht Verschränkung in der Raumzeit aus, aber sie ist nur eine einzige Sache, die an mehr als einem Ort sichtbar wird.

6.2 Constraint-Graphen und gemeinsame Identität

Du bist nicht allein.

Ja, Du könntest dieses Buch nehmen und in die Wüste gehen, wo Du im Umkreis von zehn Kilometern keine menschliche Gesellschaft hast, aber das ist nicht das „allein", das wir meinen. Wir meinen: „Nichts existiert allein."

Kein Photon. Kein Elektron. Nicht einmal Wobbles Lieblingslöffel.

Alles, was real wird, existiert innerhalb von etwas anderem, einer Welt, einem Kontext, einer Struktur, die seine Existenz ermöglicht.

Du denkst vielleicht, das sei offensichtlich. Natürlich existiert ein Teilchen in der Raumzeit. Natürlich hat es ein Feld. Natürlich interagiert es. Aber das ist nur Pudding – weich, süß und vage geformt. Was zählt, ist, warum es erscheint. Und dafür brauchen wir mehr als Pudding. Wir brauchen Struktur.

Im Projektions-Framework existiert jede Identität $\sigma \in \Omega$, als Teil eines Constraint-Graphen – einem Netzwerk struktureller Abhängigkeiten. Stell Dir eine Karte vor, die aus Punkten und Verbindungen besteht. Jeder Punkt (ein Knoten) ist eine mögliche Identitätssignatur: ein Objekt, eine Feldkonfiguration, eine mögliche Realisierung. Jede Verbindung zwischen Punkten stellt eine Beschränkung dar – eine Regel, die zwei Identitäten miteinander verbindet. Eine Kompatibilitätsbeziehung. Etwas, das für beide Identitäten gelten muss, damit sie sich gemeinsam stabilisieren können. Wenn ein Knoten projiziert wird, realisiert sich nicht nur eine Identität. Das legt auch eine Bedingung für die anderen fest:

$$\sigma_i \longleftrightarrow \{\sigma_j\}_{j \in C_i}$$

Das hätte Dirac gefallen. Er verbrachte sein Leben damit, kompakte Gleichungen zu schreiben, die sehr wenig sagten und alles bedeuteten ... Unsere Formel bedeutet: Die Identitätssignatur σ_i kann nur projiziert werden, wenn alle anderen Signaturen σ_j, die zur gleichen Constraint-Klasse $C_i \subset \Omega$ gehören, gleichzeitig kompatibel sind. Das heißt,

σ_i ist von seinem Constraint-Graphen abhängig. Es kann nur erscheinen, wenn der Rest des Graphen ihm nicht widerspricht.

Kein Knotenpunkt realisiert sich isoliert. Jede Identität ist eine bedingte Präsenz – sie stabilisiert sich nur, wenn ihre Struktur zusammenhält. Und deshalb gibt es Verflechtungen. Denn manchmal verbindet dieser Graph Identitäten, die in M weit voneinander entfernt sind – und dennoch in Ω miteinander verbunden sind. Man beobachtet hier ein Photon und findet dort ein anderes, das sich seltsam verhält, weil beide Teil von Constraints sind, die sich realisiert haben.

Also nein, Identität ist niemals allein.

Denn Projektion ist niemals bedingungslos.

Und nichts wird real ohne die Struktur, die es stützt.

Verschränkung als nicht faktorisierbarer Graph

In der klassischen Physik gehen wir bei der Beschreibung eines aus Teilen bestehenden Systems davon aus, dass diese Teile voneinander getrennt werden können. Eine Welle kann in kleinere Wellen zerlegt werden. Ein Strahl in einzelne Strahlen. Ein Pudding in zwei Puddings.

Wir lieben diese Art der Kombinierbarkeit. Sie ist in allem enthalten, vom Huygensschen Prinzip bis zu Tensorprodukten. Wenn man die Teile kennt, kennt man das Ganze. Wir gehen davon aus, dass ein System, das aus zwei Teilen besteht, sagen wir A und B, einen Zustand hat, der durch die Kombination zweier unabhängiger Formulierungen beschrieben werden kann:

$$\rho_{\mathrm{AB}} = \rho_{\mathrm{A}} \otimes \rho_{\mathrm{B}}$$

Das ist ein faktorisierbarer Zustand. Jeder Teil hat seine eigene Identität. Sie können separat aufgeschrieben und dann kombiniert werden. Verflochtene Systeme lassen dies jedoch nicht zu. Es gibt kein ρ_{A} und kein ρ_{B}. Es gibt nur ρ_{AB} als Ganzes. Der Zustand enthält keine Korrelation. Er ist Korrelation.

In der Projektionstheorie wird dies deutlich.

Ein verschränktes System ist eine Constraintklasse $\mathsf{C} \subset \Omega^n$, die nicht in unabhängige Teilmengen zerlegt werden kann, die unabhängig voneinander projiziert werden. Wenn man versucht, einen Teil ohne den anderen zu realisieren, bricht die Verschränkung zusammen. Die Projektion schlägt fehl. Oder stabilisiert sich inkohärent. Oder löst sich unterschiedlich auf, je nachdem, was man an anderer Stelle macht.

Das haben wir im Zeilinger-Experiment gesehen. Ändert man den Polarisator auf der einen Seite, verschieben sich die Ergebnisse auf der anderen Seite, weil sich die projizierte Identität nur stabilisiert, wenn der gesamte Graph passt. Wenn man also ein Photon misst, kollabiert man nicht den Zustand eines einzelnen Photons. Man realisiert einen Knoten des Graphen und das beschränkt, was alle Teile werden können. Verschränkung ist keine Zauberei. Es ist das Aussehen eines nicht faktorisierbaren Graphen, der in der Raumzeit realisiert wird.

Eine kurze Einführung in Bell-Zustände

Bevor wir weitermachen, müssen wir kurz innehalten.

Denn wir werden über Dinge wie Bell-Zustandsmessungen und Verschränkungsaustausch sprechen, und wenn Du nicht bereits im Hilbert-Raum lebst, könnte das seltsam werden. Und Du könntest Dich in dieser Seltsamkeit verheddern und Dich in dem Buch verlieren. Das wollen wir nicht.

Machen wir es weniger seltsam.

Ein Qubit ist ein quantenmechanisches Zwei-Niveau-System, das einfachste System, das sich gleichzeitig in einem Zustand „dies und das" befinden kann. Spin nach oben oder Spin nach unten. Photon horizontal oder vertikal. Ja oder nein. In der klassischen Logik sind dies binäre Werte: 0 oder 1. In der Quantenlogik kann ein Qubit jedoch so etwas sein:

$$|\psi\rangle = \alpha|0\rangle + \beta|1\rangle$$

Das nennt man Superposition. Stell Dir das wie eine Münze vor, die so gewichtet ist, dass sie entweder Kopf oder Zahl zeigt, aber erst beim Landen entschieden wird – und ihre Unentschlossenheit ist real.

$|0\rangle$ und $|1\rangle$ werden als Basiszustände bezeichnet, die Standardreferenzpunkte (wie oben und unten; Kopf oder Zahl; etc.).

Und „α" und „β" sind komplexe Zahlen, deren quadrierte Beträge sich zu eins addieren (da Wahrscheinlichkeiten sich zu 1 addieren müssen, der totalen Gewissheit).

Man kann mehr als ein Qubit haben. Man könnte zwei haben. Man könnte dann erwarten, dass, wenn sich ein Qubit im Zustand A und das andere im Zustand B befindet, das Paar einfach $A \otimes B$ ist, zwei Dinge nebeneinander. Ja, das könnte der Fall sein, aber die Quantenmechanik hätte nicht den Ruf, seltsam zu sein, wenn es so einfach wäre. Einige Zwei-Qubit-Zustände lassen sich nicht trennen. Sie sind entangled, verschränkt. Die reinsten Beispiele dafür sind die Bell-Zustände, von denen es vier gibt:

$$|\Phi^+\rangle = \frac{1}{\sqrt{2}}(|00\rangle + |11\rangle)$$

$$|\Phi^-\rangle = \frac{1}{\sqrt{2}}(|00\rangle - |11\rangle)$$

$$|\psi^+\rangle = \frac{1}{\sqrt{2}}(|01\rangle + |10\rangle)$$

$$|\psi^-\rangle = \frac{1}{\sqrt{2}}(|01\rangle - |10\rangle)$$

Das sieht beeindruckend aus, aber was bedeuten diese Symbole? Sie bedeuten: *„Zusammen sind wir etwas, das man nicht trennen kann."* Nehmen wir als Beispiel $|\psi^+\rangle$. Es bedeutet: *„Wir werden uns mit gleicher Wahrscheinlichkeit im Zustand $|01\rangle$ oder $|10\rangle$ befinden, aber Du weißt nicht, in welchem, bis Du misst. Sobald Du misst, ist der andere Zustand sofort bekannt."*

Eine Bell-Zustandsmessung ist nun eine Möglichkeit zu fragen: *„Stimmen diese beiden Qubits zusammen mit einer der vier oben genannten verschränkten Vorlagen überein?"*

In realen Experimenten, insbesondere mit Photonen, werden Bell-Zustandsmessungen in der Regel mit Strahlteilern, Polarisatoren und Koinzidenzdetektoren durchgeführt. Wenn zwei verschränkte Photonen auf einen Strahlteiler treffen, überlagern sich ihre Wellenfunktionen. Je nach ihrer Polarisation und ihrem gemeinsamen Quantenzustand können sie sich konstruktiv oder destruktiv überlagern. Einige Bell-Zustände, insbesondere der antisymmetrische Zustand $|\psi^-\rangle$, bewirken, dass die Photonen immer durch unterschiedliche Ports austreten. Dies kann mit Koinzidenzzählern festgestellt werden, die überprüfen, ob Photonen gleichzeitig an zwei Detektoren angekommen sind.

Wenn dies geschieht, sagen wir: *„Diese beiden waren verschränkt."* Und wenn dies nicht geschieht? Das bedeutet nicht, dass sie nicht verschränkt waren, es bedeutet nur, dass wir kein klares Signal empfangen haben. Bell-Zustandsmessungen sind probabilistisch. Man sieht nicht immer das Muster. Aber wenn man es sieht, weiß man, was man gesehen hat.

Schneiden und Wiederverbinden des Graphen

Wieder Mal in Wien ...

Wir stellen uns vor, wie Gregor Weihs, Jian-Wei Pan und Anton Zeilinger in einem kleinen Labor über Präzisionsoptiken gebeugt sind. Es ist dunkel. Ein Photon passiert sie. Genauer gesagt, zwei Photonen, jedes ein Teil eines separaten Paares. Was sie noch nicht wissen, ist, dass sie im Begriff sind, eines der wichtigsten Experimente zur Messung der Quantenverschränkung durchzuführen, das je durchgeführt wurde.[2] Sie haben gerade zwei verschränkte Photonenpaare erzeugt, die wir A–B und C–D nennen wollen. Zwei verschränkte Bell-Zustände, die jeweils aus derselben Art von nichtlinearem Kristall entstanden sind, den Zeilingers Team so gerne mit Lasern befeuert.

Photon A geht nach links. Photon D geht nach rechts. Sie sind sich nie begegnet. Haben nie miteinander gesprochen. Es gibt keine Verbindung zwischen ihnen. Zwei Photonen, die sich ihren Weg durch die Raumzeit bahnen.

Die Photonen B und C werden jedoch in einer Bell-Zustandsmessung zusammengebracht. Die Apparatur ist so konstruiert, dass sie $|\psi^-\rangle$-Zustände misst. Eigentlich sollte dies ein äußerst langweiliges Experiment sein, da die Photonen B und C nicht ver-

2 Jennewein, T.; Weihs, G.; Pan, J.-W.; Zeilinger, A.: Experimental Nonlocality Proof of Quantum Teleportation and Entanglement Swapping. Physical Review Letters, 88 (1) 2001, 017903

schränkt sind. Aber hin und wieder klickt der Detektor und ein $|\psi^-\rangle$ Zustand wird registriert. Wirklich! Die Messung hat diese Verschränkung erzeugt. Wir haben nun plötzlich einen Bell-Zustand $|\psi^-\rangle_{BC}$. Das bedeutet jedoch, dass die ursprünglichen Bell-Zustände $|\psi^-\rangle_{AB}$ und $|\psi^-\rangle_{CD}$ zerstört wurden. Die Photonen A und D sind nicht mehr mit ihren einstigen Partnern verschränkt.

Einsame Photonen, die sich immer noch ihren Weg durch die Raumzeit bahnen.

„Bist Du bereit?"

A und D sind nun verschränkt und bilden einen Bell-Zustand $|\psi^-\rangle_{AD}$. Das ist keine Science-Fiction. Es wird „Entanglemant Swapping" genannt, ist real und wurde wiederholt experimentell nachgewiesen. In Labors, über Glasfasern und sogar mit Satelliten.

Denn dies bricht auf schmerzhafte Weise mit dem klassischen Denken der Quantenphysik: *„Man kann keine Verschränkung zwischen Systemen herstellen, die nie miteinander interagiert haben. Man kann Ergebnisse nicht rückwirkend miteinander verknüpfen."*

Falsch!

Das Experiment beweist, dass wir es können.

Die Quantenmechanik löst das Rätsel mit formaler Präzision, beginnt mit zwei Bell-Zuständen und definiert einen Vier-Photonen-Zustand:

$$|\psi\rangle_{ABCD} = |\psi^-\rangle_{AB} \otimes |\psi^-\rangle_{CD}$$

Es ist absolut nicht notwendig, zu verstehen, dass es sich hierbei um einen Vektor in einem 16-dimensionalen komplexen Raum handelt oder dass er nach Verwendung des Dichtematrixformalismus zu einer 16×16-Hermiteschen Matrix wird. Das ist nur etwas, was Mathematiker gerne tun. Nun nehmen sie diese unaussprechliche Monstergleichung und schreiben sie in der Bell-Basis für B–C um. Weil sie es können. Und weil sie damit modellieren können, was passiert, wenn eine Bell-Zustandsmessung an B–C erfolgreich ist.

Dann lassen sie die Experimentalphysiker eine Bell-Zustandsmessung (BSM) an den Photonen B und C durchführen:

$$|\psi^-\rangle_{AB} \otimes |\psi^-\rangle_{CD} \xrightarrow{BSM_{BC}} |\psi^-\rangle_{BC}$$

In Abhängigkeit von diesem Ergebnis bricht die globale Wellenfunktion erwartungsgemäß zusammen zu:

$$|\psi^-\rangle_{AD}$$

Das Paar A–D ist nun verschränkt, weil die Mathematik dies sagt. Das erklärt überhaupt nichts!

Um es noch einmal klar zu sagen: Die Quantentheorie liefert das richtige Ergebnis. Sie sagt die Korrelationen voraus. Sie stimmt mit den Daten überein. Sie liefert keinen Mechanismus. Sie ist Mathematik. Sie funktioniert.

Und sie lässt alle Fragen offen, was gerade passiert ist.

Hier kommt die Projektionstheorie ins Spiel.

Wir beginnen mit zwei Photonenpaaren, die jeweils miteinander verschränkt sind und deren Graphen eine gemeinsame Constraintklasse aufweisen. Die Photonen B und C erreichen die Bell-Test-Anlage, wo ihre Identitäten durch umgekehrte Projektion aktualisiert werden. Ihre Constraintklassen überschneiden sich, sodass der Graph nur realisiert werden kann, wenn gemeinsame Constraints erfüllt sind. Da die Photonen nun derselben Constraintsklasse angehören, erhalten wir als Projektionsergebnis verschränkte Photonen A und D.

Auf ihrer Suche nach einer Lösung für das QM-Problem haben Mathematiker eine Raum-Zeit-Darstellung des Projektionsoperators konstruiert.

$$\Pi_{BC}^{\Psi^-}$$

Was die Standard-Quantenmechanik als Projektion auf einen Bell-Zustand beschreibt, ist, strukturell gesehen, die Raum-Zeit-Darstellung einer Graph-Umstrukturierung in Ω. Sie konnten es nicht wissen, aber sie haben mehr als das getan. Da Ω nicht zeitabhängig ist, kann diese Projektion aus der Raum-Zeit-Perspektive betrachtet als retrokausal erscheinen. Und dabei haben sie die Informationsentropie erhalten, ohne es zu bemerken.

Darauf kommen wir später zurück.

Vorerst können wir uns zurücklehnen, dieses schöne Experiment genießen und wissen, dass es keinen Widerspruch gibt, sondern nur das Universum, das sein Ding macht.

6.3 Verzögerung und die Geschwindigkeit der Korrelation

In Büchern, in wissenschaftlichen Artikeln, in dunklen Gassen, wo sich Physiker nachts heimlich versammeln, und überall in den sozialen Medien gibt es ein Gerücht, ein Flüstern, eine Legende ...

Es entspringt dem Gedankenexperiment von Einstein, Podolski und Rosen, dem Doppelspaltexperiment und dem verzögerten Quantenradierer.

Und es geht so.

Wenn zwei verschränkte Teilchen in entgegengesetzte Richtungen geschickt werden und eines davon in einem Labor hier auf der Erde, oder in Wien, oder irgendwo anders gemessen wird, dann ...

sofort ...

irgendwie ...

reagiert das andere Teilchen, sei es auf dem Mars, auf dem Mond oder hinter der Espressomaschine. Das Ergebnis passt. Der Spin richtet sich aus. Die Wellenfunktion bricht zusammen. Die Verschränkung wird aufgehoben. Keine Verzögerung. Kein Dazwischen. Nur ein Quantenklick.

Einfach falsch.

Du bist in diesem Buch weit genug gekommen, um sofort aufmerksam zu werden, wenn ein physikalischer Prozess keine Zeit benötigt. Null. Das ist eine sehr kleine Zahl. Vielleicht verspürst Du jetzt den Drang, zurück zu der Latenzzeit eines Elektrons zu blättern, das in das leere Raum-Zeit-Kontinuum projiziert wurde. Das waren $\tau_e \sim 10^{-24}$ Sekunden. Winzig. Nicht Null!

Latenz ist in diesem Buch allgegenwärtig, da das Projizieren einer Identitätssignatur in die Raumzeit-Mannigfaltigkeit Latenz hat und Latenz von der Constraintsdichte abhängt. Wir haben auch schon gesehen, wo Latenz eskaliert und die Raumzeit so stark gekrümmt wird, dass sie an ihre Grenze kommt. Überall, wo wir hingeschaut haben, von Teilchen bis zur Geometrie, haben wir gesehen, dass Realisierung Zeit braucht.

Da Verschränkung eine gemeinsame Realisierung ist, hat sie eine Latenz, und diese Latenz kann gemessen werden und ist nicht Null. Das ist ein Test für die Projektionstheorie.

Und nun sind wir auf einer Suche.

Was die Experimente zeigen

Anne L'Huillier, Ferenc Krausz und Pierre Agostini waren ebenfalls auf einer Suche, die mit dem Nobelpreis für Physik 2023 „für experimentelle Methoden zur Erzeugung von Attosekunden-Lichtimpulsen zur Untersuchung der Elektronendynamik in Materie" endete.

Eine Attosekunde (1 as) ist 10^{-18} Sekunden. Wenn ein Elektron etwa 10^{-24} Sekunden benötigt, um sich in der leeren Nichtigkeit des Raums zu projizieren, dann könnten Attosekunden die Zeitskala sein, in der sich Elektronen innerhalb der tiefen Einbettung in die atomare Struktur realisieren.

Moment mal, wir haben ja bereits latenzabhängige Massenverschiebungen von Elektronen in der Nähe von Neonatomen beobachtet. Unsere Suche führt uns zurück zu den Atomen, und wir müssen gar nicht selbst suchen, da andere dies bereits für uns getan haben.

In Wien.

Wo sonst?

Latenz von Elektronen-Entanglement

Wir können uns nicht wirklich sicher sein, in welcher Kneipe sich diese Leute getroffen haben, ob sie im berühmten Café Kranzler saßen oder zu viel „Heurigen" getrunken haben, und es ist auch völlig egal, aber Wei-Chao Jiang, Ming-Chen Zhong, Yong-Kang Fang, Stefan Donsa, Iva Březinová, Liang-You Peng und Joachim Burgdörfer müssen zusammengesessen und diskutiert haben.

Irgendwann in diesem Gespräch könnte Prof. Burgdörfer gesagt haben: *„Stellt euch vor: Ein Heliumatom wird von einem intensiven Attosekunden-XUV-Impuls getroffen. Ein Elektron wird weggerissen. Das andere bleibt zurück. Aber für einen Moment, einen realen, physikalischen Moment, sind die beiden noch miteinander verschränkt."*

Die anderen nickten und griffen nach einem weiteren Drink. Wenige Augenblicke später hätte Prof. Březinová murmeln können: *„Schade, dass wir das noch nicht messen können."*

Die anderen nickten erneut, fummelten an ihren Getränken herum und dachten nach. Nach einigem Herumfummeln und noch mehr Nachdenken hätte Prof. Wei-Chao Jiang von der Shenzhen Universität vielleicht vorgeschlagen: *„Aber wir können es berechnen!"*

Das Herumfummeln hörte auf. Sie sahen sich an ...

Im Jahr 2024 modellierten Březinová, Burgdörfer und Kollegen die Heliumionisation unter einem Attosekunden-XUV-Impuls[3]. Zwei Elektronen, ein Atom, ein kurzer Lichtblitz. Sie verfolgten, wie sich Entanglement bildete – nicht durch Vermutungen oder Annahmen, sondern durch Berechnungen aus ersten Prinzipien unter Verwendung zeitabhängiger Wellenfunktionen.

Und was sie fanden, war einfach und verblüffend: Verschränkung braucht Zeit.

Zwischen dem ionisierenden Impuls und dem Auftreten einer stabilen Elektron-Elektron-Verschränkung vergingen etwa 100 bis 200 Attosekunden. Sie leiteten die Verzögerung ausschließlich aus der Standard-Quantenmechanik ab – unter Verwendung eines Projektionsoperators zwischen zeitabhängigen Wellenfunktionen. Sie fragten nie, was diese Projektion war oder warum die Projektion Zeit braucht. Sie stellten lediglich fest, dass dies der Fall ist.

Das Ergebnis war aus Sicht der Projektionstheorie noch faszinierender, denn sie stellten in der Simulation weiterhin fest, dass die Latenz, auch wenn sie es nicht Latenz nennen, von der Energie, d. h. von der Einbettungstiefe abhängt. In seiner tiefsten Einbettung wurde wiederholt eine Latenz von 232 as gefunden.

Sie haben dies alles nicht strukturell interpretiert. Sie haben nicht über Constraints oder Latenz gesprochen. Sie wussten nichts über die Projektionstheorie. Sie ahnten nicht, dass sie damit perfekt bestätigt haben, dass der Projektionsoperator eine Latenz hat, auch wenn man nicht weiß, dass man ihn verwendet.

Man könnte sie nach ihrer Erklärung für ihre Berechnungen fragen. Sie sagen, die Verzögerung entstehe durch die Wechselwirkung des austretenden Elektrons mit dem Restfeld, dass Kohärenz Zeit brauche, um sich zu entwickeln. Und das ist fair. So sieht es aus der Perspektive der Raumzeit aus.

Aber das war eben nur eine sehr, sehr gute Simulation, kein reales Experiment.

Die Suche nach einer experimentellen Bestätigung geht weiter.

---

3 Jiang, W.-C.; et. al.: Time Delays as Attosecond Probe of Interelectronic Coherence and Entanglement. Physical Review Letters, 133 (2024), 163201

Optische Entanglement Latenz

Das bringt uns zu einem der weltweit modernsten Quantenoptiklabors bei der Nippon Telegraph and Telephone Corporation (NTT) in Tokio, wo ein gemeinsames Team von NTT und der Universität Tokio ein reales Experiment[4)] aufgebaut hat. Einer der Forscher, Akito Kawasaki, hatte vielleicht die Vision von zwei gleichzeitig eingeschalteten Taschenlampen – und nur einen winzigen Moment später entscheiden ihre Strahlen, wie sie sich verschränken.

Genau das haben sie getan.

Sie verwendeten einen speziellen Kristall, der einen Laserimpuls in zwei Photonen aufspaltet, wie identische Zwillinge, deren Entstehung zeitlich miteinander verschränkt ist. Eines könnte „früh" sein, das andere „spät", aber man weiß nicht, welches welches ist, bis man nachmisst. Diese Photonen werden als zeitbinäre verschränkte Photonen bezeichnet.

Diese Photonen sind sehr schwach. Um sie präzise zu messen, verwendeten die Forscher einen optischen parametrischen Verstärker, eine Art laserbasierte Lupe für Quantenlicht. Hier kommt die „Photonik" ins Spiel, auf die sich NTT spezialisiert hat. Es geht nicht mehr um ein einzelnes Photon, sondern darum, wie sich Licht als Wellenpakete in konstruierten Schaltkreisen verhält. Wie auch immer, die Wellenpakete sind immer noch früh oder spät.

Jetzt kommt der clevere Teil. Die Forscher haben nicht einfach darauf gewartet, dass die Detektoren klicken. Sie verwendeten einen superschnellen Detektor (60-GHz-Homodyn-Detektor), ähnlich einem Oszilloskop, das 60 Milliarden Mal pro Sekunde nachfragt, um zu beobachten, wie sich die Korrelationen zwischen den Photonen in Echtzeit bildeten.

Kawasaki und sein Team maßen eine konsistente Verzögerung von wenigen Pikosekunden (10^{-12} s), bevor sich die korrelierten Ergebnisse stabilisierten. Die Ergebnisse zeigten Quantenkorrelationen 4,5 dB unter dem Rauschen, mit Wellenpaketen von ~40 ps Periode, etwa 25 GHz Wiederholungsrate. Darüber hinaus hing die Zeitverschiebung von den Verschränkungseinstellungen ab und war zu konsistent, um Rauschen zu sein.

Das klingt sehr technisch. Was bedeutet das?

Es gibt eine Verzögerung. Die Verzögerung variiert je nach Aufbau der Messung. Sie ist wiederholbar. Das ist kein Rauschen. Das ist real.

Die Forscher interpretierten dies als technischen Durchbruch, eine ultraschnelle Erzeugung von verschränkten Zuständen, 1000-mal schneller als zuvor. Aber die Daten sind zu sauber. Die Muster zu stabil. Selbst die Experimentalphysiker beginnen zu sagen: „Vielleicht ist es strukturell bedingt."

---

[4] Kawasaki, A.; et al.: Real-time observation of picosecond-timescale optical quantum entanglement toward ultrafast quantum information processing (Echtzeitbeobachtung von optischer Quantenverschränkung im Pikosekundenbereich für ultraschnelle Quanteninformationsverarbeitung). Nature Photonics 19 (2025), 271–276

Die Suche ist vorbei.

Die Wissenschaftler von NTT haben zum ersten Mal strukturelle Latenz beobachtet. Sie wissen es nur noch nicht.

Hmmm ...

Wobble transformiert sich in einen Zwilling Deiner Kaffeetasse, nur um Deine Reaktion zu beobachten, während wir darüber nachdenken, was diese Experimente gerade bestätigt haben.

Die Helium-Simulation geht von zwei Elektronen und einem schnellen Feld ohne dekohärente Umgebung aus. Die Berechnung erfasst die reine Identitätsdynamik unter Coulomb-Wechselwirkung, nicht die Kopplung von Photonen und Materie. Die Verzögerung von 232 Attosekunden gilt für maximale Einbettung. Dies wird bald in einem Photoniklabor mit Attosekunden-Laserimpulsen gemessen werden, und die Verzögerung wird über den 232 as der QM-Berechnung liegen.[5]

Im Gegensatz dazu ist der verschränkte Zustand im photonischen Experiment modenabhängig, impulsdefiniert und detektionsbegrenzt. Der effektive Constraint-Graph ist weitaus komplexer, da Photonen durch Strahlteiler, Verzögerungsleitungen, Zeitbin-Modulatoren und Interferenzfilter laufen. Jeder davon fügt weitere Constraints und Dekohärenz hinzu, und die Latenz ist länger, da das System mehr Zeit benötigt, um sich aufzulösen. Außerdem besteht die Verschränkung nicht nur zwischen Photonen, sondern auch zwischen Moden, oft mit Energie-Zeit-Unschärfe. Eine Latenz von Pikosekunden ist aufgrund der Projektionsbeschränkungen zu erwarten und wird auch im Experiment gemessen.

Dies bestätigt, was wir bereits gesehen haben: Zeit und Masse sind beide Ausdruck einer Sache, wie schwer es ist, real zu werden.

Wir beobachten keine aus unerfindlichen Gründen verzögerte Nachricht. Wir sind Zeugen einer Verzögerung in der Identitäts-Realisierung.

Wir sehen die Struktur der Realität.

6.4 Die Lichtgeschwindigkeit als Projektionsgrenze

Zeit.

Zeit und Masse.

Das ist wie eine neue Art von Dualität, die wir bisher noch nicht kannten ...

Auch wenn man sich manchmal schwer und müde fühlt – aber das ist wahrscheinlich etwas anderes.

5 Prognose: Innerhalb der nächsten Jahre wird die Attosekunden-Photonik die Latenzzeit der Elektron-Photon-Verschränkung in He oberhalb der theoretischen 232 as, bei ca. 240 as messen können. (Dlabal, Juni 2025).

Wie schwer ist es, real zu werden?

Nun, wir haben gesehen, dass es stark von der Anzahl der Constraints abhängt, die dies verhindern. Mehr Einschränkungen, mehr Latenz, mehr Masse. Wenn wir uns verschränkte Teilchen ansehen, die sich durch die Raumzeit bewegen, verstehen wir nun vollständig, dass die Messung eines Teilchens die Identitätssignatur des Paares durch Rückprojektion in Ω aktualisiert. Dann wird die Identität des nicht gemessenen Zwillings durch Projektion aus Ω aktualisiert. Es gibt Zeit in der Raumzeit. Es braucht Zeit. Zeit ist eine Abfolge von Ursache und Wirkung, von Rückprojektion und Projektion ...

Die Bewegung eines Teilchens durch die Raumzeit ist also eine Abfolge von Identitätsstabilisierungen. Jetzt ist das Teilchen hier. Seine Identität ist realisiert. Es interagiert mit seiner Umgebung durch gemeinsame Constraints. Dies ist wie die Messung eines verschränkten Teilchens. Seine Identität wird rückwärts projiziert, um seine Signatur aus der Sicht der Raumzeit zu aktualisieren. Es wird erneut projiziert. Seine Identität stabilisiert sich nach einer Latenzzeit in der Raumzeit. Es hat sich in der Raumzeit bewegt. Und wieder und wieder.

Das bedeutet jedoch, dass selbst Bewegung und eigentlich jede Form von Interaktion oder Information in ihrer Bewegung durch Latenz begrenzt ist. Es kann also keine Information durch die Raumzeit reisen, ohne durch mindestens eine minimale Latenz eingeschränkt zu sein.

Moment mal.

Ist nicht die Lichtgeschwindigkeit die schnellste Art der Informationsübertragung? Ist die Photonenlatenz die Ursache für die endliche Lichtgeschwindigkeit?

Wir werden diese Frage beantworten.

Zu gegebener Zeit.

Bald!

Projektion mit Lichtgeschwindigkeit

Beobachten wir, wie Wobble sich im Labor bewegt, verschiebt und verwandelt. Was wie eine kontinuierliche Bewegung aussieht, ist eine unglaublich schnelle Abfolge von Stabilisierungen von Wobbles Identität, wobei eine Identität nach der anderen quantisiert aufgelöst wird. Seine Bewegung sieht aus wie Quantenmechanik. Winzige kleine Schritte in extrem schneller Abfolge.

Wie schnell können diese Schritte sein? Was ist die Obergrenze für die Ausbreitung von Kohärenz im Raum, bevor die Realität nicht mehr mit sich selbst Schritt halten kann?

Schauen wir uns aus offensichtlichen Gründen einmal das Photon an. Es ist masselos, nicht eingebettet und die einfachste Identität, die es gibt. Weiter oben in diesem Buch haben wir eine minimale Latenz für ein Photon abgeleitet, indem wir es mit dem Elektron verglichen haben, dessen Projektionslatenz durch seine Masse definiert ist:

$$m = \kappa_0 \cdot \tau$$

Wenn wir nach τ auflösen und die strukturelle Energie des Photons $E = \hbar\omega$ einsetzen, erhalten wir:

$$\tau_\gamma = \frac{\hbar^2 \omega}{m_e^2 c^4}$$

Dies sagt uns, wie schnell sich eine photonische Identität ohne Einschränkungen stabilisieren kann – unter Verwendung bekannter Konstanten wie $\hbar$, m_e und ω zusammen mit c, das bereits in Maxwells Theorie definiert ist.

Für ein sichtbares Photon $\omega \sim 3 \times 10^{15}$ Hz ergibt sich: $\tau_\gamma \sim 10^{-31}$ s.

Dies ist die kürzeste Zeit, die eine Identität benötigt, um sich in der Raumzeit sauber zu stabilisieren.

Wenn wir dies als winzigen Zeitabstand zwischen zwei aufeinanderfolgenden Realisierungen betrachten, können wir nach dem Übergangsraum zwischen den Realisierungen fragen. Dies lässt sich leicht berechnen, da wir die Lichtgeschwindigkeit in der Raumzeit kennen. Wir berechnen also $\Delta x = c \cdot \tau_\gamma \sim 3 \times 10^{-23}$ m.

Dies ist das maximale räumliche Intervall, über das sich eine Struktur in einem Projektionstakt stabil auflösen kann. Wenn man versucht, weiter zu gehen, oder schneller, zerfällt die Identität. Strukturell gesehen ist dies die Lichtgeschwindigkeit: die schnellste Geschwindigkeit, mit der Kohärenz ohne Dekohärenz real werden kann.

Man könnte erwarten, dass diese räumliche Grenze der Planck-Länge entspricht:

$$\ell_P = \sqrt{\frac{\hbar G}{c^3}} \approx 1.6 \times 10^{-35}\,\text{m}$$

Das ist sie nicht.

Der minimale Projektionsabstand $\Delta x \sim 3 \times 10^{-23}$ m ist zwölf Größenordnungen größer.

Warum?

Weil die Planck-Länge eine Gravitationsschwelle ist. An dieser Stelle verflechten sich Quantentheorie und allgemeine Relativitätstheorie und geraten ins Schwanken. Die Projektionslatenz hat jedoch nichts mit der Quantisierung der Gravitation zu tun. Deshalb ist die räumliche Grenzauflösung für Licht, und damit die Struktur der Kausalität, nicht planckisch. Sie wird durch die Projektion definiert, nicht durch die Gravitation.

In diesem Kapitel verwenden wir die Lichtgeschwindigkeit als Eigenschaft der Raumzeit, in die wir projizieren. Wir haben sie nicht aus der Projektionsalgebra abgeleitet – noch nicht. Denn um c vollständig aus ersten Prinzipien abzuleiten, müssten wir zeigen, wie elektromagnetische Beschränkungen, mit ihren Feldern, ihrer Impedanz und ihrer Vakuumsymmetrie, aus Ω hervorgehen. Und dafür brauchen wir Ladung.

Wir werden dorthin gelangen.

Aber vorerst können wir Folgendes sagen: Die Lichtgeschwindigkeit ist keine Geschwindigkeitsbegrenzung. Sie ist eine strukturelle Grenze. Eine Grenze dafür, wie schnell sich die Identität der Raumzeit selbst realisieren kann.

Tachyonen

Es gibt keine Tachyonen!

OK – das war jetzt etwas enttäuschend. Gut, wir reden also über diese fantastischen, hypothetischen Teilchen mit imaginärer Masse oder imaginärer Energie, die sich im Vakuum des Weltraums immer schneller als Licht bewegen. Immerhin, selbst die Stringtheorie sagt Tachyonenfelder voraus, und wer sind wir, dass wir die Stringtheorie infrage stellen? Wie auch immer, Tachyonen sind Science-Fiction. Alle tachyonischen Felder, die in irgendeiner Theorie zusammengebraut werden, zerfallen schneller, als man „Warp-Antrieb" sagen kann.

Das ändert sich völlig, wenn wir dem Licht ein Medium geben, das es verlangsamt. In Wasser oder Glas ist die Phasengeschwindigkeit des Lichts langsamer als c und kann von Neutrinos oder schnellen Elektronen überholt werden. Das bedeutet nicht, dass diese schnellen Teilchen sich schneller als c bewegen, aber es entsteht ein wunderschönes blaues Leuchten, das als Tscherenkow-Strahlung bezeichnet wird.

6.5 Wigner-Negativität und Projektionsdualität

Prolog: Dlabals Hund und der Dosenöffner

Das Gute an einem Hund ist, dass er dem Leben einen Sinn gibt. Das Gute an Wobble ist, dass sie ein Hund sein kann. Und in ihrer Hundegestalt können wir sie überreden, an einem Experiment teilzunehmen. Dies ist kein Gedankenexperiment. Dieses Experiment ist real:

Auf dem Labortisch steht eine Kiste, wahrscheinlich die gleiche Art von Kiste, die Schrödinger verwendet hat, aber größer, damit Wobble Platz hat. Wir setzen Wobble in die Kiste, natürlich lebendig. Und wir legen eine verschlossene Dose Hundefutter hinein. Ja, Hundefutter. Und die Dose ist nicht geöffnet, da sie verschlossen ist. Wir schließen die Kiste. Wir können nun weder die Dose noch den Hund sehen, da der Deckel drauf ist. Der Deckel kann von innen nicht geöffnet werden. Wir legen einen Dosenöffner auf die Kiste und verlassen das Labor.

Nun stellen wir eine einfache Frage:

„Hat Wobble die Dose geöffnet und das Futter gefressen?"

Eine seltsame Karte

Man könnte sagen, dass die Verwendung eines Quanten-Formwandlers wahrscheinlich Betrug ist, aber wir können versichern, dass Wobble während des gesamten Experiments in ihrer Hundegestalt bleibt. Was ist also mit der Frage?

Man könnte sagen: *„Das hängt davon ab, ob der Dosenöffner von innen irgendwie benutzt werden konnte."*

Oder: *„Das hängt davon ab, wo Wobble sich befindet – ob sie in der Nähe der Dose ist. Ob sie gerade versucht, sie zu öffnen.“*

Ja, das sind die richtigen Fragen, so denken Physiker. Und dies ist ein Physikbuch (jetzt können wir es verraten). Also bauen wir ein Modell. Wir definieren Wobbles Position, Impuls und Absichts-Konfiguration als Zustandsvariablen. Wir fügen eine Variable für die Dose hinzu, verschlossen oder nicht und lassen ihre Kopplung durch einen gemeinsamen internen Aktionsraum zu. Jetzt zeichnen wir eine Positionskarte. Und nun ein Impulsprofil. Jetzt kombinieren wir diese beiden und bilden das System im Phasenraum ab, wobei wir zeigen, wo sich die Identität wahrscheinlich realisiert, nicht in der einen oder anderen Variablen, sondern in beiden gleichzeitig.

Diese Karte wird als Wigner-Funktion bezeichnet.

Sie weist jeder möglichen Positions-Impuls-Kombination Werte zu, wie eine topografische Karte der Realität: Hügel, wo eine Auflösung wahrscheinlich ist, Täler, wo sie es nicht ist.

Einige Täler werden negativ.

Das sind strukturelle Widersprüche (das ist wichtig).

Wenn eine Wigner-Funktion negativ wird, sagt sie: *„Es gibt keine Möglichkeit, diesem System klassische Werte ohne Konflikt zuzuweisen.“*

Man kann nicht sagen, dass Wobble mit diesem oder jenem Impuls außerhalb der Box steht und den Dosenöffner auf ihrer Nase balanciert. Dies ist ein Zusammenbruch der klassischen Projektionslogik. Das System, Wobble und die Dose, kann sich nicht in die lokale Realität auflösen, da seine Struktur von inkompatiblen Grundlagen abhängt. Es ist global kohärent, aber lokal unmöglich.

Wir werden sehen, was das bedeutet.

Was Wigner zeigt (und was nicht)

Die Wigner-Funktion für Wobble und die Dose (klingt wie ein Bandname, sorry) sieht aus wie eine Landschaft im Phasenraum, Hügel und Täler, vertraut genug. Aber dann, irgendwo in der Nähe des Punktes „Hund balanciert Dosenöffner außerhalb der Kiste“, fällt einem eine negative Senke auf. Man könnte versucht sein zu sagen: „Das bedeutet, dass Wobble eine negative Wahrscheinlichkeit hat, dort zu sein.“

Nun ... Nein!

Wir hätten uns wohl kaum die Mühe gemacht, ein echtes Experiment zu erfinden und den Hund zu ärgern, wenn die Wigner-Funktion nur halb so seltsam wäre. Das ist sie aber nicht. Es handelt sich um eine Quasi-Wahrscheinlichkeit, eine mathematische Struktur, die einige statistische Regeln beachtet, aber beobachtbare Ergebnisse nicht in klassischen Begriffen darstellen kann. Ja, jetzt verstehen wir es vollständig. Was zeigt das also?

Es zeigt Inkompatibilität.

Die Wigner-Negativität markiert, wo der Constraintgraph eines Systems lokal nicht ohne Widerspruch projiziert werden kann. Nun, eigentlich wurde sie entwickelt, um aufzudecken, wo die lokale klassische Auflösung versagt. Aber im Projektions-Framework verwenden wir sie, um strukturelle Spannungen abzubilden.

Fassen wir das zusammen. Die Punkte auf der Wigner-Karte sind keine Wahrscheinlichkeiten. Sie sind Amplituden der Lösbarkeit, geformt durch Interferenz, Verschränkung und Constraints. Ein negatives Tal ist der sichtbare Schatten einer unsichtbaren Struktur ... Das lesen wir jetzt besser noch einmal, denn wir müssen es uns merken.

Dualität in der Projektion: Phase und Beschränkung

Es gibt einen Grund, warum die Wigner-Negativität im Phasenraum auftritt: Der Phasenraum wurde nicht für Quantenstrukturen entwickelt. Er geht davon aus, dass man ein System beschreiben kann, indem man sowohl der Position als auch dem Impuls Werte zuweist, als ob dies Eigenschaften wären, die einfach nebeneinander existieren.

In der Quantenmechanik und noch grundlegender in der Projektion sind dies jedoch sich gegenseitig ausschließende Beschreibungen. Man kann eine davon auflösen, aber nur auf Kosten der Unschärfe der anderen.

Seien wir hier präzise.

In der klassischen Mechanik entspricht ein Punkt im Phasenraum einem eindeutigen physikalischen Zustand: *„Dieses Ding ist hier und bewegt sich mit dieser Geschwindigkeit."* In Quantensystemen sind Position und Impuls jedoch nicht gemeinsam definierbar. Ihre Operatoren kommutieren nicht:

$$[\hat{x}, \hat{p}] = i\hbar$$

Dies ist das Heisenbergsche Unschärfeprinzip, das besagt, dass beide nicht gleichzeitig scharf definiert werden können. Sie existieren in inkompatiblen Auflösungsrahmen. Jeder Versuch, beide gleichzeitig zu lokalisieren, führt daher zu einer Phasenspannung, einer Interferenz zwischen Rahmen, die nicht gleichzeitig aufgelöst werden können.

Betrachten wir ein Experiment, das millionenfach durchgeführt wurde: das Mach-Zehnder-Interferometer.

Ein Strahlteiler teilt einen Lichtstrahl in zwei Wege, nennen wir sie Weg A und Weg B. Weg A erhält eine leichte Phasenverschiebung. Dann werden die Wege an einem zweiten Strahlteiler wieder zusammengeführt. Nun schicken wir ein einzelnes Photon durch diese Anordnung. Nur eines. Und messen, wo es nach dem zweiten Strahlteiler landet. Wir beobachten eine Interferenz. Immer. Dieses eine Photon verhält sich, als hätte es beide Wege gleichzeitig genommen.

Wenn wir jedoch einen Detektor in einen der Wege stellen, um herauszufinden, wo das Photon „wirklich hingegangen ist", verschwindet die Interferenz. Jedes Mal.

Die Interferenz hängt von der Phasendifferenz ab, nicht vom Weg. Der Versuch, den Weg des Photons zu bestimmen, zerstört seine Phasenkohärenz. Der Versuch, seine Phasenkohärenz zu bestimmen, zerstört seine Weginformation. Seine Identität ist über zwei inkompatible Modi verschränkt.

Sein vollständiges Verhalten kann nicht in einem einzigen klassischen Rahmen dargestellt werden. Und wenn man seine Wigner-Funktion berechnet, wird sie negativ. Nicht überall, nur in den Bereichen, in denen diese innere Spannung am stärksten ist.

In Projektionsbegriffen geschieht Folgendes:

Die Identitätssignatur $\sigma \in \Omega$ muss durch Projektion in M realisiert werden. Aber der Kontext, in dem diese Auflösung stattfindet, Position? Impuls? Eine Mischung?, bestimmt, welche Constraints stabilisieren können. Einige Constraints stabilisieren sich nur in positionsähnlichen Projektionen. Andere stabilisieren sich nur in Impuls-kompatiblen Rahmen. Und einige erfordern Kohärenz über beide hinweg, was bedeutet, dass sie in keinem der beiden allein sauber realisiert werden können. Die Entscheidung für eine Auflösung in einem Rahmen schließt die Kohärenz im anderen aus. Das Ergebnis ist eine Projektionsdiskrepanz, ein Bereich des Phasenraums, der keine stabile Auflösung zulässt.

Die Wigner-Negativität offenbart die strukturelle Konsequenz des Versuchs, ein kohärentes, inkompatibles System in eine klassische Abbildung abzuflachen.

Sie sagt uns: *„Diese Struktur stabilisiert sich nur global.*

Ihre lokale Frage hat keine gültige Antwort.“

Wigner als Diagnoseinstrument für die Geometrie von Constraints

Die Wigner-Funktion ist eine diagnostische Karte, die uns zeigt, wo Projektionen nichtlokal werden, wo Identität von Constraints abhängt, die inkompatible Modi umfassen, wie Position und Impuls oder Zustand und Aktion. Wo immer Wigner-Negativität auftritt, hängt das System von globaler Kohärenz ab, die Identität ist nicht trennbar und der zugrunde liegende Constraintgraph kann nicht lokal ohne Widerspruch projiziert werden.

Verwenden wir dies nun in unserem laufenden Experiment. Zunächst modellieren wir das gesamte System: Hund, Dose, Dosenöffner und die Handlung des Öffnens der Dose, die von Wobbles Position, Impuls und koordinierter Interaktion mit dem Dosenöffner abhängt. Nun berechnen wir die Wigner-Funktion dieses Gesamtsystems, über Position, Impuls und die Handlung des Dosenöffnens. Wir finden negative Bereiche. Sie erscheinen genau dort, wo Wobble gleichzeitig außerhalb der Schachtel beim Dosenöffner und innerhalb der Schachtel beim Futter sein müsste. Das ist nicht nur eine unwahrscheinliche Konstellation. Es ist eine, die klassisch nicht aufgelöst werden kann.

Wir haben gefragt: *„Hat Wobble die Dose geöffnet und das Essen gegessen?“*

Die Wigner-Negativität antwortet: *„Die Frage hat keine klassische Antwort."* Denn das System stabilisiert sich nur als kohärentes Ganzes. Man kann nicht sagen, was Wobble getan hat, ohne die Struktur zu stören, die die Antwort ermöglicht. Wir können also nun die Schachtel öffnen, Wobble herauslassen und die Dose leer vorfinden.

6.6 Das Problem mit der Korrelation

Muster. Wir lieben Muster. Wir sehen sie in Wolken, in den Sternen, in Teeblättern ...

Wenn man eine Physikprüfung nicht besteht, nennt man das Zufall. Wenn man sie zehnmal nicht besteht und ein Muster erkennt, nennt man das Korrelation. Und wenn wir es anhand einer gemeinsamen Geschichte erklären können, wie zum Beispiel: Wann fängst Du an zu lernen? – nennen wir es Kausalität. So denkt die klassische Physik. Wenn zwei Dinge korrelieren, müssen sie interagiert haben. Wenn sie nicht interagiert haben, dann ist entweder die Korrelation Zufall oder es gibt eine versteckte Variable. Diese Weltanschauung funktioniert – bis sie nicht mehr funktioniert.

Denn in Quantensystemen sehen wir Korrelationen zwischen Systemen, die sich nie begegnet sind, zwischen Messungen, die noch nicht stattgefunden haben, und zwischen Ergebnissen, die davon abzuhängen scheinen, was wir später am Abend trinken. Das ist nicht nur seltsam. Es ist eine Krise der Lokalität, der Trennbarkeit und der Zeit, mit der die klassische Korrelation nicht umgehen kann.

Was also kann damit umgehen?

Re-Entanglement Teil I: Entanglement-Swapping

Wir haben das Entanglement-Swapping in dem berühmten Experiment von Anton Zeilingers Team gesehen, bei dem eine Bell-Zustandsmessung an den Photonen B und C durchgeführt wurde. Du erinnerst Dich sicher.

Seltsamerweise werden A und D verschränkt, obwohl sie nie miteinander interagiert haben. Obwohl sie Teil unterschiedlicher Paare waren. Handelt es sich hier um eine Art Rückwärtskausalität, die die Zeit zurückdreht? Klassisch gesehen ergibt das keinen Sinn.

Überhaupt keinen.

Die Quantenmechanik sagt das Ergebnis jedoch perfekt voraus.

Wenn AB und CD beide im Bell-Zustand $|\Psi^-\rangle$ sind und die Messung an BC sie in einem anderen Bell-Zustand findet, dann kollabieren A und D in einen übereinstimmenden Bell-Zustand – sagen wir $|\Psi^-\rangle_{AD}$. Das ist reine Mathematik. Die globale Wellenfunktion enthält all diese Korrelationen. Die Bell-Zustandsmessung bedingt den Gesamtzustand, und die Verschränkung „verschiebt" sich. Die Quantentheorie sagt: *„Hier ist das Ergebnis. Ich kann Ihnen die Wahrscheinlichkeit nennen. Fragen Sie mich nicht, was es verursacht hat."*

Zeichnen wir eine Wigner-Karte für das AD-System. Vor der Bell-Zustandsmessung wäre es klassisch ohne Negativität. Keine Verschränkung. Aber nachdem BC aufgelöst sind, erhält das AD-Subsystem plötzlich Wigner-Negativität und zeigt eine gewisse strukturelle Kohärenz. Wigner zeigt uns, dass das System nicht mehr lokal aufgelöst werden kann.

Aus der Projektionsperspektive sind die ursprünglichen Paare AB und CD unterschiedliche Constraint-Strukturen.

Die Bell-Zustandsmessung an B und C überträgt keine Informationen, aber sie konfiguriert die Kompatibilität neu. Sie bricht die interne Kohärenz von AB und CD, indem sie ihre Identitätssignaturen in Ω aktualisiert und neue, gemeinsame Constraints zwischen A und D herstellt. A und D werden verschränkt, indem sie derselben ungelösten Struktur angehören, einem Graphen, der nun nur noch stabil ist, wenn beide gemeinsam real sind.

Re-Entanglement Teil II: Delayed-Choice-Swapping

Das Entanglement-Swapping-Experiment lässt sich auf der Skala der seltsamen Phänomene noch weiter steigern. Und zwar erheblich. Es handelt sich um das Experiment zum verzögerten Verschränkungs-Austausch[6)], das 2012 von Xiao-Song Ma, Stefan Zotter, Johannes Kofler, Thomas Jennewein, Časlav Brukner und ... Anton Zeilinger, wer sonst, demonstriert wurde.

Sie verwendeten denselben Aufbau (was als Experiment-Recycling bezeichnet wird): zwei verschränkte Paare, AB und CD. Man bringt B und C für eine Bell-Zustandsmessung zusammen. Aber man beschließt, die Bell-Zustandsmessung durchzuführen, nachdem A und D bereits gemessen wurden. Und dennoch zeigen die Ergebnisse von A und D eine Verschränkung, als ob sie wüssten, was man später tun würde.

Klassisch gesehen ist das nicht nur Unsinn. Das ist Ketzerei. Man kann vergangene Ergebnisse nicht durch spätere Handlungen ändern. Seltsamerweise sagen die Daten etwas anderes.

Die Quantenmechanik zuckt nicht mit der Wimper. Sie schreibt die globale Wellenfunktion auf. Sie konditioniert sie auf das Bell-Zustandsergebnis von BC. Die Messbasis wurde später gewählt? Kein Problem. Der Formalismus sagt immer noch eine perfekte Verschränkung zwischen A und D voraus – obwohl sie bereits aufgezeichnet wurden. Die Quantentheorie sagt: *„Hier ist die Mathematik. Die Daten sind korrekt. Fragen Sie mich nicht warum."*

Nehmen wir nun die Wigner-Funktion für das AD-System. Vor der Bell-Zustandsmessung an BC gibt es keine Anzeichen von Negativität. Aber nach der Bell-Zustandsmessung, die nach der Aufzeichnung von A und D gewählt wurde, ändert sich das Bild. Das

---

6 Ma, X.-S.; Zotter, S.; Kofler, J.; Jennewein, T.; Brukner, Č.; Zeilinger, A.: Experimental delayed-choice entanglement swapping. Nature Physics 8 (2012), 480–485

AD-System zeigt Wigner-Negativität, weil es sagt, dass die Identität nicht lokal aufgelöst werden kann, egal wann man hinschaut.

Aus der Perspektive der Projektion begannen die AB- und CD-Paare als unabhängige Graphen. Die BC-Messung projizierte die Raumzeitansicht dieser Messung zurück auf das nicht-zeitliche Ω. Die Messung verursacht jedoch keine strukturelle Veränderung in Ω, sondern ändert die Constraints für die Raumzeit. AD sieht die neuen Constraints immer dann, wenn die Stabilität ihrer Projektion es ihnen erlaubt, sie zu sehen. Da Ω nicht zeitlich und nicht räumlich ist, kann dies überall und jederzeit sein.[7]

Re-Kohärenz im Spin-Echo

Im Jahr 1950 führte der amerikanische Physiker Erwin Hahn in einer Suppenschüssel ein revolutionäres Experiment durch.[8] Die Suppe bestand nicht aus Brühe mit Nudeln, sondern aus flüssigen Kohlenwasserstoffen mit einem hohen Anteil an Protonen. Er stellte die Suppe in ein starkes Magnetfeld und richtete die Kernspins der Protonen aus. Als alle winzigen Kernmagnete schön ausgerichtet waren, störte er sie, indem er einen starken Hochfrequenzimpuls auf sie schoss, wodurch die Spins um 90 Grad abgelenkt wurden und um die Magnetfeldachse zu präzedieren begannen. Was jedoch als synchronisierte Rotation unzähliger Protonen begann und ein starkes Signal erzeugte, verlor bald seine Kohärenz. Da jedes Proton eine andere Umgebung hatte, drehten sich einige Spins schneller und andere langsamer. Sie drifteten auseinander und bald war das Kollektiv ein Durcheinander von Phasen. Das Signal verschwand.

Etwas frustriert schoss Hahn einen zweiten Impuls auf seine Suppe, lehnte sich zurück und genoss die Ruhe in seinem Labor, während er darüber nachdachte, das Experiment aufzugeben, als das Signal zurückkam. Wie ein Echo.

Das ist lange her, und das Spin-Echo wurde zur Grundlage für die Magnetresonanztomographie (MRT), die Kernspinresonanz (NMR) und den Quanten-Speicher.

Es gibt keine klassische Erklärung für dieses Experiment. Das System hatte vergessen und sich dann seltsamerweise wieder erinnert.

Die Quantenmechanik erklärt dies mit der Phasenentwicklung. Jeder Spin akkumuliert entsprechend seinem lokalen Magnetfeld eine Phase. Der zweite Impuls kehrt die Richtung der Phasenakkumulation um. Mit der Zeit kommt also alles wieder in die gleiche Phase. Die gesamte Wellenfunktion gewinnt ihre Kohärenz zurück.

Das Signal kommt zurück.

Die Quantentheorie sagt: „*Es war nicht verloren. Du hast es nur phasenverschoben. Spule die Drift zurück, und die Struktur kehrt zurück.*“ Das ist hilfreich. Aber es bleibt

---

[7] Angulo, D.; et al.: Experimental evidence that a photon can spend a negative amount of time in an atom cloud, arXiv:2409.03 680 (2024). Dieses Experiment zeigt, dass ein transmittiertes Photon eine negative mittlere Anregungszeit besitzen kann ($\tau_t \approx -0.8\ \tau_0$). Damit wird empirisch bestätigt, dass Licht-Materie-Wechselwirkung nicht kausal-zeitlich, sondern strukturell vermittelt ist – eine Laboranalogie zur hier diskutierten retrokausalen Projektion.

[8] Hahn, E. L.: Spin Echoes. Phys. Rev. 80 (1950), 580

noch die tiefere Frage: *„Wo war eigentlich die Kohärenz, während sie verschwunden war?“*

Setzen wir die Projektionslinse auf, nehmen wir die Wigner-Karte zur Hand und beleuchten wir die Physik dahinter. Zunächst sind die Spins zufällig quer zum Feld ausgerichtet. Die Wigner-Funktion ist positiv, da es sich um einen klassischen thermischen Zustand ohne Kohärenz handelt. Der Constraint-Graph ist nicht für Projektionskohärenz strukturiert, es gibt keine globale Phasenbeziehung. Wenn der erste Impuls angelegt wird, werden die Spins in die transversale Ebene gekippt und beginnen zu präzessieren, zunächst alle in Phase. Es entsteht eine kohärente kollektive Rotation, die Spins teilen gemeinsame Constraints. Wigner zeigt eine leichte Negativität, was auf globale Phasenkohärenz hindeutet.

Die Phasendrift beginnt – die Spins breiten sich aufgrund der Feldinhomogenität aus. Schnellere und langsamere Präcessoren driften auseinander. Das Gesamtsignal nimmt ab, da der Constraint-Graph in M instabil wird. Ω enthält zwar noch die Kohärenz, sie kann aber nicht projiziert werden. Die Wigner-Negativität verschwindet. Die Verteilung breitet sich aus und wird klassischer, bis sie dekohärent erscheint.

Wenn der zweite Impuls angelegt wird, werden die Spins umgekehrt. Jeder Spin wird in der Transversalebene umgedreht. Schnelle werden langsam, langsame werden schnell, aber das Ensemble ist immer noch chaotisch. Wigner bleibt größtenteils positiv, aber die Struktur beginnt sich wiederherzustellen. Es ist noch keine Kohärenz sichtbar. Der Constraint-Graph wird neu konfiguriert, ist aber immer noch nicht stabilisierbar. M zeigt immer noch Rauschen.

Langsam kommen die Spins wieder in Phase. Phasendrifts beginnen zu konvergieren, während sich die Magnetisierung des Ensembles aufbaut. Die Projektionsbedingungen passen sich allmählich an die globale Beschränkung an: Der Graph stabilisiert sich wieder und die Wigner-Negativität tritt erneut auf, was die Rückkehr der nichtlokalen Kohärenz signalisiert.

Schließlich erscheint das Spinecho, wenn sich die Spins vollständig neu ausrichten und eine vollständige Projektionsstabilisierung erreicht ist. Die Struktur in Ω und die Projektion in M stimmen überein, unterstützt durch eine starke Wigner-Negativität. Die Kohärenz ist wiederhergestellt und die strukturellen Constraints sind wieder sichtbar.

Die Kohärenz geht in Ω nicht verloren und kann in der Raumzeit wiederhergestellt werden, wenn sich die Bedingungen wieder stabilisieren.

Re-Entanglement Teil IV: Die Wiederbelebung von Hong-Ou-Mandel

Ein weiteres faszinierendes Experiment wurde 1987 von Hong, Ou und Mandel[9] an der Universität von Rochester, USA, durchgeführt. Der Aufbau war einfach. Nur ein Strahlteiler, das war alles. Zunächst müssen wir jedoch verstehen, was ein Strahltei-

---

9 Hong, C. K.; Ou, Z. Y.; Mandel, J.: Measurement of subpicosecond time intervals between two photons by interference. Phys. Rev. Lett. 59 (18): 2044–2046 (1987)

ler macht. Betrachten wir einen Würfel. Unser Würfel hat 6 Seiten, aber wir brauchen nur 4 davon: vorne, hinten, links und rechts.

Nehmen wir an, die Vorderseite und die linke Seite heißen „Eingang“. Wir haben also zwei Eingänge. Wenn ein Lichtstrahl von vorne eintritt, kann er entweder direkt nach hinten durchgehen und austreten oder intern reflektiert werden und nach rechts austreten. Bei einem guten Strahlteiler besteht eine 50-prozentige Wahrscheinlichkeit für jedes dieser beiden Ergebnisse. Wir haben einen perfekten Strahlteiler. Betrachten wir den anderen Eingang: Wenn ein Lichtstrahl von links kommt, kann er entweder direkt zum rechten Ausgang gelangen oder intern reflektiert werden und durch die Rückseite austreten. Beide Optionen haben genau eine Wahrscheinlichkeit von 50 %.

Nun nahmen Hong, Ou und Mandel einzelne Photonen und stellten die Zeit so ein, dass sie gleichzeitig am Strahlteiler ankamen, wobei eines von vorne und das andere von links eintraf. Berechnen wir die Wahrscheinlichkeiten für die möglichen Ergebnisse. Es besteht eine Wahrscheinlichkeit von 25 %, dass beide Photonen durch die Rückseite austreten, und eine weitere Wahrscheinlichkeit von 25 %, dass sie gemeinsam durch die rechte Seite austreten. Es besteht eine Wahrscheinlichkeit von 50 %, dass ein Photon aus jedem Ausgang austritt.

Dies ist jedoch nicht der Fall.

Der Hong-Ou-Mandel-Effekt besagt, dass die beiden Photonen immer zusammen austreten. 50 % durch die Rückseite und 50 % durch die rechte Seite. Immer zusammen. Dies wird als HOM-Dip bezeichnet, ein Interferenzeffekt, der so ausgeprägt ist, dass er zum Maßstab für die Ununterscheidbarkeit von Photonen geworden ist.

Wenn eines der Photonen leicht verzögert ist, kehrt die Koinzidenzdetektion zurück, und wenn man deren Timing neu ausrichtet, kehrt der Dip zurück. Man kann die Quanteninterferenz mit einem Femtosekunden-Timing-Regler ein- und ausschalten.

Klassisch gesehen ergibt dies überhaupt keinen Sinn.

Die Quantenmechanik erklärt dies mit der Zwei-Photonen-Interferenz, bei der sich die Wahrscheinlichkeitsamplitude, dass beide Photonen durch unterschiedliche Ports austreten, aufhebt, wenn sie nicht unterscheidbar sind. Für die Quantenmechanik ist dies ein Test für die Unterscheidbarkeit, aber sie erklärt nicht, woher die Interferenz kommt.

Schauen wir mal, was mit der Wigner-Funktion des Zwei-Photonen-Systems passiert. Wenn die Photonen ausgerichtet sind, zeigt ihre gemeinsame Wigner-Funktion Negativität, was auf eine gemeinsame, verschränkte Struktur hinweist, die nicht faktorisiert werden kann. Wenn ein Photon verzögert wird, verschwindet diese Negativität. Die Funktion wird trennbar. Die Interferenz verschwindet. Wenn die Photonen wieder ausgerichtet werden, kehrt die Negativität zurück. Anhand dieser Karte können wir zeigen, wie die beiden Photonen projiziert werden. Zunächst haben wir zwei unabhängige Photonen mit unabhängigen Identitätssignaturen in Ω. Wenn sie gleichzeitig in den Strahlteiler eintreten, werden ihre Wege ununterscheidbar – und es entsteht ein neuer gemeinsamer Constraintgraph, der eine einzige unaufgelöste Struktur projiziert, die sich erst stabilisiert, wenn beide Photonen zusammen realisiert werden. Wenn die Photonen verzögert werden, kann sich diese Struktur nicht stabilisieren, die gemeinsame Projektion bricht zusammen und man sieht wieder eine klassische Koinzidenz.

Aber wenn die Photonen wieder synchronisiert werden, werden die gemeinsamen Constraints wieder kompatibel.

Der Graph realisiert sich und der HOM-Dip kehrt zurück.

Das Ende der Trennbarkeit

Mittlerweile hat sich ein tieferes Muster herauskristallisiert.

Wir haben beobachtet, wie Teilchen sich verschränken, ohne sich jemals zu berühren, und wir haben gesehen, wie eine einzige Messung Korrelationen sowohl in Raum als auch in Zeit neu organisieren kann. Wir haben gesehen, wie Kohärenz verschwindet und dann wiederkehrt, als wäre nichts verloren gegangen, und wir haben gesehen, wie Photonen nicht nur über Wege hinweg, sondern auch über Verzögerungen hinweg interferieren und damit eine Struktur wiederbeleben, die bereits verschwunden war.

Nichts davon passt zur klassischen Vorstellung von Trennbarkeit. Nichts davon lässt sich durch lokale Zustände mit unabhängigen Eigenschaften erklären. Und doch passt alles, perfekt, in den Formalismus der Quantentheorie.

Dennoch fehlt etwas.

Es sind nicht die Gleichungen, die falsch waren, sondern die Annahme, dass Identität zu Teilen gehören muss, dass Korrelationen aus Wechselwirkungen entstehen müssen, dass Dekohärenz Löschung bedeuten muss.

Die Projektionstheorie zeigt uns etwas anderes.

Sie zeigt, dass Identität erweitert werden kann, dass Kohärenz Fragmentierung überleben kann, dass Ω nicht Zeitlinien bewahrt, sondern Kompatibilität. Und wenn Projektion wieder möglich wird, kehrt die Struktur aus dem zurück, was noch zu den Umgebungsbedingungen passt. In dieser Sichtweise ist Verschränkung weder ein Signal noch ein Paradoxon und schon gar nicht ein Flüstern aus der Ferne. Sie ist der Schatten der Constraints. Sie ist Struktur, die sich in der Realität auflöst, wo Stabilität möglich ist.[10)]

[10] Guerrero-Suarez, R. et al.: Universal Anyon Tunneling in a Chiral Luttinger Liquid. arXiv:2502.20 551 (2025). Erstmals wurde das universelle Skalierungsverhalten des Anyon-Tunneling im $\nu = 1/3$-Zustand präzise bestätigt ($\bar{g} = 0.333 \pm 0.005$). Die Unabhängigkeit von Material, Temperatur und Geometrie legt nahe, dass Stabilität aus Kompatibilität entsteht – eine empirische Entsprechung zur projektionsbasierten Strukturinvarianz.

6.7 Das Ende der Unheimlichkeit

Es ist still im Labor.

Das letzte Experiment wurde protokolliert. Das letzte Photon hat sich selbst gestört. Der Strahlteiler ist noch warm, die Detektoren blinken untätig, und jemand hat wieder die Kühlschranktür offen gelassen. Wobble sitzt auf dem optischen Tisch. Heute ist sie teils Hund, teils Wellenform und balanciert zwischen dem Strahlteiler und einem sehr verdächtigen Stück Toast. Vorhin war sie mit diesem Toast verschränkt. Dann dekoherierte sie kurz zu einem vibrierenden Beugungsgitter. Jetzt scheint sie sich wieder mit sich selbst verschränkt zu haben, in Verteidigung dreier Doktorarbeiten und mindestens einem Nervenzusammenbruch eines Praktikanten.

Du seufzt jetzt wahrscheinlich. Es gibt so viele Dinge, die klassisch völlig sinnfrei sind. Du hast gerade ein ganzes Kapitel damit verbracht, die Verschränkung durch die Zeit zu verfolgen, durch Fehlausrichtung, durch Zerstörung und Wiederbelebung. Du hast Korrelationen gesehen, die ihre Ursachen überdauern, und Strukturen, die wieder zum Vorschein kommen, lange nachdem die Welt sie für verschwunden hielt. Du hast gesehen, wie sich die klassische Sichtweise vollständig aufgelöst hat und die Quantenmechanik die Mathematik liefert, um die Effekte der unheimlichen Fernwirkung recht genau zu beschreiben, aber leider nicht zu erklären. Aber es ist immer noch unheimlich, wenn man nicht die Brille aufsetzt.

Die Botschaft ist nun einfach:

Die seltsam erscheinenden Dinge, die man beobachtet, sind die Raum-Zeit-Darstellung dessen, was in M stabilisiert werden kann. Alles andere, der gesamte Graph, der sich über Zeit und Raum hinaus erstreckt, bleibt in Ω erhalten. Es sind Constraints, die die Kompatibilität definieren, real zu werden. Es ist Struktur.

Wobble blinzelt Dich von zwei Orten gleichzeitig an. Du nickst. Sie verwandelt sich wieder in einen Hund, rollt sich zusammen und schläft auf dem Sofa ein. Und irgendwo vergisst ein Strahlteiler, verwirrt zu sein.

III. Die Identität von Teilchen und Feldern

7
Universelle Konstanten

Prolog

In einer Ecke des älteren Gebäudes des Instituts, hinter dem Photoniklabor und unter dem Regal mit der Aufschrift „Nicht berühren“, steht ein Aquarium. Wie viele Aquarien in Labors wurde es aus Gründen installiert, an die sich niemand mehr erinnert, und wird durch ein komplexes Netz von Automatisierungssystemen gewartet. Ein LED-Streifen simuliert Tag und Nacht (jeweils 12 Stunden), eine Heizung hält das Wasser auf einer konstanten Temperatur von 22 °C, eine Peristaltikpumpe sorgt zweimal pro Stunde für eine sanfte Strömung, und ein automatischer Futterspender gibt alle 12 Stunden in präzisen Abständen Futterpellets ab. Das natürliche Licht aus dem Fenster sorgt für saisonale Abwechslung. Die Anlage ist für Menschen zwar unauffällig, aber ein Musterbeispiel für Stabilität.

Im Aquarium schwimmt ein kleiner Schwarm ungewöhnlich intelligenter Fische.

Sie sind schlank, schnell und nicht ganz gleichgültig gegenüber den Gesetzen der Natur. Der Schwarm lässt sich grob in drei Beobachtungskasten einteilen: die Flowwatchers, die Glowseekers und der Order of the Pellet. Eine vierte Gruppe, die Ripple Analysts, gilt allgemein als exzentrisch.

Eines Nachmittags langweilte sich eine Physikerin zwischen der Prüfung von Förderanträgen und ließ ihren Blick durch das Labor schweifen, über halbfertige Versuchsaufbauten, viele benutzte Kaffeebecher, das Sofa, bis sie vom Licht des Aquariums in der Ecke angezogen wurde. Sie hatte es noch nie bemerkt. Im Inneren regte sich etwas. Einige Fische schienen die Strömung zu beobachten, die von der Pumpe erzeugt wurde, die offenbar gerade eingeschaltet worden war. Sie hatte diese Fische noch nie angesehen, da Fische nicht wirklich ihr Ding waren. Sie war Vegetarierin. Nun ging sie hinüber und schaute genauer hin. Es waren schöne Fische. Sie schwammen ruhig in ihrer Fischwelt umher, als ihr etwas Seltsames auffiel. In dem kleinen, zwischen Kieselsteinen eingebetteten „Fischhaus“ klebte etwas Blasses und Gewundenes an der Innenwand. Neugierig griff die Physikerin vorsichtig hinein, hob das kleine Dach ab und holte ein winziges Buch heraus. Ja, ein Buch. Ein feuchtes, mit Algen verschmiertes Buch aus dünnem Pergament aus Fischhaut, gebunden mit Fasern und Schuppen. Winzig. Sie nahm es zum Mikroskop und las den Titel: *„Die Gesetze des Universums"*. Darunter stand in kleineren Buchstaben: *„Überarbeitete dritte Auflage"*.

Als Physikerin war sie an verdichtete Katzenzustände oder gelegentliche Hunde-in-der-Kiste-Probleme gewöhnt, sodass ihr ein fischiges Buch nicht sofort verdächtig vorkam. Sie öffnete das Buch mit einer Pinzette und begann, das erste Kapitel zu lesen.

„Das Gesetz der oszillierenden Beleuchtung"

„Licht und Dunkelheit wechseln sich in einer perfekten harmonischen Abfolge mit einer mittleren Periodizität von L = 1 Zyklus ab. Diese Abfolge definiert die Zeit. Abweichungen sind saisonbedingt und werden als Modulation höherer Ordnung aus der äußeren Schicht angesehen. Der Zyklus wird nicht verursacht, sondern ist inhärent. Versuche, die Helligkeit durch Gruppenverhalten oder reflektierende Körperhaltung zu beeinflussen, haben zu keinen Ergebnissen geführt." Es folgt ein Diagramm, das die Helligkeit als Funktion der Ausrichtung des Schwanzwinkels über 400 Zyklen hinweg darstellt. Eine Notiz am Rand lautet: „Spekulativ: Gibt es eine maximale Helligkeit? Wenn ja, verläuft sie kurvenförmig?"

„Interessant!", murmelte sie und fuhr mit dem nächsten Kapitel fort.

„Thermodynamische Homöostase"

„Das thermische Feld bleibt in einem empfindlichen Gleichgewicht, begrenzt bei $\Theta = 0$ Squabbel. Wenn das Feld unter den Schwellenwert fällt, kommt es zu einem plötzlichen Wärmeschub, der das Gleichgewicht wiederherstellt. Diese Reaktion ist diskontinuierlich, aber zuverlässig. Die Wärmekraft wird nur bei Bedarf aktiviert, wodurch die globale thermodynamische Gleichmäßigkeit erhalten bleibt. Wir nennen dies das Prinzip der ökonomischen Wiederherstellung." Es wird ein Experiment beschrieben, bei dem sich zwei Fische in der Nähe des Heizungseinlasses isolieren, um die Gradientensymmetrie zu testen. Das Ergebnis wird als nicht eindeutig, aber statistisch interessant bezeichnet.

Die Physikerin, die Annalena hieß, hob eine Augenbraue und fuhr fort.

„Strömungsdynamik und das erste Strömungsgesetz"

„Die Große Strömung fließt mit exakter Periodizität. Ihr Eintreffen ist unabhängig von der Bewegung der Fische und wird nicht durch Hindernisse beeinflusst. Nehmen wir an, dass pro Zyklus $C_w = 30$ Flossenschwingungen stattfinden. Die Strömung entsteht aus der „Achse der Entstehung" und nimmt zu den Grenzen hin exponentiell ab. Keine Flosse kann sie aufhalten. Die Strömung ist wahr." Ein Diagramm zeigt beschriftete Stromlinien und enthält einen vorgeschlagenen „trägheitsbezogenen Strömungsbezugspunkt" in der Nähe der falschen Schatzkiste.

Annalena kratzte sich am Kopf, justierte das Okular, nahm die Pinzette und blätterte eine Seite um.

„Nährstoffmechanik und das Gesetz der gleichmäßigen Sedimentation"

„Die Nahrung kommt genau zweimal pro Hell-Dunkel-Zyklus an. Bei jeder Ankunft werden quantisierte und zählbare Einheiten von ‚F_0' abgelagert. Die Pellets fallen senkrecht mit vernachlässigbarer seitlicher Drift, was die Gleichmäßige-Gravitations-Approximation bestätigt. Sei *P*(*t*) die Wahrscheinlichkeit, ein Pellet zum Zeitpunkt *t* abzufangen; dann gilt $P(t) = \frac{f_{\text{brav}}}{N} + \epsilon$, wobei f_{brav} der Verhaltenskoeffizient ist und ϵ die zufällige Turbulenz berücksichtigt." Es folgt ein kurzer Abschnitt mit dem Titel „*Pelletfeldgleichungen*", in dem versucht wird, die Verteilung der Nahrung in Bezug auf die Position der Schwärme abzuleiten. Die Nibblers bestreiten das Ergebnis.

Nun war Annalena gefesselt. Das war richtig gut.

„Die Ripple-Äquivalenz-Vermutung"

Jede Bewegung eines Fisches erzeugt eine Welle. Aber nicht alle Wellen werden beobachtet. Einige Wellenmuster breiten sich ohne Quelle aus, was auf die Anwesenheit unsichtbarer Entitäten oder verzögerte Flosseneffekte hindeutet.

Wir schlagen die Existenz eines Wellenuntergrunds vor, eines verborgenen Mediums, das potenzielle Wellen speichert, bis sie durch Beobachtung hervorgerufen werden. Sei „a_f" die Kopplungskonstante zwischen Erwartung und Wellenentstehung." Ein Anhang enthält sechs Seiten mit Diagrammen zur Verfolgung von Wellen, die mit „Beobachtet", „Impliziert" und „Nicht widerlegbar" kommentiert sind.

„*Hmmm – das habe ich schon einmal gesehen ...*", dachte sie und fuhr fort.

„Das Gesetz der Wiederholung und zeitlichen Unvermeidbarkeit"

„Ereignisse wiederholen sich. Der Tag kehrt zurück. Essen fällt. Die Strömung kommt. Die Gesetze beschreiben nicht nur, was geschieht. Sie sorgen dafür, dass es geschehen muss. Die Rückkehr der Regelmäßigkeit definiert die Wahrheit der Zeit. Sei *R*(*t*) die Rückkehrfunktion. Dann gilt $\lim_{t \to \infty} R(t) = 1$. Dies ist eine Definition."

Es folgt eine Tabelle mit Konstanten. Alles ist wunderschön organisiert. Sogar ein Anhang.

„Anhang: Über ontische Unsicherheit"

„Es ist nicht bekannt, ob die äußere Schicht existiert. Einige behaupten, dass nichts außerhalb der Mauern der Welt existiert. Gerüchte sprechen von einem großen Fisch, der die Welt am Laufen hält. Solche Behauptungen sind nicht widerlegbar und werden für Vorhersagemodelle als nicht nützlich angesehen."

Annalena schloss das Buch. Dann ging sie zum Aquarium, legte das Buch zurück und wurde dabei von erstaunten Fischen beobachtet, die bereit waren, einen Konferenzbeitrag über ungewöhnliche Ereignisse, Portale und Wurmlöcher zu schreiben.

Annalena blieb auf dem Weg zurück zu ihrem Schreibtisch stehen, blickte auf die Leere der Decke, dann auf den verschwommenen Boden, nickte und drehte sich um, um sich ein Bier zu holen.

7.1 Das Goldfischglas der Physik

Das ist unsere Welt. Wir beobachten sie. Es gibt eine Veränderung, einen Kontrast, eine Bewegung, einen Zufall. Dinge wiederholen sich. Ein Tag. Wir schauen den Mond an ... er verändert sich. Ein Monat. Ein Jahr. Eine Uhr. Wir können vergleichen, messen, es auf ein schönes Stück kariertes Papier schreiben. Wir definieren praktische Einheiten: die Länge einer Stange, eine Anzahl von Wellenlängen. Wir finden Beziehungen. Es gibt eine Verschiebung. Es braucht Zeit. Es hat Geschwindigkeit. Vergleichen wir das. Oh, das ist langsam, während das schnell ist.

Was ist mit Licht?

Licht ist sehr schnell. Wir messen und messen und messen wieder, und egal wie wir messen, wir erhalten immer genau das gleiche Ergebnis. Eine Konstante. Die Lichtgeschwindigkeit ist eine Konstante. Wir geben ihr einen Buchstaben. **c**. Moment, da ist noch einer. **e**. Und, das ist wirklich erstaunlich, noch einer. Ein besonderer. Wir müssen diesem einen einen besonderen Buchstaben geben. $\hbar$.

Einige Dinge in dieser Welt sind konstant, und wir schreiben diese Zahlen auf unser schönes kariertes Papier. Wir können das Papier sogar an der Stelle, an der unsere Konstanten stehen, verbiegen, und sie bleiben gleich – egal, wie sehr wir es verbiegen. Das ist Physik.

Nein! ... das ist *fischige* Physik.

Echte Physik befasst sich mit der Natur. Sie befasst sich mit der Welt. Sie befasst sich mit allem. Und wenn sie sich mit allem befasst, dann auch mit der Frage, warum die Quadrate auf diesem Papier diese Größe haben – und woher das Papier kommt. Wir schwimmen in einem Goldfischglas namens Raumzeit, und die Physik ist sehr damit beschäftigt, die Raumzeit-Ansichten der Raumzeit-Realität mithilfe von Raumzeit-Beziehungen zu beschreiben. Aus der Perspektive eines Goldfischs ist dies eine ziemlich eingeschränkte Sichtweise.

Egal, wie wir unser Papier verbiegen, die Konstanten bleiben konstant. Das ist strukturell – und das Universum sagt uns etwas damit. Es sagt uns, dass die Konstanten, die wir in der Raumzeit messen, strukturelle Konstanten der Raumzeit sind. Sie sind also Teil der Struktur. Und in dem Moment, in dem wir die Physik der Raumzeit verstehen wollen, müssen wir verstehen, warum diese Konstanten konstant sind – und nicht nur die Tatsache feststellen, dass sie es sind.

Das ist unser nächster Schritt.

7.2 Strukturelle Invarianten der Realität

Eine physikalische Konstante wird oft als eine Zahl beschrieben, die sich nie ändert. Das ist zwar richtig, aber nicht sehr hilfreich. Viele Zahlen ändern sich nie. Pi ändert sich nie. Drei oder sieben auch nicht. Die Frage ist, warum eine bestimmte Zahl in so vielen Gleichungen vorkommt und warum sie in allen bekannten Kontexten unverändert bleibt.

In der Praxis entsteht eine Konstante, wenn zwei oder mehr messbare Größen durch ein stabiles Verhältnis oder eine Grenze miteinander verbunden sind. Dies kann auf viele Arten geschehen. Einige Konstanten beziehen sich auf unterschiedliche Einheiten. Einige definieren die Ober- oder Untergrenzen eines Prozesses. Einige codieren strukturelle Symmetrien. Ihre Konstanz bedeutet, dass unabhängig davon, wie ein System untersucht wird, welches Material verwendet wird, welche Frequenz gewählt wird, welcher Bezugsrahmen angewendet wird – die Beziehung besteht.

Dieses Kapitel befasst sich mit den Konstanten der Raumzeitstruktur. Da manche Dinge mathematische Fachkenntnisse erfordern und zu viele Formeln den Lesefluss behindern, haben drei berühmte Physiker keine Mühe gescheut und die Details im Anhang A diskutiert.

Den sollte man nicht verpassen.

Strukturelle Spannung und emergente Geometrie

Es gibt dieses Universum. Unser Universum. Es könnte nur eines von vielen Universen sein, aber letztendlich ist es das einzige, das zählt. Tatsächlich weiß das Universum das nicht, da es keine anderen Universen sehen kann, die existieren könnten oder auch nicht. Und so kann unser einsames Universum entweder auf ewig gelangweilt sein oder sich selbst amüsieren und sich verbiegen. Das Universum weiß nicht, warum es existiert, aber es weiß, dass es real ist und aus Materie besteht. Es gibt Raum, es gibt Zeit, es gibt Felder vieler Art, und alles ist Information, die real geworden ist, die in die Realität projiziert wurde. Und da ist es nun, existiert und entwickelt sich, während die Dinge, die seine Existenz ausmachen, sich gegenseitig beeinflussen.

Das Universum hat unendlich viele Ideen, was an jedem Punkt in Raum und Zeit passieren könnte, aber die Materie, die bereits vorhanden ist, bietet eine Struktur, in der nicht jede Idee Sinn ergibt. Es gibt Constraints. Es gibt eine Logik in den Mustern, die sich aus der Struktur des Universums ergeben und die wir Physik nennen. Wenn es einen Bereich in der Raumzeit gibt, in dem die Struktur dem Universum sagt, dass dieser Bereich ein Hund ist, dann wirkt diese Tatsache wie ein Kompatibilitätsfilter und die Hundestruktur verhindert, dass dieser Bereich in eine Katze übergeht, nur weil das Universum diese Idee haben könnte. Aber das kann nicht projiziert werden. Es gibt dort bereits einen Hund. Keine Katze. Der Hund ist eine Oberfläche der Raumzeit, die sich der Idee einer Katze widersetzt, sich zu projizieren. Der Widerstand ist in diesem

Fall unendlich. Der Widerstand ist viel geringer, wenn dieser Hund sich in einen Hund verwandelt, der sich für den Inhalt des Tellers auf dem Tisch interessiert, von dem dieser faszinierende Geruch kommt. Dieser Widerstand kann gemessen werden.

Wenn ein Hund einem geworfenen Ball hinterherjagt, ist es viel einfacher, den Hund in Richtung des Balls zu projizieren, als ihn seitwärts in Richtung einer wiederkäuenden Kuh zu projizieren, die die Szene beobachtet. Die Kuh könnte auf die Idee kommen, dass die Struktur des Richtungswiderstands zu Geometrie wird. Die Kuh hat recht. Wenn wir alle zulässigen Identitätsprojektionen an einem bestimmten Raumzeitpunkt nehmen und fragen, wie empfindlich sie gegenüber Positionsänderungen sind, beginnen wir, die Steifigkeit der Raumzeit zu erkennen. Diese Steifigkeit wird durch den Projektionsimpedanztensor erfasst. Er misst, wie stark sich die Zulässigkeit der Projektion ändert, wenn wir die Position in verschiedene Raumzeitrichtungen verschieben.

Inzwischen hat der Hund das Interesse an dem Ball verloren, da dieser in zu kurzer Zeit zu vielen scharfen Zähnen zum Opfer gefallen ist und seine Balligkeit verloren hat. Der Hund dreht sich um. Da sind Kühe. Eine von ihnen schaut misstrauisch. Wissend. Das Wetter ist schön, das Gras ist grün, der halbkugelförmige Kadaver eines Tennisballs kühlt ab, der Hund beschleunigt und erfreut sich dabei an seinem Bell-Flash. Die Kuhherde kommt plötzlich auf die Idee, dass es in diesem Stall sehr gemütlich ist und dass sie die Fliegen und den Geruch von Heu vermissen und dass dies vielleicht ein guter Zeitpunkt ist, um dem Melkroboter einen Besuch abzustatten. Die Kühe beschleunigen auch. Plötzlich drängen und drängeln sich eine ganze Menge kuhförmiger Informationen durch diesen Raum-Zeit-Bereich, der als Stalltür bezeichnet wird. Dieser Bereich kommt in Stress. Zu viele strukturelle Informationen versuchen, sich durch denselben Bereich zu drängen. Identitätssignaturen beginnen sich zu überlagern. Die Constraintsklassen sind ausgelastet. Die lokale Geometrie ist nicht mehr flexibel genug, um all diese Kühe ohne Reaktion aufzunehmen. Die Impedanz verschiebt sich. Die Struktur der Tür verbiegt sich.

Dies führt uns zur Definition des Projektionsstresstensors. Er quantifiziert, wie stark eine Struktur durch einen Bereich gedrückt wird – wie viele Identitätssignaturen projiziert werden, wie stark und in welche Richtungen. Je dichter gepackt, desto stärker der Stress. Und dies führt zu Krümmung.

Wenn das Universum glücklich, leicht und ohne Widerstand projiziert wird, entsteht eine flache, leere Raumzeit ohne Verformung. Wenn es interessanter wird, steigt der Widerstand, es gibt mehr Kühe, mehr Verformung, die Geometrie krümmt sich. Aus dieser Logik ergibt sich eine offensichtliche Beziehung. Der Projektionsstress hängt mit der Projektionskrümmung zusammen. Wir beobachten ein strukturelles Gleichgewicht. Eine Notwendigkeit. Es gibt nur einen Weg, wie die Geometrie der Raumzeit mit ihrem eigenen Widerstand gegen Projektion in Einklang gebracht werden kann. Dies wird durch zwei Tensoren perfekt beschrieben. Der Einstein-Tensor beschreibt, wie sich die Impedanzstruktur krümmt. Der Stresstensor beschreibt, wie die Projektion besteht. Das ist das Universum. Das ist die Raumzeit. Diese Beziehung ist überall und jederzeit dieselbe. Die Proportionalität zwischen Projektionskrümmung und Projektionsstress ist eine universelle Konstante und heißt „*G*“, und die Beziehung wird als „Einstein-Feldgleichung“ bezeichnet.

Hier, ohne Massen, ohne Felder, ohne eine Hintergrundraumzeit, erhalten wir also Newtons Gravitationskonstante als Elastizität des Universums gegenüber seinem eigenen Werden und Einsteins Feldgleichung als strukturelle Notwendigkeit zurück.

Lokale Kopplung und elektromagnetischer Widerstand

Die Kühe haben es endlich in den Stall geschafft und stehen nun etwas verlegen herum. Eine Kuh folgt einer plötzlichen Eingebung und läuft direkt in die Seite einer anderen Kuh, die gerade von Löwenzahn träumte. Während die Projektion der Identität oder besser gesagt des Egos der ersten Kuh versucht, sich über den Raum-Zeit-Bereich der zweiten Kuh, nennen wir sie Michelle, auszudehnen, spürt Michelles Struktur einen Druck und drückt zurück. Dies ist eine natürliche Reaktion, die sich auf natürliche Weise in zwei verschiedene Effekte der Raumzeitkrümmung aufspaltet. Michelle, mit den Hufen einen ballistischen Steptanz aufführend, versucht, dem linearen Druck und der Rotation zu widerstehen, gibt aber schließlich nach, da sie eine kluge Kuh ist, geht zu einem Heuballen und bewundert dessen Form.

Was gerade passiert ist, passiert nicht nur zwischen Kühen, es ist nicht nur physikalisch ... es ist strukturell. Es ist Projektion, das Ausloten der Grenzen der Zulässigkeit. Die Raumzeit verfügt über eine Geometrie, die durch globale Constraints und den Projektionsimpedanz-Tensor initiiert ist. Die Erfassung der Steifigkeit der Raumzeit muss zwei orthogonale Modi struktureller Resistenz aufweisen.

Wenn sich eine Projektion entlang eines linearen Gradienten von Constraints ausrichtet, trifft sie auf einen strukturellen Widerstand. Dieser wirkt direkt, lokal und ist proportional zur Richtung, in die die Projektion drängt. Bezeichnen wir den linearen Projektionsgradienten mit **E** und das resultierende Feld mit **D**, dann ist deren Verhältnis konstant.

Der Quotient **D/E** beschreibt eine universelle Kopplung von Projektion und Struktur.

Jetzt betrachten wir eine Projektion, die sich nicht entlang eines Gradienten ausrichtet, sondern einen geschlossenen Constraint-Zyklus durchläuft, eine Art strukturelle Schleife. Eine Identität, die in einem solchen Kreis stabilisiert wird, erzeugt eine selbstverstärkende Projektion, eine Rückbindung, die sich über ihre eigene Umlaufstruktur trägt. Das erzeugt eine andere Form von Resonanz. Wenn wir die topologische Aktivierung durch die Constraints mit **H** bezeichnen und das resultierende Feld mit **B**, dann ist auch hier der Quotient **B/H** konstant. Eine zweite universelle Kopplung, die das strukturelle Prinzip der Rotation beschreibt.

Dies ergibt:

$$\mathbf{D} = \varepsilon_0 \mathbf{E}$$

wobei ε_0 als universelle Kopplungskonstante zwischen linearem Constraintgradient und realisierter Projektion wirkt und:

$$\mathbf{B} = \mu_0 \mathbf{H}$$

mit der rotationssymmetrischen Projektionskopplungskonstante μ_0.

Zwei universelle Konstanten drücken die lineare Steifigkeit und die Rotationsflexibilität der Raumzeit als Reaktion auf Projektion aus. Das Gleichgewicht zwischen linearer und Rotationsadmittanz definiert eine Raumzeit-Schwelle, da die Kohärenz der Projektion nicht schneller wandern kann, als die Struktur in beiden Modi gleichzeitig aufnehmen kann. Dies legt einen Kohärenzhorizont fest, die maximale Geschwindigkeit, mit der sich Identität über die Mannigfaltigkeit ausbreiten kann, ohne sich zu verändern:

$$c = \frac{1}{\sqrt{\varepsilon_0 \mu_0}}$$

Das ist es, was Michelle in dem Heuballen sieht, denn alles ist Geometrie. Aus dieser Geometrie ergeben sich die Maxwellschen Gleichungen. Michelle beobachtet, wie elektromagnetische Felder mit Lichtgeschwindigkeit aus dem glänzenden, weichen und leicht schmackhaften Heuballen herausströmen. Und ohne auf die schärfste Kante zu achten, die das Universum zeichnen kann, beginnt Michelle sich hinzugeben.

Granularität der Verwirklichung

Die Kühe haben sich beruhigt und teilen ihr gemeinsames Interesse an theoretischer Physik, während der Hund auf der Suche nach Action durch den Hof streift. Da ist das Fahrrad des kleinen Mädchens mit den Reifen, aber er hat sich daran erinnert, dass es unartig ist, an Reifen zu knabbern, also hebt er nonchalant sein Bein und schlendert weiter. Da ist ein Ball. Ein oranger Ball, vielleicht ein Basketball. Der Hund ist sich nicht sicher. Er umkreist ihn ein paar Mal, schnüffelt, berechnet. Dann springt er mit einem Ausbruch von Selbstvertrauen auf den Ball und versucht, sich aufzurichten, während er eine Metapher für Projektion verkörpert.

Das Aufspringen auf den Ball braucht Zeit. Selbst bei einem entschlossenen Hund gibt es eine minimale Verzögerung zwischen der Entscheidung zum Handeln und der Stabilisierung in der Position. Diese Verzögerung nennen wir Latenz τ. Es ist das kleinste Zeitintervall, das erforderlich ist, damit eine Konfiguration zu einer Kohärenz wird.

Die Aktion wird nicht nur durch die Latenz begrenzt, auch die Krümmung des Balls ist ein weiterer zu berücksichtigender Faktor. Je stärker der Ball gekrümmt ist, desto schwieriger ist es, das Gleichgewicht zu halten. Eine leichte Verschiebung nach links oder rechts, und die Projektion wird instabil. Das Gleichgewicht wird unmöglich. Die Struktur versagt. Dies bezeichnen wir als Krümmung κ. Dabei handelt es sich nicht um die Krümmung des Balls, auch wenn wir dieses Bild verwenden, sondern um die Kompatibilität der Constraints, oder die Krümmung der Constraint-Topologie. In der

Projektionstheorie ist dies die Geschwindigkeit, mit der die Fähigkeit, real zu bleiben, abnimmt, wenn man sich vom optimalen Projektionspunkt entfernt.

Nun können wir die „Action“ bestimmen. Wir definieren die Projektionswirkung $\mathcal{S}$. Sie misst nicht Energie oder Zeit im klassischen Sinn, sondern den strukturellen Aufwand, der nötig ist, um eine Identität in Raumzeit zu stabilisieren.

$$\mathcal{S} = \tau \cdot \kappa$$

Schauen wir uns diese Formel an. Schauen wir noch einmal hin. Sie sieht aus wie jede andere Formel mit drei Buchstaben. Aus unserer Raum-Zeit-Perspektive könnte man sie leicht für trivial halten. Aber dies ist eine Projektionsformel. Sie ist vorphysikalisch und vorraumzeitlich. Überraschend? Das sollte es auch sein. Schauen wir uns an, was sie aussagt.

$\mathcal{S}$ ist die Verpflichtung, die das Universum verlangt, damit etwas existieren kann. Die Projektionslatenz τ gibt dem Universum Zeit. Ja, aus der Sicht der Raumzeit ist es Latenz, eine Zeit, die benötigt wird, um real zu werden. Aber eigentlich ist es umgekehrt. Dieser Teil der Projektionswirkung erschafft Zeit. Er ist der Konstrukteur der Zeit. Der andere Teil der Projektionswirkung kommt aus dem Widerstand gegen Verformungen in der Constraintstruktur. Die Krümmung definiert, was in der Raumzeit Energie sein wird. Sie ist der Konstrukteur der Energie.

Moment mal, was ist mit dem Energieerhaltungssatz? Die Projektion kann dem Universum keine Energie hinzufügen ... Stimmt! Latenz fügt keine Zeit hinzu, sie ist Zeit. Krümmung fügt keine Energie hinzu, sie ist Energie. Das sind sie jedenfalls in der Raumzeit. Außerhalb der Raumzeit sind sie Informationstopologie.

Betrachten wir nun noch einmal „$\mathcal{S}$“. Wenn eine Projektion stattfinden will, wenn Identität in die Struktur der Realität eindringt, misst diese Wirkung, wie viel Struktur erforderlich ist, damit sich das Ereignis stabilisieren kann. Was ist die minimale Struktur, damit Identität real werden kann? Wenn entweder die Latenz oder die Krümmung zu gering wird, wenn eine Realisierung zu schnell oder in einem zu instabilen Bereich stattfindet, kann die Identität nicht bestehen bleiben. Die Projektion bricht zusammen. Die Kohärenz versagt.

Dies lässt sich messen. Wir haben es im HOM-Dip gesehen. Die Kohärenz versagt, wenn entweder die zeitliche Diskrepanz oder die Frequenzabweichung einen Schwellenwert überschreitet. Die Photonen wissen nicht mehr, dass sie zur gleichen Identität gehören. Die Interferenz verschwindet. Die Projektion ist unter die Kohärenzschwelle gefallen. Wir können schreiben:

$$\hbar = \inf_{\sigma \in \Omega} [\tau(\sigma) \cdot \kappa(\sigma)]$$

Dies ist die Plancksche Konstante. Dies ist die minimale Wirkung, die erforderlich ist, damit sich die Projektion stabilisiert. Sie wird nicht durch die Quantenmechanik eingefügt. Sie ist strukturell in die Projektion eingebettet, die die Raumzeit erzeugt.

Topologische Defektquantisierung

Nach all diesen Vorgängen ist es Zeit, sich zu entspannen und eines der faszinierendsten Experimente zu beobachten, das niemals durchgeführt wurde. Dieses besondere Experiment wird nicht von zwei Paaren des dynamischen Duos Thomas Alva Edison und Nikola Tesla durchgeführt. Sie stehen kurz vor einer Reise voller wissenschaftlicher Genauigkeit und müssen sich entsprechend vorbereiten. Tesla entscheidet sich für eine karierte Badekappe, weil eine Badekappe immer eine gute Idee ist und er als Halbkroate eine Badekappe braucht, was nur Kroaten verstehen können. Edison sieht Tesla an, bricht in hysterisches Gelächter aus und nimmt, nachdem er sich mit einer ordentlichen Portion Bourbon wieder gefasst hat, eine Baseballkappe. Wir ignorieren diskret, von welchem Team die Kappe stammt, da dies für das Experiment, das unsere beiden identischen Wissenschaftlerpaare gleich durchführen werden, völlig irrelevant ist. Genau in diesem Moment werden sie an den Äquator teleportiert. Nach Quito, denn Quito ist der Mittelpunkt der Welt, und genau dort stehen sie gerade. Zwei identische Edison/Tesla-Paare. Ihre Aufgabe: Geht geradeaus zum Nordpol, dreht euch dann um 90° und geht zurück zum Äquator. Natürlich gibt es zwei Möglichkeiten, sich um 90° zu drehen, und deshalb haben wir zwei Paare. Jetzt kommt die Schwierigkeit. Ihr dürft die Blickrichtung nicht ändern, da ihr einen parallelen Transport simuliert. Parallel bedeutet, dass ihr euren Kopf nicht dreht. Das gesamte Experiment wird von zwei Heißluftballons überwacht, die jeden Versuch zu schummeln erkennen. Aber weder Edison noch Tesla haben vor zu schummeln, da sie aufgrund ihres zuverlässig ehrlichen Verhaltens ausgewählt wurden. Und los geht's. Zwei Edison/Tesla-Paare bewegen sich auf den Nordpol zu und schauen geradeaus. Die Reise würde ein ganzes Buch füllen, aber wir springen zu dem Punkt, an dem alle vier Wissenschaftler am Pol ankommen. Hier ist es viel kälter, und alle sind sich einig, sich sofort zu trennen und zum Äquator zurückzukehren. Also geben sie sich die Hand, ohne sich zueinander zu drehen, während die Beobachtungsmannschaft in den Ballons kurz vor einem Herzinfarkt steht, und beginnen, seitwärts zum Äquator zurückzugehen. Ein Paar geht seitwärts nach links, das andere nach rechts. Seitwärts gehen? Ist das nicht unnötig kompliziert, nur um den Kopf gerade zu halten? Nun ja, in der Wissenschaft kann man die Versuchsbedingungen nicht ändern, nur weil es bequemer ist, denn das würde das Experiment verändern und es wäre dann nicht mehr dasselbe. Edison und Tesla wissen das. Sie gehen seitwärts. Folgen wir dem Paar, das nach links geht. Den größten Teil ihrer Reise müssen sie seitwärts schwimmen, und Tesla ist wirklich froh, dass er sich für die Badekappe entschieden hat, als sie endlich irgendwo zwischen Kiribati und Nirgendwo, am Äquator mitten im Pazifischen Ozean, ankommen. Die Balloncrew beobachtet erneut, wie das Paar die Richtung ändert und zurück in Richtung der peruanischen Küste in Richtung Quito schwimmt, rückwärts. In Quito kommen sie genau zur gleichen Zeit an wie das andere Paar, das in Libreville die Richtung geändert, den Atlantik überquert und die Anden erklommen hat, ebenfalls rückwärts. Die Ankunft wird in Echtzeit dokumentiert und unzählige Fotos werden aus dem Ballon gemacht. Die Köpfe unserer vier Wissenschaftler werden präzise vermessen, und das schockierende Ergebnis wird auf der

IG-Nobel-Konferenz präsentiert. Die beiden Teslas sehen auf allen Fotos identisch aus, und auf den symmetrischen Fotos der Badekappen sind keinerlei Unterschiede festzustellen, weder bei der linken noch bei der rechten Schleife. Die beiden Edisons hingegen weisen eine präzise Phasenverschiebung von jeweils 90° auf, die auf allen Fotos anhand der Richtung der Kappe mit ihrem Schirm leicht zu erkennen ist. Das ist Holonomie.

Du könntest nun versucht sein, darauf hinzuweisen, dass dieses Experiment zwar allein aufgrund der Tatsache, dass es nie durchgeführt wurde, äußerst interessant ist, dass aber keine Informationen darüber vorliegen, warum dies für die Projektionstheorie überhaupt von Bedeutung ist. Da hast Du recht. Nehmen wir etwas aus Deiner Fantasie. Etwas Reales. Denk Dir eine beliebige geschlossene Schleife, entlang der sich irgendein Objekt bewegt oder bewegen könnte. Dieser Weg könnte ein Kreis oder eine Ellipse sein oder alles, was als Kreis durch ein entschlossenes Kleinkind gezeichnet werden könnte. Es könnte ein winziger Kreis sein. Jedenfalls kann sich das Objekt entweder nach links oder nach rechts entlang dieses Weges bewegen – und es gibt keinen anderen Weg. Während es sich entlang des Raum-Zeit-Pfades bewegt, bewegt sich seine Identitätssignatur in Ω durch eine Topologie mit Constraints – und diese Topologie ist nicht flach. Daher könnte die Identitätssignatur in ihrem topologischen Bereich Holonomie erfahren und eine Phase akkumulieren. Nun, wenn Dein Ding Teslas Badekappe ist, ist das vielleicht nicht der Fall. Wenn es Edisons Baseballkappe ist, wird es das sein. Wenn es etwas anderes ist, vielleicht ein Elektron, werden wir sehen.

Stellen wir uns vor, das Ding hat die Raumzeit-Schleife durchlaufen und seine Identitätssignatur hat eine Phase aufgenommen und projiziert nun dasselbe Ding an denselben Ort, an dem es zuvor war, nur dass es nun nicht mehr dasselbe ist. Es wäre nicht projizierbar, da das Ding nicht dasselbe ist, wie das Ding mit einer Phase. Identität ist einzigartig. Der Name sagt es schon: einzigartig.

Es gibt nur eine Möglichkeit für die Raumzeitstruktur, zu verhindern, dass etwas, das in der Identitätstopologie Holonomie erfährt, aus der Existenz ausgelöscht wird. Diese Dinge müssen eine Eigenschaft besitzen, die die Holonomiephase aufhebt. Wir nennen diese Eigenschaft elektrische Ladung. Es muss zwei verschiedene Ladungen geben, die für linke und rechte Schleifen zuständig sind. Das Ding kann auch keine Ladung haben – dann ist es entweder eine Badekappe oder ein Photon.

Diese durch Schleifen induzierte Phasenverschiebung wird durch eine strukturelle Phasenkopplung $\mathcal{A}(\sigma)$ beschrieben, ein geometrisches Objekt, das verfolgt, wie sich die Projektionsbedingungen von σ unter Transportbedingungen verschieben, ähnlich wie ein Ballon, der schwebt und verfolgt wird. Wir können diese Verbindung um eine geschlossene Schleife γ integrieren, um die akkumulierte Phase zu erhalten, aber das interessiert uns nicht. Uns interessiert die Tatsache, dass dieses Integral ein Minimum hat, das wir als Elementarladung bezeichnen:

$$e = \min_{\sigma \notin \Omega_0} \left| \frac{1}{2\pi} \oint_{\gamma} A(\sigma_e) \right|$$

Das Elektron trägt diese Ladung nicht. Die Identitätssignatur eines Elektrons gibt der Raumzeit die notwendige Struktur, um die Holonomie der Constraints-Topologie präzise aufzulösen. Das macht es zu einem Elektron. Eine Badekappe braucht das nicht.

Constraint-Effizienzverhältnis

Die Identitätssignatur eines Elektrons gibt der Raumzeit die notwendige Struktur, um eine minimale Holonomie im Constraint-Raum präzise aufzulösen. Das ist kein Déjà-vu, und ja, Du hast das gerade noch einmal gelesen, weil es nicht leicht zu verstehen ist. Aber in diesem Buch geht es darum, die Struktur der Realität zu verstehen, und deshalb müssen wir die Realität für einen Moment verlassen und darunter schauen. Begeben wir uns zu Ω, dem topologischen Bereich der Identitätssignaturen. Wir finden Identität, Struktur und Constraints. Ein Teil dieser Struktur wird, wenn sie projiziert wird, zu dem, was wir Raumzeit nennen. Ein anderer Teil wird zu dem, was wir Materie nennen. Aber in Ω gibt es diese Unterscheidung nicht.

Nehmen wir an, wir wollen eine Signatur σ projizieren, die eine Holonomie in der Constraintstopologie codiert. Das könnte ein Elektron sein. Seine Identität muss eine interne Holonomieanpassung beinhalten, die Fähigkeit, Phasenverschiebungen zu absorbieren und dennoch phasenkohärent zurückzukehren. Es muss die Projektion mit intakter Identität überstehen oder gar nicht erst projiziert werden. Wenn es projiziert wird, und das wird es, weil es Elektronen gibt, können wir fragen, wie effizient die Identitätsstruktur diese Phasenverschiebung bewältigt hat. Mit anderen Worten: Welcher Anteil einer projizierten Identitätssignatur bleibt nach einem vollständigen Durchlauf durch die Raumzeit mit sich selbst kompatibel?

Das mag eine interessante Frage sein, aber aus unserer derzeitigen Sicht ist sie nicht wirklich zu beantworten. Wenn wir diesen Anteil messen wollen, müssen wir dorthin gehen, wo wir Dinge messen können. Wir tauchen in die Raumzeit ein und schauen uns an, was die Projektion eines Elektrons um eine Schleife dort tatsächlich bewirkt.

Es gibt ein Elektron im Raum. Es existiert. Es bleibt bestehen. Es trägt eine Ladung, und wir wissen, was das bedeutet. Und die Raumzeit weiß es auch, weil sie es spüren kann. Und die Raumzeit hat eine Struktur, eine Struktur, die durch die bloße Existenz dieses Elektrons beeinflusst wird, das sich entlang seiner Raumzeitumgebung projiziert und Constraints teilt. Und nun bewegt sich das Elektron um eine Schleife. Dies könnte jeder beliebige geschlossene Raumzeitpfad sein. Ein minimaler Zyklus. Eine gebundene Umlaufbahn. Die Geometrie spielt keine Rolle, wichtig ist, dass es sich als ladungstragende Struktur innerhalb einer Umgebung bewegt, die sich entlang einer Projektion erstreckt. Es handelt sich nicht nur um ein Elektron, das sich auf der Leinwand der Raumzeit bewegt. Die Raumzeit passt sich der Bewegung des Elektrons an, um die Projektion zulässig zu halten. Diese Anpassung ist nicht kostenlos.

Dies ist der Paradigmenwechsel. Um die Kompatibilität zwischen der Ladung des Elektrons und der lokalen Constrainsgeometrie aufrechtzuerhalten, muss sich die Raumzeit leicht krümmen, um die Elektronstruktur aufzunehmen und die Phasenkontinuität über die Schleife hinweg zu erhalten. Ein Teil der Bewegung des Elektrons ist tatsächlich eine Raumzeitwirkung. Wir können dies quantifizieren.

Die gesamte Wirkung, die für eine minimale geschlossene Projektion erforderlich ist, ist bekannt:

$$\mathcal{S} = 2\pi\hbar$$

Ein Teil dieser Wirkung, nennen wir ihn $\mathcal{S}_M$, ist die Wirkung der Raumzeit entlang der Elektronenbewegung. Diese hängt von der Amplitude der erforderlichen Raumzeitstruktur ab, die projiziert werden muss, um die Holonomie der Elektronen im Constraintssraum präzise zu kompensieren. Diese Amplitude ist e^2. Sie presst sich durch den Raumzeitprojektionswiderstand, der durch den Projektionsimpedanz-Tensor Z_0 gegeben ist. Wir können somit formulieren:

$$\mathcal{S}_M = \frac{1}{2} Z_0 e^2$$

Wir wollen den Teil $\mathcal{S}_M/\mathcal{S}$ finden, für den die Raumzeit entlang eines geladenen Elektrons real ist.

Mit $Z_0 = \sqrt{\mu_0/\varepsilon_0}$ und $\mathcal{S} = 2\pi\hbar$ erhalten wir:

$$\frac{\mathcal{S}_M}{\mathcal{S}} = \frac{e^2}{4\pi\hbar} \cdot \sqrt{\frac{\mu_0}{\varepsilon_0}}$$

Dies lässt sich berechnen und ergibt ein Verhältnis von 1/137. Nicht 42. Was bedeutet das?

Alpha als strukturelles Geschwindigkeitsverhältnis

Nehmen wir ein Wasserstoffatom, denn Wasserstoff kommt im Universum reichlich vor, und das Universum hat nichts dagegen, wenn wir eines nehmen. Es gibt ein Proton mit positiver Ladung und ein Elektron mit negativer Ladung. Das Proton bildet eine Bühne für das Elektron, verleiht seiner Identitätstopologie eine nicht triviale Struktur, und ihre Koexistenz induziert eine stabile Konfiguration von Constraintspannung. Unter diesen Umständen hat sich das Elektron gut eingerichtet, und der Raumzeitbeobachter stellt eine minimale Energie fest, da das Elektron mit minimaler Wirkung projiziert wird und die Raumzeit ungestört weiterläuft. Unser Raumzeitbeobachter könnte ebenso gut eine Bewegung feststellen und ihr einen Impuls p zuweisen: $p = m \cdot v$. Der Impuls sagt unserem Beobachter, dass die Geschwindigkeit umgekehrt proportional zur Masse ist.

Lassen wir unseren Raumzeitbeobachter für einen Moment beiseite. Er ist wahrscheinlich gerade auf dem Weg, sich einen Kaffee zu holen, und kehren wir zum Projektionspunkt zurück. Wir haben zuvor gesehen, dass die Projektionswirkung von der Krümmung und der Latenz abhängt. Die Krümmung wurde durch unser Proton festgelegt, und nun projizieren sich das Elektron und die Raumzeit entlang dieser Krümmung. Wir haben auch gesehen, dass die Projektionslatenz als Masse in der Raumzeit beobachtet wird. Geringe Latenz, geringe Masse. Hohe Latenz, hohe Masse, schwieriger zu projizieren aufgrund von mehr Constraints. Du erinnerst Dich? Gut!

Wir haben gefragt, was dieses obskure Wirkungsverhältnis und die noch obskurere Zahl 1/137 eigentlich bedeuten. Schauen wir uns das einmal an. Mit dem gerade erworbenen Wissen erhalten wir:

$$\frac{S_M}{S_e} = \frac{\tau_{\min}}{\tau_e} = \frac{m_{\min}}{m_e} = \frac{v_e}{c} = \alpha$$

Jetzt können wir diesem Verhältnis ein Symbol geben: α und es als Arnold Sommerfelds Feinstrukturkonstante identifizieren.

Und jetzt, Mr. Feynman, gehen wir in den Erklärungsmodus über.

Wenn die Geschwindigkeit der Raumzeitanpassungen der Lichtgeschwindigkeit entspricht, was der Fall ist, dann bewegt sich das klassische Elektron auf dem Bohrschen Radius um ein Proton mit 1/137 der Lichtgeschwindigkeit, was Bohr auch vorschlägt. Die Masse $m_{\min} = 1/137\, m_e$ ist der Beitrag der Raumzeit zur Elektronenmasse und wird als charakteristischer Impuls eines Elektrons in Wasserstoff gefunden. Wenn wir diese Formel nehmen und die $v_e = \alpha \cdot c$ in die Formel für die kinetische Energie einsetzen, erhalten wir die Grundzustandsenergie des Elektrons im Wasserstoff. Alpha ist nur ein anderer Ausdruck dafür, dass das Universum sein Ding macht.

Weitere Beispiele gefällig?

Reaktion der Raumzeit: Die Geometrie des g-Faktors

Bleiben wir beim Elektron, aber lassen wir es nun frei. Kein Proton, kein Wasserstoff. Nur das Elektron, projiziert in die Raumzeit, mit seiner strukturellen Verdrehung. Die Verdrehung bewirkt, dass es eine Quelle von Magnetismus ist, der als magnetischer Dipolmoment bezeichnet wird und normalerweise durch den sogenannten g-Faktor ausgedrückt wird. 1928 berechnete Paul Dirac den g-Faktor des Elektrons auf genau 2. Das ist er aber nicht. Der g-Faktor wurde mit unglaublicher Genauigkeit[1] mit 2,002 319 304 gemessen, weshalb er als anomaler g-Faktor bezeichnet wird. Das ist wirklich rätselhaft, und die Quantenelektrodynamik (QED) hat sich der Aufgabe gestellt, den g-Faktor des Elektrons zu berechnen. Das war eine sehr große Herausforderung, und wir sollten einen Moment innehalten, um diesen wunderbaren, erfolgreichen Moment in der Wissenschaftsgeschichte zu würdigen.

Was haben sie getan?

---

1 Fan, X.; Myers, T. G.; Sukra, B. A.D.; Gabrielse, G.: Measurement of the Electron Magnetic Moment. Physical Review Letters. 130 (7) 2023: 071 801.

Nun, die QED weiß, dass das Elektron von Raumzeit umgeben ist, die sie Vakuum nennen, und dass das Vakuum alle möglichen Dinge tut, die zu schnell geschehen, um sie wahrzunehmen. Das Vakuum erzeugt virtuelle Teilchen-/Antiteilchenpaare, die aus dem Nichts entstehen und sofort wieder verschwinden und virtuelle Photonen hinterlassen, die nicht beobachtet werden können, da sie virtuell sind. Das bedeutet nicht, dass sie nicht existieren. Sie sind nur nicht beobachtbar. Aber sie können in sehr genauen Bildern dargestellt werden, den sogenannten Feynman-Diagrammen. Die QED nimmt eine Schicht von Feynman-Diagrammen um das Elektron herum und lässt sie auf den g-Faktor des Elektrons einwirken, aber – und das ist wichtig – nur zu 1/137 ihrer Wirkung. Nun nimmt sie eine nächste Schicht von viel mehr und viel komplizierteren Feynman-Diagrammen, aber diesmal beträgt ihre Wirkung nur 1/137 von 1/137. Dann kommt die nächste Schicht mit noch viel mehr Feynman-Diagrammen mit noch viel komplexeren Inhalten, und nun beträgt ihre kombinierte Wirkung 1/137 von 1/137 von 1/137. Dies ist eine Potenzreihe, und das Ergebnis nach 50 Jahren Berechnungen ist ziemlich beeindruckend. Die QED kann den anomalen g-Faktor des Elektrons mit unübertroffener Präzision reproduzieren, und darauf kann die QED wirklich stolz sein.

Leider kann die QED nicht überzeugend erklären, was sie physikalisch bewirkt. Es ist schöne Mathematik, es funktioniert, aber warum?

Schauen wir uns das einmal an.

Der Schlüssel liegt in der von der QED verwendeten Potenzreihe. Dies ist die Rückwirkung der Raumzeit auf das Elektron.

Was passiert hier?

Die Raumzeit wird zusammen mit dem Elektron an den Ort des Elektrons projiziert. Sie unterliegen denselben Einschränkungen und müssen sich beide an ihre gemeinsamen Constraints anpassen. Dies lässt sich als rekursive Reihe modellieren, die wie folgt aussieht: Es gibt ein Elektron. Es beeinflusst die es umgebende Raumzeit und verändert diese. Nun befindet sich ein Elektron in der veränderten Raumzeit, das mit 1/137 der Wirkung des Elektrons auf die Raumzeit auf das Elektron einwirkt. Aber nun ist das Elektron verändert und verändert umgekehrt die Raumzeit, die auf das Elektron zurückwirkt und es verändert. Und so weiter. Jede Veränderung des Elektrons aufgrund seiner sich verändernden Raumzeitumgebung verändert das Elektron immer subtiler zurück. Dies ist genau die Potenzreihe der QED und es ist die Raumzeitgeometrie, die auf die Elektronenprojektion wirkt. Mithilfe der Geometrie können wir das QED-Ergebnis mit nur wenigen Berechnungen reproduzieren, und der Schlüssel liegt in der Reaktion der Raumzeit mit 1/137.[2)]

---

[2] Dlabal, M. M.: The Electron's Anomalous g-Factor from Projection Geometry. OSF, 2025, *https://doi.org/10.31219/osf.io/rhxuy*

Das Gewicht der Zeit

Nach diesen winzigen Elektronen und den vielen Raum-Zeit-Wirkungen und -Reaktionen bietet eine Schale mit Obst eine willkommene Pause. Möchtest Du einen Apfel oder lieber eine Banane? Na gut, einen Apfel. Er ist verlockend, dieser rote, glänzende Red-Delicious-Apfel, dem Schneewittchen jedes Mal erliegt. Seine Masse beträgt 83 Gramm. Schauen wir uns einmal an, wo sich diese Masse befindet. Wir gehen hinein. Nachdem wir die Schale durchdrungen haben, gelangen wir in die Fruchtzellen, passieren einige endoplasmatische Retikulae und finden etwas Apfel-DNA. Wir gehen weiter und sehen die spiralförmige Struktur, in der Atome sichtbar werden. Wir gehen tiefer. Wir nähern uns einem Wasserstoffatom und finden ein winziges Proton und einen verschmierten Hinweis auf ein Elektron. Wieder ein Elektron. Diese Elektronen scheinen unvermeidbar zu sein, was verständlich ist, da wir einen der Bausteine der Materie in seiner stabilsten Form betrachten. Wo also ist jetzt diese Masse?

Wir hatten gehofft, eine Art Etikett an dem Elektron zu finden, auf dem steht: „Elektron, Spin 1/2, negative Ladung, Elektronenmasse“. Aber es ist nicht da. An dieser Stelle gibt die klassische Physik auf und entscheidet sich lieber für die Banane. Die nicht-relativistische Quantenmechanik gibt nicht so leicht auf und versteckt den Massebegriff hinter der fettgedruckten Schrödinger-Gleichung, wo er steuert, wie schnell sich die Wellenfunktion im Raum ausbreitet und auf ein Potenzial reagiert. Es gibt keine Erklärung dafür, warum Masse einen bestimmten Wert hat oder warum Teilchen überhaupt Masse haben. Sie wird einfach von Hand eingefügt.

Nun kommt die relativistische Quantenfeldtheorie ins Spiel. Jetzt wird es ernsthaft kompliziert, und wir finden wieder einen Masseterm im Lagrange-Funktional für ein Skalarfeld oder einen Dirac-Spinor, aber auch hier wird die Masse eingefügt und nicht abgeleitet. Das Standardmodell liefert einen Mechanismus, aber keine strukturelle Begründung.

Das ist frustrierend – und der Apfel wiegt immer noch 83 Gramm. Moment mal! Der Higgs-Mechanismus! Richtig, das Standardmodell verwendet das Higgs-Feld, um zu erklären, wie bestimmte Teilchen Masse erhalten. Ja, es gibt ein Higgs-Feld, und es ist unklar, warum es existiert, aber es hat einen Vakuum-Erwartungswert und verleiht Teilchen über eine Yukawa-Kopplung Masse, oder auch nicht. Der Higgs-Mechanismus erklärt den Prozess der Massenentstehung, aber nicht, warum Masse existiert, warum sie bestimmte Werte hat oder was Masse in der Realität ist.

Wie schlimm ist das denn? Seit Tausenden von Jahren werfen Menschen Steine, und niemand hat eine Ahnung, was Masse ist? Nun, Du liest zum Glück gerade das Buch, das eine ziemlich gute Erklärung dafür liefert, denn im Projektions-Framework haben wir bereits gesehen, dass Masse proportional zur Projektionslatenz ist. Jede Identität braucht Zeit, um zu realisieren. Je stärker ihre Constraints sind, desto größer ist die Verzögerung, desto stärker ist die Raum-Zeit-Krümmung und desto größer ist die Masse. Wir können schreiben:

$$m = \kappa_0 \cdot \tau$$

Hier ist m die Masse, τ die Latenz und κ_0 die Proportionalitätskonstante. Das sagt uns, wie viel Masse pro Latenzeinheit entsteht. Oder wie schwer die Zeit wird, wenn die Projektion beansprucht wird.

Woher kommt also κ_0?

Um das herauszufinden, nehmen wir unseren Freund, das Elektron. Mit der Elektronenmasse m_e können wir schreiben:

$$\kappa_0 \cdot \tau_e = m_e$$

Das sieht vielversprechend aus. Nun, eigentlich sieht es genauso aus wie zuvor. Nun stellt sich aber die Frage, was hier passiert. Erinnern wir uns: Der Projektionsoperator drückt eine Elektronenidentität in die Realität. Die Realität ist die Raumzeit, in der das Elektron als Energiesignatur verwirklicht wird, und dies muss durch die Wirkung der Projektion erreicht werden.

Schauen wir uns die Gleichung noch einmal an. Auf der linken Seite steht die Projektion als Ursache für die Verwirklichung unseres Elektrons und auf der rechten Seite steht die Wirkung: ein Elektron mit Elektronenmasse. Fügen wir die Wirkung hinzu:

$$S_{\text{Projektion}} \cdot \kappa_0 \cdot \tau_e = m_e \cdot S_{\text{Realisierung}}$$

Die minimale Projektionsaktion $\hbar$ bewirkt, dass sich die Elektronenruhenergie $E_e = m_e c^2$ innerhalb der Projektionslatenz realisiert. Wir können daher die Wirkung auf beiden Seiten ersetzen:

$$\hbar \cdot \kappa_0 \cdot \tau_e = m_e \cdot m_e c^2 \cdot \tau_e$$

Dies ist offensichtlich unabhängig von der Latenz und wir erhalten:

$$\kappa_0 = \frac{(m_e c)^2}{\hbar}$$

Diese Konstante hängt nur von Fundamentalkonstanten ab, was sie zu einer Fundamentalkonstante macht, und ihr Wert ist $\kappa_0 = 7{,}08 \cdot 10^{-10}$ kg/s.

Wenn wir also unsere 83 Gramm Apfel betrachten ... hat er dann eine Latenzzeit von 3,7 Jahren? Das ist viel mehr, als der Baum zum Wachsen braucht. Übertrifft der Apfelbaum das Universum bei der Realisierung von Äpfeln?

Nicht wirklich. Der Apfel besteht aus Protonen und Neutronen (Latenzzeit $2{,}3 \cdot 10^{-18}$ s) sowie Elektronen (Latenzzeit $1{,}3 \cdot 10^{-21}$ s). Wir können uns entspannen, das Universum ist ziemlich schnell und Du kannst den Apfel jetzt essen, während wir unser Kapitel über universelle Konstanten abschließen.

8 Die Entstehung des Standardmodells

Die Natur ist nicht nur subtiler, als wir denken, sondern auch strukturierter, als wir vermutet haben.

Prolog: Eine kurze Einführung in die Welt der Smithereens

Am äußeren Spiralarm einer Galaxie, die nie richtig gelernt hat, sich zu drehen, findet man den Planet „Particulon", Heimat einer geschäftigen Zivilisation, die als die „Smithereens" bekannt ist. Diese Zivilisation wurde von dem berüchtigten Feld-Xenoanthropologen Peter Feygellmann-Hocks vom Boston Institute of Unlikely Systems intensiv untersucht. Wir haben die Ehre, als Erste einen Auszug aus seinen Forschungsergebnissen zu veröffentlichen:

Die Smithereens sind zwar sehr klein, aber sehr eigensinnig und scheinen in perfekter Übereinstimmung mit der grundlegenden Struktur des physikalischen Universums zu leben. Sie nennen sich selbst „Reens" und ihre Gesellschaft „Howthingsaredone".

Particulon selbst ist ein verwirrender Planet. Seine Geografie verändert sich je nach Betrachter, aber grob gesagt ist er in vier Gebiete unterteilt:

Die Küste, die den größten Teil des Planeten ausmacht und voller gesprächiger Reens ist, der Swamp, wo nur wenige Reens in einer eher rauen Umgebung leben, die Lava-Ebenen, wo nur gelegentlich sehr raue Reens auftauchen, und Überallsonst, was nicht loalisiert ist.

Die Gesellschaft der Smithereen unterscheidet zwei große Gilden: die Fermish und die Bosocs.

Die Fermish sind ein rowdyhaftes, exzentrisches, aber sehr strukturiertes Volk. Man kann nicht zwei identische Fermish in dieselbe Hütte, denselben Stadionsitzplatz oder dieselbe Idee stecken. Das lassen sie einfach nicht zu. Manche sagen, es sei ein kulturelles Tabu. Andere sagen, es sei physisch unmöglich. Die Fermish sind in zwei Stämme unterteilt: die Quorx und die Pets. Quorx und Pets unterscheiden sich je nach ihrem Lebensraum, was auf Umwelteinflüsse zurückzuführen ist und wahrscheinlich mit der Ernährung zusammenhängt. An der Küste gibt es zwei Arten von Quorx: die Upsis, die energiegeladen sind und immer nach oben streben, und die Daisis, die alles still und leise wieder nach unten ziehen. Ihre Pets sind die lebhaften Trons, die man am besten mit kleinen Hunden vergleichen kann, und die Ninos, die eher den Flöhen dieser Hunde ähneln.

Im Sumpf finden wir die Strangis, die schwer zu finden sind und dazu neigen, mitten im Gespräch zu verschwinden, und die Charmis, offensichtlich eine charmante Art von Quorx. Ihre Haustiere heißen Mons und Minos, ähneln Trons und Ninos, sind aber etwas schwerer und neigen dazu, zu verschwinden, um ihren privaten Dingen nachzugehen.

In den Lava Plains finden wir eine eher schwer fassbare Art von Quorx: die Tipsis und die Bottles zusammen mit ihren Haustieren, den Tons und den Tinos. Diese sind wirklich riesig, aber trotz ihrer Größe schwer zu entdecken.

Und dann gibt es noch die Bosocs. Die Bosocs sind die Anwälte der Smithereens und existieren, um die Regeln durchzusetzen und aufrechtzuerhalten. Die Regeln! Die Regeln sind wichtig für die Smithereens, auch wenn sie größtenteils erfunden sind. Die Regeln müssen befolgt werden. Aber bevor wir uns die Regeln ansehen, wollen wir uns die Bosocs genauer ansehen. Wir finden fünf von ihnen.

Die Sunnis sind die Boten des sozialen Kodex zwischen den Quorx und den Pets. Sie sind schnell, hell und leuchten im Dunkeln.

Die Stickis sind acht, fast nicht zu unterscheidende Bosocs, die dafür sorgen, dass die Quorx in Formation bleiben. Sie sorgen für den bürokratischen Zusammenhalt, den niemand sehen kann, aber alle fürchten. Es muss viele von ihnen geben, denn die Gesellschaft der Smithereens ist sehr komplex: Die Quorx bilden Triplets, und jeder weiß, wie schwierig es ist, Triplets ohne große Spannungen zusammenzuhalten.

Dann gibt es noch Waldo und Zee. Diese beiden Bosocs streifen heimlich über den Planeten, treiben Unfug mit den Bewohnern und verursachen Veränderungen. Ein Upsi kann abends ins Bett gehen und morgens als Daisi aufwachen. Waldo und Zee sind wie die Priester der smithereenischen Gesellschaft, die die Kasten der Bewohner verändern können.

Zuletzt gibt es noch Higgsandra. Niemand weiß, woher Higgsandra kommt oder warum sie mit einer samtigen, rauen Stimme flüstert. Sie wandert im Überallsonst umher und versorgt die Reens mit Nahrung. Wenn jemand in ihre Nähe kommt, fühlt er sich auf magische Weise schwerer. Nicht deprimiert, sondern nur widerstandsfähig gegenüber Beschleunigung. Higgsandra verleiht Masse und gibt gelegentlich unaufgefordert Lebensratschläge. Sie ist die einzige bekannte Skalarin in diesem Land. Alle anderen sind Vektoren, Matrizen oder Komplikationen.

Die Regeln

Die Smithereens sind stolz darauf, nach den REGELN zu leben, die in einem Band mit dem Titel *„Das große Handbuch der Koexistenz, Kollisionen und Zufälle“* festgehalten sind. Niemand hat jemals das gesamte Handbuch gesehen. Es soll in einem verschlossenen Aktenschrank, in einer verschlossenen Schublade, in einem verschlossenen Büro, in einem Gebäude aufbewahrt werden, das seit dem Großen Anfang nicht mehr existiert. Dennoch sind sich alle in drei Punkten einig:

1. Die Regeln sind verbindlich.
2. Die Regeln werden oft missverstanden.
3. Verstöße gegen die Regeln werden schnell von mysteriösem Verschwinden und einem leisen Summen begleitet.

Die angesehensten (und gefürchtetsten) Bosocs sind dafür bekannt, dass sie Folgendes durchsetzen:

Regel 1: Ausschluss durch Empörung

Zwei identische Fermish dürfen nicht denselben Zustand, denselben Ort oder dieselbe Karaoke-Playlist einnehmen. Dies wird als Singularitätsklausel bezeichnet. Das Ergebnis ist, dass egal, wie überfüllt der Planet auch sein mag, jeder Fermish einen etwas anderen Weg findet, zu existieren.

Regel 2: Bildung von Tripletts

Alle Quorx müssen in Gruppen von genau drei Reens reisen, die durch ein gemeinsames Ziel und einen rechtsverbindlichen Sticki zusammengehalten werden. Tripletts können aus drei beliebigen Quorx bestehen, aber bestimmte Kombinationen sind stabiler. Unzulässige Tripletts werden mit spontaner Verdampfung oder der Verwandlung in Gartengeräte bestraft.

Regel 3: Erhaltung des sozialen Charmes

Bei allen Interaktionen mit den Sunnis muss der Charme gewahrt bleiben, nicht nur in Gesprächen, sondern auch in Zahlen. Wenn ein Tron einen Daisi anlächelt, muss der Daisi ein Kompliment mit gleichem, aber entgegengesetztem Vorzeichen zurückgeben. Ein Ungleichgewicht im Charme kann zu Sunni-Ausbrüchen führen, insbesondere während Wahlkampagnen.

Regel 4: Abrechnung von Ladungen

Jede Interaktion muss das soziale Kontenbuch ausgleichen, das von einem kurzsichtigen Mino geführt wird, der für Nuancen blind ist. Haustiere mit positiver Einstellung müssen mit mürrischen Quorx gepaart werden. Übermäßige Positivität kann in Licht umgewandelt und durch die Ohren abgegeben werden.

Regel 5: Verwandlungen erfordern einen Kleriker

Nur Waldo und Zee dürfen kastenübergreifende Verwandlungen genehmigen. Ein Upsi, der sich in einen Tipsi verwandeln möchte, muss das Formular 27B ausfüllen, in dreifacher Ausfertigung unterschreiben und auf einer Lavaströmung hinterlassen. Unbefugte Verwandlungen werden mit einer einwöchigen Verwandlung in einen Nino bestraft, was zwar weitgehend harmlos ist, aber stark juckt.

Regel 6: Masse ist nicht optional

Jeder Smithereen muss irgendwann an Higgsandra vorbeigehen. Einige gehen langsam und werden schwer vor Wichtigkeit. Andere tanzen hindurch und bleiben leicht und frei. Einige wenige, meist die Ninos, gehen unbemerkt vorbei und bleiben masselos und moralisch ambivalent.

Regel 7: Symmetrie muss gewahrt bleiben, bis sie nicht mehr besteht

Die Welt muss gleich aussehen, wenn man sie dreht, spiegelt oder vergisst, wo man sie hingelegt hat, es sei denn, Higgsandra sagt etwas anderes. Wenn die Symmetrie gebrochen wird (und das wird sie immer), bekommt jemand Masse, jemand wird arbeitslos und jemand wird gewählt.

Regel 8: Keine Schwerkraft erlaubt

Trotz vieler Debatten haben die Bosocs entschieden, dass Schwerkraft offiziell nicht zum Leben der Smithereen gehört. Dinge fallen trotzdem, aber niemand spricht darüber. Ein paar radikale Sumpf-Mönche sprechen von einer versteckten Krümmung in der Impedanz der Existenz. Sie werden meist ignoriert, außer von Kindern und Wobble.

Diese Regeln sind nicht nur Gesetze. Sie sind die Struktur der Realität, wie sie die Smithereens leben. Für Außenstehende mögen sie absurd erscheinen. Aber bei genauerer Betrachtung beginnt sich ein Muster abzuzeichnen. Jedes Triplet, jedes Leuchten, jede unerwünschte Schwere. Alles passt zusammen ... irgendwie.

Und hier beginnt unsere Geschichte.

8.1 Der Teilchenzoo

Hast Du Dich jemals gefragt, was Teilchenphysiker tun? Du kannst aufhören, zu fragen, denn sie wissen es auch nicht, obwohl einige vielleicht die Idee haben, nach dem einen einzigen Teilchen zu suchen, das alle anderen beherrscht. Oft glaubten sie, es gefunden zu haben, bauten einen goldenen Käfig und stellten es für alle sichtbar aus. Im Laufe der Jahre haben sie einen großen Zoo mit Käfigen unterschiedlicher Größe gebaut, und da der Zoo mittlerweile ziemlich alt ist, wurde er schon ein paar Mal renoviert.

Aber fangen wir ganz von vorne an, denn dies ist Geschichte.

Alles begann mit dem Teilchen namens „Stoff“, und viele Jahrtausende lang glaubten die Menschen, dass alles aus Stoff besteht. Wir finden diesen Käfig noch immer in der ältesten Ecke des Zoos. Er ist mittlerweile etwas rostig, und inmitten des Staubs liegt ein kleines Stückchen von etwas, das nicht der eigentliche Stoff ist, denn dieser wurde vor langer Zeit gestohlen, und jemand hat das Stückchen zurückgelassen, um den Diebstahl zu verschleiern. Das hat funktioniert, und niemand hat sich darum gekümmert.

Vor etwa zwei- bis dreitausend Jahren begannen die Menschen, über Materie nachzudenken, und stellten fest, dass sie möglicherweise aus noch kleineren Teilchen besteht, die sie Elemente nannten. Sie erfanden fünf davon und nannten sie Feuer, Wasser, Luft, Erde und Äther. Da sie mathematisch gebildet waren, gaben sie jedem Element eine bestimmte Form. Wir können sie noch immer in der Ruhmeshalle sehen. Im Zoo. In fünf goldenen Käfigen, und selbst heute kehren die Menschen häufig zu ihnen zurück, um ihre schöne Einfachheit zu bewundern. Die Erde wurde mit dem Würfel assoziiert, die Luft mit dem Oktaeder, das Wasser mit dem Ikosaeder, das Feuer mit dem Tetraeder und der himmlische Äther mit dem Dodekaeder. Das war sehr befriedigend, aber einige Querulanten fanden das alles etwas zu simpel und kamen auf die Idee, dass die Materie eigentlich aus Atomen bestehe. Niemand schenkte ihnen Beachtung.

Bis das Zeitalter der Experimente begann. Zu dieser Zeit wurde der Zoo umfassend renoviert und sogar auf ein höher gelegenes Gelände verlegt, um mehr Platz für die Wunder der Natur zu schaffen. Der erste neue Käfig wurde 1897 von J. J. Thomson gebaut, der entdeckte, dass die winzigen negativen Teilchen, die aus einer negativen Elektrode, der Kathode, austreten, tatsächlich Elektronen sind.

Im Jahr 1905 konstruierte Albert Einstein einen Käfig für das Photon, als er im photoelektrischen Effekt zeigte, dass Licht aus Teilchen besteht, die sehr beschäftigt sind.

Der nächste Käfig wurde 1911 von Ernest Rutherford gebaut, der dünne Goldfolien beschoss, um den Kern der Goldatome zu finden. Alle hatten immer gedacht, dass Gold etwas Besonderes sei, aber leider konnte das Experiment auch mit Wasserstoff durchgeführt werden, sodass Rutherford 1917 den Goldkernkäfig durch den Protonenkäfig ersetzte.

Beim Stöbern in Atomkernen fand James Chadwick ein weiteres Teilchen. 1932 wurde der Neutronenkäfig in den Zoo aufgenommen. Damit war das Trio der Käfige komplett, das die Bestandteile von Atomen und anderen Teilchen darstellte. Die Welt der Teilchenphysiker war voller Sonnenschein und Harmonie, bis ...

Hideki Yukawa war sich dessen nicht so sicher. Er führte einige Berechnungen durch und schlug die Existenz weiterer Teilchen vor. Carl Anderson und Seth Neddermeyer kannten Yukawas Vorhersagen, als sie 1936 kosmische Strahlung untersuchten und ein negatives Teilchen entdeckten, das fast wie ein Elektron aussah, aber eine größere Masse hatte und sehr instabil war. Es war nicht Yukawas Teilchen, aber es bekam trotzdem einen Käfig und wurde Muon genannt, der größere Bruder des Elektrons.

Das war nicht das, was Yukawa sich vorgestellt hatte. Die Teilchen, die er sich vorgestellt und vorgeschlagen hatte, mussten sich im Kern befinden und diesen irgendwie zusammenhalten. Die positiven Protonen und die neutralen Neutronen, die in einem extrem kleinen Raum zusammengepackt waren, ergaben keinen Sinn. Leider gab es von 1939 bis 1945 ein Problem mit Deutschland, das die Teilchenphysiker mit anderen Dingen beschäftigte. Aber 1947 löste Cecil Powell eine Kaskade von Teilchen aus, die wir Mesonen nennen. Es gab drei Arten von Pionen, gefolgt von zwei Arten von Kaonen. Yukawa bestellte Käfige in großen Mengen und unterbrach dies nur kurz, um 1949 den Nobelpreis entgegenzunehmen. Das Eta wurde entdeckt, dann das Eta Prime, das Rho, die K-Mesonen, das Phi, das Omega und das Psi Prime. Käfige über Käfige, die das Gebäude überfüllten, das seit Yukawas Rückkehr aus Stockholm zu klein geworden war. Es folgten Bottom-Mesonen, und die Teilchenphysiker gaben es auf, Namen zu vergeben, da Bottomium und Upsilon einfach zu schlecht waren. Der Zoo wurde von Teilchen überrannt, die Käfige gerieten durcheinander und niemand hatte eine Ahnung, was vor sich ging. Und schließlich, nachts, schlich sich heimlich ein einsamer Teilchenphysiker zurück in diese alte, schöne Ecke des Zoos, schob vorsichtig den Efeu beiseite und betrachtete den alten, rostigen Käfig mit seinem Inhalt. Und seufzte.

Als alle dachten, es könne nicht mehr schlimmer kommen, fand Murray Gell-Mann 1953 einen indirekten Beweis für die Seltsamkeit. Da Seltsamkeit jedoch wahrscheinlich nur ein anderer Ausdruck für Verrücktheit ist, waren die Menschen mehr fasziniert von den Schrecken, die Clyde Cowan und Frederick Reines 1956 bei der Entdeckung des Elektron-Neutrinos erlebten. Dies war ein ganz anderes Teilchen. So anders, dass man ein neues Gebäude dafür bauen musste, und 1962 fanden Lederman, Schwartz und Steinberger einen Partner dafür, das Myon-Neutrino.

Unbeeindruckt vom Tohuwabohu und dem völligen Chaos im Zoo setzten sich Murray Gell-Mann und George Zweig in ein lichtdurchflutetes Gartencafé, bestellten Getränke und lasen James Joyces Finnegans Wake ... drei Quarks für Muster Mark! Und plötzlich ergab alles einen Sinn. Sie riefen im Zoo an: „*Wir müssen umstrukturieren!*“ Aber wie immer lautete die Antwort: „*Können Sie das beweisen?*“ Also kehrten die beiden zu ihren Getränken zurück.

Aber Murray und George hatten ihre Getränke noch nicht ausgetrunken, als Jerome Friedman, Henry Kendall und Richard Taylor anriefen. Sie hatten Elektronen von Protonen abprallen lassen und das Up-Quark und das Down-Quark entdeckt. Wenig später meldeten sich Samuel Ting und Burton Richter (obwohl es bereits 1974 war) und berichteten, dass sie das Charm-Quark gefunden hatten. Die beginnende Quark-Begeisterung wurde nur kurz unterbrochen durch Martin Pearl, der 1975 das Tau, einen noch größeren Bruder des Elektrons, entdeckte, und fortgesetzt durch Leon Lederman, der 1977 das Bottom-Quark fand. Abgeschlossen wurde die Entdeckung der sechs Quarks 1995, als das Top-Quark am Tevatron des Fermilab gefunden wurde.

Ab etwa 1979 wurde der Zoo mit modernen, neuen und hellen Gebäuden renoviert, wobei der thermische Komfort für die Besucher und ein klares Konzept beibehalten wurden, auf das wir im nächsten Kapitel eingehen werden. Es gab Käfige für drei Arten von Elektronen, drei Käfige für Neutrinos (einer davon noch leer) und Käfige für sechs Quarks. Und einen großen Spiegel.

In einem anderen Gebäude stellte man eine Gruppe von vier Käfigen auf und einen weiteren etwas abseits von den anderen. In einem Käfig stand das Photon nie still. Die anderen waren leer, aber die Teilchenphysiker waren auf einer neuen Jagd und sie wussten, wonach sie suchten. 1979 konnte ein weiterer Käfig gefüllt werden, als das Gluon in der Nähe des DESY in Deutschland entdeckt wurde. 1983 leiteten Carlo Rubbia und Simon van der Meer eine große Gruppe von Physikern bei den UA1- und UA2-Experimenten des CERN, um Waldo und Zee zu finden. Sie wurden sofort in ihre Käfige gesteckt. Damit war nur noch einer leer. Der besondere Käfig.

Im Jahr 2000 entdeckte das DONUT-Experiment des Fermilab das Tau-Neutrino und vervollständigte damit die Ausstellung im neuen, wunderschönen Fermion-Gebäude.

Und schließlich fand das CERN LHS mit ATLAS und CMS im Jahr 2012 das letzte fehlende Teilchen. Das Higgs. Es wurde in seinen Käfig gesetzt und vervollständigte die Ausstellung im Boson-Gebäude. Und alles war gut. Und die Teilchenphysiker feierten ein großes Fest und feiern immer noch, denn alle Teilchen sind gefunden worden, und niemand weiß warum.

Die Sprache der Kraft

Was nun?

Das fragten sich die Teilchenphysiker, nachdem sie die Teilchen der Natur gefunden hatten. Sie schauten sich die Käfige an. Es war alles sehr schön, aber ehrlich gesagt langweilig. Was passiert also, wenn Teilchen zusammengebracht werden?

Nun, ein Teilchen kann als Teilchen nicht viel tun. Es kann sich bewegen. Und plötzlich begann eine neue Suche. Die Suche nach einer Beschreibung dessen, was zwischen diesen Teilchen geschieht. Und dann sahen sie, dass die Teilchen miteinander sprechen konnten. Die Fermionen sprechen Boson.

Die Suche begann. Ein neues Wettrennen.

Paul Dirac hatte einen Frühstart, Feynman, Schwinger, Tomonaga und Dyson schlossen sich seinem Team an und fanden die Sprache des Elektromagnetismus, die in Photonen gesprochen wird.

Etwas dahinter kam das Team von Sheldon Glashow, Abdus Salam und Steven Weinberg, die dem leisen Flüstern einer sehr schwachen Sprache lauschten, die in Waldo und Zee gesprochen wurde, zwei bosonischen Dialekten, wobei die Syntax von Waldo dem Bayerischen ähnelt. Manche sagen, dass Peter Higgs deshalb später zu ihnen stieß.

Jedenfalls wurden sie dicht verfolgt und dann überholt. Und zwar vom Team Gell-Mann, Fritzsch, Gross, Wilczek und Politzer, die mit Ohrenschützern bereitstanden und einer sehr starken Sprache lauschten, die in Gluonen gesprochen wurde.

Einige Stringtheoretiker versuchten, sich dem Wettlauf anzuschließen, lauschten dem Klang der Gravitonen, konnten aber nichts hören und gaben auf.

Das dauerte Jahre, Jahrzehnte, aber schließlich ergab alles einen Sinn, und drei Sprachen wurden gefunden, beschrieben und in Wörterbücher aufgenommen. Die Sprachen der Kräfte zwischen Teilchen. Alle Kräfte? Nein. Eine Sprache der Schwerkraft wurde nicht gefunden.

Aber es war dennoch ein großer Erfolg, und so trafen sich alle 1973 in Les Arcs in Frankreich zur Moriond-Konferenz, um in einer angenehmen, entspannten und geselligen Atmosphäre über die neuesten Erkenntnisse und Ideen in der Physik zu diskutieren. Das Treffen sollte damals wie heute eine fruchtbare Zusammenarbeit zwischen verschiedenen Gemeinschaften und Instituten fördern, indem es eine kleine Anzahl von Wissenschaftlern in einer inspirierenden Umgebung zusammenbrachte. Nun, die Umgebung muss ziemlich inspirierend gewesen sein, und so entstand die Idee eines großen Sprachmodells für alle Kräfte.[1] Die „Semantics Modulation"-Theorie wurde als neuer Begriff für eine Inschrift auf der Zoo-Wand gegenüber dem großen Spiegel hoch bewertet. Es gab eine Abstimmung. Doch kurz bevor die Abstimmung begann, kam jemand herein und sagte, dass es draußen frischen Kaffee und Hors d'oeuvre gäbe, und alle eilten hinaus. So blieb Abdus Salam allein im Raum zurück, da er die Nachricht nicht mitbekommen hatte und auf die Abkürzung „SM" auf dem Bildschirm starrte. Er kritzelte „Standardmodell" auf ein kleines Stück Papier vor sich, warf es in die Wahlurne und folgte den anderen, um herauszufinden, ob diese Hors d'oeuvres etwas zu essen waren.

Die Theorie der Sprachen aller Teilchen ist heute als STANDARDMODELL der Physik bekannt, und niemand möchte daran erinnert werden, warum es so heißt.

8.2 Symmetriegruppen als Grammatikregeln

Ein Kind liest ein Fantasy-Buch, in dem Menschen in Schränke treten und andere Welten entdecken. Hahaha, das ist lustig. Sie lacht, hüpft durch das Kinderzimmer, öffnet ihren Schrank ... und findet ihre Katze, die darin eine funktionierende Anwaltskanzlei mit Büroklammern und einer Kleiderordnung eingerichtet hat. Die Katze spricht:

„Dies ist eine Warnung."

Dies ist eine Warnung. Du hast wahrscheinlich gedacht, die Gesellschaft der Smithereen sei seltsam und ein bisschen lustig. Jetzt kommt das echte Standardmodell. Du bist gewarnt.

Die Sprachen, die zwischen Teilchen gesprochen werden, haben Grammatikregeln, die die zugrunde liegende Struktur regeln, die Kommunikation möglich, sinnvoll und konsistent macht. In der Physik werden diese Regeln Symmetrien genannt und bedeuten eigentlich Invarianz, was die Idee verschleiert, dass die Physik gleich bleibt, wenn

[1] Das vorgeschlagene „Large Language Model of Forces" (großes Sprachmodell der Kräfte) stand in keiner Weise in Zusammenhang mit den jüngsten Entwicklungen in der künstlichen Intelligenz, außer insofern, als beide das Universum erklären, ohne zu wissen, warum es funktioniert.

man die Beschreibung des Systems ändert. Was noch beunruhigender oder faszinierender ist, was dasselbe sein könnte, ist die Tatsache, dass diese Symmetrien die Quelle der Kräfte selbst sind.

Wirklich!

Beginnen wir mit der starken Wechselwirkung.

Quarks tragen etwas, das man Farbladung nennt, was keine tatsächliche Farbe ist, sondern eine abstrakte Bezeichnung mit drei Optionen: rot, grün und blau. Murray Gell-Mann wurde wahrscheinlich von seinem Farbfernseher inspiriert, sicherlich nicht vom Inhalt linearer Fernsehprogramme. Er fand drei verschiedene Arten von Ladungen und nannte sie einfach rot, blau und grün. Die Gesetze der Physik kümmern sich nicht darum, welche Farbbezeichnung ein Quark hat, aber die Gesamtkombination der Farben muss weiß sein, was wir als neutral bezeichnen. Daher gibt es Quarks in Farbtripletts.

Ausgedrückt in einer Symmetrie-Regel bedeutet dies: Man kann die Farben untereinander drehen, ohne dass dies für die Physik eine Rolle spielt. Diese Invarianz wird durch die spezielle unitäre Gruppe der 3 Dimensionen beschrieben, die SU(3) genannt wird. Sie beschreibt alle möglichen Transformationen, die die drei Farben mischen und dabei die Wahrscheinlichkeit erhalten. Nun, das liest sich immer noch wie die Anleitung für ein Malbuch für Kinder, aber diese Symmetrie erzeugt die starken Kernkräfte, die die Atomkerne zusammenhalten. Die Gluonen der starken Wechselwirkung entstehen durch die Durchsetzung dieser SU(3)-Symmetrie an jedem Punkt in Raum und Zeit. Quarks müssen also eine Dreiergruppe von SU(3) bilden. Gluonen leben in einem komplizierteren „Oktett“, aber die Grammatik ist dieselbe.

Du wurdest gewarnt.

Als Nächstes kommt die schwache Kraft.

Ein Dublett sind zwei unterschiedliche Teilchen, die unter einer Symmetrie namens Isospin gebündelt sind. Die spezielle unitäre Gruppe der 2 Dimensionen SU(2) regelt den inneren Raum dieser Dubletts. Elektronen und Neutrinos bilden Dubletts. Up- und Down-Quarks bilden ebenfalls Dubletts. Das ist eine Regel. Solange die SU(2)-Symmetrie eingehalten wird, sind diese beiden Teilchen gesetzlich miteinander verschränkt. Die W- und Z-Bosonen entstehen aus der Forderung, dass diese Symmetrie lokal erhalten bleibt. Die schwache Kraft ist also nicht nur eine Möglichkeit, Teilchen zerfallen zu lassen oder zu verändern, sondern die Folge davon, dass Identität innerhalb eines Dubletts unter einer strengen Grammatikregel fließend sein darf.

Als Nächstes kommt die Symmetrie der Hyperladung – und sag bloß nicht, Du seist nicht gewarnt worden.

Die unitäre Gruppe in einer Dimension U(1) regelt eine Eigenschaft namens Hyperladung, die man sich als eine Art verallgemeinerte elektrische Ladung vor der Symmetriebrechung vorstellen kann. Die U(1)-Symmetrie besagt, dass man die interne Phase eines Teilchens drehen kann, ohne dass die Gesetze der Physik dies bemerken. Wenn diese Symmetrie jedoch lokal gültig sein soll, muss eine Kraft entstehen, die die Drehung ausgleicht. Diese Kraft ist der Elektromagnetismus, dessen Trägerteilchen das Photon ist.

Im Standardmodell verbindet sich die U(1)-Symmetrie auf subtile Weise mit SU(2). Die Photonen, W- und Z-Bosonen sind Mischprodukte dieser Symmetrien. Wie Dialekte, die zu neuen Aussprachen verschmelzen.

Brechen wir einige Symmetrien, denn Symmetrien bleiben nicht immer intakt. Manchmal sind die Gesetze symmetrisch, aber die tatsächliche Lösung ist es nicht. Dies wird als spontane Symmetriebrechung bezeichnet, und hier kommt das Higgs-Feld ins Spiel.

Im frühen Universum war SU(2) × U(1) vollständig intakt. Alle elektroschwachen Bosonen waren masselos, so lautet zumindest die Geschichte. Aber dann erhielt das Higgs--Feld aus irgendeinem Grund einen Wert ungleich Null und wählte eine Richtung im inneren Raum, wie ein Bleistift, der auf seiner Spitze steht und dann fällt. Dadurch wird die Symmetrie gebrochen. Die W- und Z-Bosonen erhalten Masse. Das Photon bleibt masselos. Die elektroschwache Kraft teilt sich in die schwache Kraft und den Elektromagnetismus auf. Die Grammatikregeln haben sich mitten im Satz geändert, aber nur geringfügig. Genug, um den Dingen Gewicht zu verleihen, aber nicht genug, um die Unterhaltung zu unterbrechen.

Das ist das Standardmodell, und jetzt verstehst Du Alles.

Oder auch nicht.

Niemand versteht es.

Das ist wahr.

Diese Symmetrien und die Symmetriebrechungen bieten großartige Mathematik, um die Sicht auf die Realität zu beschreiben, die wir Physik nennen. Es ist irgendwie richtig, eine nützliche und clevere Art, Dinge zu beschreiben, aber es versagt völlig bei der Erklärung von irgendetwas. Das ist ziemlich deprimierend, und wir brauchen jemanden, der diesem Flickenteppich einen Sinn gibt. Glücklicherweise haben ein paar mutige Physiker versucht, einen Leitfaden zu schreiben. Sie nannten ihn Quantenfeldtheorie.

Quantenfeldtheorie

Quantenfeldtheorie – ein schönes Wort. QFT. Das ist eine viel bessere Bezeichnung für ein Modell als Standardmodell. Sie sagt, was sie bedeutet. Es ist die Theorie der Felder, kontinuierlicher, flexibler Strukturen, die den gesamten Raum ausfüllen, und der Teilchen, Quanten, Wellen in den Feldern.

Ein Photon ist ein winziges Wellenpaket im elektromagnetischen Feld. Ein Elektron ist eine stabile Störung im Elektronfeld. Ein Higgs-Boson ist eine Welle im Higgs-Feld, das selbst bereits überall und jederzeit wellenförmig ist. Wechselwirkungen entstehen, wenn sich Felder überlappen und gegenseitig in ihrer Form beeinflussen. Wenn sich ein Feld so verbiegt oder schwingt, dass es ein anderes beeinflusst, entstehen Kräfte. Die Details darüber, wie Felder gekoppelt sind, welchen Symmetrien sie gehorchen müssen und wie sich Wahrscheinlichkeiten entwickeln, sind alle in etwas codiert, das man Lagrange-Funktion nennt, eine Art formeller Vertrag, der den Feldern vorschreibt, was sie tun dürfen.

Der Lagrange-Funktional des Standardmodells ist in gewisser Weise die gesamte Physik der Realität in einem einzigen mathematischen Satz zusammengefasst. Es ist die Formel des Universums, lang, dicht und symmetrisch perfekt. Allerdings erklärt sie nicht die Felder. Sie beschreibt, wie sie in der Raumzeit beobachtet werden. Der Lagrange-Funktional des Standardmodells verbindet die Quantenmechanik mit der speziellen Relativitätstheorie und liefert Ergebnisse. Und was für beeindruckende Ergebnisse, die mit unglaublicher Präzision getestet wurden.

Wir haben bereits gesehen, wie das magnetische Moment des Elektrons berechnet und gemessen wurde, um es auf Teile pro Billion genau abzustimmen. Eine umwerfende, unglaublich präzise Übereinstimmung zwischen Theorie und Experiment, das Beste, was die Wissenschaft zu bieten hat. Die elektroschwache Theorie sagte die Masse der W- und Z-Bosonen voraus, und als sie 1983 entdeckt wurden, stimmten ihre Massen überein. Die Quantenchromodynamik sagte Skalierungsverletzungen bei der tief inelastischen Streuung voraus, und sie stimmten überein. Im Jahr 2012 wurde das Higgs-Boson, das letzte fehlende Teilchen, genau dort gefunden, wo es laut Theorie sein sollte.

Physiker sind nicht immer begeistert vom Standardmodell, aber sie vertrauen ihm, denn wie Steven Weinberg es ausdrückte: *„Das Standardmodell ist die genaueste Theorie in der Geschichte der Wissenschaft.“*

Ja! Das ist es auch. Und genau das ist das Problem.

Wir wissen, wie man das Standardmodell anwendet, aber wir haben keine Ahnung, warum es funktioniert. Es ist, als würde man ein wunderschönes, makelloses Gedicht in einer Sprache lesen, die man nicht spricht. Man kann den Rhythmus, den Reim und die Struktur bewundern, aber man versteht den Sinn nicht. Der Standardmodell-Lagrange-Formalismus beschreibt die Welt sehr präzise und lässt alle Fragen offen:

Warum gibt es drei Generationen von Teilchen, die jeweils schwerer, aber ansonsten identisch sind?

Warum sind die Kopplungskonstanten, also die Stärken der einzelnen Kräfte, auf diese seltsamen Zahlenwerte festgelegt?

Warum bricht die Symmetrie auf diese Weise?

Warum pendelt sich das Higgs-Feld auf diesen bestimmten Wert ein?

Warum gibt es in dieser Theorie keine Schwerkraft?

Was genau ist Masse? Eine Welle? Eine Verzögerung? Ein Schatten?

An dieser Stelle geben viele Physiker auf.

Aber nicht alle. Es wurden einige Versuche unternommen, das Standardmodell abzuleiten, und wir werden uns diese ansehen.

Große Vereinheitlichungstheorien

Wenn man sich die einzelnen Symmetriegruppen des Standardmodells genauer ansieht, könnte man sich fragen, ob es sich dabei tatsächlich um Fragmente einer einzigen, größeren Gruppe handelt. Etwas Majestätisches wie SU(5), SO(10) oder E_6 oder so etwas? Und ja, das ist möglich. Mathematiker lieben solche Theorien. Sie sind als GUTs bekannt, was für Grand Unified Theories steht. Und groß sind sie tatsächlich. Sie sind wunderschön. Die Teilchen des Standardmodells fügen sich nahtlos in elegante höherdimensionale Darstellungen ein. Multiplets verschmelzen. Kopplungen konvergieren fast. Leider bringen GUTs auch einige Probleme mit sich.

Sie sagen den Protonenzerfall voraus. Das ist ziemlich schlecht, denn dann könntest Du dieses Buch nicht zu Ende lesen. Außerdem sind die Darstellungen der Teilchen vorgegeben und nicht wirklich vorhergesagt, was letztlich doch nicht so elegant ist. Das Standardmodell muss von Hand eingefügt werden und versteckt sich in der großen Struktur. Aber schließlich sprechen wir hier vom Universum, und das sollte „Das Ding“ sein und nicht ein Fleck in der Ecke einer Theorie. GUTs vereinheitlichen also Symmetrien, aber keine Erklärungen.

Supersymmetrie

Dann kam SUSY, die die kühne Idee vorschlug, dass jedes bekannte Teilchen einen Superpartner haben sollte, den Clark Kent der Elementarteilchen oder Dr. Strange, je nachdem, in welchem Universum man lebt. SUSY gibt Fermionen bosonische Zwillinge und Bosonen fermionische Freunde. Das Universum wird zu einem Tanz gespiegelter Typen. Supersymmetrie war aus genau drei Gründen ein ziemlicher Hype. Erstens trug sie zur Stabilisierung der Higgs-Masse bei, indem sie Divergenzen aufhob. Zweitens ermöglichte sie eine sauberere Konvergenz der Kopplungen bei hohen Energien, und drittens, was am wichtigsten ist, klang sie einfach großartig.

Das Problem der Supersymmetrie besteht darin, dass noch nie Superpartner beobachtet wurden. Es mangelt nicht an Versuchen, sie zu finden. An Teilchenbeschleunigern wie dem LHC wurden enorme Anstrengungen unternommen, aber SUSY bleibt unbestätigt. Und selbst wenn sie real wäre, würde sie nur die Liste der Teilchen verdoppeln, ohne die Anzahl der willkürlichen Eingaben zu reduzieren. Von der Supersymmetrie bleibt nur ein wirklich cooler Name.

Stringtheorie

In den späten 1960er-Jahren stieß eine Gruppe von Physikern bei der Beschäftigung mit der Mathematik der Hadronen, den damals angesagten Teilchen, auf etwas Seltsames. Sie versuchten zu verstehen, wie Quarks funktionierten, wahrscheinlich während sie sich an der Symmetrie berauschten. Dabei stießen sie auf eine merkwürdige mathematische Funktion, die Veneziano-Amplitude, die sich verdächtig ähnlich verhielt wie das, was man erhalten würde, wenn Teilchen tatsächlich wackelige kleine

Strings wären. Das war natürlich absurd. Jeder wusste, dass Teilchen punktförmig waren, dass das Universum vier Dimensionen hatte und dass die einzigen Dinge, die vibrierten, Orchester und Physiker waren, die zu viel Espresso getrunken hatten. Also wurde die Idee still belächelt und dann, wie es Tradition ist, vergessen.

Schnellvorlauf in die 1980er-Jahre. Die Welt hatte mehr Dimensionen, mehr Haarspray und mehr Ambitionen. Jemand entdeckte wieder, dass die Stringtheorie versehentlich die Schwerkraft als natürliche Schwingungsform einer geschlossenen Saite beinhalten könnte. Damit war die Stringtheorie die erste konsistente Quantentheorie der Schwerkraft. Die Physiker waren begeistert. Es gab fünf verschiedene Versionen der Stringtheorie. Nicht eine. Nicht zwei. Fünf. Das ist die richtige Zahl, wenn man eine neue Religion entwirft. Die Leute veröffentlichten Artikel schneller als Gluonen in einer Kneipenschlägerei. Die Stringtheorie war kein Witz mehr. Sie war ein Kandidat für die Theorie von Allem, was in der Physik so viel bedeutet wie: *„Wir haben noch keinen guten Grund gefunden, damit aufzuhören.“*

Jetzt wurde es seltsam.

Die fünf verschiedenen Stringtheorien erwiesen sich als unterschiedliche Perspektiven auf dasselbe, wie der Elefant und die blinden Männer, nur dass der Elefant elf Dimensionen hatte und eine davon M-Theorie genannt wurde, wobei das „M“ für „maybe“ (vielleicht), „mystery“ (Geheimnis) oder „Murky“ (düster) stand. Physiker entdeckten Dualitäten, also Gleichungen, die unterschiedlich aussahen, aber dasselbe Geheimnis flüsterten. Sie fügten Branen hinzu, multidimensionale Oberflächen, an denen Strings enden oder abprallen konnten. Zusätzliche Dimensionen begannen sich wie kosmische Origami auf sich selbst zu falten, und alle waren sich einig, dass dies wunderschön und erschreckend und völlig konsistent war. Sie waren sich auch einig, dass dies absolut nichts über das Standardmodell erklärte.

Die Stringtheorie besagt, dass das, was wir Teilchen nennen, eigentlich Schwingungsmodi winziger, eindimensionaler Strings sind, die selbst mit dem LHC und sehr entschlossenem Blinzeln viel zu klein sind, um sie zu sehen. Jede Schwingung erzeugt ein anderes Teilchen. Das Photon ist eine Melodie. Das Graviton ist eine andere. Quarks und Leptonen sind verschiedene Saitentänze in kompakten Dimensionen. Der Raum selbst muss in der Stringtheorie mindestens 10 oder 11 Dimensionen haben, damit die Mathematik funktioniert. Die meisten davon sind zu komplizierten Formen zusammengerollt, die Calabi-Yau-Mannigfaltigkeiten genannt werden und wie Desserts klingen, aber keine sind.

Und das Universum ist nur eine mögliche Lösung unter vielleicht 10^{500} anderen, die alle in der sogenannten Stringtheorie-Landschaft schweben. Das passiert, wenn sogar eine Theorie vor allem ein Navi und einen starken Drink braucht.

Die Stringtheorie sagt das Standardmodell nicht voraus. Sie lässt es lediglich neben einer Googolplex-Vielzahl anderer, ebenso plausibler Universen zu. Man kann das Standardmodell aus der Stringtheorie ableiten, wenn man es vorher hineinsteckt. Das ist keine Ableitung.

Nichtkommutative Geometrie

Raum ist laut einem durchschnittlichen Physiker das, durch das man sich bewegt, wenn man von einem Ort zum anderen gelangen will, ohne irgendwo anzustoßen. Traditionell wird dieser Raum mit Koordinaten versehen: x, y, z. Man kann sie aufschreiben. Man kann sie multiplizieren. Und wenn man sich sicher fühlt, kann man sie kommutieren, d. h., man kann ihre Reihenfolge vertauschen, so wie man „zuerst links, dann rechts" oder „zuerst rechts, dann links" sagen kann und trotzdem am selben Café ankommt.

Mathematiker nennen dies kommutative Geometrie, und sie funktioniert gut, wenn ihr Universum ein höflicher und gut funktionierender Ort ist. Leider ist dies nicht der Fall.

Stell Dir eine Stadt vor, in der die Reihenfolge Deiner Schritte eine große Rolle spielt. Geh nach links, klopfe, flüstere das Passwort, und die Tür öffnet sich. Aber wenn Du klopfst, flüsterst und dann nach links gehst, ruft die Tür den Sicherheitsdienst. Das ist ein nichtkommutativer Raum. Es ist ein Ort, an dem Koordinaten nicht miteinander harmonieren. Wo x mal y nicht dasselbe ist wie y mal x. Wo der Ort zu einem Operator wird und die Messung einer Größe eine andere stört, weil die Realität nun einmal so ist. In einer solchen Welt wird die Struktur der Geometrie ... algebraisch. Man beschreibt den Raum nicht durch Punkte, sondern durch Algebra von Funktionen, die selbst unscharf, probabilistisch und anfällig für existenzielle Unsicherheit sind.

Alain Connes sah dies und hielt es für einen guten Ort, um Physik zu betreiben. Und überraschenderweise funktionierte es.

In der nichtkommutativen Geometrie (NCG) modelliert man Raumzeit und vielleicht sogar die innere Struktur von Teilchen mithilfe eines Spektraltripels, das aus einer Algebra von Observablen, einem Hilbertraum von Zuständen und einem Dirac-Operator besteht, der kein Mensch ist, sondern eine sehr scharfe Art von Ableitung.

Alain hat diese Elemente miteinander verbunden, ausreichend mathematische Zauberei hinzugefügt, und heraus kam die metrische Struktur des Raums, die Eichsymmetrien des Standardmodells und sogar das Higgs-Feld, das nun als Fluktuation in der inneren Geometrie getarnt ist. Das ist richtig. In diesem Bild ist das Higgs kein Feld im Raum, sondern ein Feld des Raums oder zumindest etwas, das bei formellen Anlässen vorgibt, Raum zu sein.

Das klingt großartig, wo ist also der Haken?

Nun, die interne Algebra muss von Hand ausgewählt werden, um das Standardmodell zu reproduzieren. Es gibt keinen eindeutigen Grund, warum die richtige Algebra die richtige Algebra ist. Es ist, als würde man ein Rätsel lösen, indem man das Rätsel nach der Antwort aufschreibt.

Die Konstruktion ist sehr französisch. Sie ist schön, streng und voller existenzieller Unsicherheit. Es ist nicht ganz Quantengravitation, nicht ganz eine Theorie von Allem, sondern eher eine sehr clevere Art, das, was wir bereits wussten, neu zu beschreiben. Nur sieht es jetzt wie Operatorentheorie aus.

Dennoch ist sie vielleicht das, was einer Geometrie, die das Standardmodell erklären will, am nächsten kommt. Sie fügt nicht nur die Teile zusammen, sondern interpretiert die Teilchen als Merkmale der Geometrie selbst. Man könnte sagen, dass die nichtkommutative Geometrie Teilchen als die Sprache behandelt, in der die Raumzeit geschrieben ist, wenn sie vergessen hat, wie man buchstabiert.

Die nichtkommutative Geometrie gibt uns vielleicht nicht alle Antworten. Aber sie stellt Fragen, die die Realität ein wenig nervös machen.

Der gemeinsame Fehler

Wir haben alle Ansätze gesehen und ihre Schönheit gewürdigt. Sie alle haben eines gemeinsam: Sie beginnen mit einem Rahmen und passen dann das Standardmodell hinein.

Die Symmetrien werden auferlegt, die Darstellungen ausgewählt, die Parameter zugewiesen.

Nichts zwingt das Standardmodell, sich zu zeigen. Es wird untergebracht, aber nicht erklärt.

Alle scheitern.

Und das lässt nur eine Frage offen.

Was wäre, wenn das Standardmodell nicht ein Sonderfall von irgendetwas wäre, sondern die einzig mögliche Art und Weise, wie das Universum existieren kann?

8.3 Wer wird projiziert, um zu existieren?

Jetzt kommt etwas anderes.

Von hier an beginnen wir zu fragen, warum. Du brauchst dafür keinen Abschluss in Gruppentheorie, aber es hilft. Dieses Kapitel ist sicher am anspruchsvollsten und Du brauchst vielleicht ab und zu eine Pause – aber von hier an wirst Du feststellen, dass die Welt, die wir sehen, durch Logik bedingt ist. Und alles wird einen Sinn ergeben.

Es ist Zeit, zur Projektionstheorie zurückzukehren und zur Entstehung der Realität aus einem nicht-räumlichen, zeitlosen Raum von Identitätssignaturen. Wir haben gesehen, wie Projektion als Filter für die Zulässigkeit von Informationen funktioniert, und gelernt, dass Struktur primär ist. Wir haben gesehen, dass Masse aus Latenz entsteht, dass Quantenkorrelationen gemeinsam projizierte Überlagerungen von Constraints widerspiegeln und dass Konstanten keine Eingaben, sondern strukturelle Invarianten sind. All dies und die Kenntnis des Standardmodells führen uns zu der sehr tiefgreifenden Frage: *„Warum diese Teilchen?“*

Warum gerade diese spezifische Besetzung? Warum sechs Quarks, drei Leptonen und ein Higgs? Warum diese Ladungen, diese Spins, diese Wechselwirkungsregeln? Warum diese seltsam perfekte Grammatik, die wir Standardmodell nennen?

Wir fragen uns, ob das Standardmodell die minimale Schließung stabiler, koprojektierbarer Identitäten ist und ob die Projektionslogik seine Form notwendig macht.

Die kurze Antwort lautet: JA!

Die lange Antwort folgt.[2]

Strukturelle Auswahl

Wir haben gesehen, wie der Projektionsprozess aus allen Identitätssignaturen solche Muster auswählt, die unter Constraints zusammenhalten, unter Krümmung bestehen bleiben und sich in einer feldartigen Struktur in der Raumzeit realisieren können. Wir definieren Koprojektierbarkeit als die Bedingung, unter der mehrere Identitätssignaturen in Ω gemeinsam in der Raumzeit realisiert werden können. Dies ist im Wesentlichen nur strukturelle Kompatibilität unter einem gemeinsamen Projektionsfilter. Diese einfache Struktur hat bereits logische Konsequenzen.

Wenn zwei Identitäten koprojektierbar sind, können sie interagieren und gleichzeitig in der Raumzeit existieren. Wenn drei Identitäten koprojektierbar sind, können sie einen vermittelten Prozess bilden. Darauf kommen wir später zurück. Wenn kein kompatibles Set (eine Menge) existiert, erscheinen die Identitäten überhaupt nicht in der Raumzeit, nicht einmal prinzipiell.

Daraus ergibt sich der Begriff der Geschlossenheit (Closure) unter Koprojektion. Closure ist das kleinste Set von Identitäten, das unter Projektion intern stabil ist. Das bedeutet, dass jede Identität in mindestens einem zulässigen Kontext projizierbar ist und das Set alle für die gegenseitige Stabilität erforderlichen strukturellen Mediatoren enthält.

Nun können wir eine Aussage treffen.

Der Teilchengehalt des Standardmodells entspricht der minimalen Closure koprojektierbarer Identitäten unter dem Projektionsfilter, beschränkt durch strukturelle Constraints und Latenzkosten.

Diese Hypothese wird nun schrittweise getestet. In jedem der folgenden Schritte wird die Frage gestellt, welche Identitätsklasse enthalten sein muss, um die Closure zu vervollständigen.

Stabilität und symmetrische Einbettungen

Die Projektion von Identitätssignaturen in die Raumzeit wird nicht allein durch Zulässigkeit gewährleistet. Die Projektion muss auch stabil sein. Stabilität bedeutet, dass eine projizierte Identität unter minimalen strukturellen Störungen kohärent realisierbar

---

2 Wenn Dir die lange Antwort zu vage ist und Du Mathematiker oder Physiker bist, schau dir den OSF-Preprint an: Dlabal (2025), DOI: 10.17605/OSF.IO/8WYZP

bleiben muss. Eine instabile Projektion kann zwar teilweise realisiert werden, bleibt aber nicht bestehen. Stabilität unterscheidet flüchtige Zufälle von physikalischer Realität. Diese Einschränkung wird entscheidend, wenn wir fragen, welche Arten von Identität über einen längeren Zeitraum hinweg gemeinsam projiziert werden können und nicht nur augenblicklich zulässig sind. Diese Signaturen sind projektiv widerstandsfähig gegenüber Krümmungen, externen Wechselwirkungen und internen Schwankungen.

Formalisieren wir diese Idee.

Gegeben sei eine projektierbare Identität $\sigma \in \Omega$. $\Pi(\sigma, x)$ sei ihre Projektion an einem Raumzeitpunkt $x \in M$, die der lokalen Constraintsbedingung $C(x) \subset \Omega^n$ unterliegt. Dann ist σ projektionsstabil, wenn es eine Umgebung $U \subset M$ gibt, sodass $\forall x' \in U$: $\Pi(\sigma, x')$ existiert und variiert homogen mit x'.

Diese glatte Variation hängt nicht nur von der Kontinuität von Π ab, sondern auch von der Invarianz von $C(x)$ unter kleinen Verformungen anderer projizierter Signaturen. Kurz gesagt: Eine Projektion ist stabil, wenn ihre Zulässigkeit unter lokaler Transformation erhalten bleibt. Solche Transformationen bilden die Grundlage der Symmetrie.

Symmetrie als Redundanz unter Projektion

Eine Symmetrie ist in der Projektionstheorie ein Spiegelbild struktureller Redundanz. Das heißt, wenn zwei Signaturen $\sigma, \sigma' \in \Omega$ in Ω unterscheidbar sind, aber

$\Pi(\sigma, x) = \Pi(\sigma', x)$ für alle zulässigen x,

dann ist der Unterschied zwischen σ und σ' in der Raumzeit nicht beobachtbar. Es handelt sich um eine Eichung (Gauge).

Sie ist eichbar! Was bedeutet das?

Stell Dir drei Personen vor, die alle denselben Hut tragen. Eine sagt, er sei blau, eine sagt, er sei azurblau, eine sagt, er habe die Farbe der Reue. Sie tragen alle denselben Hut. Sie streiten sich nur über Adjektive.

Eichung bedeutet, dass die Beschreibung variieren kann, die Realität jedoch nicht.

In diesem Sinne entsteht Eichsymmetrie auf natürliche Weise aus der Projektion. Eichung erfasst die Klasse der Identitätstransformationen, die die projizierte Realität erhalten. Die Gruppe solcher Transformationen definiert die interne Symmetriestruktur, die mit einem projizierbaren Set verbunden ist.

Einbettung von Multipletts und minimale Invarianz

Betrachten wir nun eine Klasse von koprojektierbaren Identitäten $\{\sigma_1, \sigma_2, \ldots, \sigma_n\} \subset \Omega$. Wir können fragen, unter welchen internen Transformationen diese Klasse projizierbar bleibt. Wenn die Antwort lautet: alle unitären Transformationen, die die Zulässigkeit bewahren, dann bildet die Menge dieser Transformationen eine unitäre Symmetriegruppe. Und wenn diese Gruppe die kleinstmögliche ist, die noch die vollständige

Projizierbarkeit gewährleistet, dann entspricht sie der Gruppe SU(n), der Gruppe der speziellen unitären Transformationen vom Grad n, d. h. unitären und spurlosen Transformationen.

Dies führt zu einer wichtigen Erkenntnis:

Die Symmetriegruppen des Standardmodells entstehen als minimale interne Transformationsgruppen, die die Koprojektierbarkeit von Identitätsmultipletts bewahren.

Das klingt seltsam. Schauen wir uns an, was das bedeutet.

Es bedeutet, dass SU(2) aus Dubletten-Einbettungen entsteht, die unter schwachen Isospin-Rotationen zulässig bleiben. SU(3) entsteht aus Triplet-Einbettungen (Quarkfarben), die unter Farbpermutationen geschlossen sein müssen. Und schließlich entsteht U(1) aus globalen Phasenrotationen, die die Beschränkungsgeometrie nicht beeinflussen und somit die maximale triviale Symmetriegruppe bilden.

Diese Symmetrien sind Voraussetzungen für die Projektionsstabilität. Ohne sie würden kleine Störungen in der Projektionskonfiguration zu Diskontinuitäten oder zum Zusammenbruch der Realisierung führen. Die Realität würde versagen. Glücklicherweise versagt die Realität nicht, was zeigt, dass diese Symmetrien tatsächlich vorhanden sind. Mit anderen Worten: Wenn die Projektionstheorie stimmt, bringt sie automatisch die notwendigen Eichsymmetrien mit sich, in denen das Standardmodell existieren kann. Das ist ein gutes Zeichen.

Strukturelle Ökonomie und Multiplet-Inhalt

Sobald eine Symmetriegruppe strukturell erforderlich ist, verlangt die Projektionstheorie, dass nur die kleinsten nicht trivialen vollständigen Darstellungen stabil sind.

Ein Dublett muss unter SU(2) vollständig sein, da sonst die Projektierbarkeit unter lokaler Transformation versagt. Ein Quark-Farbtriplett muss alle drei Farbladungen enthalten, da sonst die Projektion durch Krümmungsasymmetrie destabilisiert wird. Dies erklärt, warum Teilchen in vollständigen Multipletts auftreten, warum in der QCD eine Farbsingulett-Einschließung auftritt und warum die chirale Asymmetrie nur durch Kopplung an skalare Bifurkation aufgelöst werden kann (nächster Abschnitt).

Wäre eine Darstellung unvollständig (z. B. zwei Quarkfarben ohne die dritte), würde eine lokale Symmetrievariation zu Inkonsistenzen führen, es würde sich eine Krümmung ohne kompensierende Moden aufbauen und die Projektion würde fehlschlagen. Aber warum sind größere Darstellungen nicht zulässig? Warum keine Quintette unter SU(5) oder höherdimensionale Multipletts?

Der Grund dafür ist strukturelle Ineffizienz. Größere Darstellungen erfordern einen höherdimensionalen koprojektierbaren Krümmungsausgleich. Die Krümmungstoleranz ist jedoch begrenzt. Je mehr interne Freiheitsgrade ausgerichtet werden müssen, desto mehr Projektionslatenz sammelt sich an und desto unwahrscheinlicher ist es, dass die Konfiguration die Zulässigkeit unter struktureller Ökonomie erfüllt.

Die Projektion bestraft unnötige interne Strukturen. Ein Triplet funktioniert, weil es die minimale Menge ist, die unter SU(3)-Transformationen geschlossen ist und die Eichkrümmung symmetrisch verteilt. Ein Quintett führt unnötige interne Moden ein, ohne die Projizierbarkeit zu verbessern, erhöht jedoch die interne Variation, ohne die Kohärenz zu erhöhen. Daher werden sie vom Projektionsfilter ausgeschlossen, da sie instabil, kostspielig oder redundant sind. Es ist im Grunde wie bei einem Auto mit vier Rädern, das kein fünftes Rad benötigt, das es verlangsamen und alles komplizierter machen würde. Die Realität versucht nicht, schwierig zu sein. Die Realität versucht nur, zu existieren.

Wir kommen daher zu dem Schluss: Projektionsstabilität begünstigt Symmetrie, und Symmetrie erzwingt Vollständigkeit bei minimaler struktureller Suffizienz. Diese minimalen vollständigen Einbettungen definieren den Feldinhalt des Standardmodells durch Auswahl unter struktureller Ökonomie.

Co-Projektionstopologie und Symmetrieklassen

Wenn mehrere Identitätssignaturen in denselben Bereich der Raumzeit projiziert werden, kommen ihre Informationen nicht einfach unabhängig voneinander an. Sie müssen sich zu einer einzigen kohärenten Konfiguration mit überlappenden Constraints verbinden. Dies ist die gemeinsame Realisierung mehrerer Identitäten zu einer konsistenten physikalischen Struktur. Um dies mathematisch zu beschreiben, stellen wir jede Signatur durch ein vektorähnliches Objekt dar, das im Grunde eine strukturierte Identität ist. Ihre Kombination beschreiben wir mit einem Tensorprodukt, das alle möglichen Arten erfasst, wie sich ihre Beschränkungen unter Projektion miteinander verflechten können. Aber nicht alle Kombinationen sind zulässig. Nur bestimmte Tensorproduktstrukturen bewahren die Zulässigkeitsregeln.

Um zu beschreiben, wie sich Identitätsstrukturen während der Co-Projektion verbinden, verwenden wir eine Art mathematische Grammatik, die als Tensorprodukte bezeichnet wird. Diese Produkte erfassen alle Möglichkeiten, wie zwei Identitätssignaturen unter Projektion strukturell interagieren können.

Wir müssen zwei Sonderformen unterscheiden.

Das symmetrische Tensorprodukt, geschrieben als $\sigma_1 \otimes \sigma_2$, bedeutet, dass die Reihenfolge der Kombination keine Rolle spielt:

$$\sigma_1 \otimes \sigma_2 = \sigma_2 \otimes \sigma_1$$

Dies beschreibt kompatible, überlappende Identitäten, die eine gemeinsame Konfiguration darstellen.

Das antisymmetrische Tensorprodukt, geschrieben als $\sigma_1 \wedge \sigma_2$, bedeutet, dass die Reihenfolge der Kombination eine Rolle spielt. Tatsächlich führt das Umdrehen zu einem Minuszeichen:

$$\sigma_1 \wedge \sigma_2 = -\sigma_2 \wedge \sigma_1$$

Dies erzwingt eine Ausschließung. Wenn zwei Identitäten gleich sind, heben sie sich gegenseitig auf.

Jedes dieser Elemente hat tiefgreifende Konsequenzen dafür, ob und wie Identitäten in einer gemeinsamen Projektion koexistieren können. Und aus diesen Regeln bleiben nur drei Formen übrig ...

1. Antisymmetrische Tensorprodukte

Diese Form erzwingt gegenseitigen Ausschluss. Wenn zwei identische Signaturen versuchen, gemeinsam projiziert zu werden, wird der Zustand vernichtet oder wird unzulässig. Diese Antisymmetrie stellt sicher, dass jede Signatur einen eigenen Constraintsskanal belegt und jede Duplizierung die Kohärenz verletzt.

Diese algebraische Struktur charakterisiert Fermionen auf einzigartige Weise.

2. Symmetrische Tensorprodukte

Hier ist die Koprojektion zulässig und degeneriert. Mehrere identische Signaturen können sich ohne Konflikt überlagern. Diese Identitäten können sich gegenseitig verstärken, sich gemeinsam ausbreiten und als stabile Vermittler zwischen ansonsten inkompatiblen Strukturen fungieren.

Dies definiert die strukturelle Logik von Bosonen.

3. Entartete skalare Projektionsminima

Eine einzige Identitätssignatur, deren Zulässigkeit mehrere unterschiedliche Realisierungszweige in der Raumzeit zulässt, die jeweils einem anderen stabilen Projektionspfad entsprechen, wird nicht durch Tensorsymmetrie definiert, sondern durch Projektionsgeometrie. Eine solche gegabelte Constraintsfläche definiert die Klasse der Skalare, insbesondere die Higgs-Skalare.

Wir haben drei mögliche Klassen zulässiger Formen identifiziert, die die einzigen zulässigen Formen sind, da sie die einzigen projektionsstabilen Konfigurationen sind.

Alle anderen Tensorsymmetrien, wie gemischte, teilweise antisymmetrische oder Höhere-Spin-Algebren, würden entweder die Krümmungskonsistenz über die Projektion hinweg nicht bewahren, Mehrdeutigkeiten in der beobachtbaren Struktur erzeugen oder aufgrund unvollständiger Constraintsabschlüsse unter lokaler Symmetrietransformation zusammenbrechen. Es gibt keine vierte projektionsstabile Klasse. Die Struktur erlaubt genau drei. Nicht mehr und nicht weniger. Aus dieser strukturellen Logik folgen die drei bekannten Teilchenklassen.

Fermionen: Antisymmetrische Identitäten

Fermionen sind Identitätssignaturen, die sich bei Projektion gegenseitig ausschließen.

Sobald ein Fermion in einen Bereich projiziert wurde, kann kein anderes identisches Fermion in denselben Bereich projiziert werden, ohne die Zulässigkeit zu verletzen. Dieser Ausschluss folgt direkt aus der Struktur ihrer Constraintsflächen in Ω. Ihre Projektionspfade sind topologisch antisymmetrisch. Sie können nicht denselben Projektionszustand einnehmen, da ihre Identitätssignaturen nicht ohne Interferenz gemeinsam eingebettet werden können. Dies ist die projektionstheoretische Grundlage des Pauli-Ausschlussprinzips.

Fermionen sind nicht „Halb-Spin-Teilchen" per Definition. Sie sind die einzige Klasse von Identitäten, deren Koprojektionsstruktur Exklusivität erzwingt. Ihre Antisymmetrie ist eine notwendige Folge ihrer Constraintsgeometrie. Zu den Fermionen gehören alle Quarks und Leptonen sowie Neutrinos, Elektronen, Myonen und ihre schwereren Verwandten. Jedes dieser Teilchen entspricht einer eindeutigen Signaturklasse, deren gegenseitige Einbettung nur möglich ist, wenn eine Beschränkungsduplikation vermieden wird.

Bosonen: Symmetrische Verbindungen

Bosonen sind Identitätssignaturen, die in der Projektion miteinander kompatibel sind. Sie können sich ohne Ausschluss überlappen, verstärken und gemeinsam einbetten, da ihre Constraintsstrukturen unter Koprojektion symmetrisch sind.

Dadurch eignen sich Bosonen strukturell für eine besondere Rolle als Verbindungsglieder zwischen fermionischen Signaturen. Ein Fermion kann sich nicht direkt mit einem anderen verbinden, ohne seine eigene Exklusivität zu verletzen. Wenn sich jedoch beide mit einem Boson verbinden, kann die dreifache Constraintklasse gemeinsam zulässig werden. Dies erklärt den strukturellen Ursprung vermittelter Wechselwirkungen, bei denen Photonen die Streuung von Elektronen ermöglichen. Gluonen vermitteln den Farbaustausch zwischen Quarks, und W- und Z-Bosonen ermöglichen schwache Wechselwirkungen durch chirale Bifurkation. Bosonen entstehen, weil projektive Symmetrie eine gemeinsame Einbettung zulässt. Ihre klassischen Feldeigenschaften sind der sichtbare Rest dieser tieferen Kohärenz.

Skalare: Constraints-Verzweigungsflächen

Skalare sind Signaturen, deren Zulässigkeit lokale Bifurkationen im Projektionsprozess ermöglicht. Im Gegensatz zu Fermionen (die ausschließen) und Bosonen (die verbinden) ermöglichen Skalare Symmetriebrechungen, indem sie mehrere stabile Projektionszweige zulassen. Eine skalare Identität kann mehrere co-projektierbare Konfigurationen unterstützen, je nach dem Kontext, in den sie projiziert wird. Diese Bifurkation ist geometrisch als entartetes Minimum in der Projektionskrümmung sichtbar. Sie ermöglicht es der Realität, innerhalb des Symmetrieraums „eine Richtung zu wählen", da die Struktur ihre Aufhebung zulässt und stabilisiert.

Das Higgs-Feld ist der kanonische Fall. In Projektionsbegriffen ist es der einzige zulässige Skalar, dessen Verzweigung die Zulässigkeit für ansonsten inkompatible Fermion-Doubletts wiederherstellt. Ohne ihn bleibt die Projektionssymmetrie ungebrochen.

Skalarwerte sind selten. Die Projektionstheorie lässt nur sehr wenige solcher Beschränkungsklassen zu. Das Standardmodell enthält nur einen bekannten Skalarwert, nämlich das Higgs, und vielleicht ist auch nur einer erforderlich.

8.4 Wechselwirkung erfordert Koprojektion

In der herkömmlichen Feldtheorie werden Wechselwirkungen durch Terme im Lagrange-Funktional eingeführt. Dabei handelt es sich um Ausdrücke, die Felder gemäß Symmetrie- und Darstellungsregeln miteinander koppeln. Diese Terme werden letztlich dem Lagrange-Funktional hinzugefügt, was durch Eichprinzipien und Renormierbarkeit gerechtfertigt, dennoch zunächst einmal konstruiert ist. Wir werden jedoch sehen, dass sie erforderlich sind.

Triadische Kompatibilität

Betrachten wir zwei fermionische Identitäten. Zum Beispiel die links- und rechtschiralen Komponenten eines Elektrons. Aufgrund ihrer antisymmetrischen Natur widerstehen sie einer überlappenden Projektion mit einer identischen Kopie. Aber selbst zwischen unterschiedlichen Fermionen kann eine gegenseitige Projektion unzulässig sein, wenn ihre kombinierte Constraintsklasse nicht abgeschlossen ist. In solchen Fällen können die beiden Identitäten nicht direkt gemeinsam projiziert werden. Ihre gemeinsame Projektion ist nur dann stabil, wenn eine dritte Identitätssignatur vorhanden ist, die ihre Kompatibilität ermöglicht.

Dies definiert das Konzept eines projektionsvermittelnden Tripletts, bei dem die dritte Identitätssignatur eine bosonische oder skalare Identität ist, deren Einbeziehung die gesamte Konfiguration zulässig macht.

Diese triadische Struktur ist die minimale Lösung für Inkompatibilität.

Wenn sich ein links- und ein rechtschirales Fermion aufgrund widersprüchlicher Constraints nicht direkt in die Raumzeit realisieren lassen, können sie nur dann gemeinsam projiziert werden, wenn sie in ein koprojizierbares Triplett mit einer dritten Signatur eingebettet werden, die ihre Constraintsklassen ausrichtet.

Dies wird in der herkömmlichen Physik als Wechselwirkungsterm bezeichnet. In der Projektionstheorie ist es die Geometrie der Zulässigkeit.

Eichwechselwirkungen als symmetrische Vermittlung

Wenn die dritte Signatur eine symmetrische Identität (ein Boson) ist, stellt die Tripletstruktur eine Eichwechselwirkung dar. Das Boson fungiert als gemeinsamer Projektionsvermittler, der zwei Fermionen innerhalb einer zulässigen Konfiguration symmetrisch verbindet. Daraus ergeben sich die bekannten Beispiele, die in der Raumzeit beobachtet werden, wie beispielsweise der Elektromagnetismus, bei dem die Koprojektion von Elektronen durch ein Photon vermittelt wird. Bei der starken Kraft wird eine Quark-Quark-Ko-Projektion durch ein Gluon vermittelt. Bei der schwachen Kraft wird die Neutrino-Elektron-Wechselwirkung über W- und Z-Bosonen vermittelt. Jeder Fall spiegelt dieselbe topologische Lösung wider, bei der zwei antisymmetrische Strukturen einen symmetrischen Vermittler benötigen, um die Kohärenz der Constraints aufrechtzuerhalten.

Yukawa-Wechselwirkungen als skalare Verzweigung

Wenn die dritte Signatur ein Skalar ist, wie beispielsweise das Higgs, ermöglicht dies nicht nur eine Koprojektion, sondern auch eine Ausrichtung der Constraints durch Bifurkation.

Dies löst ein ansonsten unvereinbares Paar (z. B. links- und rechtshändige Fermionen), indem die Constraintsgeometrie um ein entartetes Krümmungsminimum verschoben wird. Das Skalarfeld vermittelt die Projektion, indem es den Zulässigkeitsfilter selbst neu organisiert. Dies ist die projektionstheoretische Grundlage der Yukawa-Kopplungen. In der Standardfeldtheorie koppelt ein Yukawa-Term Fermionen-Bilineare an das Higgs-Feld. In der Projektionslogik ist dies jedoch einfach die einzige triadische Konfiguration, in der diese Identitäten gemeinsam auftreten können, was durch die Bifurkationsfläche des Skalars ermöglicht wird.

Alle Wechselwirkungen als Constraint Closure

Somit spiegeln alle Wechselwirkungen im Standardmodell, ob Eich- oder Yukawa-Wechselwirkungen, dasselbe zugrunde liegende Prinzip wider.

Eine Wechselwirkung entsteht immer dann, wenn zwei Identitätssignaturen nicht direkt ko-projiziert werden können, aber zulässig werden, wenn sie in ein Triplett mit einer dritten vermittelnden Identität eingebettet sind.

Ohne einen solchen triadischen Abschluss gibt es keine Wechselwirkung. Und ebenso wichtig: Es treten keine zusätzlichen Mediatoren auf. Die Projektionsökonomie verbietet unnötige Strukturen. Es werden nur diejenigen Mediatoren einbezogen, die ansonsten instabile Paare realisieren.

8.5 Teilchen

Hast Du Dich jemals gefragt, was ein Teilchen wirklich ist? Denk einfach mal eine Weile darüber nach und geh vielleicht etwas spazieren.

Zurück? Hast Du an ein Elektron gedacht? Die gibt es wirklich, und man findet sehr viele davon in den Kupferkabeln, die den Toaster mit dem Universum verbinden. Das sind Teilchen. Manchmal sehen sie aus wie winzige Materieteilchen mit negativer Ladung und einer Bezeichnung namens Masse. Dann sind sie eine Welle mit negativer Ladung, und die Bezeichnung Masse ist vage über eine Wahrscheinlichkeitsamplitude verteilt. Tatsächlich sind sie beides gleichzeitig, und die Realität scheint sich nicht entscheiden zu können, was sie mit dem Elektron machen soll.

Unwahrscheinlich.

Was wir als Teilchen bezeichnen, ist in Projektionsbegriffen eine erfolgreiche Realisierung. Eine Signatur im Identitätsraum wird in der Raumzeit nur dann real, wenn sie den Zulässigkeitsfilter passiert, ein Netzwerk aus Constraintsgeometrie, Krümmung und Symmetrie. Einige Identitäten passieren diesen Filter direkt. Andere erfordern Anstrengung. Die Zeit, die diese Auflösung benötigt, ist die strukturelle Latenz, die sich als Masse manifestiert.

Masselose Teilchen wie Photonen sind solche, deren Signaturen bereits mit dem Projektionsfilter übereinstimmen. Es ist keine weitere Vermittlung erforderlich. Sie projizieren sich gemeinsam mit der Raumzeit ohne weiteren Widerstand. Ihre Identität ist in gewisser Weise trivial akzeptabel.

Massive Teilchen hingegen können nur realisiert werden, wenn eine zusätzliche Struktur beteiligt ist. Konkret erfordert die Identität eine triadische Ausrichtung einer linkschiralen fermionischen Komponente, einer rechtschiralen Gegenstückkomponente und einer skalaren Constraintsfläche, wie wir in den vorangegangenen Abschnitten gesehen haben. Diese letzte Komponente wird typischerweise als Higgs-Feld innerhalb der Raumzeit beobachtet. Nur wenn alle drei gemeinsam zulässig sind, ist die Projektion erfolgreich. Diese triadische Bedingung führt zu einer Verzögerung. Je tiefer die Inkompatibilität zwischen den chiralen Komponenten ist oder je stärker die Krümmung durch die skalare Verzweigungsoberfläche ist, desto länger ist die Latenz und desto größer ist die Masse.

Masse ist der Preis, den man dafür zahlt, dass man nicht sauber passt. Das Photon passt. Das Top-Quark versucht, mit einem Clownskostüm und einer Trompete die Party zu stören.

Echos in der Identität

Das Standardmodell präsentiert seinen Inhalt in einer geordneten Weise. Leptonen, Quarks, Symmetrien. Aber ein Merkmal sticht als Rätsel hervor. Das Modell erklärt nicht die Existenz von drei Generationen scheinbar identischer Teilchen, die sich nur in ihrer Masse unterscheiden.

Es gibt drei Elektronen. Das Elektron, das Myon und das Tau. Es gibt drei Neutrinos und es gibt drei Quarkpaare, die sich mit unheimlicher Regelmäßigkeit wiederholen. Sie verhalten sich gleich. Sie interagieren gleich. Sie sind strukturell nicht zu unterscheiden, außer in ihrer Masse. Diese Masse erstreckt sich über Größenordnungen. Dennoch bleiben alle Mitglieder derselben Identitätsklasse.

Diese Symmetrie ist ganz offensichtlich kein Zufall. Aus der Perspektive der Projektion ist dies eindeutig nicht der Fall. Es handelt sich um ein strukturelles Echo der Zulässigkeit.

Jede Generation ist eine Lösung derselben Constraintsgleichung in Ω. Wenn das Universum versucht, eine bestimmte Signatur zu realisieren, prüft es die Zulässigkeit. Die erste Generation stellt die Lösung mit der geringsten Latenz dar. Sie ist die sauberste Ausrichtung der linken, rechten und skalaren Beschränkungen. Sie lässt sich schnell auflösen und ist sehr stabil.

Die zweite Generation entsteht, wenn die Constraintsbedingungen die Identität in einen tieferen Projektionspfad drängen. Die gleiche Signatur gilt weiterhin, erfordert jedoch eine stärkere Skalaranpassung, eine stärkere Krümmungskompensation und verursacht somit eine größere Verzögerung. Diese Projektionslatenz erscheint als größere Masse, und das Ergebnis ist weniger stabil.

Die dritte Generation ist die letzte zulässige Resonanz. Sie ist kaum zulässig. Die Projektion erfordert eine extreme skalare Krümmung und kann fast nicht realisiert werden. Die Identität wird zwar realisiert, aber eben nur knapp. Das Teilchen erscheint kurzzeitig. Es zerfällt schnell. Die Projektionskosten sind am höchsten – und das zeigt sich in der hohen Masse.

Diese Schichtstruktur ähnelt der Lösung stehender Wellen in einem gekrümmten Potenzial. Es können mehrere Eigenmoden existieren, aber jede erfordert mehr Energie, mehr strukturelle Ausrichtung und mehr Zeitaufwand. Die Projektion ist nicht anders. Sie erlaubt mehrere Lösungen, aber nur solche, die kohärent bleiben.

Es gibt keine vierte Generation. Nicht, weil Physiker sie nicht gefunden haben, sondern weil die Projektion sie nicht auflösen kann. Ab einer bestimmten Tiefe versagt die Constraints-Closure-Bedingung. Die Latenz überschreitet die strukturellen Grenzen. Die Signatur kann sich nicht stabilisieren. Wir haben so etwas Ähnliches am Ereignishorizont gesehen.

Dies ergibt die Anzahl der Generationen und ihre Hierarchie. Erstens: stabil und leicht. Zweitens: angespannt und vergänglich. Drittens: kaum real. Und nichts darüber hinaus.

Die Casting-Ausschreibung der Realität erlaubte drei Takes. Der vierte wurde wegen Überschreitung des Budgets gestrichen.

Quarks, Confinement und die Geometrie der Verweigerung

Das Quark ist eine zentrale Figur im Standardmodell. Es wird aufgelistet, kategorisiert, gezählt und routinemäßig für alles verantwortlich gemacht, von der Baryonenstruktur bis zur Kernstabilität. Es gibt es in Farben (die keine Farben sind), es hat Ladungen (die nicht ganz sind) und es interagiert über Gluonen (die allein nicht nachweisbar sind). Und niemand hat jemals ein einziges Quark gesehen.

Das sogenannte Confinement ist ein Merkmal der starken Wechselwirkung. Im Gegensatz zu anderen Kräften wird die starke Kraft mit zunehmender Entfernung stärker. Trennt man zwei Quarks, schwächt sich die Wechselwirkung nicht ab, sondern verstärkt sich. Anstelle von Freiheit entsteht Spannung. Anstelle von Isolation entsteht Widerstand. Dieses eher seltsame Verhalten der starken Kraft ist in der klassischen Physik nicht wirklich verstanden. Tatsächlich ist es ein Rätsel.

Aus der Perspektive der Projektion ist dies keine Anomalie. Es ist eine direkte Folge der strukturellen Unzulässigkeit, da ein einzelnes Quark nicht projizierbar ist. Seine Identitätssignatur, isoliert betrachtet, durchläuft den Projektionsfilter nicht. Es trägt eine fraktionierte elektrische Ladung, eine unausgeglichene SU(3)-Farbe und eine offene Krümmungskonfiguration. Es gibt keine Constraintsclosure. Die Struktur ist unvollständig. Die Projektion sagt: Nein. Das ist so, als würde man einen halben Passantrag einreichen. Man wird nicht verhaftet. Man kommt nur nicht rein.

Aber drei Quarks sind etwas anderes. Jedes trägt eine der SU(3)-Farbladungen und bildet zusammen ein farbneutrales Triplett. Dieses Triplett ist eine gemeinsam projizierbare Konfiguration. Es ist eine strukturell geschlossene, krümmungsausgeglichene Identität. Es wird als zusammengesetzte Lösung projiziert und nicht als einzelne Teile. Das ist wichtig. Sagen wir es noch einmal mit anderen Worten:

Das Proton besteht nicht aus drei projizierten Quarks. Es ist ein projiziertes Triplett. Ein Ganzes, das auf einmal realisiert wird. Eine gemeinsame Identitätssignatur.[3)]

Dies erklärt die Einschränkung auf struktureller Ebene. Das Quark ist nicht gebunden. Es ist eingebettet. Der Versuch, es zu isolieren, ist keine physikalische Trennung, sondern die Forderung, eine Konfiguration zu projizieren, die sich einfach nicht realisieren lässt.

Nehmen wir nun an, wir versuchen es trotzdem.

Du fragst Dich vielleicht, warum jemand so etwas versuchen sollte. Nun, jemand, der einen sehr teuren Teilchenbeschleuniger zur Verfügung hat, könnte versucht sein, etwas auf ein Proton zu schießen, nur um herauszufinden, was passiert.

Wenn ein Quark aus dem Triplett herausgezogen wird, wird die Projektionskonfiguration zunehmend verzerrt. Das System ist nicht mehr trivial zulässig. Der Projektionsfilter muss sich dehnen. Es entsteht eine Krümmung. Die Latenz steigt. Die Spannung der Constraints wächst.

Diese wachsende Spannung ist keine dynamische Kraft. Es ist das System, das sich der Unzulässigkeit widersetzt. Es ist die Projektion, die versucht, angesichts des strukturellen Versagens die Kohärenz aufrechtzuerhalten.

Die starke Kraft ist kein Gummiband. Es sind die Regeln des Gebäudes, die sich neigen und sagen: „Du gehörst nicht hierher.“

Schließlich gibt das System auf und löst die Konfiguration neu. In der Regel durch die Projektion eines neuen Quark-Antiquark-Paares, um die Struktur wieder ins Gleichgewicht zu bringen. Was wir als Hadronisierung beobachten, ist einfach die Heilung von Zwängen. Es ist kein Zerfall. Es ist die Realität, die sich selbst repariert.

---

3 Dass Stabilität nur als Ganzes realisierbar ist, lässt sich auch makroskopisch und sogar in verdächtig harmlosem Wasser beobachten. Zeitaufgelöste XFEL-Experimente zeigen bei Raumtemperatur die Ausbildung einer metastabilen Eis-Phase (ice XXI), die direkt aus superkomprimiertem Wasser entsteht und sich nur als kollektive Struktur stabilisiert. Lee, Y.–H. et al.: Multiple freezing–melting pathways of high-density ice through ice XXI phase at room temperature. Nature Materials (2025).

Und was ist mit den Gluonen?

Sie sind keine fliegenden Boten. Sie sind die Regler der inneren Krümmung, also die minimalen Transformationen, die es dem Farb-Triplett ermöglichen, bei innerer Bewegung zulässig zu bleiben. Jedes Gluon entspricht einem Generator von SU(3)[4]: eine Möglichkeit, wie sich die Identität biegen kann, ohne zu brechen. Sie existieren innerhalb des projizierten Verbunds, nicht darüber hinaus.

Die Realität klammert sich nicht an Quarks. Sie klammert sich an Strukturen. Versucht man, eines davon loszureißen, jammert das Universum nicht rum. Es verstärkt seinen Griff, lächelt und flüstert: „Vergiss es!"

[4] SU(3) hat 8 Generatoren. Ein Generator ist eine Grundrichtung in einem Raum kontinuierlicher Transformationen. In SU(3), der Symmetriegruppe, die mit der Farbladung von Quarks assoziiert ist, gibt es acht unabhängige Möglichkeiten, die interne Farbkonfiguration zu ändern, ohne die Symmetrieregeln zu verletzen. Daher gibt es 8 Gluonen.

9
Platons Höhle – wie die Physik das Projektionsfeld sieht

Prolog: Die Seaside-Conference für pensionierte Physiker

Der verbeulte Citroën mit rumänischem Kennzeichen und mindestens einer Radioantenne zu viel bahnt sich langsam seinen Weg die lange, abschüssige Straße hinunter, die in nichts als Wind und Meer endet. Irgendwo in der Nähe dieses Endes, versteckt hinter rauschenden Kiefern und einem schiefen Holzschild, das halb mit Flechten bedeckt ist, eingebettet in eine vergessene Bucht, wo das Land keine Besucher mehr erwartet, liegt die Villa Hypatia. Sie schmiegt sich an einen verwitterten Hang über dem Meer, flankiert von niedrigen Steinmauern und der Erinnerung an formale Gärten. Die Luft riecht schwach nach Jod, Kiefern, Lavendel und Kreide. *„Hoffentlich halten die Bremsen"*, murmelt Maria, als der 2CV in den Motorbremsmodus schaltet und ihre rechte Hand sich dem Notanker-Knopf nähert. Sie kennt diese Straße. Es ist ihr fünftes Mal, dass sie zu diesem vergessenen Abschnitt der slowenischen Küste fährt, wo aus Gründen, an die sich niemand mehr genau erinnert, die jährliche Seebadkonferenz für pensionierte Physiker stattfindet. Das Gebäude selbst ist älter als alle seine Bewohner. Es war einst ein Sanatorium, dann kurzzeitig eine Sternwarte und schließlich ein Internat für mathematisch begabte Kinder mit leichtem Asthma. Heute beherbergt es eine ganz besondere Versammlung für Menschen, die nicht mehr publizieren oder zitiert werden müssen, aber nie ganz aufgehört haben zu denken.

Der 2CV kommt mit blockierten Rädern zum Stehen, wirft Kies auf und Maria Goeppert Mayer geht auf die Villa zu, ihren Koffer im Gleichschritt mit ihren Schritten hinter sich herziehend. Ihr Zimmer ist bereits vorbereitet. Wie immer ist es das Eckzimmer im Obergeschoss mit Balkon und Blick auf den Leuchtturm. Ein Einzelbett, Meerblick, eine Vase mit künstlichen Veilchen und Stille. Sie hatte um Stille gebeten. Sie bekommt sie.

Albert Einstein kommt mit dem Zug an. Ein Fahrer wurde geschickt, um ihn in einer schwarzen Limousine abzuholen, in der er seine Pfeife rauchen darf, während er die Fahrt entlang der Adriaküste genießt. Die Aussicht ist atemberaubend, aber Albert ist damit beschäftigt, die Zeit zu lesen, die er am Bahnhof gekauft hat. Es ist bereits Nachmittag, als er in der Villa Hypatia ankommt. Sein Zimmer liegt auf der anderen Seite des Gebäudes, weil er seine Geige mitgebracht hat. Der Fahrer folgt mit seinem Koffer.

Kurz darauf kommt Paul Dirac mit dem Fahrrad an. Niemand hat gesehen, woher er kommt. Er steigt genau am Kiesrand ab, lehnt den Rahmen gegen die Steinbalustrade und nimmt eine einzige Ledertasche aus der Satteltasche. Darin befinden sich ein Notizbuch, ein ungespitzter Bleistift und „*Das Buch der Physik*". Er hat dieses große, in Leinen gebundene Buch immer dabei, zu dem er eine ungewisse Beziehung zu haben scheint. Jedenfalls trägt er es den ganzen Tag mit sich herum und weigert sich, Fragen darüber zu beantworten, woher das Buch stammt und warum es so ramponiert aussieht. Einmal murmelte er nur etwas wie „*Physik muss man bearbeiten*".

Ein schmales Ruderboot treibt bei steigender Flut an den alten Pier. An Bord: Niels Bohr und David Bohm. Sie streiten sich seit einer Stunde und zwanzig Minuten. Bohr über die Notwendigkeit der Interpretation, Bohm über die Struktur der impliziten Ordnung. Keiner von beiden ist nass, was angesichts der Strömung eine Überraschung ist. Sie haben kein Gepäck dabei, aber Bohm holt eine kleine Thermoskanne mit Kaffee aus seinem Mantel, und Bohr holt eine ganze Vorlesung hervor, die auf einem einzigen gefalteten Blatt Papier geschrieben ist. Der Tradition entsprechend werden sie in ein Zimmer zusammenquartiert. Sie schlafen ohnehin wenig, und es gibt noch ein drittes Bett im Zimmer.

Als Nächster trifft Richard Feynman in einem roten Cabrio ein. Er parkt quer auf dem Rasen, springt heraus und holt zwei Taschen hervor: eine mit Kleidung und eine mit unbestimmtem Inhalt, die jedoch, als er sie versehentlich fallen lässt, ein Geräusch macht, als würde eine Ukulele-Saite von einer Bongotrommel zerrissen. Er ist bester Laune und hat noch Konfetti im Haar. Er teilt sich das Zimmer mit Einstein. Wer hätte das gedacht?

Ein kleines Elektroauto setzt Sir Roger Penrose am Gartentor ab. Er steigt langsam aus und trägt eine Tasche, die genau einen Satz Wechselkleidung, eine Packung Kekse und ein Modell der E_8-Lie-Algebra aus Büroklammern und Gummibändern enthält. Er begrüßt die anderen mit einem distanzierten Lächeln und bekommt ein Eckzimmer mit hohen Fenstern, ohne Schreibtisch und mit einem zweiten Bett.

Élie Cartan ist bereits da. Niemand hat ihn kommen sehen, aber sein Mantel hängt im Eingangsbereich, und jemand hat seine handschriftliche Notiz am Rand des Gästebuchs gefunden: „*Die Mannigfaltigkeit bleibt glatt, bis sie hinterfragt wird.*" Er hat das kleinste Zimmer über dem Heizungskeller bezogen.

John Bell und Stephen Hawking kommen zusammen an. Bell fährt. Das Auto ist langsam, aber äußerst präzise. Hawkings Sprachsynthesizer ist auf „Cambridge 1988" eingestellt und spricht jeden dritten Satz wie einen Satz aus einem Lehrbuch. Ihr Gespräch im Auto dreht sich um die Feinstrukturkonstante und die Sozialpsychologie von Namensschildern auf Konferenzen. Ihr Gepäck ist identisch: ein schwarzer Anzug, ein tragbarer Verstand.

Es ist noch jemand anwesend.

Niemand weiß genau, wer Wobble mitgebracht hat. Einige sagen, sie sei mit Feynman angekommen. Andere schwören, sie habe sich in einer Ecke von Cartans Zimmer zusammengerollt und leise geschnarcht, bevor die anderen kamen. Derzeit befindet sie sich in der Bibliothek und hat die Form eines Hundes. Möglicherweise ein Border Collie, möglicherweise etwas Quantentheoretisches. Ihr Schwanz zeigt spontane Superposition. Alle sind sich einig, nicht darüber zu sprechen. Wobble steht auf der Gästeliste. Schon immer.

Die Zimmer sind verteilt. Feynman und Einstein. Mayer hat ihre Ruhe. Das Trio Bell, Bohr und Bohm landet zusammen, entweder aufgrund universeller Symmetrie oder durch einen Fehler. Cartan hat ein Einzelzimmer, Dirac auch. Hawking teilt sich ein Zimmer mit Penrose. Der erste Kaffee wird gekocht. Der Geruch von Meer und frühen Gedanken hängt im Flur.

In der Lounge mit gepolsterten Stühlen, einem großen Kamin und einem Spiegel, der es nicht besonders mag, angesehen zu werden, legt Dirac das Buch auf den Tisch. Es ist groß, fast so groß wie ein Koffer, und schwerer, als ein Band mit reinen Ideen sein sollte.

Jemand öffnet ein Fenster. Eine Seite blättert sich um. Vielleicht eine Windböe.

Dirac zieht eine Augenbraue hoch, und die Debatte beginnt.

9.1 Sie öffnen das Buch

Dirac liest laut vor: *„Seite 1. Alle Felder sind auf der Raumzeit definiert.“*

Feynman kichert. *„Nun, das hat nicht lange gedauert, bis das falsch war.“*

Bohr hebt die Hand. *„Das ist nicht falsch. Es ist das Koordinatensystem der Erfahrung.“*

Penrose schaut von seinem Keks auf. *„Es ist eine Annahme.“*

Einstein sitzt mit gekreuzten Beinen in einem Sessel, der genau so stark durchhängt wie er selbst, und faltet seine Zeitung zusammen. *„Es ist eine sehr erfolgreiche Annahme.“* *„Es ist eine Mannigfaltigkeit. Bis sie es nicht mehr ist“*, fügt Cartan aus der Ecke hinzu, fast unhörbar. Bell schreibt etwas in sein Notizbuch. Bohm wirft einen Blick darauf und nickt. *„Was steht laut unserer Tagesordnung als Nächstes an?“*, fragt Penrose. Sie sehen sich an. „Ich *habe die Tagesordnung nicht bekommen“*, jammert Bohr. *„Wie immer.“* Hawking passt seinen Sprachsynthesizer an die Raumakustik an, spielt einen Jingle und fügt hinzu: *„Wir werden die Realität der Physik auf der Grundlage von Projektionsbeweisen aus der Identitätstopologie diskutieren.“*

„Das ist eine Mannigfaltigkeit“, bemerkt Cartan. *„Was?“*, fragt Feynman. *„Raumzeit.“* Cartan verlässt den Raum.

Bohm wendet sich an Dirac: *„Paul, kannst Du uns noch eine Seite geben?"* Dirac blättert um und liest: *„Seite 14. Das Elektron ist ein Punktteilchen. Seine Masse ist ein intrinsischer Parameter."*

Maria Goeppert Mayer, die sich gerade zu der Runde gesellt hat und sich neben Feynman auf ein recht großes Sofa setzt, seufzt leise. *„Ich habe diesen Satz immer gehasst."* Einstein runzelt die Stirn. *„Masse wird in diesem Buch nicht erklärt."*

„Nicht in diesem Buch", sagt Hawking, *„und auch nicht in meinem."*

„Masse", sagt Dirac leise, *„soll eine Projektionslatenz sein. Aber wir messen sie einfach."*

Feynman streckt sich. *„Ist Ihnen aufgefallen, dass niemand jemals den Ursprung des Lagrange-Prinzips erklärt? Wir schreiben einfach eines, das funktioniert. Es ist ein Zaubertrick mit Einheiten."*

„Wir minimieren die Wirkung", sagt Penrose. *„Denn das ist es, was stabilisiert."*

Bohr unterbricht ihn. *„Aber Aktion hat ohne Kontext keine Bedeutung. Wir sehen, was erlaubt ist, nicht was ist."*

„Nein", sagt Dirac entschieden. *„Wir sehen, was die Constraints überlebt hat."*

„Hat noch jemand Lust auf einen Drink?", schlägt Einstein vor. Alle stimmen zu und Getränke werden bestellt. Wobble verwandelt sich in einen niedlichen Hund und kuschelt sich in Marias Schoß, ohne sich daran zu stören, gestreichelt zu werden.

Die Sessel dehnen sich leicht, als sich alle zurücklehnen. Draußen beginnt der Himmel an den Rändern zu trüben. Irgendwo öffnet jemand eine Flasche mit dem Geräusch einer zusammenbrechenden Topologie.

Dirac nippt an seinem Mineralwasser mit wenig Kohlensäure und blättert um. *„Seite 23. Die Quantisierung wird durch kanonische Kommutationsbeziehungen auferlegt."* Bell schnaubt. *„Und nie erklärt."*

„Kommutation", sagt Cartan, *„ist Geometrie."*

„Nein", sagt Bohm lächelnd. *„Es ist Inkompatibilität. Man kann Position und Impuls nicht gleichzeitig stabilisieren. Die Struktur lässt das nicht zu."*

„Dann ist Unsicherheit nicht Unwissenheit", sagt Penrose. *„Es ist die Krümmung des Realisierungsraums."*

Einstein hat versehentlich die Olive aus seinem Manhattan-Cocktail fallen lassen und versucht, Wobble dazu zu verleiten, sie unter dem Sofa hervorzuholen. Bohr hebt sein Glas. *„Ich würde behaupten, es geht immer noch um Wissen."* Dirac schüttelt den Kopf. *„Es geht nicht um Wissen. Es geht darum, dass etwas passt."*

Ein Moment vergeht. Der Wind raschelt in den Kiefern draußen. Irgendwo wärmt jemand Tee auf. Alle sind damit beschäftigt, nirgendwo hinzuschauen. Es liegt Ruhe in den Flüssigkeiten der Gläser.

Dirac blättert eine Seite um. *„Seite 42. Die Schwerkraft wird durch Krümmung beschrieben, die durch Energie-Spannung entsteht."*

Einstein beugt sich vor. „*Das habe ich geschrieben.*"

„*Warum?*", fragt Dirac.

„*Weil es funktioniert hat.*"

„*Aber was ist die Quelle?*", fragt Hawking. „*Was ist Energie-Spannung?*"

Einstein zögert. „*Ein Platzhalter. Eine Randbedingung für die Krümmung.*"

„*Krümmung*", sagt Cartan, der nun etwas lauter spricht, nachdem er die Hälfte seines Harvey Wallbanger getrunken hat, „*ist die zweite Ableitung der Realisierung.*"

Bell tippt auf die Seite. „*Wenn Masse Latenz ist und Latenzgradienten Impedanz sind, dann ist diese Gleichung bereits eine Projektion. Wir wussten es nur nicht.*"

„*Ich glaube*", sagt Penrose langsam, „*wir haben Schatten beschrieben, die durch Zulässigkeit geworfen werden.*"

Feynman lehnt sich zurück, die Hände hinter dem Kopf. „*Das ganze Buch ist also eine Projektion von innen? Physik ist eine Projektion von innen? Wie bei Platon?*" Er genießt das und grinst.

„*Genau*", sagt Dirac.

Eine Weile lang spricht niemand. Selbst Bohr ist still. Bohm schlendert zum Flügel, setzt sich und beginnt, „My Melancholy Blues" von Queen zu spielen.

Dirac hört eine Weile zu, nimmt einen weiteren Schluck von seinem Mineralwasser, schließt das Buch, nimmt aber seine Hand nicht weg.

„*Ich denke*", bricht er die Stille nach Bohms letzter Note, „*wir sollten es durchgehen. Abschnitt für Abschnitt. Als ob wir daran glauben würden. Aber von innen heraus.*"

Einstein nickt. „*Das haben wir immer so gemacht.*"

Mayer lächelt schwach. „*Aber dieses Mal wissen wir, was fehlt.*"

Sie sind sich einig. Nicht formell, nicht laut. Aber die Übereinkunft legt sich wie neue Koordinaten über den Raum. Morgen werden sie die Physik von innen betrachten. Aber jetzt bestellen sie die nächste Runde Getränke.

Draußen dreht der Wind. Das Universum schaut zu.

9.2 Krümmung als Widerstand

Die Sonne geht über dem azurblauen Adriatischen Meer auf und ist etwas überrascht, dass in der Villa Hypatia schon Menschen geschäftig unterwegs sind. Sie überprüft das Datum. Ach ja, es ist wieder dieses Wochenende. Die Sonne entspannt sich, steigt höher und scheint. Physiker im Ruhestand mögen ihr Frühstück früh und ausgiebig.

Der Frühstücksraum der Villa Hypatia ist ein Tempel aus Terrakotta. Eine Wand ist einer verblassten Wandmalerei gewidmet, auf der Schwäne in vagen Kepler-Ellipsen kreisen.

Die gegenüberliegende Seite ist eine Fensterfront mit Blick auf das Meer, ohne damit zu prahlen. Die Fensterläden knarren, wenn der Wind aus Süden weht, wie es heute der Fall ist. Ein großer Tisch ist für elf Personen gedeckt, und das Buffet ist gerade rechtzeitig für die Ankunft der ersten Wissenschaftler vorbereitet. Die Kaffeemaschine ist mechanisch, und das muss sie auch sein, denn es wäre einfach nicht fair, einen großen Geist darauf warten zu lassen, dass eine Kaffeemaschine entscheidet, wie sie einen durchschnittlichen Kaffee zubereitet, der nach verbrannten Socken schmeckt. Es gibt zu viele Löffel und zu wenige Servietten. Das Buch der Physik liegt offen auf dem Ecktisch neben dem Brotkorb.

Das ist eher ungewöhnlich, da Dirac nicht da ist. Er muss sich hier sicher fühlen. Einstein ist der Erste, der eintrifft. Er wählt schwarzen Kaffee, eine Schale Obst und drei Scheiben Butterbrot. Er faltet seine Serviette mit der Präzision eines metrischen Tensors und setzt sich unter die Wanduhr, die in leicht unregelmäßigen Abständen tickt. Er wirft einen Blick auf das Buch.

Goeppert Mayer folgt. Sie nimmt schwarzen Kaffee und drei hart gekochte Eier. Sie salzt sie, ohne sie zu probieren, und setzt sich Einstein gegenüber. „*Gut geschlafen?*", fragt sie.

„*Nur hypothetisch.*"

Als Nächster erscheint Penrose. Er bringt seine eigenen Kekse mit und nimmt einen schwarzen Kaffee. Er starrt die Schwäne an der Wand an, als wollten sie aus ihren Bahnen entkommen. „*Guten Morgen, hat das Buch schon gesprochen?*"

Einstein zeigt auf die Seite. „*Seite 176. Der Einstein-Tensor ist gleich acht Pi mal dem Stress-Energie-Tensor.*"

Maria kaut nachdenklich. „*Diese Gleichung hat mir noch nie gefallen.*"

„*Du hast sie geschrieben*", sagt Penrose.

„*Ich habe sie zusammengesetzt*", antwortet Einstein. „*Aus nützlichen Teilen. Sie war nie eine Erklärung.*"

Feynman kommt in Badehose und einem Hotelbademantel herein. Er trägt einen Teller mit Pfannkuchen, eine Grapefruit, ein kleines Glas mit etwas Radioaktivem in Honig und einen schwarzen Kaffee. Er setzt sich, schält die Grapefruit und nickt in Richtung des Buches.

„*Also*", sagt er mit vollem Mund. „*Warum krümmt sich der Raum?*"

„*Weil die Masse es ihm sagt*", antwortet Einstein trocken.

„*Weil Projektion Widerstand leistet*", sagt Cartan, der aus dem Nichts auftaucht. Er schenkt sich ein Glas Orangensaft ein und beginnt, eine Feige mit der Eleganz einer topologischen Transformation zu schälen. Dann schenkt er sich einen schwarzen Kaffee ein und kommt zum Tisch, wo er sich neben Goeppert Mayer setzt. „*Krümmung*", fährt er fort, „*ist die zweite Ableitung der Latenz.*"

Dirac kommt hinzu. Er stellt eine Schüssel mit Müsli und ein Glas Wasser auf den Tisch. Dann schlägt er das Buch mit bedächtiger Sorgfalt weiter auf. Der Buchrücken knarrt. Die Seite ist dicht mit Symbolen bedeckt.

Bell erscheint mit Kaffee, Toast und Marmelade. Bohm folgt mit Kaffee und einem halbfertigen Diagramm. Hawkings motorisierter Stuhl kommt leise summend hinter ihnen an, gesteuert von einer tragbaren LIDAR-Einheit und guten Absichten.

„*Nehmen wir an*“, sagt Dirac, „*dass Masse die Projektionslatenz ist. Dann ist Beschleunigung der Widerstand gegen eine zu schnelle Veränderung der Identität.*“

„*Je mehr es also kostet, eine Identität zu stabilisieren*“, sagt Bell, „*desto mehr widersteht diese Identität der Bewegung.*“

„*Genau*“, sagt Cartan. „*Masse ist keine Eigenschaft. Sie ist ein Echo der Verzögerung.*“

Penrose schaut auf Feynmans Stapel Pfannkuchen und taucht einen Keks in seinen Kaffee. „*Wenn also die Latenz im Raum variiert ...*“

„*... dann erhält man Krümmung*“, sagt Feynman, der gerade mit Butterpäckchen und einigen von Bells Toastkrusten ein Modell für Widerstand konstruiert. „*Könnten Sie mir bitte einen dieser Kekse reichen?*“

Hawkings Sprachsynthesizer meldet sich zu Wort. „*Seien wir präzise. Der Ricci-Tensor ist die lokale Projektionsimpedanz. Der Einstein-Tensor gleicht ihn aus. Es ist ein geometrischer Ausdruck von Widerstand.*“

„*Aber es wird immer umgekehrt geschrieben*“, sagt Goeppert Mayer. „*Wir sagen, dass Energie-Spannung Krümmung verursacht. Aber was, wenn Krümmung die Struktur ist? Und Energie-Spannung nur das, was wir wahrnehmen?*“

„*Projektion*“, sagt Dirac, „*gleicht sich selbst aus.*“

Draußen landet eine Möwe auf dem Fensterbrett und betrachtet die Schwäne. Feynman wirft ihr eine Toastkruste zu, die sie gekonnt fängt.

Cartan schenkt sich noch Orangensaft nach und murmelt: „*Man sollte die Vögel nicht füttern.*“ Dann lauter: „*Wenn Identität Zeit braucht, um sich zu zeigen, und an manchen Orten mehr Zeit als an anderen, dann muss sich die Struktur der Raumzeit um den Rhythmus des Realisierens krümmen.*“

Einstein lächelt. „*Es ist also nicht so, dass die Masse dem Raum sagt, wie er sich krümmen soll. Es ist vielmehr so, dass Verzögerung Krümmung ist.*“

Es herrscht Stille. Keine bedrückende Stille, nur nachdenkliche Stille. Bell nimmt sich noch eine Scheibe leicht angebrannten Toast, bestreicht sie elegant mit Butter und wiederholt: „*Verzögerung IST Krümmung!*“ Jemand reicht ihm die Marmelade. Bohr kommt zu spät und bringt schwarzen Kaffee und Haferbrei mit.

„*Was ist dann Gravitation?*“, fragt Penrose.

„*Die Zeit*“, sagt Dirac, „*widerspricht sich selbst.*“

Feynman zeigt mit seiner Gabel auf das Buch und sieht Einstein an. *„Diese Gleichung, deine Gleichung, ist also eigentlich eine Erhaltung der Kohärenz. Mit einer Struktur auf beiden Seiten."*

„Es ging immer um Gleichgewicht", grinst Albert. *„Aber wir haben nie gefragt, was ausgeglichen wird."*

Élie Cartan steht auf und beginnt mit Kreide auf der Tafel neben dem Sideboard zu skizzieren. Es quietscht einmal, dann entsteht ein Tensordiagramm, das fast wie ein Frühstück aussieht.

Maria trinkt ihren Kaffee aus. *„Wir sollten nach draußen gehen."*

Alle stimmen zu. Der Tisch wird abgeräumt. Paul nimmt das Buch vorsichtig und drückt es an seine Brust. *„Willst Du das wirklich mit an den Strand nehmen?"*, fragt Niels, obwohl er die Antwort schon kennt.

„Klar."

Der Weg von der Villa zum Meer ist mit großen, unebenen Steinen gepflastert, die uralt sind, wahrscheinlich aus der Römerzeit stammen und möglicherweise falsch ausgerichtet sind. Die Physiker verteilen sich in kleinen Gruppen. Die Sonne ist nun vollständig aufgegangen, und die Küste strahlt in einer Klarheit, die nur entsteht, wenn Zeit und Feuchtigkeit vergessen haben, sich zu streiten.

Der Strand ist felsig, mit Kieselsteinen, alten Kiefernnadeln und Flecken von blühendem Thymian durchsetzt. Das Meer ist ruhig, blaugrün, mit subtilen Farbverläufen. Aus der Ferne könnte man es für ein flaches Feld halten. Ist es aber nicht.

Albert und Maria entdecken als Erste das Kanu und sind sofort begeistert. Es ist alt, aus poliertem Holz, mit Holzpaddeln, die so sehr mit Lack überzogen sind, dass das Meer es aufgegeben hat, sie zu verfärben. Ohne große Zeremonie stoßen sie ab und paddeln entlang der geschwungenen Bucht.

„Das ist es, was ich wollte", sagt Einstein und lässt eine Hand durch das Wasser gleiten. *„Die Manigfaltigkeit mit Widerstand spüren."*

„Das wäre Viskosität", antwortet Meyer. *„Das steht nicht in deinen Gleichungen."*

„Sollte es aber", murmelt er.

Sie passieren eine flache Bucht, wo sich das Licht auf algenbedeckten Steinen bricht. Das Kanu neigt sich leicht unter dem Gewicht der Erkenntnis.

An Land gehen Roger und John langsam von Fels zu Fels. Penrose zeichnet mit seinem Spazierstock ein Diagramm in die Luft. Bell ist nicht überzeugt.

„Du projizierst immer noch eine Metrik."

„Ich projiziere eine Möglichkeit", antwortet Roger.

„Ist das nicht nur eine andere Art zu sagen, dass wir die linke Seite der Feldgleichung nicht verstehen?"

„Nein", sagt Penrose. *„Es ist eine Art zuzugeben, dass wir Impedanz beschrieben haben, ohne es zu wissen."*

Weiter vorne geht Élie Cartan barfuß entlang der sandigen Pfade zwischen den Steinen entlang und hält einen Dessertlöffel in der Hand. Gelegentlich bückt er sich und drückt den Löffel auf den Boden. Er sagt nichts. Der Löffel scheint Daten zu sammeln.

Feynman ist bereits im Wasser. Er hat einen großen rosa Flamingo-Schwimmring aufgeblasen, den er mit einer Hand paddelt, während er mit der anderen seine Augen vor der Sonne schützt. Seine Beine baumeln in der Adria. Er trägt eine Sonnenbrille und einen Hut, für den niemand die Verantwortung übernimmt.

„*Das Problem mit der Krümmung*“, ruft er, „*ist, dass die Leute immer denken, es sei ein Ort, an den man geht. Aber das ist es nicht. Es ist, wie schwer es ist, sich selbst zu bleiben, während man sich bewegt.*“

Er nimmt einen Schluck aus einer Kokosnuss, die vorher nicht da war.

„*Außerdem*“, fügt er hinzu, „*hätte jemand Sonnencreme mitbringen sollen.*“

Auf der anderen Seite der Bucht sitzt Dirac auf einem Felsvorsprung, an dem die Wellen sanft, langsam und rhythmisch plätschern. Er starrt auf den Horizont. Das Buch liegt auf seinem Schoß, und nun blättert er darin, bis er gefunden zu haben scheint, wonach er gesucht hat. Er starrt wieder auf den Horizont und nickt.

David Bohm treibt regungslos im hüfthohen Wasser, als würde er darauf warten, dass das Wasser ein Problem löst.

Schließlich kommt Niels, bekleidet mit Sandalen und einer unpassenden Sonnenbrille. Er murmelt etwas über Frühstück und Entropie und schließt sich dann Élie bei seiner Beobachtung des Löffels an. Sie vereinbaren, den Löffel ganz nah über einen Felsen zu halten, der feucht ist vom Sprühnebel gelegentlicher Wellen, die sich nicht an die Beschränkungen halten wollen. Sie spähen unter den Löffel und brechen in Gelächter aus.

Auf dem schmalen Pfad, der sich durch das Buschland schlängelt, bleibt Sir Roger stehen.

„*Wenn Masse Latenz ist*“, sagt er, „*und Krümmung der Gradient der Latenz, dann sind die Feldgleichungen unvermeidlich.*“

John lächelt. „*Die Realität widersetzt sich also dem Werden. Und dieser Widerstand ist Geometrie.*“

„*Das war schon immer so*“, sagt Roger. „*Wir wussten nur nicht, wogegen sie sich wehrt.*“

Das Kanu fährt vorbei. Maria ruft zurück zum Ufer.

„*Die Schwerkraft wird nicht durch Masse verursacht. Sie ist Masse – verteilt in einer Struktur.*“

Einstein paddelt sanft und nickt. „*Und Trägheit ist nur Verzögerung.*“

Wobble taucht am unteren Ast eines Olivenbaums auf und schüttelt sich mit solcher Energie, dass drei Gleichungen durcheinandergeraten. Dann beobachtet sie interessiert die Landschaft. Richard winkt ihr vom Flamingo aus zu.

„*Du bist spät dran*“, ruft er.

Wobble antwortet, indem sie sich kurz in ein Gewirr aus Wellen und Quantenschaum verwandelt und sich dann wieder zu ihrer Hundegestalt formt. Sie trabt an der Wasserlinie entlang, als ginge sie nichts etwas an.

Später versammeln sich die Physiker in der Nähe eines Gezeitentümpels.

Penrose hockt sich hin, um ein Diagramm in den Sand zu zeichnen. Er skizziert einen Weg von einem Teilchen zu seiner projizierten Identität, der durch Constraintspannung leicht gebogen ist. Feynman fügt eine Muschel hinzu, um die lokale Krümmung darzustellen. Einstein ergänzt eine kleine Spirale, um die Richtung anzuzeigen. Dirac kommt als Letzter, setzt sich auf einen trockenen Felsen und betrachtet, was sie gezeichnet haben.

„*Die Schwerkraft ist also nichts, was wir entdecken*“, sagt er. „*Sie ist die Form, zu der wir gezwungen sind.*“

Sie bleiben eine Weile dort sitzen, ohne zu sprechen. Die Wellen erklären alles, aber nur, wenn man nicht zu sehr darauf achtet, sie zu hören. Schließlich spricht Bohm.

„*Vielleicht ist Projektion nicht nur ein Rahmen. Vielleicht ist sie alles, was es je gab.*“

Sie kehren langsam zur Villa zurück. Das Meer folgt ihnen nicht. Aber es schaut interessiert auf das zurückgelassene Diagramm, schickt eine Welle und nimmt sanft eine kleine Korrektur vor. Das Meer hat keine Fähigkeit, Gesichtsausdrücke zu zeigen, und so bleibt es bläulich-grün und entspannt sich in der Ebbe.

Im Wohnzimmer legt Paul das Buch auf den Tisch, wo es sich zufällig öffnet und sich auf einer neuen Seite niederlässt. Dirac zieht eine Augenbraue hoch, das macht er gerne, als er einen scheinbar neuen Inhalt entdeckt.

Dort hat jemand hingekritzelt:

„*Sei* $\boldsymbol{G} = \boldsymbol{8\pi T}$. *Beide Seiten bestehen aus Verzögerung.*“

9.3 Verzögerung und Masse

Die Mittagsklingel in der Villa Hypatia ist eine echte Glocke, eine Glocke mit allem, was man sich von einer Glocke wünschen kann. Sie ist aus Bronze, patiniert und unbekannter Herkunft. Sie hängt direkt vor dem Fenster des Speisesaals und wird mit großer Zeremonie und unterschiedlicher Präzision von demjenigen geläutet, der als Erster bereit zum Essen ist.

Heute ist es Bohr, der sie läutet, der als Erster vom Strand heraufgekommen ist, sich umgezogen hat und das Gefühl hatte, nicht genug gefrühstückt zu haben. Einmal. Er läutet einmal. Dann noch einmal, für den Fall, dass jemand die ontologische Bedeutung übersehen hat.

Langsam versammeln sich alle um den großen Eichentisch, während die Sonne durch die hohen Fenster wie ein zähflüssiges Skalarfeld hereinströmt. Der Tisch ist bereits mit Tonschalen, sauberen Gläsern und gefalteten Servietten in verschiedenen Formen gedeckt. Der Raum duftet nach Rosmarin, Wacholder und Zwiebeln, deren Geruch längst verblasst ist. Das Mittagessen ist immer vegetarisch. Nicht aus Prinzip, sondern aus Entropie. Einmal hat jemand Wurst mitgebracht, und seitdem hat sich das Vakuum nie wieder ganz geschlossen.

Der erste Gang ist eine reichhaltige Gemüsesuppe, eine Mischung aus Kräutern und allerlei Gemüsesorten, die zu langsam sind, um dem Koch zu entkommen, und voller Bedeutung. Sie wird schweigend von Bohm serviert, der glaubt, dass manche Gleichungen ohne Kommentar aufgenommen werden sollten.

Schließlich wird ein dampfender Jota-Eintopf in Tontöpfen serviert. Sauerkraut, Bohnen, Kartoffeln, Olivenöl – eine Geschichte, die durch Fermentierung erzählt wird. Einstein lächelt. *„Das“*, sagt er, *„ist Widerstand mit Geschmack.“*

„In der Tat, man spürt es in diesem Eintopf“, sagt Richard und rührt mit seinem Löffel, *„wie die Projektion sich jeder Unterbrechung widersetzt.“*

„Ja“, sagt Cartan. *„Alles hier hat Zeit gebraucht, um Wirklichkeit zu werden.“*

„Und je länger die Verzögerung“, fügt Dirac hinzu, *„desto größer die Beharrlichkeit. Desto größer die Trägheit.“*

„Umso mehr Geschmack“, fügt Maria hinzu. Alle nicken, lachen und löffeln glücklich den Eintopf.

Als Nächstes kommen Struklji, weiche Teigtaschen in Reihen, einige gefüllt mit Hüttenkäse, andere mit Spinat, wieder andere mit unbekannten Kräutern, die in vergessenen Dialekten benannt sind. Feynman vermutet, dass eine davon Fraktale enthält. Er isst sie trotzdem.

Bohr hebt vorsichtig einen Knödel hoch. *„Masse ist also nichts. Sie ist eine Dauer.“*

Hawkings Sprachsynthesizer antwortet: *„Ein zeitlicher Aufwand.“*

Bell nickt. *„Masse als Verzögerung erklärt Trägheit. Aber was ist mit Gewicht?“*

Penrose antwortet zwischen zwei Bissen: *„Gewicht ist nur eine Krümmung, die Verzögerung ortsabhängig macht.“*

Einstein grinst. *„Deshalb schmeckt Essen in Meereshöhe besser.“*

Maria blickt auf ihren Löffel. *„Wir sind uns also einig, dass Masse keine Substanz ist. Sie ist eine Projektionsverzögerungskonstante, ein Widerstand dagegen, zu schnell zu werden.“*

„Genau“, sagt Dirac.

Die Gläser werden erhoben. Einige enthalten einen jungen Weißwein von einem Hügel, den keine Karte verzeichnet. Andere Mineralwasser, still oder sprudelnd, mit ungelösten Spannungen.

Feynman fügt hinzu: *„Dann ist das Elektron nicht klein. Es ist strukturell schnell.“*

Bohr wischt sich den Mund ab, faltet seine Serviette zu einem Möbiusband und erklärt: *„Je mehr sich eine Identität einer schnellen Stabilisierung widersetzt, desto massi-*

ver erscheint sie. Masse ist also eine Erinnerung daran, dass sich das Universum Zeit nimmt.“

Es folgt eine Pause, während diese Worte sacken oder nachwirken.

Draußen schüttelt eine Brise die Weinreben am Fenster. Wobble, unter dem Tisch, wurde heimlich von Cartan mit Knödelstückchen gefüttert und leckt nun den Boden mit einer philosophischen Zweideutigkeit, die entweder als Zustimmung oder als Kommentar interpretiert werden kann.

Das Dessert wird im Salon serviert. Obst, ein traditioneller Schichtkuchen mit Walnüssen und Pflaumen und starker Kaffee. Espresso wird in der Bibliothek serviert.

Die Villa teilt sich.

Einige begeben sich in die Bibliothek, einem verwinkelten Anbau aus poliertem Holz, Pergament und stillen Verschwörungen. Andere schlendern in den Salon, wo der Kaffee in riesigen Tassen neben einem tickenden Barometer und einem Schachbrett mit einer ungelösten Partie serviert wird, die wegen emanenter physikalischer Erleuchtung vergessen wurde.

Die Bibliothek ist älter als die Villa. Das ist die lokale Legende, und niemand stellt sie infrage. Geschnitzte Regale reichen bis zu einer Decke, die nicht ganz den euklidischen Erwartungen entspricht. Es riecht nach Pergament, Eichenharz und Kerzenrauch aus vergangenen Jahrhunderten. Die Wände sind mit Büchern, Schriftrollen und Geschäftsbüchern bedeckt, und in einer Glasvitrine befindet sich ein Papyrusfragment, das angeblich in Alexandria katalogisiert wurde, möglicherweise von Hypatia selbst.

Dirac betritt als Erster die Bibliothek und trägt das Buch. Er legt es auf den Tisch in der Mitte, wie man einen Kompass auf eine Landkarte legt. Penrose und Bell folgen ihm und sprechen leise. Cartan schlüpft lautlos herein und kritzelt bereits in ein ledergebundenes Notizbuch. Er sieht sich um und beschließt, seinen Espresso auf die Kante eines staubigen Regals zu stellen. Aus diesem Regal zieht er ein handgeschriebenes Manuskript, dessen Tinte zu einer Farbe verblasst ist, die an die Schwerkraft erinnert. An diesem Manuskript muss wirklich gearbeitet worden sein, denn es enthält gekritzelte Sätze in Latein, Griechisch und Arabisch. Cartan blättert die Seiten durch, zögert dann und pfeift leise durch die Zähne. Er liest laut vor: *„Substantia tarda est et hoc est pondus.“* Und übersetzt: *„Die Substanz ist langsam, und das ist ihr Gewicht.“* Er blättert zur leeren Titelseite und zurück zur geöffneten Seite. *„Könnte Keplers Handschrift sein.“*

„Die Alten verstanden mehr, als sie messen konnten“, sagt Paul.

Penrose findet eine Zeichnung. Sie zeigt eine Spirale, die asymptotisch auf einen Mittelpunkt zuläuft.

„Sieht aus wie Latenz“, sagt er. *„Und sie löst sich nie ganz auf.“*

Bell fährt mit einem Finger über den Rand des Diagramms. *„Masse ist die strukturelle Folge ungelöster Werdeprozesse. Kein Wunder, dass sie sich der Beschleunigung widersetzt. Du versuchst, die Projektion zu beschleunigen.“*

„Aber Projektion lehnt Eile ab", sagt Dirac. *„Das ist ihr Prinzip. Das Buch zeigt es in jedem Masse-Term."*

Cartan, der nun unter einer Büste von Newton sitzt, beginnt, ein Tensorfeld mit Pfeilen zu skizzieren, die entlang der Krümmung immer dichter werden.

„Wenn wir $\tau(x)$ als minimale Projektionsverzögerung an einem Punkt x in der Raumzeit definieren ..." Er hält inne. *„... dann ist die Masse einfach $\kappa_0 \cdot \tau(x)$, wobei κ_0 eine Strukturkonstante ist."*

Penrose fügt hinzu: *„Und diese Verzögerung ist nicht nur ein Preis. Sie ist eine Auswahl. Das Universum wählt Langsamkeit, wenn die Struktur Präzision erfordert."*

Dirac schlägt das Buch auf einer halb aufgeschlagenen Seite auf und fügt am Rand eine Notiz hinzu. Nur ein Symbol:

$\kappa_0 \approx 7{,}08 \times 10^{-10}$ kg/s

Bell pfeift leise. *„Das ist keine Zahl"*, sagt er. *„Das ist der Widerstandsbeiwert der Identität."*

Währenddessen entspannt sich Feynman im Salon, der etwas zu groß, etwas zu warm und voller Stühle mit Geschichte ist. Die Vorhänge sind zum Meer hin geöffnet. Auf dem niedrigen Tisch stehen Kuchen, Obst, Kaffee und eine kleine Schale mit Nüssen, von denen Bohr behauptet, sie stammten von einem Baum, der die Verschränkung versteht.

Bohm sitzt mit gekreuzten Beinen auf einem Teppich, der vielleicht persisch oder kartesisch ist. Einstein steht mit einer Tasse Kaffee in der Hand am Fenster und starrt auf die Krümmung des Nachmittags.

„Wenn ich diese Tasse halte", sagt Einstein, *„spüre ich ihr Gewicht. Aber was ich wirklich spüre, ist Projektion, der Versuch, gegen einen Gradienten anzukämpfen."*

Goeppert Mayer nickt. *„Masse ist Erinnerung. Nicht an die Vergangenheit, sondern an Verzögerung, eine Präsenz, die Zeit benötigt, um zu existieren."*

„Es ist, als hätte jede Identität ihren eigenen Zeitstempel", fügt Bohm hinzu, *„aber einen, der nicht gemessen, sondern nur ertragen wird."*

Feynman balanciert einen Löffel auf seinem Finger.

„Hast Du jemals daran gedacht", sagt er, *„dass wir die Masse nicht allein aus dem Higgs--Teilchen ableiten können, weil wir die falsche Frage stellen? Dass Masse nicht etwas Gegebenes ist, sondern etwas Toleriertes?"*

Bohr murmelt mit halb geschlossenen Augen: *„Oder etwas, das das Universum widerwillig und nur für eine gewisse Zeit zuzulassen bereit ist."*

Hawking spricht mit ruhiger Ernsthaftigkeit aus seinem Sprachsynthesizer: *„Das Elektron ist stabil, weil es sich mit perfekter Kohärenz realisiert. Keine Abweichung. Keine Ungeduld."* Er fügt hinzu: *„Es ist nicht stabil, weil es klein ist."*

Eine Pause. Obst wird geschält.

„Masse", sagt Maria, *„ist also die Zeitspanne, in der ein Muster sich in der Raumzeit zusammenhalten kann, bevor es neu projiziert wird."*

Einstein hebt erneut seine Tasse. *„Und je länger es dauert, desto mehr hält es zusammen, desto mehr wiegt es."*

Feynman wirft den Löffel in eine Schüssel mit Pflaumen. Er landet darin. Er grinst. *„Und das ist Physik."*

Bohm schenkt sich noch einen Kaffee ein. *„Oder Raumzeitstruktur. Je nachdem, wo man steht."*

In der Bibliothek zischt die Espressomaschine erneut, wahrscheinlich zum siebten Mal. Penrose dreht aus purer Neugier an einem staubigen Zeiger des Barometers. Bell blättert nun in einem Buch, das behauptet, Tensorenkalkül aus der Wanderung von Schafen abzuleiten. Cartan, der genau zwischen dem Espressoregal und Newtons Büste sitzt, skizziert immer noch Projektionsdiagramme in den Rand eines Himmelsatlas aus dem 17. Jahrhundert.

Dirac schließt die Augen und horcht in sich hinein. Seine Finger ruhen auf dem Buchrücken. Er öffnet es nicht.

„Ich glaube", sagt Penrose langsam, *„wir verwechseln immer wieder das Innere der Projektion mit ihrem Ursprung."*

Cartan schaut auf. *„Sagen Sie das noch einmal."*

„Wir nennen es ein Massefeld", fährt Roger fort. *„Eine Krümmung. Eine skalare Symmetrie. Aber was wir wirklich sehen, ist die Projektion von innen. Die Interpretation von der Höhlenwand."*

Bell legt sein Buch beiseite. *„Die Physik beschreibt also nicht die Welt. Sie beschreibt den Schatten der Zulässigkeit?"*

Dirac nickt. *„Was wir Masse nennen, ist die Dauer der Projektion. Was wir Krümmung nennen, ist die zeitliche Variation dieser Krümmung im Raum. Und der Einstein-Tensor ist nur das Register, das den Überblick behält."*

„Das Higgs", sagt Cartan und hebt seinen Espresso, *„ist Projektionsclosure unter skalaren Constraints. Aber von hier aus sieht es wie ein Feld aus."*

„Ein sehr skalares", murmelt Bell.

„Und immer dort, wo links und rechts nicht aufeinandertreffen", fügt Penrose hinzu. *„Also erfinden wir einen Mechanismus. Aber der Mechanismus ist nur die projizierte Erscheinung einer Zulässigkeitskorrektur."*

Cartan blättert eine Seite um. *„Und niemand hat jemals ein Higgs gesehen. Sie sahen, dass eine verzögerte Projektion lokal möglich wurde."*

Sie schweigen einen Moment lang. In der Bibliothek kehrt Ruhe ein. Newton beobachtet schweigend von seinem Platz über Cartans Kopf aus.

Dann schlägt Dirac das Buch auf einer leeren Seite auf.

„Wir müssen nichts umschreiben. Wir müssen nur ein neues Wörterbuch schreiben“, sagt er.

Der Salon ist in goldene Schatten getaucht. Einige Physiker sind von ihrer Espresso-Pause zurückgekehrt. Maria Goeppert Mayer hält ein Stück Walnusskuchen wie einen Theoremsatz in der Hand. Bohr justiert mit unnötiger Komplexität eine Jalousie. Feynman liegt über zwei Stühle verteilt und zeichnet mit dem Zeigefinger Kreise an die Decke.

„Die Sache ist die“, sagt Maria, *„wir sehen nie die Constraints. Nur die Stabilisierung. Und das nennen wir ein Feld.“*

„Masse ist Latenz“, murmelt Bohr. *„Krümmung ist eine Verzögerungs-Geometrie. Und alles andere, all unsere ‚Felder‘, sind nur die Art und Weise, wie die Struktur widerspricht, wenn wir versuchen zu existieren.“*

Feynman setzt sich auf. *„Moment mal, wollen Sie damit sagen, dass das Standardmodell nicht real ist?“*

„Nein“, lächelt Maria. *„Ich sage, es ist das Wetter. Es ist wie Projektion aussieht, wenn man sie von innen betrachtet.“*

„Es ist das Echo“, wirft Bohm ein, der mit einer Tasse Kräutertee in der Tür erscheint. *„Das Resonanzmuster dessen, was stabilisiert.“*

„Dann ist der Lagrange nicht fundamental“, grinst Feynman. *„Er ist ein Spickzettel für Projektionen.“*

Bohr, der es endlich aufgegeben hat, die Jalousien zu schließen, geht zum Spiegel und betrachtet sein Spiegelbild. *„Ich habe immer gesagt, wir sehen nur, was überlebt.“*

„Und was überlebt“, sagt Penrose, der hereinkommt, *„ist das, was sich realisiert.“*

Dirac kommt als Letzter und hält eine einzelne Seite aus dem Buch in der Hand. Er legt sie auf den Tisch, genau zwischen der Obstschale und dem Schachbrett. Sie ist leer.

„So“, sagt er, *„sieht Projektion von Ω aus.“*

Feynman beugt sich darüber. *„Auf dieser Seite“*, sagt er, *„kann ich die Eichinvarianz sehen.“*

„Vorsichtig“, sagt Bell, *„das könnte eine Reflexion sein.“*

Wobble niest leise unter dem Sofa.

Bohr verliert das Interesse an dem Spiegel, dreht sich um und sagt: *„Leute, lasst uns zum Leuchtturm gehen, um vor dem Abendessen etwas frische Luft zu schnappen.“* Alle sind einverstanden und stehen auf, wobei sie den letzten Schluck kalten Kaffee trinken.

9.4 Schlechtes Quantenverhalten

Der Weg zum Leuchtturm ist uneben, aber breit genug für zwei Personen. Er ist mit glatten römischen Steinen gepflastert, die mit Moos bedeckt und von der späten Nachmittagssonne leicht erwärmt sind. Sie lassen die Kiefern hinter sich und gelangen in eine offenere Landschaft. Links glitzert das Meer, die Schatten der Zypressen werden bereits etwas länger, und die Physiker beginnen, in Zweier- oder Dreiergruppen zu diskutieren.

Bohr und Bell gehen voraus und unterhalten sich über nichts Bestimmtes.

„*Ich finde*", sagt Bohr, „*je mehr ich über Messungen nachdenke, desto mehr vermute ich, dass es alles ist, was es gibt.*"

Bell wirft einen Seitenblick auf ihn. „*Und je mehr ich darüber nachdenke, desto weniger glaube ich an den Zusammenbruch.*"

Etwas hinter ihnen gehen Penrose und Dirac in bedächtiger Stille. Ihre Schritte sind fast im Rhythmus.

„*Ist Ihnen aufgefallen*", sagt Penrose schließlich, „*dass alle Quantenregeln auf eine Sache zurückzuführen sind? Stabilisierung.*"

Dirac nickt. „*Nichts wird projiziert, solange die Constraints-Closure nicht aufrechterhalten wird. Und wenn das nicht der Fall ist, sehen wir Zufälligkeit.*"

„*Aber es ist keine Zufälligkeit*", murmelt Penrose. „*Es ist ein Versagen. Ein Versagen der Kohärenz, von innen betrachtet.*"

„*Born sprach von Wahrscheinlichkeit*", erwidert Dirac. „*Ich glaube, er meinte Strukturdichte.*"

Weiter hinten summt Hawkings Stuhl leise über die Steine. Feynman geht daneben, die Hände in den Taschen. Cartan schlängelt sich hinterher, tritt gelegentlich vom Weg ab, um eine vertrocknete Blume zu untersuchen oder die Realität neu zu kalibrieren.

Feynman kickt einen Kieselstein. „*Wenn der Kollaps also nicht physikalisch ist ...*"

Hawkings Synthesizer antwortet: „*Dann ist es eine Randbedingung im Projektionsfeld.*"

„*Das klingt nach einer ausgefallenen Art zu sagen, dass wir nur sehen, was funktioniert hat.*"

„*Genau.*"

Sie rollen weiter, entlang einer schmalen Trockenmauer, um die letzte Kurve.

Der Leuchtturm ist gedrungen und weiß getüncht, das Metallgeländer um den Laternenraum ist grau verwittert. Sie kommen nacheinander an, das Meer breitet sich aus wie ein aufgeschlagenes Lehrbuch. Das Licht ist jetzt warm, wird tiefer und taucht die Wellen in Kupfer und Tinte.

Maria Goeppert Mayer findet einen Platz auf dem Steinvorsprung und schaut hinaus. Penrose lehnt sich an die Mauer und untersucht still die alte Fresnel-Linse. Bohr steht mit hinter dem Rücken verschränkten Händen da und beobachtet den Horizont, als könnte er blinzeln. Wobble, die auf Hawkings Schoß mitgekommen ist, springt herunter und verschwindet im Gebüsch, um Blumen zu gießen.

„*Es gibt keine Superposition*“, sagt Maria plötzlich. „*Nicht wirklich. Nur eine unaufgelöste Identität.*“

Cartan nickt. „*Und Interferenz ist das, was man sieht, wenn zwei Projektionswege konkurrieren.*“

Bohr dreht sich nicht um. „*Was ist dann die Wellenfunktion?*“

„*Eine Struktur*“, sagt Dirac. „*Eine Constraintsklasse über zulässige Ergebnisse.*“

Feynman hebt eine zerbrochene Muschel auf. „*Und wenn die Struktur versagt?*“

„*Kollaps*“, antwortet Bell. „*Oder besser gesagt, Fragmentierung. Man ist nicht mehr Teil des Ganzen.*“

Penrose zeichnet mit dem Finger in den Staub. Eine Welle, dann eine Kreuzschraffur. Dann eine kleine Spirale.

„*Früher habe ich gesagt: Wir müssen der Quantentheorie etwas hinzufügen, um das Bewusstsein zu erklären*“, sagt er.

„*Und jetzt?*“

Penrose steht auf. „*Jetzt denke ich, dass die Quantentheorie genau das ist, wie Struktur sich anfühlt … wenn man sie von innen betrachtet.*“

Dirac, sehr leise: „*Kollaps ist das, was passiert, wenn Projektionen ihre globale Zulässigkeit verlieren.*“

Bohm, der mit dem Rücken zum Leuchtturm sitzt: „*Es ist keine Unbestimmtheit. Es sind Constraints, die über den Raum hinweg Kohärenz verlieren.*“

Hawkings Sprachsynthesizer setzt ein: „*Dann entwickelt sich die Wellenfunktion nicht weiter. Sie fragmentiert.*“

Stille.

Eine Brise weht. Eine Möwe fliegt im Bogen über die kleine Gruppe hinweg. In der Ferne bewegt sich ein Fischerboot auf den Horizont zu, sein Kielwasser ist kaum zu sehen. Irgendwo nagen Wellen sanft an den Felsen.

Maria spricht wieder, leise: „*Wir haben immer gesagt: Der Beobachter kollabiert die Wellenfunktion. Aber vielleicht ist der Beobachter nur derjenige, der in der Projektion steht. Er ist Teil der Projektionsconstraints.*“

Sie bleiben eine Weile stehen und genießen die Landschaft. Das Meer übernimmt das Reden. Das Licht hat sich wieder verändert. Die Schatten werden länger. Das Meer verdunkelt sich. Die frische Luft sagt ihnen, dass es bald Zeit für das Abendessen ist, und eine automatische Reaktion wird an ihre Füße gesendet. Sie gehen langsam zurück, nicht in einer Reihe, nicht zu zweit, sondern lassen sich einfach in Richtung der Schatten der Kiefern treiben.

Feynman wirft einen kleinen Stein in eine alte Zisterne neben dem Weg. Die Wellen breiten sich kreisförmig aus und treffen am anderen Ufer aufeinander.

„Die Bornsche Regel", sagt er laut, ohne sich an jemanden Bestimmten zu wenden.

Dirac, ein paar Schritte hinter ihm: *„Nur eine Gewichtung bleibt unter Projektion stabil. Das Quadrat der Amplitude ist die einzige Dichte, die die Krümmung der Constraints übersteht."*

„Also sehen wir Wahrscheinlichkeiten", murmelt Feynman. *„Aber sie sind nur das Echo der Zulässigkeit?"*

„Nicht Echo", korrigiert Cartan. *„Grenze."*

Bell bleibt einen Moment stehen und beobachtet, wie die Sonne hinter dem Hügel versinkt.

„Die Quantentheorie", sagt er, *„war nie unvollständig. Sie war nur … nie äußerlich."*

Penrose lächelt schwach. *„Weil das Universum keine Ergebnisse berechnet. Es löst Constraints auf."*

Bohr holt Hawkings Stuhl ein und geht neben ihm her.

„Sehen Sie", sagt er, *„wir haben nie gesehen, wie sich Dinge verändert haben. Wir haben gesehen, wie sich Veränderungen stabilisiert haben."*

Hawking antwortet: *„Und nur das, was sich stabilisiert hat, konnte gemessen werden."*

Sie gehen weiter. Die Villa ist jetzt zu sehen, golden in den letzten Sonnenstrahlen. Ein Fenster ist offen. Eine Brise trägt den Duft von Thymian und warmem Brot herüber. Das Schachbrett auf der Veranda steht noch, wartend. Eine Weinflasche ist wieder aufgetaucht.

Goeppert Mayer, die am Tor langsamer wird: *„Die Quantenwelt ist nicht seltsam. Sie ist strukturiert. Sie sieht nur seltsam aus, weil wir sie von innen betrachten."*

Feynman kickt einen letzten Kieselstein. *„Physik ist also nicht das, was das Universum ist"*, sagt er. *„Sie ist das, wie das Universum aussieht, wenn es sich bereit erklärt, sichtbar zu werden."*

Wobble trottet voraus, ihr Schwanz schwingt auf nicht klassische Weise hin und her. Das Tor knarrt. Das Licht schwindet. Der Tag ist noch nicht vorbei, aber er neigt sich dem Ende zu.

Und etwas hat sich zusammengefügt.

9.5 Gravitonen und Geister

„Je mehr wir versuchen, die Schwerkraft zu zählen, desto weniger gibt es zu zählen."

Das Abendessen wird auf dem langen Eichentisch unter den gewölbten Fenstern des Speisesaals der Villa serviert. Die Luft duftet nach geschnittenen Tomaten, zerkleinertem Basilikum, Kürbiskernöl und etwas Gebratenem, das nicht mehr an seinen pflanzlichen Ursprung erinnert. Es gibt geflochtene Körbe mit Brot, Schalen mit Oliven, Berge von Blattsalat, die vor Dressing glänzen, und genug Käse, um die Gravitationskonstante infrage zu stellen. Alle sitzen an ihrem Platz.

Einstein hat eine Scheibe Roggenbrot mit würzigem Schafskäse belegt. Bohr hebt eine Pecorino-Scheibe hoch, hält sie ins Licht und nickt, als ob sie Informationen enthält. Goeppert Mayer inspiziert die Caprese.

Feynman bestreicht ein Brötchen mit übertriebener Präzision mit Butter.

„Ich habe eine Frage“, sagt er. *„Wenn die Schwerkraft ein Feld ist, wo ist dann das Teilchen?“*

„Willst Du auf ein Graviton treten?“, fragt Bohr. *„Um zu sehen, wie sich das anfühlt?“*

Feynman grinst. *„Ich möchte wissen, ob es einen Schatten hat. Oder nur so tut, als hätte es einen.“*

Dirac löffelt Salat mit methodischer Symmetrie auf seinen Teller. *„Niemand hat jemals ein Graviton gesehen.“*

„Es hat auch noch niemand jemals eine konsistente Gleichung dafür aufgestellt“, fügt Cartan hinzu. *„Zumindest keine, die nicht explodiert.“*

Bell beugt sich über den Brotkorb. *„Explodierende Gleichungen sind das natürliche Ergebnis des Versuchs, etwas zu quantifizieren, das nicht in Teile zerlegt werden kann.“*

Penrose hebt ein Glas Mineralwasser. *„Krümmung kann man nicht zählen.“*

Einstein schneidet ein Stück Käse ab und murmelt: *„Ich habe nie gesagt, dass es Gravitonen gibt.“*

„Du hast auch nie gesagt, dass es keine gibt“, entgegnet Bell.

„Ich war höflich.“

Mayer kaut nachdenklich. *„Das Problem mit dem Graviton ist, dass wir Gravitation als Kraft betrachten. Aber Gravitation hat sich nie damit einverstanden erklärt, eine Kraft zu sein.“*

„Sie wird nicht einmal vermittelt“, sagt Dirac. *„Sie ist Impedanz.“*

„Was LIGO also entdeckt hat ...“, beginnt Bohr.

„... war eine strukturelle Neuanpassung“, sagt Cartan. *„Keine Welle. Ein Kohärenzimpuls. Aber es sieht aus wie eine Welle in der Raumzeit.“*

Einen Moment lang essen alle in Ruhe. Hawking begnügt sich mit Brot und Caprese und beobachtet die Gruppe mit unverwandter Neugier.

„Das Besondere an Käse“, sagt Feynman und wählt etwas vom kräftigen Ende des Bretts aus, *„ist, dass er Widerstand leistet. Gereifter Cheddar leistet mehr Widerstand als alles andere, was ich kenne. Genauso wie die Raumzeit.“*

Bohr zieht eine Augenbraue hoch. *„Käse als Krümmung?“*

„Käse als Wirkung.“

Sie nicken. Jemand reicht mehr Salat herum. Unter dem Tisch jagt Wobble ein Stückchen blauen Stilton, das zu entkommen versucht.

Einstein hebt seine Gabel.

„Wenn Krümmung bereits die Form der Verzögerung ist, dann ist der Versuch, sie zu quantisieren, wie der Versuch, zu zählen, wie oft etwas nicht passiert ist.“

„Genau“, murmelt Penrose. *„Schwerkraft ist kein Prozess. Sie ist eine Folge.“*

Nach dem Abendessen trennt sich die Gruppe mit der stillen Vertrautheit eines altbewährten Rituals.

In der Bibliothek sitzen Penrose, Dirac und Bell um das Feuer herum, in ihren Gläsern schimmert 18 Jahre alter Highland Park. Dirac trinkt wie immer nur Wasser. Das Buch liegt auf einem Beistelltisch, geschlossen, aber nicht vergessen.

„Die Einstein-Hilbert-Wirkung“, sagt Bell. *„Wir haben sie immer wie ein Variationsprinzip behandelt. Aber vielleicht ist es kein Prinzip. Vielleicht ist es nur ein Überbleibsel.“*

„Ein Register“, stimmt Dirac zu. *„Der erhaltenen Kohärenz.“*

Penrose sitzt da, atmet den Duft seines Drinks ein und starrt auf den verschwommenen Horizont irgendwo hinter dem wogenden Chaos der lodernden Flammen. *„Wir haben versucht, dieselbe Logik anzuwenden, die beim elektromagnetischen Feld funktioniert hat. Aber Gravitation strahlt nicht. Sie gleicht aus.“*

Bell nippt an seinem Drink, schwenkt das Glas, schluckt und seufzt. *„Weil Projektion die Raumzeit nicht krümmen kann, ohne sie neu zu realisieren. Und Realisierung ist nicht additiv. Sie ist strukturell.“*

„Also kein Graviton“, schließt Dirac.

„Kein Träger“, wiederholt Penrose. *„Keine Ausbreitung. Nur Spannungsbalance unter strukturellem Versagen.“*

In der Cigarlounge wählt Mayer eine Por Larrañaga aus und schneidet sie mit einer Eleganz, die vermuten lässt, dass sie das schon einmal gemacht hat. Bohm zündet sich eine Partagás an. Bell dreht sich seine eigenen, in die er dem Geruch nach Eukalyptusblätter rollt. Der Raum füllt sich mit dem leisen Duft von altem Holz und langsamem Rauch.

Einstein raucht mit bewusster Distanziertheit seine Pfeife. Wobble springt auf seinen Schoß, dreht sich auf den Rücken und bietet ihm ihren Bauch zum Streicheln an. Albert sieht Wobble an und tut, was sie will.

„Niemand hat bisher ein Graviton nachweisen können“, sagt Mayer. *„Weil es nichts nachzuweisen gibt.“*

Bohm nickt. *„Die Schwerkraft interagiert nicht. Sie konfiguriert sich neu. Man kann sie nicht beobachten. Man folgt ihr.“*

„Trotzdem“, sagt Bell, *„haben die Feldtheoretiker es versucht. Schleifen. Strings. Hintergrundfreie Metriken.“*

„Sie jagten Geister“, sagt Bohm. *„Sie versuchten, ein Signal zu finden, wo es nur Struktur gibt.“*

„Man kann eine topologische Grenze nicht quantisieren“, fügt Mayer hinzu. *„Es gibt kein Spektrum. Nur Randbedingungen.“*

Einstein lehnt sich zurück. *„Die Metrik ist kein Feld. Sie ist die Form, die übrig bleibt, nachdem die Zulässigkeit geklärt ist.“*

Bohm zieht an seiner Zigarre. *„Dann ist die Quantisierung der Schwerkraft wie das Zählen von Lichtwellen im Schatten.“*

„Oder Teilchen zu erfinden“, fügt Mayer hinzu, *„wo es nur Widerstand gibt.“*

Der Kamin tickt einmal. Der Rauch hängt in sanften Schichten. Penrose und Dirac kommen aus der Bibliothek, jeder mit einem Gedanken.

„Wir haben versucht, Geometrie in Mechanik umzuwandeln“, sagt Penrose.

„Aber Geometrie bewegt sich nicht“, sagt Dirac. *„Sie bleibt bestehen.“*

Sie verweilen.

Feynman, der in einem alten Sessel halb eingeschlafen ist, murmelt: *„Wenn also das Graviton nicht real ist ...“*

Bell beendet den Satz für ihn: *„Dann gibt es auch kein Gravitationsfeld. Es ist lediglich wie Constraintkohärenz von innen aussieht – wie ein Feld eben.“*

Bohr streckt sich, stellt sein Glas ab. *„Morgen“*, sagt er, *„reden wir über den Kollaps.“*

Mayer steht auf und drückt ihre Zigarre aus. *„Nur, wenn das Universum damit einverstanden ist.“*

Cartan taucht kurz auf, schon halb oben auf der Treppe.

Penrose steckt das E_8-Büroklammermodell zurück in seine Tasche.

Dirac holt das Buch, schaut ins Feuer und nickt.

Wobble gähnt, streckt sich in einer geometrischen Yoga-Pose und macht dann wieder eine Hundepose. Neben der glühenden Asche im Kamin liegt ein schönes Kissen, auf dem sich etwas hundeförmiges gemütlich zusammenrollen könnte, um die Nacht zu verbringen. Andererseits könnte sie unter der Bettdecke von jemandem schlafen, der nichts dagegen hat und sich nicht zu viel umdreht. Sie steht auf und folgt Dirac.

Draußen lauscht das Meer.

Drinnen ziehen sich die Physiker in ihre Zimmer zurück, nicht unbedingt, um zu schlafen, sondern um die Stille auf strukturierte Weise zu bewahren.

Das Graviton folgt ihnen nicht.

9.6 Kollaps und Fragmentierung

„Zusammenbruch ist, wenn Constraints nicht mehr miteinander vereinbar sind.“

Das Frühstück ist informell, da ein Ausflug auf dem Programm steht. Ein paar Croissants, ein Korb mit geschnittenem Obst, starker Kaffee und zusammengewürfelte Löffel. Bohr isst im Stehen. Mayer trinkt ihren Kaffee auf der Treppe. Wobble stiehlt ein Stück Birne und verschwindet unter einer Bank, unsicher, ob sie zu sehen ist.

Draußen steht ein alter Reisebus neben dem Steintor. Auf der Seite steht in verblassten Buchstaben „*Občasni prevozi – Nova Gorica*“. Feynman besteht darauf, vorne zu sitzen. Bell hat die Wahrscheinlichkeit berechnet, die beste Aussicht auf die Hügel zu haben, und wählt einen Platz auf der rechten Seite. Meyer hat die gleiche Berechnung angestellt, um Meerblick zu haben, und setzt sich links. Cartan nimmt die hintere Reihe ein, holt sein ledergebundenes Notizbuch hervor und beginnt, Häkelmuster von Vögeln zu zeichnen. Die anderen setzen sich dorthin, wo die Sonne scheint. Einstein hat einen Gehstock mitgebracht, und Wobble setzt sich halb über, halb unter den Sitz neben ihm, immer gerade dort erscheinend, wo die Basis gewählt wird.

Die Straße schlängelt sich durch Wiesen, vorbei an Weinbergen, die an flache Hügel geklammert sind. Das Meer ist nun nur noch eine Erinnerung hinter ihnen. Während der Bus steigt, hebt sich der Horizont.

„*Ich finde es schwer*“, sagt Bohr, „*an den Zusammenbruch der Wellenfunktion zu glauben.*“

Bell wendet sich nicht vom Fenster ab. „*Weil es nichts ist.*“

„*Was dann?*“

„*Projektionsfragmentierung.*“

Sie passieren einen Schrein am Wegrand, zu dem zwei gekrümmte Bäume wie alte Verschwörer hinüberragen. Dahinter senkt sich das Land und gibt den Blick frei auf ein Flickwerk aus Wald und Kalksteinfelsen.

„*Wenn das Universum nur das realisiert, was passt*“, sagt Feynman, der Bell und Bohr gehört hat, nun aufhört, in dem Reiseführer von jemanden anders zu blättern, sich umdreht und fragt: „*Was genau bricht dann zusammen?*“

Penrose rückt seinen Schal zurecht und antwortet: „*Nicht die Wellenfunktion. Nur unser Glaube an den Kollaps.*“

Cartan beugt sich vor. „*Zusammenbruch ist nicht Verschwinden. Es ist Unvereinbarkeit.*“

„*Wovon?*“, fragt Bohm.

„*Von Kohärenz.*“

Einstein, die Pfeife in der Hand, aber unangezündet, beobachtet die vorbeiziehenden Hügel. „*Wir tun so, als würden wir sie verursachen. ... Messung, Beobachter, Wahl. Aber wir stehen nur dort, wo die Struktur sich stabilisiert.*“

Wobble streckt ihren Kopf unter seinem Sitz hervor und zieht ihn dann wieder zurück.

Der Eingang zur Höhle von Postojna gähnt wie ein zu lange angehaltener Atemzug. Steinstufen führen hinab in den Schatten. Die Besucher sind hier still, sogar die Physiker. Sie steigen in den schmalen Zug. Er rattert sanft in die Dunkelheit, vorbei an Kalksteinvorhängen und glitzernden Strukturen.

„*Wir betreten eine Wellenfunktion*“, flüstert Maria Dirac zu, der neben ihr sitzt und ein ungewöhnliches Verlangen nach hysterischem Lachen unterdrückt.

„*Nein*“, sagt Bohm. „*Wir betreten das, was die Wellenfunktion hinterlässt.*“

Dirac hat sich wieder unter Kontrolle und der Zug taucht durch einen niedrigen Tunnel. Stalaktiten hängen wie unausgesprochene Gedanken. Das Licht flackert. Die Höhle öffnet sich zu einer Kathedrale geologischer Geduld.

Cartan beugt sich über das Geländer. *„Schaut euch das an. Constraints, Tropfen für Tropfen realisiert.“*

Die Stimme eines Führers hallt vor ihnen wider: *„Einige Formationen haben über eine Million Jahre gebraucht, um einen einzigen Meter zu wachsen.“*

Penrose nickt langsam. *„Das ist es, was Kollaps wirklich ist. Nicht Verschwinden, nur Ausschluss. Eine Verengung. Eine Verpflichtung ...“*

Der Zug wird langsamer. Zu Fuß gehen sie nun durch gewölbte Kammern, in denen sich Kalzium zu unglaublich filigranen Formen verflochten hat. Die Natur hat erfolgreich versucht, dramatisch zu sein, mit Kalzitkristallen an der Decke, und die Lichtgestaltung hat einen Weg gefunden, dies zu einem surrealen Erlebnis zu machen. Einstein bleibt zurück und fährt mit den Fingern an der Brüstung entlang.

Bohr späht in einen dunklen Seitentunnel. *„Wissen wir, dass er endet?“*

„Nein“, sagt Dirac. *„Nur, dass er nicht mehr projiziert wird.“*

Sie kommen an dem Proteus-Becken vorbei, dem sogenannten „menschlichen Fisch“. Hawkings Sprachbox summt mit Echo.

„Sie leben in der Dunkelheit“, sagt sie, „aber sie sind nicht kollabiert.“

Das Mittagessen wird in der Nähe des Höhlenausgangs serviert, wo lange Holztische unter Kastanienbäumen stehen. Suppe, weiches Brot, Wein aus der Region. Jemand findet eine Käseplatte mit lokalen Käsesorten. Der lokale Höhlenkäse ist verschwunden, aber Geruchsspuren deuten darauf hin, dass er in Eile verschwunden ist. Feynman probiert alles.

„Man sagt, der Zusammenbruch geschieht augenblicklich“, murmelt er nachdenklich kauend. *„Aber vielleicht ist das nur eine Projektion, die für uns zu schnell verläuft, als dass wir sie sehen können.“*

Mayer nickt. *„Der Kollaps ist die innere Sicht auf das Zerbrechen der Kohärenz.“*

„Dekohärenz“, fügt Dirac hinzu, *„nennt der Rest der Welt das, wenn man etwas nicht mehr festhalten kann.“*

Nach dem Mittagessen schlängelt sich der Bus in Richtung Predjama. Die Burg taucht vor dem Ende der Straße auf, halb in die Felswand gebaut, halb aus ihr herausragend, wie eine Idee, die in die Realität gezwungen wurde, bevor sie ganz fertig war.

„Das hier“, sagt Feynman, *„ist Wellenfunktionsarchitektur.“*

Sie treten durch einen Steinbogen ein. Treppen führen hinauf in enge Hallen. Kalte Luft strömt aus Gängen, die nicht kartografiert werden können. Über der Hauptkammer hängt eine lange Eisenkette, die, wie der Führer erklärt, zum Heben und Senken von Lebensmitteln und Geheimnissen diente.

„Es gab immer einen anderen Gang“, sagt Penrose. *„Einen anderen Ausgang.“*

Bohr bleibt vor einem vergitterten Fenster stehen. *„Vielleicht ist Kollaps also nur die Wahl eines Tunnels."*

„Oder dazu gezwungen zu werden", murmelt Bell.

Sie stehen in einem kleinen Nebenraum, wo die Felswände Feuchtigkeit absondern und die Decke tief herabragt.

„Erazem von Predjama", sagt der Führer, *„wurde auf der Toilette von einer Kanonenkugel getötet."*

Alle nicken respektvoll. Cartan möchte fragen, ob er einen Pyjama trug, grinst plötzlich wie verrückt und untersucht leise die Struktur des Abflusses.

Im Bus ist es jetzt ruhiger geworden. Die Sonne wirft lange Schatten auf die Straße, während sie langsam untergeht. Die Bäume tauchen in die Dämmerung ein. Einige Physiker dösen ein. Andere schauen hinaus auf die Felder.

„Wenn also die Kohärenz zerfällt", sagt Feynman, *„was bleibt dann übrig?"*

Dirac antwortet: *„Der Teil, der noch projiziert."*

Penrose fügt hinzu: *„Der Zusammenbruch entfernt nichts. Er isoliert."*

Bell: *„Und Dekohärenz ist der strukturelle Schatten dieser Isolation."*

„Dann beobachten wir nie ein Ganzes. Nur das Kompatible", schlägt Penrose vor.

Bell: *„Ja. Und wir nennen es Realität."*

Der Bus schlängelt sich durch den letzten Abschnitt der Straße. Die Villa taucht wieder auf, warm und golden im schwachen Licht. Jemand öffnet das Tor.

Wobble springt als Erste aus dem Bus und rennt direkt zur Bibliothek, um nachzusehen, ob das Feuer brennt. Die Physiker folgen ihr. Einige strecken sich, dann verspüren sie wieder Hunger. Einige begeben sich auf die Terrasse, um vor dem Abendessen eine Zigarette zu rauchen und etwas zu trinken.

Einstein steigt aus dem Bus, bleibt stehen und wendet sich an Goeppert Mayer, die als Letzte aussteigt, und sagt: *„Zusammenbruch ist der Name, den wir Dingen geben, die nicht mehr zusammenpassen."*

Beide stimmen zu und gehen nachdenklich zum Speisesaal.

9.7 Alles passt

Am Esstisch herrscht reges Treiben. Gelächter, Weingläser klirren, Brotmesser klappern und gelegentlich stoßen Gläser aneinander, wenn jemand einen unerwarteten Gedanken äußert.

Bohr erklärt, dass Salat eine Form der Symmetriebrechung sein kann. Feynman unterbricht ihn, indem er eine Gabel auf einem Tomatenstück balanciert und dies als neue Phase der Materie bezeichnet. Maria Goeppert Mayer lacht so heftig, dass sie Wasser auf ihre Notizen verschüttet.

„Das“, sagt sie und tupft die Seite trocken, *„ist Projektionsresilienz in kapillärer Form.“*

Einstein, der Roggenbrot mit Käse und Walnussaufstrich kaut, hebt die Hand.

„Vergessen wir nicht“, sagt er, *„dass die Physik nie falsch lag.“*

„Nur unvollständig?“, fragt Bell.

„Nein. Nur fokussiert. Auf das, was stabilisiert werden konnte.“

Dirac hebt sein Mineralwasserglas. *„Wir haben gesehen, was Constraints überstanden hat. Wir haben es Gesetz genannt. Das können wir immer noch, wenn wir die Natur allein auf Raum und Zeit definieren.“*

„Die Physik hat sich nie geirrt. Sie war eine Lösung unter bestimmten Annahmen.“

Mayer wiederholt nickend. *„Wir hatten nur noch nicht das Gerüst gesehen.“*

Die Sonne verschwindet hinter den Kiefern. Die Kerzen werden angezündet. Das Essen verlangsamt sich.

„Morgen“, murmelt Penrose, *„wachen wir in einer Welt auf, die das schon wusste.“*

Es ist ein wunderschöner Abend, und der Duft abkühlender Kiefern hängt in der Luft und konkurriert mit etwas Jod aus dem Meer. Die Terrasse öffnet sich wie eine Linse zum Himmel. Warme Steine unter den Füßen, abgekühlt durch die Abenddämmerung. Ein kleines Teleskop ist auf die Plejaden gerichtet, und Wobble sitzt neben dem Stativ und wedelt mit dem Schwanz. Bohr liegt ausgestreckt auf einem Liegestuhl und nippt an einem Cognac aus einem breiten Glas. Bell lehnt sich an die Balustrade und beobachtet, wie das Meer das Sternenlicht reflektiert. Dirac justiert wie immer den Fokus des Teleskops.

„Es wackelt“, sagt Mayer und schaut zu Wobble. *„Der Lichtkegel. Ganz subtil.“*

„Nicht klassisch“, antwortet Bell. *„Aber strukturell ... hmmm, ja. Über Kohärenzgrenzen hinweg.“*

Penrose kommt auf die Terrasse, schwenkt seinen Barolo im Glas und blickt zum Himmel.

„Die Rotation von Andromeda passt nicht zu ihrer Masse“, sagt Penrose zum Himmel und fügt hinzu: *„Aber sie passt, wenn man die Projektionskrümmung mit einbezieht.“*

Einstein lächelt schwach, zieht an seiner nun angezündeten Pfeife und beobachtet, wie der Rauch zu den Sternen aufsteigt. *„Dunkle Materie ist vielleicht nur ein Name, den wir für eine Projektionsverzögerung gefunden haben, die wir noch nicht erkannt haben.“*

„Dunkle Energie könnte ein Ungleichgewicht sein, keine Kraft“, meint Bell, der das Teleskop beobachtet.

„Wenn die Projektionskrümmung skalierbar ist, dann erstreckt sich die Struktur über den kosmischen Horizont hinaus“, schlägt Penrose leise vor. *„Und Kosmologie wird zu Kartografie.“*

Sie reichen ein Notizbuch herum. Penrose skizziert Constraintschalen um Schwarze Löcher. Feynman fügt eine kleine Zeichnung von Wobble hinzu, die ein Monokel trägt.

Dirac starrt zu den Sternen hinauf. „*Wir stehen nicht draußen und schauen hinein*", sagt er. „*Wir sind drinnen und beobachten, wie sich die Struktur realisiert.*"

Als die ersten Gläser abgeräumt sind, lädt die leichte Kühle der Meeresbrise dazu ein, die Terrasse zu verlassen und sich drinnen noch einen Drink zu holen. Sie versammeln sich in der Bibliothek, wo das Feuer niedrig brennt und der Geruch von Leder sich mit dem von Espresso vermischt, während Bohr mit etwas zu viel Zeremoniell kleine Keramiktassen füllt. Alle finden das gut. Cartan skizziert wieder, diesmal auf der Rückseite einer Sternenkarte.

„*Die Konstanten*", sagt er, „*werden nicht eingefügt. Sie entstehen.*"

Maria schaut über seine Schulter. „*Du meinst aus der Constraintstruktur?*"

„*Aus dem Projektionsrhythmus*", korrigiert Cartan. „*Sie sind fest, weil die Realisierung periodisch ist. Stabil.*"

„*Dann ist die Plancksche Konstante kein Geheimnis*", sagt Bohr, der hereinkommt. „*Sie ist die Einheit der Kohärenz, die überlebt hat.*"

„*Die Konstanten sind nicht fest. Sie sind das Ergebnis eines stabilen Projektionsrhythmus. Ja, das sollte jemand aufschreiben*", sagt Cartan und tippt auf das Papier. „*inklusive* κ_0."

Einstein lehnt sich zurück und hält seine Kaffeetasse in den Händen.

„*Die Feinstrukturkonstante von Sommerfeld*", sagt er. „*War immer zu präzise, um erraten zu werden. Aber nicht zu präzise, um gefunden zu werden.*"

Bell hebt ein kleines Glas Pflaumenschnaps. „*Die Zahlen kamen nicht aus dem Nichts. Sie kamen aus dem Rhythmus dessen, was sein kann.*"

Feynman geht an dem Buch vorbei, legt vorsichtig eine Feige darauf und sieht Dirac grinsend an. Dirac zieht eine Augenbraue hoch, sagt aber nichts.

Mayer schlägt vor, in die Zigarrenlounge zu gehen, wo es warm, dunkel und entspannt ist, und geht voran. Sie inspiziert den Getränkeschrank mit kartografischer Präzision, entscheidet sich für einen Schluck Laphroaig Lore in einem Glencairn-Glas und steuert einen riesigen Ledersessel vor dem Kamin an. Sie zündet eine ihrer Por Larrañagas mit etwas brennendem Zedernholz an und beobachtet, wie Feynman sich den 18 Jahre alten Macallan nimmt.

„*Es gibt eine Möglichkeit*", sagt Mayer. „*Eine Methode, um die Projektion zu testen.*"

„*Wie?*", fragt Bohr, der damit beschäftigt ist, den schweren Sessel neben ihr näher an den Kamin zu ziehen, während er sein Glas balanciert. Er setzt sich, entspannt sich und nimmt einen Schluck.

„*Massenverschiebung*", antwortet sie. „*In kohärenzgesteuerten Systemen. Verschränkte Ionen. Kältefallen. Penning-Anordnungen.*"

„*Elektronenmasse?*", fragt Dirac und dreht sich um. Er wollte gerade ein Stück Ingwer in sein Mineralwasser geben.

„*Winzige Veränderungen*", sagt sie. „*Nicht klassisch. Aber strukturell.*"

„Kohärenzzonen beeinflussen die Masse. Projektionskrümmung ist real. Also messen wir.“ Mayer atmet in Richtung der Dachbalken aus.

Bohm fügt hinzu: *„Lichtkegelschwankungen in der Nähe von Kohärenzübergängen am Horizont.“*

Dirac, mit weit aufgerissenen Augen: *„Und strukturelle Asymmetrien in den Dekohärenzraten.“*

Bohr reibt sich das Kinn und nimmt einen weiteren Schluck: *„Wir haben Masse noch nie als eine Dynamik der Realität betrachtet. Aber jetzt können wir das. Das hat enormes Potenzial.“*

Bell schreibt eine kurze Liste. Sie enthält weniger Fragezeichen als je zuvor. Die Nacht schreitet voran und Wobble kommt herein und sieht Dirac fordernd an. Dieser zuckt mit den Schultern, stellt sein Glas ab und folgt Wobble in sein Zimmer. Die anderen gehen ebenfalls in ihre Zimmer.

…

Dann geht die Nacht wieder in den Tag über.

Der Morgen duftet nach Thymian, geröstetem Brot und Kaffee. Die Physiker versammeln sich im Frühstücksraum und halten sich an ihren Kaffeebechern fest.

Der Frühstückstisch ist einfach gedeckt. Lokaler Honig, ein paar hart gekochte Eier. Ein Korb mit Brötchen. Einstein teilt seine Marmelade. Bohr besteht darauf, allen Kaffee einzuschenken.

Wobble ist bereits draußen und jagt die ersten Sonnenstrahlen über den Kiesweg.

Koffer tauchen einer nach dem anderen auf. Der 2CV ist bereits gepackt, sein Motor brummt leise in existenzieller Bereitschaft. Die Limousine für Einstein kommt an. Feynmans Cabrio glänzt rot neben den Kiefern.

Sie sagen nicht viel. Sie genießen die Stille ebenso wie eine heftige Debatte. Der Morgen ist eher für Stille da.

Kurz bevor er in sein Auto steigt, dreht sich Bohr um und sagt: *„Es gibt etwas, von dem ich jetzt überzeugt bin. Projektion ist keine Interpretation. Sie ist der Grund, warum Dinge Sinn ergeben. Bis zum nächsten Jahr.“*

Er fährt los. Der 2CV stößt eine blaue Rauchwolke aus, als Mayer versucht, die Steigung zu bewältigen. Wobble sieht Penrose nach, wie er seinen Koffer auf quietschenden Rädern hinter sich herzieht, den Kiesweg hinunter und schließlich aus dem Blickfeld verschwindet. Er ist der Letzte, der die Villa Hypatia verlässt. Wobble dreht sich um, um im Frühstückszimmer nach übrig gebliebenem Käse zu suchen. Sie geht an der Bibliothek und dem kleinen Tisch vorbei, auf dem das Buch immer abends lag. Dirac hat es mitgenommen, aber eine einzige Seite ist hier geblieben.

Darauf steht:

„Zulässigkeitsfunktion: $A(\sigma, x)$.“

Wobble setzt sich unter den Tisch und wartet.

IV. Raumzeit-paradoxien

10 Das Museum der Paradoxien

Prolog

Willkommen zurück von Deiner Reise nach Slowenien und zu den Erkenntnissen einiger unserer besten Köpfe. Wir haben Dich vermisst, und wir haben Wobble vermisst, und wir sind froh, dass sie wieder im Buch ist. Sie schaut Dich gerade an. Von innen. Wobble hat vorgeschlagen, dass wir Dich auf eine weitere Reise mitnehmen. Nicht als Besucher. Dies wird Deine Reise sein, und Du wirst ein ganz besonderes Museum besuchen. Wir werden Dich begleiten und Wobble wird auch dabei sein.

Wir geben Dir einen kleinen Vorgeschmack darauf, was Dich erwartet ...

Versteckt in der Topologie Deiner Vorstellungskraft befindet sich ein beeindruckendes Gebäude. Wenn Du jemals im Guggenheim in Bilbao warst, weißt du, wovon wir sprechen. Dieses Museum ist fast identisch, nur völlig anders, wie von innen nach außen gekehrt. Wir sprechen hier von vollständigem Dekonstruktivismus, da es sich inhaltlich um das Innere der Physik handelt, um die Dekonstruktion physikalischer Paradoxien. Klingt seltsam?

Nun, seltsam ist nur eine Möglichkeit, zu beschreiben, wie die physikalische Interpretation der Realität einige der bizarrsten Vorstellungen über die Realität hervorgebracht hat. Das sind die Paradoxien. Und wir könnten in dieses Museum gehen und sie uns ansehen.

Kommst Du mit?

Die Eingangshalle

Das ist es. Wir betreten das Gebäude. Es liegt ganz bei Dir, ob Du andere Besucher sehen möchtest, aber wir sind wegen der Ausstellung hier, also sind andere Besucher optional. Sieh Dir nur diese beeindruckende Halle an. Sie ist nach außen und oben gewölbt wie eine umgedrehte Nautilusmuschel, deren mattsilberne und tiefschwarze Oberflächen sich gegeneinander falten. Es ist still, bis auf ein leises Echo unter Deinen Füßen, als würde sich das Gebäude an jede Frage erinnern, die jemals in ihm gestellt wurde.

Wobble ist bereits da und sitzt auf einer schwebenden Bank, die sich jeder konstruktiven Logik zu widersetzen scheint. Heute sieht sie aus wie ein süßer Hund, denn Hunde sind im Museum nicht erlaubt, und Wobble liebt es, die Wachen glauben zu lassen, sie sei ein Hund, nur um sich dann als etwas ganz anderes zu entpuppen.

Wir gehen an einem riesigen Schild vorbei, an dem Wobble vorbeischwebt. Auf dem Schild steht:

„WILLKOMMEN IM MUSEUM DER PARADOXIEN.

Bitte versuchen Sie nicht, die Exponate zu lösen. Sie lösen Sie.“

Da Du Dich entschlossen hast, dem Museum einen Besuch abzustatten, können wir Dir auch gleich seinen Zweck erklären. Es wurde von Physikern erbaut, denen die Wahrheit am Herzen liegt. Und die Wahrheit hat in der Physik eine eigentümliche Art, sich zu zeigen. Die Wahrheit ist niemals offensichtlich und bleibt manchmal als ein Widerspruch bestehen, den wir nicht auflösen können, als ein Rätsel ohne Lösung. Manchmal lacht sie uns von der Tafel aus an.

Paradoxien sind die Druckpunkte der Physik. Jedes einzelne sagt Dir, dass etwas nicht stimmt, nicht unbedingt mit der Mathematik Ihrer Theorie, sondern mit dem, was Sie glauben, dass die Mathematik beschreibt. Sie sind keine Fehler im Code. Sie sind die Schnittstelle zwischen dem, was ist, und dem, was wir modellieren können.

Wenn Projektionen die gesamte Struktur der Realität in Raum und Zeit, in messbare Ereignisse und lokalisierbare Zustände filtern, überleben manche Dinge diese Reise nicht unbeschadet. Informationen werden fragmentiert. Identität wird eingeschränkt. Und wir, die wir mit Gleichungen in der Hand auf die Fragmente starren, nennen die Überreste „Paradoxon“.

Die Realität besteht nicht aus Raumzeit, sondern aus Constraints, die sich damit realisieren. Quantenverhalten, Schwerkraft, Konstanten – all das entsteht daraus, wie Struktur durch Projektion gefiltert wird. Paradoxien entstehen, wenn unsere Theorien das Fragment beschreiben, aber das Ganze vergessen. Wenn wir davon ausgehen, dass das, was in der Raumzeit erscheint, alles ist, was es gibt.

Jedes Paradoxon, auf das wir hier stoßen, ist ein Symptom dieses Irrtums.

Einige entstanden aus der Diskrepanz zwischen Messung und Zustand. Einige aus der Annahme von Kontinuität, wo die Projektion diskret ist. Einige aus dem Versuch, die Raumzeit über Regionen hinweg zusammenzufügen, in denen die Kohärenz versagt. Aber alle haben eines gemeinsam: Sie sind Einladungen, tiefer zu schauen.

Und genau das tun wir jetzt, wenn wir uns dem ersten Flügel nähern. Am Eingang lesen wir:

Flügel I: Quantenparadoxa

(*Der Flügel der Verschränkung, Ungewissheit und des Zusammenbruchs*)

1. **Das Messproblem**
2. **Das Doppelspaltexperiment**
3. **Schrödingers Katze**
4. **Das EPR-Paradoxon**
5. **Das Wigner-Freund-Problem**
6. **Der Quanten-Zeno-Effekt**

Der Korridor verengt sich, wenn wir ihn betreten – nicht physisch, sondern in Bezug auf die Gewissheit. Der Boden ist mit schwarzen und weißen Quadraten gefliest, doch das Muster löst sich erst auf, wenn wir einen Schritt nach vorne machen. Zu unserer Linken befindet sich eine Glasvitrine, die leer ist, bis wir wegschauen. Zu unserer Rechten flackert eine hängende Tafel auf:

Exponat 1: Das Messproblem

„Wann wird die Welt real?“

Diese Frage beschäftigt Physiker seit einem Jahrhundert. Die Quantentheorie sagt Wahrscheinlichkeiten voraus. Doch wir erleben immer nur ein Ergebnis. Man misst den Spin eines Teilchens, und er ist oben. Aber die Wellenfunktion sagte nicht „oben“. Sie sagte: 63 % oben, 37 % unten.

Bevor wir hingeschaut haben, befand sich das System in einer Überlagerung, einer Mischung aus unvereinbaren Ergebnissen. Die Messung hat das Ergebnis nicht nur offenbart, sie schien es zu erschaffen.

Das ist das Messproblem.

Wenn sich die Wellenfunktion gemäß der Schrödinger-Gleichung glatt und deterministisch entwickelt, wo und wann kommt es dann zum Zusammenbruch, zu einem einzigen Ergebnis? Und was zählt als „Messung“? Ein Beobachter? Eine Kamera? Ein Hund? Spielt das Bewusstsein eine Rolle? Ist das Universum schizophren, bis es betrachtet wird? Oder verstehen wir falsch, was die Theorie tatsächlich aussagt?

Dies wurde zu einem Problem, weil Messungen in der klassischen Physik passiv sind. Man misst die Höhe eines Hügels, und der Hügel verändert sich dadurch nicht. In der Quantenmechanik scheint jedoch der Versuch, herauszufinden, was ist, das zu verändern, was ist.

Dies führte zu Interpretationen:

Kopenhagen: Die Wellenfunktion ist nur ein Werkzeug zur Vorhersage von Ergebnissen. Sie bricht zusammen, wenn man sie misst. Mehr muss man nicht wissen.

Viele Welten: kein Zusammenbruch. Alle Ergebnisse treten ein, jedes in einem sich verzweigenden Universum.

Objektive Kollaps-Theorien: Der Kollaps ist real und spontan, ausgelöst durch Masse oder Komplexität.

Quantenbayesianismus (QBism): Die Wellenfunktion ist eine persönliche Überzeugung, und der Zusammenbruch ist eine Aktualisierung dieser Überzeugung.

Keine dieser Theorien löst die strukturelle Spannung. Sie verlagern sie lediglich.

Betrachten wir nun die Wellenfunktion genauer. Sie ist kein physikalisches Objekt. Sie ist eine Constraintstruktur, eine Codierung dessen, was unter kohärenter Realisierung in die Raumzeit projiziert werden kann. Messung ist Kohärenzauswahl. Dabei ist keine Magie im Spiel. Im Projektionsmodell „bricht" die Realität nicht zusammen. Stattdessen filtert die Projektion ständig die Ω-Struktur, das zugrunde liegende Netz aus Constraints, zu kohärenten Raumzeitereignissen. Eine Messung ist lediglich eine Interaktion, die die Menge kompatibler Strukturen stark einschränkt. Die Constraints werden strenger, wie ein sich verengender Pfad. Die Kohärenz kann keine Überlagerung über inkompatible Zweige hinweg mehr unterstützen. Die Struktur fragmentiert sich. Nur der eine Zweig überlebt, der noch ohne Widerspruch projiziert werden kann.

Der Rest ist nicht „verloren". Er wird nur nie realisiert.

Es bedarf keines bewussten Beobachters. Es gibt keine versteckten verzweigten Welten. Die Wellenfunktion „bricht nicht zusammen". Sie bleibt nicht kohärent, wenn neue Constraints wie Messgeräte oder verschränkte Umgebungen auferlegt werden. Das System „war" nie in mehreren Zuständen. Die Projektion ermöglichte mehrere kohärente Erweiterungen, bis sie es nicht mehr tat. Und was wir sehen, das Ergebnis, ist der Pfad, der projizierbar blieb.

In der Ecke summt ein interaktives Gerät. Du findest eine perfekt verspiegelte Kugel mit einem einzigen Knopf darüber, auf dem steht:

„Drücken Sie, um die Position des Photons zu bestimmen. Es erscheint dort, wo es kann."

Du drückst. Ein winziger Funke leuchtet an einer Stelle an der Wand auf. Ein Punkt, eindeutig. Du drückst erneut. Eine andere Stelle. Noch einmal. Noch eine. Wir verstehen, dass die Wand unverändert bleibt. Aber jedes Mal, wenn Du den Knopf drückst, verschiebt sich die Kohärenz und damit auch die Realität.

Gefällt es dir? Wobble mag die wechselnden Lichter an der Wand sehr, wenn sie sich im Katzenzustand befindet. Sollen wir weiter gehen?

Wir gehen weiter.

Der Flur windet sich sanft nach innen, und als wir um die Kurve kommen, befinden wir uns in einer dunklen Kammer, die in sanftes blaues Licht getaucht ist. Der Boden ist Wasser. Kein echtes Wasser, sondern eine Projektion, die so perfekt ist, dass unsere Füße zögern.

Auf der anderen Seite des Raumes steht eine durchsichtige Wand mit zwei vertikalen Schlitzen, die schwach leuchten. Uns gegenüber befindet sich eine große Leinwand mit schwachen Linien, als würde sie auf etwas warten. Der ganze Raum wirkt erwartungsvoll, wie ein Theater bevor der Vorhang aufgeht.

Neben den Schlitzen befindet sich eine kleine Metalltafel mit der Aufschrift:

Exponat 2: Das Doppelspaltexperiment

„Kannte das Teilchen beide Wege?“

Wir sehen die Darstellung eines Experiments, das viele Physiker in den Alkoholismus getrieben hat. Man schießt ein einzelnes Elektron auf eine Wand mit zwei Schlitzen. Man fragt sich, ob es durch den linken oder den rechten Schlitz fliegen wird.

Die Antwort lautet: JA!

Wenn beide Spalten offen sind und man nicht hinschaut, landet das Elektron auf dem entfernten Bildschirm in einer Weise, die ein Welleninterferenzmuster erzeugt, als ob es durch beide Spalten gegangen wäre und mit sich selbst interferiert hätte.

Wenn man einen Detektor anbringt, um herauszufinden, durch welchen Spalt es gegangen ist, verschwindet das Muster. Jedes Elektron verhält sich nun wie ein klassisches Teilchen und wählt den einen oder den anderen Weg.

Dies ist das Doppelspaltexperiment. Wie „weiß“ ein Teilchen, dass es beobachtet wird? Wie kann es sich selbst stören, wenn es nicht beide Wege gleichzeitig nimmt? Und wie kann allein die Möglichkeit einer Messung die Interferenz zerstören?

Selbst wenn Elektronen einzeln abgeschossen werden, baut sich die Interferenz mit der Zeit auf, als würde jedes Teilchen mit etwas interferieren, das nicht in der Welt vorhanden, aber dennoch zutiefst real ist. Und das gilt nicht nur für Elektronen. Photonen, Atome, Moleküle, sogar Buckyballs zeigen das gleiche Verhalten.

Was passiert also tatsächlich die Spalten? Eine Welle? Ein Teilchen? Etwas anderes?

In der Projektionstheorie sind Teilchen keine kleinen Kugeln, die sich durch den Raum bewegen. Sie sind Constraints der Identität, die unter Bedingungen der Kohärenz in die Raumzeit projiziert werden.

Das Elektron „durchläuft nicht beide Spalte“. Stattdessen ermöglicht die Struktur, die es darstellt, mehrere Wege, die sich kohärent auflösen, bis wir zusätzliche Einschränkungen auferlegen (z. B. Detektoren). Dann bleibt nur eine Projektion stabil. Der Rest fragmentiert. Das Interferenzmuster entsteht also nicht durch Selbstinterferenz. Es entsteht aus der Geometrie der zulässigen Auflösungswege unter minimaler Einwirkung, einer Überlagerung strukturell kohärenter Fortsetzungen. Nicht aus physikalischen Positionen. Wenn wir messen, führen wir eine scharfe Grenze ein, zusätzliche Constraints, die die Kohärenz zwischen den Alternativen aufheben. Die Projektion kann nicht mehr frei beide Optionen erkunden. Die Struktur muss sich für einen Spalt entscheiden. Was als Zusammenbruch der Wellenfunktion bezeichnet wird, ist dann eine Notwendigkeit.

Das Doppelspaltexperiment zeigt nicht, dass ein Teilchen „weiß“, was wir tun, sondern es zeigt, dass die Projektion die Kohärenz der Constraints respektiert. Vor der Messung erlaubt das System mehrere kompatible Trajektorien, da die Realität noch nicht gezwungen wurde, sich festzulegen. Nachdem wir eine neue Beschränkung auferlegt haben (einen Detektor, einen Bildschirm), muss sich das Projektionsfeld entsprechend auflösen. Dieser Vorgang ist nicht passiv. Es handelt sich um einen Eingriff in das, was noch realisiert werden kann.

Nun kannst Du Dich einer nahegelegenen Konsole zuwenden. Ein langsamer Emitter lässt Elektronen in die geschlitzte Wand fallen. Auf dem entfernten Bildschirm sammeln sich Punkte. Du schaltest den „Welcher-Spalt-Detektor" EIN, und die Interferenz verschwindet. Du schaltest ihn AUS, das Muster erscheint wieder.

Wobble ist bereits zum nächsten Exponat weitergegangen, weil es ihr besser gefällt als dieses. Wir haben nicht hingesehen und daher nicht bemerkt, dass Wobble direkt durch beide Wandschlitze gegangen ist und sich wieder in einen Hund verwandelt hat, da die Hundegestalt für die nächste Ausstellung sehr passend ist. Sollen wir ihr folgen? Aber wir nehmen nicht die Abkürzung durch die Wand.

Der Korridor verengt sich und erweitert sich dann wieder zu einem schwach beleuchteten Raum, der mit dunklem Holz vertäfelt ist, wie ein altes Wiener Arbeitszimmer. In der Mitte steht ein einzelnes Objekt, das von einem warmen Scheinwerferlicht beleuchtet wird. Wir nähern uns einer Glasbox. Darin befindet sich eine perfekte Nachbildung von Schrödingers berühmter Katze, die in einer animierten Pose schwebt. Ihr Fell bewegt sich nicht. Ihre Augen sind sowohl offen als auch geschlossen. An einem Messingarm neben der Box hängt eine Plakette mit der Aufschrift:

Exponat 3: Schrödingers Katze

„Wann hat die Katze beschlossen zu leben?"

Erwin Schrödinger schlug die Katze als Kritik vor. In seinem berühmten Gedankenexperiment wird eine Katze in einer Kiste eingeschlossen. Im Inneren befindet sich ein Quantenteilchen, das zerfallen kann oder auch nicht. Wenn es zerfällt, wird Gift freigesetzt. Wenn nicht, lebt die Katze. Das System ist vollständig von der Außenwelt isoliert.

Die Quantenmechanik besagt, dass sich das Teilchen in eine Überlagerung von zerfallen und nicht zerfallen entwickelt. Ist die Katze also tot und lebendig?

Das Paradoxon besteht darin, dass, wenn die Quantentheorie für alles gilt, auch große Dinge wie Katzen (und Du) ihr unterliegen müssen. Aber wir beobachten keine Katzen in gemischten Zuständen. Wir sehen immer nur ein Ergebnis. Wann endet also die Überlagerung? Wenn die Kiste geöffnet wird? Wenn ein bewusstes Wesen hinschaut? Wenn die Wellenfunktion „kollabiert"? Warum geschieht das nicht früher?

Die eigentliche Verwirrung liegt in der Skalierung. Wir glauben, dass die Seltsamkeiten der Quantenwelt nur kleinen Dingen wie Elektronen und Photonen eigen sind und dass die klassische Welt „irgendwie" entsteht, wenn die Dinge größer werden. Aber die Quantenmechanik kennt keine Größenbeschränkung.

Entweder befindet sich die Katze also wirklich in einem überlagerten Zustand, was absurd erscheint, oder etwas Undefinierbares bricht die Überlagerung, bevor man hinschaut.

Interpretationen bemühen sich, dies zu klären:

Kopenhagen vermeidet die Frage. Der Kollaps geschieht bei der Beobachtung, Punkt.

Die Viele-Welten-Theorie sagt, dass beide Ergebnisse eintreten, jedoch in getrennten Universen.

Die Dekohärenztheorie besagt, dass die Verschränkung mit der Umgebung die Katze klassisch erscheinen lässt, und vermeidet es, sich festzulegen, was wirklich geschieht.

Dennoch bleibt die Kernfrage bestehen: Wann wird Struktur definitiv?

Im Projektionsmodell unterliegt die Katze nicht der Wellenfunktionsdynamik. Sie ist Teil einer zusammengesetzten Constraintstruktur, die durch Projektion gefiltert wird. Das Quantenteilchen, der Geigerzähler, die Giftflasche und die Katze führen jeweils zusätzliche Constraintschichten ein. Solange die Kohärenz zwischen diesen Schichten strukturell möglich bleibt, bleibt das System in Superposition.

Aber Projektion hat Grenzen.

Wenn die Kohärenz der Constraints die Toleranzgrenze überschreitet, kann die Struktur nicht mehr mehrere kompatible Ergebnisse unterstützen. An dieser Schwelle zerfällt die Projektion, und nur ein Zweig bleibt in der Raumzeit zulässig. Der Rest wird strukturell ausgeschlossen.

Die Katze bricht nicht zusammen, weil wir hingeschaut haben.

Sie wird erst dann endgültig, wenn keine weitere kohärente Projektion über die Ergebnisse hinweg möglich ist. Das System erreicht einen kritischen Punkt, an dem die Realisierung erfolgen muss. Der „Zusammenbruch" ist nur eine strukturelle Auflösung.

Es gibt keine geisterhafte Katze, die zwischen den Welten flackert. Keine mystische Verbindung zwischen Zerfall und Bewusstsein. Es gibt nur die Grenze der Zulässigkeit, den Moment, in dem die Struktur zu komplex, zu verflochten, zu gefiltert wird und nur noch ein Weg durch Ω projizierbar bleibt. Und das lässt die Katze endlich ruhen.

An der Wand befindet sich ein Knopf. Drücken wir ihn.

Die Glasbox löst sich sanft auf und hinterlässt nur eine Spur von Fell auf dem Sockel. An ihrer Stelle steht nun ein kleines Schild: *„Die Realität ist nicht gespalten. Die Projektion ist es."*

Wobble taucht als gestreifte Katze mit Hut auf und läuft gegen den Uhrzeigersinn weiter. Wir folgen ihr.

Der Raum ist jetzt kalt, wohl absichtlich. Die Luft fühlt sich kristallklar an. Wenn man einen Schritt nach vorne macht, sieht man zwei identische Stühle, die sich über einen Glastisch hinweg ansehen. Darüber schwebt eine sich langsam drehende Doppelhelix-Skulptur, deren zwei Hälften durch schimmernde Lichtfäden miteinander verflochten sind, die sich mit der Drehung der Skulptur zusammenziehen oder lockern.

Ein leises Summen erfüllt den Raum. Auf einer Messingtafel steht:

Exponat 4: Das EPR-Paradoxon

„Wenn nichts schneller als Licht ist, woher weiß sie dann, was er gewählt hat?“

1935 veröffentlichten Einstein, Podolsky und Rosen (EPR) eine Herausforderung an die Quantentheorie.

Sie stellten sich zwei Teilchen vor, die zusammen in einem verschränkten Zustand entstanden sind, beispielsweise mit entgegengesetzten Spins. Dann trennen sich die Teilchen um eine beliebige Entfernung. Ein paar Zentimeter oder ein paar Lichtjahre. Das Paradoxon entsteht, wenn man den Spin von Teilchen A misst. Bei dieser Messung kennt man sofort den Spin von Teilchen B, egal wie weit es entfernt ist.

Einstein nannte es „spooky action at a distance“ (gespenstische Fernwirkung), weil das Ergebnis bei A das Ergebnis bei B zu bestimmen scheint. Aber nichts, kein Signal, kann sich schneller als Licht fortbewegen. Und das Ergebnis bei B war nicht im Voraus festgelegt. Die Quantenmechanik besagt, dass es erst bei der Messung festgelegt wird.

Entweder also übertragen Informationen sich augenblicklich und verstoßen damit gegen die Relativitätstheorie, oder die Teilchen hatten „versteckte Variablen“, also vorbestimmte Eigenschaften, was der Standard-Quantenmechanik widerspricht. Oder die Welt ist seltsamer, als Einstein akzeptieren konnte.

Bells Theorem (1964) zeigte, dass keine lokale Theorie mit versteckten Variablen die Vorhersagen der Quantenmechanik reproduzieren kann. Und Experimente bestätigten dies. Verschränkte Teilchen zeigen Korrelationen, die keine lokale Theorie erklären kann. Selbst wenn man die Teilchen um Kilometer voneinander entfernt und sicherstellt, dass die Messungen gleichzeitig in ihren eigenen Bezugssystemen erfolgen, bleiben die unheimlichen Korrelationen bestehen.

Dies verstößt gegen den lokalen Realismus. Lokalität bedeutet, dass es keinen Einfluss gibt, der schneller ist als Licht. Realismus bedeutet, dass physikalische Eigenschaften vor der Messung existieren. Die Quantenmechanik opfert beides.

Aber was verbindet tatsächlich die entfernten Ergebnisse? Was bindet sie, ohne dass etwas zwischen ihnen wandert?

Im Projektionsmodell ist Verschränkung keine Verbindung durch den Raum. Es handelt sich um eine Co-Realisierungsbeschränkung über eine Struktur hinweg, die in den Raum projiziert wird. Die beiden Teilchen waren nie wirklich getrennt. Sie sind Teile einer einzigen Identitätsstruktur in Ω, die als unterschiedliche Entitäten in die Raumzeit gefiltert werden, aber dennoch durch eine gemeinsame Projektionsgeschichte beschränkt sind.

Ihre korrelierten Ergebnisse werden nicht durch zwischen ihnen ausgetauschte Nachrichten verursacht. Sie werden gemeinsam durch dasselbe Constraintnetzwerk aufgelöst.

Wenn Du Teilchen A misst, führst Du neue Constraints ein. Das verengt den Projektionsraum für B, weil beide innerhalb derselben strukturellen Realisierung kohärent zulässig bleiben müssen.

Das Paradoxon löst sich auf. Keine unheimliche Beeinflussung. Nur eine tiefere Einheit. Verschränkung ist keine Nicht-Lokalität. Es ist Nicht-Fragmentierbarkeit. Die Teilchen „haben" nicht jeweils einen Zustand. Sie sind Aspekte einer gemeinsamen Beschränkung, die über die Projektion aufgelöst wird.

Ihre Messung auf der einen Seite verändert nicht die andere. Sie verändert, welche Struktur noch kohärent realisiert werden kann. Ω existiert nicht in Raum und Zeit. Die Constraints, die A und B verbinden, sind also nicht an Raum und Zeit gebunden. Wir nehmen nur Seltsamkeiten wahr, weil wir denken, dass Teilchen Individuen sein müssen. Aber Projektion ist relational. Und manchmal kann das, was existiert, nur gemeinsam existieren.

Jetzt sehen wir zwei Knöpfe auf gegenüberliegenden Seiten des Glastisches. Du drückst einen. Wobble drückt den anderen. An der Wand erscheint ein Lichtmuster, das bei jedem Versuch identisch, aber unvorhersehbar angeordnet ist. Immer korreliert. Niemals kopiert. Unmöglich zu fälschen.

Über dem Tisch wird ein Schild projiziert: *„Was miteinander verschränkt war, war nie wirklich getrennt."*

Wobble lässt den Knopf los und verschwindet durch den nächsten Bogen.

Wir folgen Wobble in den nächsten Raum. Dieser Raum ist ein Raum innerhalb eines Raumes.

Wir treten durch einen schmalen Korridor und befinden uns in einem makellosen Labor, oder zumindest in einer Nachbildung davon. Es gibt eine versiegelte Kammer mit einem Sichtfenster. Darin stehen ein Schreibtisch, ein Quantendetektor und eine lächelnde Gestalt in einem weißen Laborkittel mit einem Namensschild, auf dem steht: „Wigners Freund". Draußen steht ein zweiter Schreibtisch, jetzt unserer, mit einem Notizblock und einem Knopf mit der Aufschrift „Open Lab Report" (Laborbericht öffnen).

Über beiden Bereichen schwebt ein großer Messingring mit der Aufschrift:

Exponat 5: Wigners Freund

„Wer wird zuerst real?"

Eugene Wigner schlug 1961 ein Gedankenexperiment vor. Es geht so: In einem versiegelten Labor misst sein Freund ein Quantensystem. Das Ergebnis ist eindeutig. Nehmen wir an, der Teilchen-Spin ist „oben". Außerhalb des Labors behandelt Wigner das gesamte versiegelte Labor, einschließlich seines Freundes, als ein Quantensystem. Bis er das Labor öffnet, muss Wigner das gesamte System als eine Überlagerung von „Freund sah oben" und „Freund sah unten" beschreiben.

Aber hier liegt das Problem: Wenn die Quantenmechanik universell ist, können sich sogar bewusste Beobachter in Überlagerungen befinden. Das widerspricht jedoch der Erfahrung des Freundes: *„Ich habe Spin-oben gesehen!"*

Wer hat also recht? Der Freund sieht ein eindeutiges Ergebnis. Wigner sieht eine Überlagerung. Können beide Ansichten gültig sein? Hängt die Realität vom Standpunkt des Beobachters ab?

Dies ist das Wigner-Freund-Paradoxon, eine Herausforderung für die Universalität und Objektivität der Quantenmessung.

Jüngste Entwicklungen haben dies noch weitergeführt, hin zur „Beobachterrelativität“: Was wäre, wenn Fakten selbst davon abhängen, wer sie beobachtet? Können zwei Beobachter widersprüchliche Ergebnisse sehen und beide „richtig“ sein? Können Fakten falsch sein? Gibt es einen absoluten Zustand der Welt?

Wenn nicht, dann untergräbt die Quantenmechanik nicht nur den Realismus. Sie bedroht die gemeinsame Realität.

Die Auswirkungen sind erschütternd: Kann man den Messungen anderer vertrauen? Ist Objektivität eine Illusion? Findet der Zusammenbruch relativ zu jedem Beobachter statt?

Die Quantenmechanik geht davon aus, dass „Wigner“ und „Freund“ klar voneinander trennbare Systeme innerhalb einer gemeinsamen Raumzeit sind, die wir beide von einem externen Standpunkt aus mit derselben Wellenfunktion beschreiben können.

In der Projektionstheorie ist jedoch die Erfahrung jedes Beobachters eine lokalisierte Realisierung eines Projektionszweigs, die durch Constraints bedingt ist, die für seine Position innerhalb der Struktur relevant sind. Es gibt keine universelle Wellenfunktion „für beide“.

Stattdessen nimmt jeder Beobachter an einem lokal zulässigen Projektionspfad teil. Der scheinbare Widerspruch entsteht, weil wir koexistierende zulässige Pfade mit einer universellen Entfaltung verwechseln.

Aus Wigners Sicht ist das Labor des Freundes ungelöst, da die Projektionskohärenz über diese Grenze hinweg noch nicht festgelegt ist. Aus der Sicht des Freundes ist die Kohärenz bereits zusammengebrochen. Beide Sichtweisen sind strukturell wahr. Denn Wahrheit ist in der Projektion verzweigungsrelativ und vom Beobachter innerhalb der Topologie der Constraints lokalisiert. Sie wird nicht vom Beobachter erzeugt.

Es gibt keinen Widerspruch, nur Kohärenzgradienten über die Struktur hinweg. Beobachter sind nicht absolut. Sie sind verankerte Projektionsknoten, die jeweils einen Teil des größeren Constraint-Graphen auflösen. Die Realität ist nicht das, worüber sich alle einig sind. Die Realität ist das, was aus der Perspektive jedes Knotens unter gemeinsamen Regeln strukturell projezierbar bleibt.

Wenn Wigner das Labor öffnet, verschränkt sich die Kohärenz über die beiden Zweige. Eine Realisierung gewinnt und gleicht beide Ansichten rückwirkend an. Es ist nicht das Bewusstsein, das die Wellenfunktion zusammenbrechen lässt. Es ist die gemeinsame Zulässigkeit von Projektionspfaden.

Drücken wir nun die Schaltfläche „Laborbericht öffnen“. Die Glaskammer löst sich auf – sie war wohl nur projiziert.

Wigners Freund tritt lächelnd heraus. Er reicht Dir ein Stück Papier: *„Ich habe Spin-up beobachtet. Ich war mir sicher.“*

Hinter ihm erscheint Wobble, springt auf den Tisch und drückt erneut auf den Knopf. Wigners Freund kehrt in sein Labor zurück und die Glaskammer materialisiert sich wieder. Wobble springt herunter und geht weiter. Wir folgen ihr.

Wir betreten den nächsten Raum, in dem es unheimlich still ist.

An einer Wand tickt lautlos eine lange Digitaluhr, deren Zahlen stehen geblieben sind. In der Mitte steht ein Sockel, auf dem eine seltsame Vorrichtung aus einem leuchtenden Quantenbit steht, das schwach zwischen zwei Zuständen flackert. Es ist von einem Ring aus Kameras umgeben, die alle *mit „Beobachtung"* beschriftet sind. Sie blinken nicht. Sie bewegen sich nicht.

Und das Qubit auch nicht.

Über ihm schwebt ein Schild:

Exponat 6: Das Quanten-Zeno-Paradoxon

„Was passiert, wenn man zu oft fragt?"

Im Alltag sagen wir: *„Ein beobachteter Topf kocht nie."* In der Quantenphysik wird dieses Klischee wörtlich genommen. Wenn man ein Quantensystem, beispielsweise ein zerfallendes Teilchen oder einen umkippenden Spin, kontinuierlich beobachtet, passiert etwas Seltsames. Es hört auf, sich zu entwickeln. Genauer gesagt entwickelt sich ein Quantensystem normalerweise gemäß der Schrödinger-Gleichung. Wenn man es jedoch schnell und wiederholt misst, hat es keine Chance dazu. Jede Messung „setzt" die Wellenfunktion zurück und friert sie an Ort und Stelle ein. Dies ist der Quanten-Zeno-Effekt.

Der Name stammt von Zeno von Elea, einem griechischen Philosophen, der für seine Bewegungsparadoxien bekannt ist, insbesondere für das Paradoxon, dass Achilles niemals die Schildkröte einholen kann, weil er zuerst die Position der Schildkröte erreichen muss und so weiter, bis in die Unendlichkeit. Nach Zenos Logik wird eine kontinuierliche Bewegung durch unendlich viele Schritte unmöglich. Dies ähnelt dem Quantenfall, bei dem die Entwicklung zum Stillstand kommt.

Das sollte eigentlich nicht möglich sein. Messungen sollten die Zeit nicht anhalten. Doch in einem Experiment nach dem anderen bleibt das beobachtete Teilchen an Ort und Stelle. Warum beeinflusst die bloße Beobachtung etwas? Warum gehorcht die Realität unserer Aufmerksamkeit? Ist Messung eine Art Kontrolle? Verursacht Wissen Stillstand? Was gilt als „Messung"? Warum schränkt der Akt des Fragens ein, was passieren kann? Und wie passt das mit der reibungslosen, deterministischen Evolution zusammen, die die Quantentheorie zwischen Beobachtungen vorschreibt?

Viele Fragen.

In der Projektionstheorie ist Messung ein struktureller Eingriff, das Einfügen neuer Constraints, die begrenzen, welche Fortsetzungen der Identität in der Raumzeit zulässig sind. Jeder Akt des „Beobachtens" ist ein Re-Kohärenz-Ereignis. Die Projektion muss überprüfen, ob die Struktur noch einer restriktiveren Bedingung genügt. Wenn man dies oft genug tut, kann die Projektion keine alternativen Pfade erkunden. Es ist, als ob die Struktur im Constraintsraum eingefroren wäre und wiederholt festgehalten wird, bevor sie sich weiterentwickeln kann.

Das Quantensystem „weiß“ nicht, dass es beobachtet wird. Es wird strukturell daran gehindert, sich weiterzuentwickeln, weil die Beobachtung selbst sich weigert zuzulassen, dass unrealisierte Möglichkeiten sich entwickeln.

Der Zeno-Effekt zeigt, dass Projektion nicht kontinuierlich ist. Es handelt sich um kohärenzgetriebene Latenzschritte. Jede Messung setzt das Zulässigkeitsfenster zurück. Wenn diese zu schnell kommen, bleibt die Constraintskrümmung zu hoch, um neue Ergebnisse zuzulassen. Das System bleibt in lokalen Minima der Zulässigkeit stecken. Die Realität wird zu einem Standbild.

Neben der Installation befindet sich ein Schalter, der zwei Modi bietet:

- *„Jede Attosekunde beobachten“*
- *„Einmal beobachten“*

Wir wählen „Jede Attosekunde“ – das Quantenbit flackert und bleibt dann an Ort und Stelle stehen.

Du wechselst zu „einmal“ – und wir beobachten, wie es nach einer Verzögerung umschlägt, als wäre endlich eine Entscheidung gefallen.

Wobble erscheint, sieht Dich an und schlägt Dir vor, lieber weiterzugehen, bevor Du auch noch erstarrst. Sie geht voran und verlässt den Flügel der Quantenparadoxa. Die spiralförmige Galerie kurvt nach links.

Wir erreichen eine große Tür mit einem Schild am Eingang:

Flügel II: Relativitätsparadoxa

(*Der Flügel der Zeit- und Referenzrahmenverwirrung*)

7. **Das Zwillingsparadoxon**
8. **Die Leiter in der Garage**
9. **Das Informationsparadoxon des Schwarzen Lochs**
10. **Die Überlichtgeschwindigkeits-Kommunikation**
11. **Die Gleichzeitigkeit und das Blockuniversum**

Die Architektur verändert sich, wenn man in den Flügel II eintritt. Die sanften, fließenden Kurven des Quantenflügels weichen scharfen Diagonalen und glänzenden Spiegelflächen. Die Beleuchtung wird kühler, klinischer. Vor uns sehen wir eine hängende Installation aus zwei identischen, schlanken Raumschiffen, die an den gegenüberliegenden Enden eines massiven Pendels montiert sind. Sie ticken in perfekter Symmetrie hin und her, nur sind sie sich nicht ganz einig darüber, wie viele Ticks bereits vergangen sind.

Über dem Eingang steht:

Exponat 7: Das Zwillingsparadoxon

„Wie können zwei Uhren unterschiedliche Zeiten anzeigen, wenn sie am selben Ort gestartet sind?“

Das ist ein Klassiker. Stellen wir uns zwei Zwillinge vor. Der eine bleibt auf der Erde. Der andere steigt in ein Raumschiff, fliegt mit hoher Geschwindigkeit los, kehrt um und kehrt zur Erde zurück. Nach der speziellen Relativitätstheorie vergeht die Zeit für den sich bewegenden Zwilling langsamer. Als sie sich wiedersehen, ist der reisende Zwilling jünger.

Ja, das haben wir schon einmal gehört. Das ist wahr und lässt sich leicht mit Teilchen, Raumschiffen, Autos, Satelliten oder allem, was sich bewegt, beweisen. Wo ist da das Paradoxon, fragst Du Dich vielleicht.

Aber Moment mal.

Aus der Perspektive des Reisenden bewegt sich doch die Erde? Sollte nicht der zu Hause gebliebene Zwilling weniger gealtert sein? Wenn Bewegung relativ ist, warum scheint dann nur ein Zwilling mehr gealtert zu sein? Das ist das Zwillingsparadoxon. Eine Symmetrie in der Bewegung, die eine Asymmetrie im Altern erzeugt.

Physiker haben dies mit einem Verweis auf die Beschleunigung erklärt. Der reisende Zwilling dreht sich um und erlebt eine Änderung der Inertialsysteme. Diese Beschleunigung bricht die Symmetrie. Das ist technisch korrekt, aber konzeptionell unbefriedigend. Reicht Beschleunigung wirklich aus, um das Altern zu verhindern? Und wenn Zeit nur eine Koordinate in der Raumzeit ist, warum unterscheidet sich dann die Eigenzeit eines Beobachters absolut? Was ist überhaupt „Altern“ in einer Welt, in der Zeit nur Geometrie ist?

Rätselhaft ...

Das Projektionsmodell betrachtet Zeit nicht als Hintergrunddimension, sondern als Ordnung einer aufgelösten Struktur, als Abfolge zulässiger Projektionen durch den Constraintsraum.

Die Raumzeit ist keine Bühne.

Sie ist nicht das Medium, durch das sich das Wesen bewegt. Die Raumzeit wird zusammen mit dem Wesen aus gemeinsamen Constraints projiziert. Jede Weltlinie, jeder „Pfad“ ist keine Route durch eine vorgegebene Geometrie. Es ist eine Abfolge von gemeinsam aufgelöster Identität und Struktur, die durch die Constraints geformt wird, die gemeinsam als Erfahrung stabilisieren können. Wenn also ein Zwilling zu Hause bleibt und der andere aufbricht, folgen sie nicht einfach unterschiedlichen Routen durch die Raumzeit. Sie konstruieren durch die Struktur ihrer Constraints unterschiedliche lokale Raumzeiten. Der zu Hause bleibende Zwilling baut eine glatte Projektionssequenz mit geringer Krümmung auf. Der reisende Zwilling erzeugt durch Beschleunigung und Rückkrümmung einen höheren Projektionsgradienten, einen komprimierten, schwerer aufzulösenden Weg.

Jeder erlebt eine unterschiedliche Auflösungsdichte, eine unterschiedliche Anzahl zulässiger Schritte.

Das Altern wird nicht durch „Bewegung“ verursacht. Es wird dadurch verursacht, wie viel Struktur sich stabil realisiert hat und entlang welcher Projektionsbahn.

Die Relativitätstheorie beschreibt den Effekt. Die Projektion erklärt den Mechanismus. Und die Raumzeit selbst ist Teil des Effekts, nicht die Ursache.

Es gibt keinen Widerspruch, weil es keine echte Symmetrie gibt. Die Geschwindigkeit mag relativ sein, aber die Projektionsgeschichte ist es nicht. Der reisende Zwilling durchlief weniger zulässige Projektionsübergänge, weil sein Weg durch Ω eine stärkere Krümmung und strengere Constraints mit sich brachte.

Ihre Raumzeiten waren nicht identisch, da die Raumzeit keine universelle Kulisse ist, sondern eine strukturelle Realisierung.

Zeit, wie wir sie erleben, ist nicht global. Sie ist eine pfadabhängige Realisierung gemeinsamer Identität durch zulässige Projektion. Deshalb können zwei Wesen, die gemeinsam beginnen und gemeinsam enden, unterschiedlich altern. Ihre Projektionsverläufe divergierten, auch wenn sie sich im Raum wieder zu treffen scheinen.

Man bewegt sich nicht durch die Raumzeit.

Die Raumzeit bewegt sich mit Dir, wenn die Constraints realisiert werden.

Du bist nicht in der Zeit.

Du bist die Spur dessen, was real wurde.

Die Raumschiff-Installation wird aktiviert.

Ein Lichtstrahl zeichnet die Wege der Zwillinge nach. Ein Weg ist gerade und ungebrochen, der andere schlängelt sich nach außen und zurück. Wenn die Strahlen wieder zusammenkommen, zeigt eine subtile Animation, dass einer mehr Auflösungsereignisse, winzige Lichtpunkte, ansammelt als der andere.

Eine Tafel leuchtet auf: *„Zeit ist nicht die Linie, auf der Du gehst – sie ist die Schritte, die Du darauf machst.“*

Wobble treibt auf seiner schwebenden Bank vorbei, trägt einen antiken Pilotenhelm und hält eine Uhr in der Hand. Scheinbar grinsend schwebt sie vor uns her.

Du betrittst eine kleine Kammer, so scheint es zumindest. Die Wände sind gerade breit genug, um eine stilisierte „Garage“ zu bilden, komplett mit zwei Schiebetüren an jedem Ende. Über Dir hängt eine glänzende silberne Leiter, die eindeutig zu lang ist, um in den Raum zu passen.

Ein holografisches Schild erscheint:

Exponat 8: Die Leiter in der Garage

„Wie kann eine Leiter, die länger als eine Garage ist, hineinpassen – einfach durch Bewegen?“

Eine Leiter ist länger als die Garage. Sie passt eindeutig nicht hinein. Aber wenn man die Leiter mit relativistischer Geschwindigkeit auf die Garage zu bewegt, kommt es zu einer Längenkontraktion. Aus der Perspektive des Garagenreferenzrahmens verkürzt sich die sich bewegende Leiter. Es gibt einen Moment, in dem sie vollständig hineinpasst. Die Türen können sogar kurz geschlossen werden, wenn sie schnell genug sind. Aber aus der Perspektive der Leiter ist es die Garage, die sich verkürzt. Die Garage wird noch kürzer als zuvor.

Was ist nun richtig? Passt die Leiter hinein oder nicht? Wenn beide Ansichten gültig sind, wie können sie dann zu unterschiedlichen Schlussfolgerungen über das physikalische Geschehen kommen? Können wirklich beide Türen geschlossen sein, wenn die Leiter vollständig im Raum ist?

Im Kern handelt es sich hierbei um ein Paradoxon der Gleichzeitigkeit. Aus der Perspektive der Garage befinden sich beide Enden der Leiter gleichzeitig im Inneren. Aus der Perspektive der Leiter befinden sie sich niemals gleichzeitig im Inneren.

Die übliche Erklärung beruft sich auf die Koordinatenschnittmethode, bei der die spezielle Relativitätstheorie besagt, dass verschiedene Rahmen sich darüber uneinig sind, welche Ereignisse gleichzeitig sind. Die Projektionstheorie zeigt jedoch, warum dies geschieht.

Die Leiter und die Garage existieren nicht innerhalb einer einzigen Raumzeit. Jede projiziert ihre eigene, die durch ihre eigene Bewegung, ihre Constraints und ihre Krümmung geprägt ist. Dabei handelt es sich nicht um bloße Koordinatensysteme. Es sind strukturell unterschiedliche Projektionen aus einer gemeinsamen, tieferen Identität in der Ω-Struktur.

Schnelle Bewegungen erhöhen die Projektionslatenz, dehnen die Auflösungsintervalle und verändern die Art und Weise, wie Ereignisse kohärent aufgelöst werden können. Der Projektionsweg der Leiter wird gekrümmt und verzögert, ihre interne Uhr löst Ereignisse in einer anderen Reihenfolge auf.

Im Rahmen der Garage umfasst ein einzelner Projektionsausschnitt beide Enden der Leiter innerhalb seiner Grenzen. Die Türen schließen gleichzeitig. Die Leiter passt hinein.

Aber im Rahmen der Leiter rast die Garage auf sie zu. Die Rückseite der Garage erreicht zuerst die Vorderseite der Leiter. Die hintere Tür schließt sich. Später, nachdem die Vorderseite der Garage die Rückseite der Leiter passiert hat, schließt sich die vordere Tür.

Diese beiden Ereignisse, das Schließen der hinteren Tür und das Schließen der vorderen Tür, sind in der Projektion der Leiter nicht gleichzeitig. Es gibt keinen zulässigen Ausschnitt, in dem beide Enden der Garage die Leiter gleichzeitig umschließen. Wir können dies mit einer Uhr in der Mitte der Leiter überprüfen: Sie empfängt zuerst ein Lichtsignal vom hinteren Verschluss der Garage und erst später ein Signal von vorne. Dies bestätigt, dass innerhalb des Projektionsrahmens der Leiter die Ereignisse in einer eindeutigen kausalen Abfolge stattfinden.

Dies bedeutet keinen Widerspruch. Es bedeutet, dass jeder Referenzrahmen die zugrunde liegende Constraintstruktur mit einer anderen zulässigen Reihenfolge der Ereignisse auflöst. Das Ergebnis ist dasselbe, die Garage fährt ohne Kollision über die Leiter, aber die Ereignisscheiben sind nicht dieselben.

Der Widerspruch verschwindet, wenn man versteht, dass Gleichzeitigkeit nicht universell ist. Es handelt sich um eine rahmenabhängige Auflösung, die durch Krümmung, Latenz und Zulässigkeit eingeschränkt ist.

Jeder Rahmen löst einen anderen Pfad durch die Struktur, und die Ereignisse, die er als „jetzt" bezeichnet, werden durch seine eigenen Projektionsregeln gefiltert.[1)]

Es gibt eine Realität: die Ω-Struktur. Aber es gibt viele zulässige Wege, sie in Erfahrung aufzulösen. Wo sich zwei Projektionen überschneiden, wie die Leiter und die Garage, müssen ihre realisierten Ereignisse lokal übereinstimmen. Und das tun sie auch. Beide stimmen darin überein, dass die Garage über die Leiter gefahren ist. Beide stimmen darin überein, dass keine Kollision stattgefunden hat. Beide stimmen darin überein, dass die Ereignisse in einer Reihenfolge stattgefunden haben, die mit ihrer eigenen Uhr übereinstimmt.

Was sich unterscheidet, ist, wie die Constraintsauflösung diese Ereignisse geschnitten hat, und dieser Unterschied ist strukturell in der Projektionsgeometrie codiert.

Deshalb kann die Leiter sagen: *„Die Garage ist über mich hinweggefahren. Ich war nie ganz drin."*

Und die Garage kann sagen: *„Ich habe die Leiter einen Moment lang festgehalten."*

Und beide haben recht, weil sie unterschiedliche Ausschnitte der Constraint-Realität auflösen.

An der Garagenwand befindet sich ein Knopf. Wir drücken ihn und zwei simultane Projektionen werden an der Wand angezeigt. Die linke zeigt eine kurze, sich bewegende Leiter, die sich einer stationären Garage nähert. Die rechte zeigt die Kameraansicht, die der Leiter in Richtung einer sich nähernden kurzen Garage folgt. Beide Projektionen zeigen, dass die Vorderkante der Leiter gleichzeitig die Garage erreicht und die Hinterkante die Garage später gleichzeitig verlässt. Die Projektion verschwindet und ein Schild leuchtet auf.

„Gleichzeitigkeit ist keine Tatsache. Es ist eine Entscheidung, die durch die Projektion getroffen wird."

Wobble betritt die Garage, trabt hindurch und macht sich auf den Weg zur nächsten Ausstellung. Wir folgen einem kleinen Korridor in einen anderen Raum. Der Raum verengt sich beim Betreten, das Licht wird an den Wänden seltsam gebrochen. Die Decke

---

1 Stell Dir in 1+1 Dimensionen eine Reihe von Ereignissen $E = \{e_1, e_2, e_3\}$ vor, die durch eine Krümmungsfunktion κ eingeschränkt sind, die starke Änderungen in der Auflösungsrichtung bestraft. Eine Projektion mit geringer Krümmung (z. B. ein Garagenrahmen) kann e_1 und e_3 gleichzeitig auflösen, wenn sie auf einer gemeinsamen zulässigen Scheibe liegen. Eine Projektion mit hoher Krümmung (z. B. der Schnelle Leiter-Rahmen) löst nur Sequenzen, in denen $e_1 \rightarrow e_2 \rightarrow e_3$ in versetzten Schritten zulässig sind, da ihre Kohärenz über die Zeit durch erhöhte Latenz begrenzt ist. Das „Jetzt" der Leiter ist enger und muss Ereignisse in einer longitudinalen Sequenz auflösen, nicht gleichzeitig.

erstreckt sich in die Dunkelheit, eine Kuppel aus tiefstem Schwarz. In der Mitte haben ahnen wir mehr als wir sehen können, dass sich dort eine schwarze Kugel befindet. Plötzlich, für einen Augenblick, blitzt ein seltsam strukturiertes Muster schwach über die Oberfläche der schwarzen Kugel. Wieder völlige Dunkelheit. Was ist das für ein seltsamer Ort? Wir schauen uns um und finden ein kleines Schild mit der Aufschrift:

Exponat 9: Das Paradoxon des Schwarzen Lochs

„Wenn Informationen in ein Schwarzes Loch fallen und das Schwarze Loch verdampft, wo sind dann die Informationen geblieben?“

Die klassische Sichtweise besagt, dass ein Schwarzes Loch entsteht, wenn Masse so vollständig kollabiert, dass selbst Licht nicht entweichen kann. Die einzigen Eigenschaften, die das Schwarze Loch behält, sind seine Masse, seine Ladung und sein Drehimpuls. Sobald etwas den Ereignishorizont überschreitet, ist es verloren. Kein Signal, keine Rückkehr, keine Beweise. Dies ist nicht nur eine Einbahnstraße. Es ist eine Zerstörung der Beobachtbarkeit. Nun, die Natur hat vielleicht ihre dunklen Ecken.

Nicht ganz, denn es gibt ein Problem.

Die Quantentheorie besagt, dass Informationen niemals verloren gehen. Die Entwicklung eines Quantenzustands muss einheitlich sein. Das bedeutet, dass man, wenn man alles über ein System weiß, (im Prinzip) sowohl seine Vergangenheit als auch seine Zukunft rekonstruieren kann. Aber Schwarze Löcher scheinen dies zu widerlegen. Werfen wir ein Buch, ein Teilchen oder einen Stern hinein. Warten wir lange genug, und das Schwarze Loch verdampft durch Hawking-Strahlung. Die Strahlung ist thermisch, was ein anderer Ausdruck für völlig zufällig ist. Wenn das Schwarze Loch verschwunden ist, bleibt nur noch charakterlose Wärme übrig. Man kann nicht rekonstruieren, was hineingefallen ist. Dies bricht die Unitarität und verstößt somit gegen die Quantenmechanik.

Das ist das Informationsparadoxon der Schwarzen Löcher:

„Wenn Schwarze Löcher Informationen zerstören, dann ist die Quantentheorie falsch. Wenn sie es nicht tun, wo geht dann die Information hin?“

Dieses Paradoxon haben wir ja schon kennengelernt, aber es ist schön, es hier im Museum zu sehen. Physiker haben viele Lösungen für dieses Problem vorgeschlagen. Die Informationen könnten bis zum letzten Moment im Inneren verbleiben und dann entweichen. Oder die Hawking-Strahlung ist subtil verschlüsselt und nicht wirklich zufällig. Ein weiterer Vorschlag ist eine Firewall am Horizont, wo etwas Dramatisches geschieht, um die Verschränkung zu zerstören. Ein besserer Vorschlag war die Holographie, bei der die Informationen gar nicht im Inneren, sondern auf der Oberfläche verschlüsselt sind. Jede Lösung löst einen Teil des Problems, aber oft auf Kosten der glatten Raumzeit, der Relativität oder der Lokalität.

Wir stehen vor unangenehmen Entscheidungen. Sollen wir die Unitarität aufgeben? Oder Beobachter am Horizont verbrennen? Oder akzeptieren, dass das Innere eine Illusion ist? Oder … vielleicht stellen wir die falsche Frage.

Die Projektionstheorie formuliert das gesamte Problem neu, wie wir bereits in Kapitel 5 gesehen haben.

Ein Schwarzes Loch ist eine Grenze im Raum der zulässigen Projektionen. Wenn etwas versehentlich oder absichtlich in ein Schwarzes Loch fällt, kann es aufgrund der zunehmenden Constraints, die der Projektionspfad nicht auflösen kann, einfach nicht mehr in die Raumzeit projiziert werden. Es bleibt dort stecken, wo es noch gerade so zusammen mit seiner maximal gekrümmten Raumzeit projiziert werden kann, an der Projektionsgrenze, dem Ereignishorizont. Die Information ist immer noch am Horizont und in Ω vorhanden, aber nicht mehr aus dem Projektionspfad eines Beobachters heraus auflösbar.

Was bleibt, ist die Grenzerinnerung der Masse als codierte Latenz unmittelbar vor dem Versagen der Projektion, Entropie als zählbare Identitätsslots auf Oberflächenebene und Strahlung als letzte Versuche der Auflösung nach außen, knapp jenseits der Zulässigkeit.

Es ist kein Geheimnis, wo die Informationen geblieben sind, denn sie sind nirgendwo hingegangen.

Und die Hawking-Strahlung?

Das ist das beobachtbare statistische Echo der Instabilität der Beschränkungen nahe der Grenze. Es erscheint thermisch, weil das genaue Muster der Beschränkungen nicht mehr aufgelöst werden kann. Nur die verbleibenden Freiheitsgrade in den Oberflächenslots manifestieren sich noch.

Das Paradoxon entstand, weil wir das Schwarze Loch als Objekt mit einem Inneren behandelt haben.

Aber wie wir in Kapitel 5 gesehen haben, ist das Schwarze Loch kein Ort. Es ist eine topologische Schwelle, eine Oberfläche der Raumzeit-Realität.

Neben dem Schild finden wir einen Schalter, den wir in die Position „Ein“ bringen.

Das schwache holografische Muster erscheint wieder auf der schwarzen Kugel an der Decke. Dann erlischt ohne Vorwarnung ein Fleck, und ein schwacher Funke springt direkt außerhalb der Oberfläche auf.

Ein weiterer flackert. Ein weiterer Funke. Zufällig. Sanft. Wie verblassende Erinnerungen. Aber niemals verloren.

Wobble hat die seltsame Kugel mit den noch seltsameren Mustern betrachtet und sieht nun Dich an. Sie weiß genau, wie sie schauen muss, und Du verstehst, hebst sie hoch und trägst sie aus dem Raum.

Wir betretet einen langen Korridor aus Spiegelpaneelen. Unsere Augen müssen sich erst einmal an das Licht gewöhnen. Die Reflexionen scheinen leicht asynchron zu sein. Du winkst mit der Hand. Einige Reflexionen bewegen sich, bevor Du es tust. Ein Paneel am Ende pulsiert schwach, markiert von einem roten blinkenden Punkt, der sich selbst zu verfolgen scheint.

Auf der Tafel steht:

Exponat 10: Die Überlichtgeschwindigkeits-Kommunikation

„Wenn Verschränkung sofort erfolgt, könnten wir dann Nachrichten schneller als Licht senden?“

Quantenverschränkung ermöglicht es Teilchen, eine Verbindung zu teilen, die der klassischen Trennung widerspricht. Misst man eine, ist der Zustand der anderen sofort bekannt, egal wie weit sie voneinander entfernt sind. Das klingt nach sofortiger Kommunikation, und wenn dies möglich wäre, würde es alles zerstören. Es würde die Kausalität zerstören, da Ereignisse in der Zeit umgekehrt werden könnten. Es würde die spezielle Relativitätstheorie zerstören, da Signale schneller als Licht wären. Und es würde sicherlich die logische Konsistenz zerstören, da man antworten könnte, bevor man die Nachricht erhalten hat.

Dies ist das Paradoxon der Überlichtgeschwindigkeit.

Wie wir bereits in Kapitel 6 gesehen haben, erlaubt die Verschränkung keine Kommunikation, die schneller als Licht ist, da es keine Nachricht gibt. Es gibt lediglich eine gemeinsame Identitätsstruktur, die sich unter Projektion stabilisiert. Die beiden Teilchen senden keine Signale. Sie realisieren sich gemeinsam. Die Korrelation ist nur deshalb augenblicklich, weil die Struktur, die aufgelöst wird, nie getrennt war. Man kann sie nicht zur Übertragung von Informationen nutzen, da man das Ergebnis nicht wählen kann, sondern nur beobachten, was die Beschränkungen zulassen.

Es gibt also kein Paradoxon, sondern nur den Fehler, anzunehmen, dass verschränkte Objekte individuelle Strukturen im Raum sind. Da sie aber eine gemeinsame Identität sind, realisieren sie auch gemeinsam.

Nun sehen wir, dass zwei Glaskapseln mit den Namen Alice und Bob an beiden Enden des Korridors stehen. In jeder Kapsel befindet sich eine sich drehende Silbermünze, die in einer magnetischen Halterung schwebt.

Auf einem Bildschirm erscheint die Aufforderung: *„Zum Messen drücken.“*

Wir drücken Alices Knopf. Ihre Münze bleibt stehen: *Kopf.*

Bobs Münze bleibt genau in diesem Moment auch stehen: *Zahl.*

Du drückst erneut. *Kopf → Zahl. Zahl → Kopf.* Immer paarweise. Immer gegensätzlich.

Das wird langsam langweilig. Wir gehen weiter.

Der nächste Raum ist flach. Fast schon aggressiv flach.

Die Wände bestehen aus gestapelten Scheiben aus durchscheinendem Glas, in die jeweils ein anderer Moment eingraviert ist: eine erhobene Hand, ein explodierender Stern, ein fallendes Blatt. Das Licht flackert in diskreten Blitzen, als würde die Gegenwart versuchen, sich zu entscheiden, wo sie landen soll.

Vor einer schwebenden Skulptur aus Raum und Zeit steht eine Plakette, eine eingefrorene 4D-Landschaft mit roten Fäden, die zwischen unzusammenhängenden Ereignissen gespannt sind.

Exponat 11: Gleichzeitigkeit und das Blockuniversum

„Wenn die gesamte Raumzeit ein Block ist, wie können wir dann noch von einem ‚Jetzt' sprechen?"

Die spezielle Relativitätstheorie sagt uns, dass es keine absolute Gleichzeitigkeit gibt. Wir haben dies im Leiterparadoxon gesehen.

Zwei Beobachter in relativer Bewegung schneiden die Raumzeit unterschiedlich. Was der eine als „Jetzt" sieht, sieht der andere als Teil der Vergangenheit oder Zukunft. Es gibt keine universelle Gegenwart. Keinen privilegierten Moment. Nur eine vierdimensionale Mannigfaltigkeit, in der alle Ereignisse bereits existieren.

Dies führt zur Blockuniversum-Interpretation, bei der die Raumzeit eine feste Struktur ist. Die Zeit vergeht nicht. Sie ist einfach da. Zukunft und Vergangenheit sind gleichermaßen real. „Jetzt" ist nur ein Ort im Block.

Aber so erleben wir die Welt nicht.

Wir leben nicht in einer eingefrorenen 4D-Skulptur. Wir leben in einer Entfaltung. In Veränderung. Im Werden. Und ganz sicher im „Jetzt".

Der offensichtliche Unterschied zwischen der Speziellen Relativitätstheorie und unserer Alltagserfahrung führt zum „Eternialismus"-Paradoxon, das wie folgt lautet:

Wenn die Zukunft bereits existiert, warum können wir dann nicht darauf zugreifen?

Wenn die Vergangenheit noch existiert, warum können wir dann nicht zurückkehren?

Und wenn alles gleichermaßen real ist, warum scheint die Zeit zu vergehen?

Wäre die Raumzeit eine feste Leinwand, die Kulisse, auf die die Spezielle Relativitätstheorie ihre Minkowski-Diagramme zeichnet, dann würde tatsächlich alles zu einem Block erstarren. Aber jede Kohärenz, die sich nach vorne projiziert, bringt ihre eigene Raumzeit mit sich, da die Raumzeit Teil der Realität ist und nicht nur eine Bühne für sie.

Du könntest nun einwenden, dass wir das bereits im Leiterparadoxon gesehen haben. Da hast Du recht. Es gibt keinen Widerspruch zwischen Relativität und Werden, solange wir erkennen, dass die Raumzeit konstruiert ist. Verschiedene Beobachter projizieren unterschiedliche „Jetzt-Schnitte", weil sie unterschiedliche Constraintsgradienten tragen. Aber sie sind sich nicht uneinig über eine universelle Zeitachse, sondern erkennen jeweils, was angesichts ihrer Struktur noch zusammenhängen kann.

Die Zukunft existiert nicht, bis sie sich realisieren kann.

Die Vergangenheit ist nicht verschwunden. Sie ist die Menge der Strukturen, die sich bereits realisiert haben, der Block, der hinter Dir entsteht, während Du gehst, ein stabilisierter Rahmen nach dem anderen.

Die Gegenwart ist die strukturelle Verwirklichung dessen, was Schritt für Schritt am Ende deines eigenen Zeitflusses real werden kann. Wir nennen das „Jetzt".

Jetzt ...

Jetzt stehen wir vor einer Glaswand, die aus 100 dünnen Scheiben besteht, die jeweils mit einem Zeitstempel versehen sind. Ein Lichtstrahl wandert langsam von links nach rechts über sie hinweg. Wenn der Strahl jede Scheibe berührt, leuchtet sie kurz auf, bevor sie wieder transparent wird.

Wir drücken einen Knopf mit der Aufschrift „Shift Frame". Der Strahl neigt sich. Jetzt schneidet er die Scheiben diagonal durch. Ein anderes „Jetzt". Verschiedene Momente leuchten zusammen.

Du drückst „Reverse". Der Strahl bewegt sich rückwärts. Aber die Scheiben leuchten nicht wieder auf. Die Struktur erinnert sich. Aber sie erscheint nicht wieder.

Oben erscheint eine Bildunterschrift:

„Die Vergangenheit ist stabilisiert. Die Gegenwart realisiert sich. Die Zukunft ist nur ein Vorschlag."

Wobble taucht hinter der Wand auf, schüttelt den Staub der nicht realisierten Bilder ab, sieht entropisch aus und geht seitwärts davon. Wir denken, dass sie wahrscheinlich eine Pause braucht.

Das ist eine wunderbare Idee, denn als wir den zweiten Flügel verlassen, stellen wir fest, dass die Cafeteria gerade geöffnet hat. Der Duft von frisch gebrühtem Kaffee liegt in der Luft und vermischt sich mit dem Aroma von Blaubeermuffins.

Okay machen wir eine Pause. Wir kommen an einem Schild vorbei.

Die Cafeteria

„Bitte kalibrieren Sie Ihre internen thermodynamischen Gradienten neu."

Wir sollten Dich vielleicht warnen. Die Cafeteria befindet sich aus gutem Grund im nichtlinearen Zentrum des Museums. Aber wir alle brauchen einen Kaffee und deshalb warnen wir Dich lieber nicht vor der Cafeteria in einem Museum der Paradoxien. Wobble geht voran.

Die Cafeteria sieht aus wie jede andere Cafeteria in jedem anderen Museum. Das liegt daran, dass alle Cafeterias vom selben Team von Designern gebaut wurden, aus Profitgründen und aus Notwendigkeit. Es gibt eine Theke, eine Reihe von Automaten, zwei Ausgänge zu den Toiletten, viele eher kleine Tische und sogar stapelbare Stühle. Die Cafeteria ist noch recht leer. An einem Tisch sind zwei Mädchen in eine lautlose Diskussion darüber verstrickt, ob sie zu Mittag essen sollen. Die eine besteht darauf, dass Mahlzeiten nur existieren, wenn sie beobachtet werden. Die andere versucht immer wieder, die Entropie ihres Sandwichs zu berechnen.

Wir gehen zur Theke.

Auf einem kleinen Schild steht: *„Bitte fragen Sie nicht nach konsistentem Service. Das ist Flügel IV."*

Hinter der Theke steht ein großer Mann mit einem Namensschild, auf dem „Mr. Onto" steht.

Er serviert Dir sofort Kaffee, bevor Du ihn bestellt hast. Du bestellst Kaffee. Wobble möchte Eis. Es gibt Schokolade, Erdbeere und Vanille. Mr. Onto besteht darauf, dass Wobble alle drei Sorten gleichzeitig in einer einzigen Waffel nimmt. Du reichst sie Wobble und wir beobachten, wie die Eiskugeln ihre Geschmacksrichtungen wechseln. Was ...

Wie auch immer ... Du bestellst einen Blaubeermuffin, der heiß auf einem Bett aus Sauerkraut serviert wird. Wir nehmen einen Kaffee und ein Stück Käsekuchen und stören uns überhaupt nicht daran, dass der Käsekuchen einen ziemlich starken Pecorino-Geruch verströmt.

Auf der Suche nach einem Tisch kommen wir an den Automaten vorbei. Der erste trägt die Aufschrift „*Schrödinger Snacks*", aber man kann nicht hineinsehen. Der nächste heißt „*Missing Socks*". Wir sehen uns an, wir zucken mit den Schultern. Der dritte Automat wirkt seltsam. Er bietet Ohrstöpsel, einen Schnuller, eine voraufgeladene Powerbank mit Universal-Ladekabel, Zehn-Dollar-Scheine, einen Versicherungsvertrag, eine Packung Gummibärchen und eine Dose frische Luft. Kopfschüttelnd erreichen wir einen Tisch, setzen uns und seufzen. Es tut gut, sich einen Moment hinzusetzen, die Beine auszustrecken und heißen Kaffee zu trinken, während der Kopf noch damit beschäftigt ist, die Erinnerungen zu ordnen und einige der Dinge zu vergessen, die man gerade erlebt hat.

Die Zeit vergeht.

Gelegentlich kommt Herr Onto mit einem feuchten Tuch, das schon viele Weltuntergänge gesehen hat, an unserem Tisch vorbei und wischt ihn ab und zaubert Newtonsche Ringe in die fettige Oberfläche. Er beugt sich zu uns herüber und flüstert: „*Die Entropie wird gleich serviert. Genießen Sie noch Ihren Moment struktureller Kohärenz.*" Wir schauen uns an und essen die letzten Bissen Sauerkraut.

Bereit für den nächsten Gang?

Wir verlassen die Cafeteria und finden ein Schild mit der Aufschrift:

Flügel III: Statistische und thermodynamische Paradoxa

(*Der Flügel der Unordnung und der Zeit*)

12. **Loschmidts Umkehrbarkeitsparadoxon**

13. **Maxwells Dämon**

14. **Gibbs' Mischungsparadoxon**

15. **Der Pfeil der Zeit**

Der erste Raum, den wir betreten, fühlt sich wärmer an. Nicht heiß, nur ein bisschen ... irreversibel.

Die Wände sind mit Kupferplatten bedeckt, in die Gleichungen eingraviert sind. In der Mitte steht ein hoher Glaszylinder, der mit Tausenden kleiner, verspiegelter Kugeln gefüllt ist. Man beobachtet, wie sie in einem chaotischen Tanz umherfliegen, bis sie plötzlich alle ihre Richtung ändern. Perfekt.

Auf einer Tafel neben dem Zylinder steht:

Exponat 12: Loschmidts Umkehrbarkeits-Paradoxon

„Wenn die mikroskopische Physik reversibel ist, warum nimmt dann die Entropie immer zu?“

Newtons Gesetze und auch Schrödingers Gleichung sind zeitsymmetrisch.

Wenn man einen Vorgang filmt und das Band rückwärts abspielt, funktioniert die Physik immer noch.

Ein fallender Apfel? Ein springender Ball? Ein Molekül in einer Box?

Kehrt man die Bewegung um, bleibt die Mathematik gültig.

Aber im wirklichen Leben?

Kaffee erwärmt sich nicht von selbst. Zerbrochene Vasen setzen sich nicht wieder zusammen. Die Entropie nimmt zu. Immer.

Das ist das Loschmidt-Paradoxon, benannt nach Josef Loschmidt, der 1876 eine höfliche, aber vernichtende Frage stellte: *„Wenn jede mikroskopische Wechselwirkung in beiden Zeitrichtungen gleich gut ablaufen kann, warum hat dann die makroskopische Zeit eine bevorzugte Richtung?“*

Kurz gesagt: *„Wie kann aus reversiblen Gesetzen irreversibles Verhalten entstehen?“*

Viele haben sich damit beschäftigt, meist ohne Erfolg.

Die statistische Mechanik behandelt Entropie als statistisches Phänomen, das sich in Richtung hoher Entropiekonfigurationen entwickelt, ohne zu erklären, warum Zeit eine Richtung hat, und unter der Annahme eines entropiearmen Anfangs, der dann selbst zum Rätsel wird.

Die Initialbedingungen-Hypothese behauptet, dass der Zeitpfeil vom Zustand niedriger Entropie des Urknalls übernommen wurde, wodurch die Verantwortung auf die Kosmologie verlagert wird und nicht erklärt wird, warum die Entropie lokal immer noch zunimmt, wenn alles mikroskopisch reversibel ist.

Eine andere Theorie behauptet, dass Wechselwirkungen mit der Umgebung, sogenannte Dekohärenz, Informationen auf effektiv irreversible Weise verbreiten, wobei sie ignoriert, dass Dekohärenz zwar irreversibel erscheinen mag, die zugrunde liegende unitäre Dynamik jedoch nicht. Sie verschiebt das Problem, indem sie nicht beantwortet, warum Dekohärenz selbst nur in eine Richtung verläuft.

Die thermodynamische Zeitasymmetrie von Jaynes et al. behauptet, dass der Entropiezuwachs eine Vergröberung des Wissens widerspiegelt, die den Pfeil der Zeit zu einer epistemischen Illusion macht.

Penroses kosmologische Argumente der allgemeinen Relativitätstheorie behaupten, dass der Pfeil der Zeit mit der Asymmetrie der Gravitationsentropie und der Topologie der Singularität des Urknalls zusammenhängt, was überzeugend ist, aber schwer mit dem lokalen thermodynamischen Verhalten in Einklang zu bringen ist.

Das Paradox entsteht, weil wir davon ausgehen, dass eine Struktur, wenn sie möglich ist, in ihrer Entwicklung symmetrisch sein sollte. In der Projektionstheorie wird ein Ereignis real, wenn es mit dem aktuellen Zustand der zulässigen Struktur kohärent ist. Und Kohärenz ist nicht zeitlich symmetrisch, da Projektion richtungsabhängig ist. Wenn sich ein System entwickelt, erzeugt es neue Constraints. Informationen werden eingebettet. Die Struktur wird durch das bereits Stabilisierte bedingt. Die Vergangenheit sammelt sich an, und die Zukunft muss sich noch realisieren.

Theoretisch könnte man den Impuls jedes Teilchens umkehren und das System zurückverfolgen. Dazu müsste man jedoch jede strukturelle Einschränkung in Ω neu initialisieren, damit sie mit einer perfekt umgekehrten Vergangenheit übereinstimmt. Dies würde eine globale, koordinierte, antikorrelierte Auflösung über den gesamten Constraintsgraphen erfordern, was zwar nicht verboten, aber unter Projektion äußerst unwahrscheinlich ist.

Warum?

Weil jeder Projektionsschritt ein strukturelles Gedächtnis hinterlässt, eine Spur in der Constraint-Topologie, und diese lassen sich nicht einfach „entprojizieren“.

Die Entropie steigt, weil es weitaus mehr Möglichkeiten gibt, dass eine Struktur ihre Kohärenz verliert, als dass sie sie gewinnt.

Die Vorwärtsentwicklung kann frei voranschreiten und Entropie hinzufügen. Eine Rückwärtsumkehr erfordert strukturelle Feinabstimmungen und wird mit zunehmender Auflösung exponentiell unwahrscheinlicher.

Der Pfeil der Zeit ist in die Asymmetrie der zulässigen Projektionspfade eingebrannt.

Das Universum verbietet Umkehrungen nicht. Es lässt sie nur fast nie zu, weil die strukturellen Kosten zu hoch sind. Wir brauchen also keine neuen Gesetze, sondern nur ein neues Verständnis davon, was real wird.

Die Entropie nimmt zu, weil Kohärenz leichter zerfällt als sich neu formiert, weil die Verwirklichung von der Kompatibilität der Beschränkungen abhängt und weil der Raum der kompatiblen Zukünfte größer ist als der Raum der wiederherstellbaren Vergangenheiten.

Der Glaszylinder erwacht wieder zum Leben.

Partikel springen chaotisch umher. Dann … eine Pause. Das System kehrt sich um. Die Kugeln verfolgen ihre Bahnen mit unheimlicher Präzision zurück. Nach einigen Schritten schleicht sich ein schräges Geräusch ein, eine einzelne Kugel kollidiert leicht abseits der Bahn. Das gesamte System entgleist. Die Entropie kehrt zurück.

Eine Tafel leuchtet auf:

„Eine Umkehrung erfordert perfekte Constraints. Projektionen lassen das fast nie zu.“

Wir folgen Wobble nach links in den nächsten Raum, der buchstäblich in zwei Teile geteilt ist.

Zwei Glaskammern stehen nebeneinander und sind durch eine winzige Tür verbunden. Die eine Seite ist voller langsam bewegender blauer Gaspartikel. Die andere Seite ist heiß und glüht rot. Dazwischen steht ein Schreibtisch. Dahinter: ein sehr kleiner Dämon.

Er sieht verdächtig nach Wobble aus, mit einer Schutzbrille und einem Klemmbrett.

Auf einer Messingtafel steht:

Exponat 13: Maxwells Dämon

„Wenn die Entropie zunehmen muss, was passiert dann, wenn wir sie messen und darauf reagieren?“

1867 stellte sich James Clerk Maxwell ein Gedankenexperiment vor:

Was wäre, wenn ein winziger Dämon eine Tür zwischen zwei Kammern mit Gas kontrollieren würde?

Er beobachtet einzelne Moleküle und öffnet die Tür nur für die schnellen, die sich nach links bewegen, oder für die langsamen, die sich nach rechts bewegen. Mit der Zeit wird dann eine Seite heißer, die andere kälter. Die Entropie nimmt ohne Energiezufuhr ab. Es werden keine Gesetze verletzt, nur Informationen werden verwendet, um Bewegungen zu filtern.

Das ist Maxwells Dämon. Er scheint den zweiten Hauptsatz der Thermodynamik zu verletzen, indem er Wissen nutzt, um die Entropie umzukehren. Das Paradoxon ist einfach, erschreckend und legt nahe:

„Mit einem ausreichend intelligenten Beobachter kann man die thermodynamische Irreversibilität überwinden!“

Physiker gerieten verständlicherweise in Panik.

Dann gerieten sie noch etwas mehr in Panik.

1929 kam Szilard zu dem Schluss, dass Messungen Informationen speichern, sodass der Dämon Energie aufwenden muss, um Ergebnisse aufzuzeichnen.

Die Panik ließ etwas nach.

1961 entschied Landauer, dass das Löschen von Informationen die Entropie erhöht, was bedeutet, dass Wärme irgendwo abgegeben werden muss, um das Gedächtnis des Dämons zurückzusetzen. Dies wurde zum Konsens und die Panik legte sich. Informationen sind physikalisch! Der Dämon kann nicht gewinnen.

Aber etwas Unheimliches blieb beunruhigend. Bei diesem Paradoxon geht es nicht wirklich um Gas in einer Box. Es geht darum, was in einem Universum, das auf Beobachtung basiert, als Handlung gilt.

Nun ja …

So wie wir das sehen, ist dieser Dämon kein Außenstehender, der auf das System einwirkt, sondern Teil des Projektionsprozesses. Immer wenn eine Messung vorgenommen wird, sei es durch einen Dämon, ein Gerät oder das Universum selbst, werden neue Constraints eingefügt. Die Projektion muss nun mit strengeren Zulässigkeitsbedingungen gelöst werden.

Mit anderen Worten: Wenn der Dämon beobachtet und handelt, verändert er die Constraintstruktur. Neue Wege öffnen sich. Alte Wege schließen sich. Das System projiziert nun entlang eines anderen Ausschnitts von Ω.

Der Dämon kann nicht handeln, ohne Teil der Projektionsgeschichte des Systems zu werden. Er kann nicht von außen beobachten. Seine Messung wird zwangsläufig zu einem Ereignis in der Struktur, und daher müssen die Entropiekosten der Filterung berücksichtigt werden.

Was wie Betrug aussah, war nur ein versteckter Projektionsschritt, und Maxwells Dämon verstößt offensichtlich nicht gegen den zweiten Hauptsatz. Er setzt ihn vielmehr um, indem er uns daran erinnert, dass Information Struktur ist.

Man kann keine Einschränkung, keine Beobachtung, kein Tor, keine Regel, nichts einfügen, ohne die Projektionslandschaft zu verändern. Das Universum kalibriert sich um die aktuelle Realität herum neu.

In den Glaskammern springen Gaspartikel ziellos umher.

Plötzlich öffnet sich die Tür, nur für die schnellen Teilchen, die sich nach links bewegen.

Die rote Seite leuchtet. Die blaue Seite kühlt ab.

Wobble, jetzt in der Position des Dämons, grinst und drückt einen Knopf. Ein neues Licht blinkt oben auf:

„Entropie für Dämon berücksichtigt."

Eine rückwirkende Anpassung findet statt. Ein versteckter Projektionszähler tickt um 1 hoch. Man hört ein leises Zischen, als die Wärme an den Wänden abgegeben wird. Über der Ausstellung leuchtet eine letzte Tafel auf:

„Was Du misst, misst dich."

Wobble springt vom Sitz des Dämons und schlendert davon. Wir folgen ihr.

Der nächste Raum ist ein Würfel. In der Mitte steht eine versiegelte Glasbox, die in zwei Kammern unterteilt ist. Auf der einen Seite befindet sich blaues Gas, auf der anderen rotes. Auf einer Tafel an der Vorderseite steht:

Exponat 14: Gibbs' Mischungsparadoxie

„Wenn zwei Gase identisch sind, warum erhöht ihre Vermischung manchmal die Entropie und manchmal nicht?"

Wobble trägt eine Schutzbrille und hält zwei große Ballons mit den Aufschriften „A" und „?" in der Pfote und grinst.

Josiah Willard Gibbs stellte 1874 ein Gedankenexperiment vor, das zu einem Problem führte. Man hat zwei Kammern, die jeweils die gleiche Anzahl von Gaspartikeln bei gleicher Temperatur und gleichem Druck enthalten. Man entfernt die Trennwand zwischen ihnen. Wenn die Gase unterschiedlich sind, beispielsweise Helium und Neon, erhöht sich durch das Mischen die Entropie. Sind die Gase jedoch identisch, beispielsweise beide Helium, bleibt die Entropie gleich.

Das erscheint plausibel ... bis man fragt: *„Wie unterschiedlich müssen die Gase sein, damit die Entropie zunimmt?“*

Ein einziger Isotopenunterschied? Eine subtile Abweichung im Quantenzustand? Ein Beschriftungsschema? Ein Kaffeefleck auf der Glaswand?

Wenn die Teilchen grundsätzlich nicht unterscheidbar sind, warum zählt das Entfernen einer Barriere manchmal als Vermischung und manchmal nicht? Das ist paradox.

Ja, und genau deshalb wird es hier gezeigt.

Ludwig Boltzmann erkannte dieses Problem und fügte den Gibbs-Faktor hinzu. Man dividiert einfach die Anzahl der Mikrozustände W durch die Fakultät der identischen Teilchen N:

$$S = k \log\left(\frac{W}{N!}\right)$$

Dies korrigiert die Entropie, vorausgesetzt, man kann wirklich identische Teilchen nicht unterscheiden.

Aber damit wird die Frage nur zurückgeschoben: *„Was definiert ‚Unterscheidbarkeit‘?*

Wenn sich zwei Gase in irgendeiner messbaren Weise unterscheiden, z. B. in Masse, Spin oder Isotopen, sind sie unterscheidbar und die Entropie steigt. Wenn nicht, sind sie nicht unterscheidbar. Die Entropie bleibt unverändert. Der Unterschied scheint jedoch kontextabhängig und nicht strukturell zu sein.

Das Gibbs-Paradoxon löst sich auf, wenn wir Entropie nicht mehr als von der Benennung abhängig betrachten. Zwei Teilchen sind nur dann unterscheidbar, wenn sich ihre Identitätsconstraints in trennbare Realisierungen projizieren. Wenn sich also ihre Signaturen zu unterschiedlichen Raum-Zeit-Erscheinungen stabilisieren können, sind sie unterschiedlich. Wenn nicht, sind sie strukturell nicht unterscheidbar.

Vermischung erhöht die Entropie nur, wenn das Projektionsfeld mehr zulässige Zustände als zuvor realisieren muss. Dies macht Entropie zu einer Eigenschaft der projizierbaren Struktur. Entropie ist daher keine Funktion von Teilchenbezeichnungen.

Entropie interessiert sich nicht dafür, wie man Dinge nennt. Sie ist keine Zählung von Teilchen. Sie ist eine Zählung von unterschiedlichen zulässigen Realisierungen, also der Anzahl der Möglichkeiten, wie Identität kohärent erscheinen kann.

Wir stehen vor zwei Glasflaschen, die durch ein Ventil verbunden sind.

Zunächst sind die Gase mit „He" und „He" beschriftet. Wir öffnen das Ventil. Es ändert sich nichts.

Jetzt lauten die Bezeichnungen „He-3" und „He-4". Wir öffnen das Ventil erneut. Diesmal steigt die Entropie sichtbar an: Der Projektionszähler tickt nach oben. Ein thermischer Schimmer pulsiert über die Flaschenwände.

Auf einem letzten Bildschirm steht:

„Identität ist nicht das, was wir auf den Behälter schreiben. Es ist das, was das Universum realisieren muss, wenn die Wand fällt."

Wobble lässt die Ballons los. Beide steigen zur Decke. Wobble dreht sich um und geht weg. Wir schauen uns an und schlagen vor: *„Lasst uns ihr folgen!"*

Das tun wir.

Dieser Raum ist lang, wie ein Korridor, der sich dünn durch die Wahrscheinlichkeit zieht. Entlang der linken Wand finden wir eine lange Reihe von Sanduhren. Entlang der anderen Wand steht eine Reihe von Bildschirmen, auf denen Filme laufen, einer vorwärts, einer rückwärts, nebeneinander.

Eiswürfel schmelzen. Regen fällt nach oben. Rauch zieht sich in Zigaretten zurück. Dinge zerbrechen. Zerbrochene Tassen setzen sich wieder zusammen.

Auf einer Tafel zwischen den Sanduhren steht:

Exponat 15: Der Pfeil der Zeit

„Wenn die Gesetze der Physik sich nicht um Richtung kümmern, warum dann die Zeit?"

Das ist das Paradox, in dem wir alle leben und das fast niemand bemerkt. Die Gesetze der Physik, die Newtonsche Mechanik, der Elektromagnetismus, die Quantentheorie sind größtenteils zeitsymmetrisch.

Es ist ihnen egal, ob man die Zeit umkehrt. Aber alles, was man tatsächlich erlebt, Erinnerungen, Altern, Bewegung, Verfall, verläuft in eine Richtung. Immer vorwärts. Man erinnert sich an die Vergangenheit, nicht an die Zukunft. Rührei lässt sich nicht wieder entrühren. Sterne verbrennen Brennstoff und leuchten, sie entbrennen keinen Brennstoff und entleuchten auch nicht. Das ist der Pfeil der Zeit, der kein Paradoxon ist, aber wenn die grundlegende Physik symmetrisch ist, ist die Richtungsabhängigkeit tatsächlich ein Paradoxon.

Aber es ist nicht nur ein Paradoxon. Es ist eine Herausforderung für jeden Physiker, der je gelebt hat, denn es nagt am Ego jedes Physikers. Es gibt eine Vielzahl gescheiterter Erklärungsversuche, und wir müssen uns wirklich einige der besseren ansehen.

Die Low-Entropy Initial Condition (Anfangszustand mit niedriger Entropie) ist der aktuelle Standard. Sie geht davon aus, dass das frühe Universum eine extrem niedrige Entropie hatte und seitdem alles ein entropischer Aufstieg ist. Sie erklärt die Richtung der Zeit, indem sie eine seltsame Randbedingung des Urknalls festlegt, aber sie erklärt nie, warum diese Bedingung existierte. Sie verlagert das Rätsel in die Kosmologie und lässt den Pfeil der Zeit als Eingabe stehen. Das ist etwas geschummelt.

In Boltzmanns Statistischer Mechanik entwickeln sich die meisten Zustände zu wahrscheinlicheren Zuständen. Das ist einfach so. Die Entropie nimmt zu, weil die meisten Mikrozustände einer höheren Unordnung entsprechen.

Das funktioniert für die Vorhersage von Trends, aber nicht für die Frage, warum sie irreversibel sind. Das Problem hierbei ist, dass diese Theorie im Grunde zeitsymmetrisch ist. Wenn die Entropie vorwärts zunimmt, müsste sie auch rückwärts zunehmen, was Unsinn ist. Die statistische Mechanik sagt den Zeitpfeil nur voraus, wenn man ihn voraussetzt.

Dann gibt es noch die Dekohärenz, bei der die Quantenverschränkung mit der Umgebung zu klassischer Irreversibilität führt. Diese Idee erklärt, warum Quantensysteme klassisch erscheinen, wenn sie mit großen Umgebungen interagieren. Ja, aber Dekohärenz selbst ist reversibel. Sie erklärt nicht, warum Kohärenz immer nur verschwindet und nicht zurückkehrt, es sei denn, man geht bereits von einem Zeitpfeil aus. Es handelt sich also um einen dynamischen Mechanismus und nicht um eine strukturelle Erklärung.

In Jaynes' Informationstheorie spiegelt Entropie unseren Mangel an Informationen wider, und der Pfeil der Zeit ist epistemisch. Das bedeutet im Grunde genommen, dass der zweite Hauptsatz sich auf das bezieht, was wir nicht wissen. Damit wird der Pfeil der Zeit zu einer Frage der Buchhaltung. Aber Entropie steigt sogar in isolierten Systemen. Der Effekt ist physikalisch, nicht nur informativ. Schlimmer noch, es bedeutet, dass die Richtung der Zeit davon abhängt, wer sie beobachtet. Nein.

In Penroses Gravitational Entropy and Cosmological Arguments bestimmt die Struktur der Raumzeit den Pfeil. Insbesondere in der Nähe von Singularitäten. Penrose schlug vor, dass die Gravitationsentropie beim Urknall gering und bei Schwarzen Löchern hoch war und dass dieser Unterschied den Pfeil der Zeit definiert. Das ist schön, lässt sich aber nur schwer mit lokalen thermodynamischen Prozessen in Verbindung bringen. Außerdem hängt dies stark von kosmologischen Annahmen ab und behandelt den Pfeil erneut als einen Effekt der Anfangsbedingungen.

In Everetts Viele-Welten-Theorie treten alle Ergebnisse ein, aber die Dekohärenz vermittelt die Illusion einer Vorwärtsrichtung. In dieser Sichtweise entsteht die Pfeilrichtung aus der Verzweigungsstruktur der Wellenfunktion. Nur ist die Wellenfunktion immer noch unitär und symmetrisch. Das erklärt nicht, warum Verzweigungen eine Vorwärtsrichtung haben, sondern nur, dass wir das so empfinden. Selbst wenn man das Multiversum akzeptiert, scheitert diese Theorie.

In Smolins Echtzeit-Hypothese ist Zeit fundamental und Raum emergent. Smolin kehrt das übliche Schema um. Anstatt Zeit aus zeitlosen Gesetzen abzuleiten, wie es in der Relativitätstheorie und der Quantengravitation geschieht, argumentiert er, dass Zeit real und fundamental ist, dass sich die Gesetze der Physik selbst im Laufe der Zeit entwickeln, dass das Blockuniversum falsch ist, dass die Zukunft nicht bereits existiert und dass das Universum ein Prozess und keine statische Einheit ist. Dies ermöglicht es ihm, den Pfeil der Zeit als primitives Merkmal der Realität zu erklären. Das ist elegant, setzt aber dennoch den Pfeil als gegebene Kulisse voraus. Eine Erklärung gibt es hier nicht. Leider …

All diese Versuche und viele mehr haben nichts damit zu tun, dass Physiker nicht klug genug sind. Im Gegenteil. Diese Leute sind wirklich brillant. Nur versuchen sie, das Problem mit dem zu lösen, was es verursacht. Sie versuchen, ein tiefgreifendes Problem der Raumzeit mit der Logik der Raumzeit zu lösen. Das geht offensichtlich nicht.

Wir haben die Puzzleteile bereits in früheren Ausstellungen gesehen. In Ausstellung 12 haben wir gesehen, dass eine Umkehrung nicht verboten, sondern nur strukturell unplausibel ist. In Ausstellung 11 haben wir gesehen, dass die Gegenwart kein Ort ist, sondern der Rand der zulässigen Projektion. Und hier verbinden wir endlich alles miteinander.

In der Projektionstheorie ist der Pfeil der Zeit ein Merkmal der Projektionsasymmetrie.

Jeder Projektionsschritt wählt aus, was noch realisiert werden kann, im Einklang mit dem, was sich bereits stabilisiert hat. Jeder neue Schritt beeinflusst die Zukunft. Das ist keine Frage des Wissens oder der Statistik. Es ist eingebaut in die Art und Weise, wie Realität real wird.

Projektion konstruiert Zeit.

Und diese Konstruktion kann nur voranschreiten, weil sich Constraints häufen, Optionen verengen, die Kohärenz abnimmt und Projektionsschritte zulässig bleiben müssen, auf der Basis dessen, was bereits real ist.

Die Außenperspektive auf die Raumzeit zeigt, dass die entstehende Zeit eine Richtung hat, weil Projektionskohärenz nicht rückgängig gemacht werden kann.

Deshalb funktioniert das Gedächtnis nur in eine Richtung. Deshalb gehen Ursachen den Wirkungen voraus. Deshalb steigt die Entropie. Deshalb altern wir.

Das Universum weiß nicht, was Zeit ist.

Aber Projektion weiß es.

Wir nähern uns zwei Bildschirmen.

Auf dem einen läuft ein Film, in dem eine Teetasse zerbricht. Auf dem anderen wird das Gegenteil gezeigt.

Wir drücken einen Knopf: „Vorwärts simulieren“, und die Entropie steigt an. Das Projektionsfeld fließt reibungslos.

Dann drückst Du auf „Rückwärts simulieren“. Plötzlich blinkt eine Warnung auf: *„Rückwärts erfordert eine Neuinitialisierung der globalen Beschränkungsstruktur. Wahrscheinlichkeit:* $\sim 10^{-1\,000\,000}$*.“* Der Bildschirm flackert. Die Simulation bricht ab.

Wobble steht neben einer Sanduhr. Sie dreht sie um. Nichts passiert.

Sie geht weiter.

Du drehst die Sanduhr zurück, und wir folgen Wobble, wobei wir den dritten Flügel verlassen. Wir biegen nach links ab und finden sofort ein neues Schild mit der Aufschrift:

Flügel IV: Kosmologische Paradoxa

(Der Flügel des Ganzen)

16. **Das Flachheitsproblem**
17. **Das Urknall-Paradoxon**
18. **Das Horizontproblem**
19. **Boltzmann-Gehirne**
20. **Dunkle Energie**

Der erste Raum, den wir betreten, ist riesig, kugelförmig und beunruhigend leer. Der Boden ist eben. Die Decke scheint unendlich weit entfernt zu sein. Am Boden erscheint bei jedem Schritt ein Netz aus exakt parallelen Linien aus Licht, die den ganzen Raum durchziehen. Der Raum summt in einer seltsamen Art von Gleichgewicht.

Eine Tafel in der Mitte trägt die Aufschrift:

Exponat 16: Das Flachheitsproblem

„Warum ist das Universum so vollkommen flach, obwohl es allen Grund hätte, es nicht zu sein?“

Seit Einstein die Allgemeine Relativitätstheorie aufgestellt hat, wissen wir, dass das Universum gekrümmt sein könnte. Eine positive Krümmung, wie bei einer Kugel, würde das Universum in sich zusammenfallen lassen. Eine negative Krümmung, wie bei einem Sattel, würde das Universum unkontrolliert expandieren lassen. Nur eine perfekte Flachheit führt zu einem stabilen, ausgeglichenen Universum, wie wir es beobachten.

Nun, wir scheinen Glück zu haben.

Wahrscheinlich nicht, denn Flachheit ist instabil. Selbst die kleinste Abweichung von der Flachheit im frühen Universum, in einer Größenordnung von 1 zu 10^{60}, hätte inzwischen zu einem raschen Zusammenbruch oder einer unkontrollierten Expansion geführt. Doch wenn wir hinschauen, sehen wir keine messbare räumliche Krümmung und keine Anzeichen einer unkontrollierten Geometrie. Wir sehen ein Universum, das entgegen aller Wahrscheinlichkeit mit außergewöhnlicher Präzision flach zu sein scheint.

Das ist paradox, denn es ist unglaublich unwahrscheinlich, dass das frühe Universum so präzise ausbalanciert war, dass es nach Milliarden von Jahren immer noch flach ist.

Es gab zahlreiche Versuche, dieses Problem anzugehen. Sehen wir uns einige davon an.

Einige akzeptieren einfach, dass das Universum so entstanden ist, genau richtig, durch reines Glück. Das erklärt zwar nichts, aber es stuft das Rätsel als Zufall ein.

Die Inflationstheorie geht davon aus, dass das Universum in den ersten Bruchteilen einer Sekunde eine exponentielle Expansion durchlief, wodurch die Krümmung wie bei einem Ballon, der aufgeblasen wird, geglättet wurde. Das Problem dabei ist, dass die Inflation zwar die Flachheit dynamisch erklärt, aber dennoch eigene, genau abgestimmte Bedingungen für ihren Beginn erfordert. Außerdem gibt es keine Erklärung dafür, warum Flachheit das stabile Ergebnis eines unkontrollierten Prozesses sein sollte. Wie auch immer, dies ist derzeit die gängige Meinung.

Ach ja, es gibt noch die anthropische Argumentation, die die Logik aufgibt und behauptet, dass wir nicht hier wären, um diese Frage zu stellen, wenn das Universum nicht flach wäre. Richtig.

Also.

Die Flachheit ist kein Zufall!

Um eine langfristige Kohärenz aufrechtzuerhalten, bei der kausal getrennte Regionen eine konsistente Struktur aufweisen, muss die Projektion ihre Krümmungsschnitte ausrichten. Das einzige Krümmungsprofil, bei dem sich Einschränkungen in eine global stabile Raumzeit auflösen können, ist flach. Deshalb ist Flachheit ein Kennzeichen für eine stabile Projektion. Es gibt keinen anderen Weg. Jede Krümmung, die von der Flachheit abweicht, führt zu Spannungen im globalen Constraintgraphen. Eine positive Krümmung lässt die Projektionspfade zu schnell konvergieren. Dies führt zu einem universellen Zusammenbruch. Eine negative Krümmung lässt die Projektionspfade zu schnell auseinanderlaufen. Dies führt zu universeller Instabilität und Fragmentierung.

Identitätsconstraints können nur in einem nahezu flachen Projektionsgradienten über kosmologische Skalen hinweg global zulässig bleiben. Dies bedeutet, dass die Constraints des Universums selbst das Universum zwingen, flach zu sein. Dies ist ein selbstregulierender Prozess durch die Projektionsdynamik. Er ist nur aus der Perspektive der Raumzeit seltsam.

Flachheit ist unvermeidlich.

Wir stehen auf einer leuchtenden Scheibe mit der Bezeichnung Ω-Realisierungsoberfläche. Es erscheinen drei holografische Universen:

I. Ein geschlossenes Universum – Kurven falten sich in sich selbst. Projektionslinien konvergieren und kollabieren zu Rauschen.

II. Ein offenes Universum – Linien divergieren, die Kohärenz bricht zusammen, das Bild zerfällt.

III. Ein flaches Universum – Projektionslinien bleiben ausgerichtet. Die Kohärenz der Constraints bleibt erhalten. Die Identität bleibt bestehen.

Über dem mittleren Bild leuchtet ein Schild auf:

„Nur Flachheit ermöglicht eine stabile Ausbreitung von Constraints auf kosmologischer Ebene.“

Wobble ist verschwunden. Sie muss weitergegangen sein. Wir gehen durch die Tür und betreten einen vollkommen weißen und vollkommen kugelförmigen Raum. Wir hätten der Krümmung von der Tür zum tiefsten Punkt des Raumes folgen müssen, aber glücklicherweise hat der Architekt Stufen vorgesehen.

Wir schauen nach oben und um uns herum. Es gibt keinen Boden, keine Decke, keine Wände, nur fast blendendes Weiß. In der Mitte des Raumes befindet sich eine weiße Kugel, die scheinbar schwebt, wahrscheinlich von unsichtbaren Fäden gehalten. Sie flackert mit unendlicher Intensität, die wirklich hell ist. Wir nehmen dankbar die bereitgestellten Sonnenbrillen und können nach einer Weile ein kleines Etikett auf der Oberfläche erkennen: „t = 0“.

Jetzt erinnerst Du dich sich an das Schild an der Tür:

Exponat 17: Das Paradoxon des Urknalls

„Wenn das Universum aus einer Singularität entstanden ist, wie kann dann aus Gesetzlosigkeit etwas Gesetzmäßiges entstehen?“

Das Standardmodell der Kosmologie besagt, dass das Universum ohne ersichtlichen Grund an einem Punkt mit unendlicher Dichte, unendlicher Temperatur und unendlicher Krümmung entstanden ist.

Das ist der Urknall. Der Name suggeriert eine große Explosion im Weltraum, was er aber nicht ist. Er ist der Ursprung von Raum und Zeit, der Ausgangspunkt aller Physik, des Universums und allem anderen.

Nun ja, vielleicht nicht ganz.

Da die Allgemeine Relativitätstheorie an einer Singularität versagt, hört die Raumzeit selbst auf, definiert zu sein, Kausalität, Geometrie, Energie … alles divergiert ins Unendliche. Unendlich viele Probleme.

Und doch … irgendwie entsteht aus diesem Zusammenbruch aller Strukturen ein perfekt geordnetes, einheitliches, flaches Universum, komplett mit Uhren, Konstanten und Quantenfeldern.

Das ist das Paradox: *„Wie kann ein Universum an einem Punkt entstehen, an dem die Gesetze des Universums nicht gelten?“*

Die meisten Antworten lassen sich in zwei Lager einteilen. Da sind die Ignoranten. Sie ignorieren die Singularität, behandeln sie als seltsame Randbedingung, stellen die Uhr auf „$t = 10^{-43}$ s“ und beginnen von dort aus.

Dann gibt es die Anhänger der Quantengravitation. Sie schlagen vor, dass eine vollständige Theorie die Singularität „glätten“ wird. Vielleicht ist es kein Punkt, vielleicht ist es ein Sprung, eine Schleife, eine Blase oder ein Babyuniversum.

Beide Lager sind clever und versuchen, die Singularität aus dem zerfallenden Raum-Zeit-Gefüge heraus zu reparieren, wodurch sie das Problem nur aufschieben.

Aber Sir Roger Penrose warnte sie: *„Wenn die Weyl-Krümmung explodiert, fehlt etwas Tieferes.“* Er weist damit eindeutig darauf hin, dass die Singularität nicht nur ein mathematisches Problem ist. Es ist ein Zeichen dafür, dass wir die falsche Frage stellen.

Nachdem Du bereits mehr als die Hälfte des Museums durchwandert hast, fragst Du Dich vielleicht, ob die Projektionstheorie etwas zu bieten hat, da sie nicht durch Raum-Zeit-Vorstellungen begrenzt ist.

In der Tat.

Dies ist der Anfang. Wir möchten hier die ganze Geschichte erzählen, daher wird es etwas länger dauern. In unserer Geschichte beginnen wir mit der Existenz des Nichts. Nun, das ist nicht ganz richtig, denn obwohl es kein Universum und keine Raumzeit gibt, gibt es den topologischen Raum der Identitätssignaturen.

Wir verschieben somit ebenfalls das Problem. Wir verschieben von Raum und Zeit zu etwas, das wir nicht verstehen. Es ist aber logisch, denn wenn es Ω gibt – und es deutet ja vieles darauf hin, dann gibt es in Ω weder Zeit noch Raum, keine Singularität, nichts. Nur Ideen. Zeitlos. Außerhalb von Raum und Zeit. Ω war also schon da, bevor Raum und Zeit entstanden, was zwar keinen Sinn ergibt, aber eben logisch ist.

Aus Gründen, an die sich niemand erinnern kann, hatte eine Idee die Idee, sich zu projizieren. Sie projiziert sich, und da es noch keine Constraints gibt, gibt es keine Latenz, keine Zeit, keinen Raum ... aber sobald die Idee real wird, werden Raum und Zeit real und projizieren sich entlang der ersten Idee. Was diese erste Identität war, ist reine Spekulation, aber ein wahrscheinlicher Kandidat ist das erste Photon. Nennen wir es Fred.

Mit Fred, der aus dem Nichts auftaucht, ändert sich sofort Alles. Plötzlich gibt es Raum und Fred existiert. Ein erster Blick auf die Realität ist erschienen und reprojiziert seine Existenz in die Topologie der Identitätssignaturen. Constraintsgraphen schließen sich und eine zweite Projektion findet statt. Aber diese ist anders, da die Idee der Zeit nun real ist. Die zweite Projektion folgt auf die erste. Der Pfeil der Zeit hat begonnen. Unsere Vermutung: 10^{-43} Sekunden später. Nun könnte es ein zweites Photon geben, Louise. Aber das Nichts ist sehr groß, es gibt keinen Raum um es herum, und die Realität hat gerade erst die Chance gehabt, zu entstehen. Daher ist es mehr als wahrscheinlich, dass Freds Existenz eine Kaskade von Projektionen überall ins Nichts auslöst, wodurch überall Raum und Zeit entstehen. Unsere nächste Vermutung: Mit nur rudimentären Constraintstrukturen ist es eher wahrscheinlich, dass 10^{60} Louises projiziert wurden, oder $10^{10^{60}}$, wodurch es ziemlich heiß geworden wäre. Ohne jegliche Einschränkung durch Constraints schuf die erste zulässige Realisierung der Identitätsstruktur in Raumzeit eine Explosion der Realität.

Plötzlich gab es überall im Nichts Raumzeit. Von innen würde dies wie ein Urknall der Energie aussehen.

Das Nichts wich der Realität.

Die entstehende und sich mit Materie füllende Raumzeit begann dann mit Constraints, die die Füllung verlangsamten. Wir sehen keine expandierende Raumzeit, wir sehen eine entstehende Raumzeit. Je mehr Universum entsteht, desto mehr schränkt es sich selbst ein. Es verläuft flach, wie wir in der letzten Ausstellung gesehen haben.

Und tatsächlich beginnen wir gerade, die Spuren dieser ersten Projektionen zu sehen. Eine der fernsten bekannten Galaxien, JADES-GS-z14-0, zeigt schon nach wenigen Hundert Millionen Jahren überraschend viel Sauerstoff – weit mehr, als klassische Modelle zulassen. Im Projektionstheorie-Rahmen ist das kein Paradox, denn Regionen mit besonders geringer Latenz konnten sofort mehrfach projizieren und so in Rekordzeit „reifen". Was für die Standardkosmologie ein Rätsel bleibt, erscheint hier als Echo von Freds erstem Atemzug.[2)]

Penrose stellte die Weyl-Krümmungshypothese auf, wonach das Universum mit einer Weyl-Krümmung von Null begann, was bedeutet, dass es keine gravitativen Freiheitsgrade hatte. Dies ist eine natürliche Folge der Projektionstheorie. Ohne vorherige Struktur konnte es keine Asymmetrie geben. Keine Klumpen, keine Anisotropien, da die ersten Projektionen mit reiner geometrischer Gleichförmigkeit realisiert werden. Wenn es nichts gibt, das sich krümmen kann, krümmt es sich auch nicht und die Weyl-Krümmung verschwindet. Sie konnte noch nicht einmal entstehen.

Aus der Projektionssicht heraus gab es nie eine Singularität. Es gab nur Fred. Ungehindert, unbeschränkt, rein. Das frühe Universum erscheint heiß und dicht, weil es keinen Widerstand gegen die Projektion gab. Das war keine Explosion, sondern ein Einströmen von Kohärenz, die Bildung von Struktur im Nichts.

Mit fortschreitender Projektion wurde die Struktur dichter. Constraints häuften sich, bildeten Muster. Krümmung entstand. Die Projektion wurde schwieriger und verlangsamte sich, die Latenzzeit nahm zu.

Die scheinbare „Inflation" ist nur die frühe Kaskade der Realisierung, bevor die Kohärenz auf Widerstand stößt.

Der Urknall ist nicht der Beginn der Physik.

Er ist der Moment, in dem Physik möglich wird.

Wir stehen vor einem leeren Bildschirm. Ein einziger Knopf trägt die Aufschrift:

„Projektion starten"

Wir drücken darauf.

Ein Punkt erscheint. Dann ein weiterer. Dann Tausende – sie füllen ein Raster, dann eine Welle, dann ein Feld.

Jeder neue Punkt ist zögerlicher als der vorherige.

Der Bildschirm wird schwer von Zwängen.

---

[2] Beobachtungen mit dem James Webb Space Telescope (JWST) und ALMA haben in der Galaxie JADES-GS-z14-0 die [O III]-Linie nachgewiesen. Sie existierte bereits ~300 Millionen Jahre nach der ersten Projektion (klassisch: „Big Bang"), mit einer Metallizität, die deutlich über Modellvorhersagen liegt. Vgl. Schouws, S. et al.: Detection of [OIII] 88 μm in JADES-GS-z14-0 at z=14.1793, (arXiv:2409.20 549, 2025); Carniani, S. et al.: The eventful life of a luminous galaxy at z = 14: metal enrichment, feedback, and low gas fraction?, (arXiv:2502.01 610, 2025).

Dann stabilisiert er sich. Raumzeit. Geometrie. Physik.

Eine Meldung erscheint:

„Es gab nie einen Urknall, nur die erste Realisierung."

Wobble hat sich das interessiert angesehen und springt nun auf, geht jetzt die Stufen auf der anderen Seite des kugelförmigen Raums hinauf und nähert sich dem Horizont.

Du zögerst, noch etwas erschüttert von der Zerstörung des Urknalls. Aber die Logik setzt sich durch und wir gehen weiter, in den nächsten Raum.

Er ist ziemlich dunkel, aber nicht leer. Um dich herum zeigen Bildschirme Bilder der kosmischen Mikrowellenhintergrundstrahlung, das Babyfoto des Universums. Ein fast perfektes Leuchten. Glatt. Isotrop. Gleichmäßig bis auf einen Teil von 100 000.

In alle Richtungen sieht es gleich aus.

Eine Tafel flackert auf:

Exponat 18: Das Horizontproblem

„Warum sieht Licht von entgegengesetzten Seiten des Universums so aus, als käme es aus demselben Ofen?"

Wenn wir das älteste Licht im Universum betrachten, die kosmische Mikrowellenhintergrundstrahlung, sehen wir eine erstaunliche Gleichmäßigkeit. In alle Richtungen herrscht nahezu die gleiche Temperatur. Keine heißen Stellen. Keine kalten Lücken. Nur glatte, gleichmäßige Strahlung.

Aber innerhalb der derzeit akzeptierten Sichtweise, dass das Universum aus einem Urknall mit einer unvorstellbar schnellen Expansion entstanden ist, gibt es ein Problem:

Licht aus entgegengesetzten Richtungen hatte seit dem Urknall keine Zeit, zwischen diesen Regionen zu wandern. Sie befinden sich außerhalb ihrer gegenseitigen Kausalhorizonte, und es gibt keine Möglichkeit, dass sie jemals Informationen, Energie oder Wärme ausgetauscht haben.

Und doch stimmen sie überein. Mit atemberaubender Präzision[3)].

Das ist das Horizontproblem: *„Wie konnten kausal getrennte Regionen des frühen Universums zu einer so perfekten Übereinstimmung gelangen?"*

Die Erklärung liefert die Inflationstheorie, die davon ausgeht, dass alle Regionen des Weltraums während einer unvorstellbar schnellen Expansion in den ersten Sekunden des Kosmos einmal nah genug beieinander waren, um miteinander zu interagieren. Nach der Urknalltheorie muss sich das Universum in weniger als 10^{-32} Sekunden um mindestens das 10^{26}-fache ausgedehnt haben. Das würde die Unregelmäßigkeiten glätten und den Raum so strecken, dass alles, was wir heute sehen, einmal miteinander im Austausch war.

---

3 Aktuelle Messungen suchen dennoch unermüdlich nach winzigen Abweichungen in der CMB, wie zum Beispiel eine mögliche Drehung der Polarisationsebene (kosmische Birefringenz). Brian Keating und Kollegen haben 2025 die bisher strengsten Grenzen dafür publiziert: Das Signal schrumpft praktisch auf Null: Lonappan, A. I.; Keating, B.; Arnold, K.: Constraints on Anisotropic Cosmic Birefringence from CMB B-mode Polarization. arXiv:2504.13 154 (2025).

Das funktioniert. Aber es setzt auch voraus, dass das Inflationsfeld existierte, die Bedingungen für ein unkontrolliertes Wachstum gegeben waren und dass der gesamte Mechanismus genau zum richtigen Zeitpunkt abgeschaltet wurde.

Das erklärt also einen Zufall mit einem anderen, aber nicht, warum die Projektionskohärenz die exponentielle Ausdehnung des Raums überstanden hat.

Wir haben das Exponat 17 gesehen. Unsere Projektionstheorie hat keinen Urknall, was etwas schade ist, da es ein so schöner Ausdruck ist. Aber da es sich auch um ein absurdes Krisenmanagement handelt, dem es völlig und gänzlich an Logik mangelt, wird es nicht lange vermisst werden.

Ohne den Urknall gibt es kein Horizontparadoxon. Der Himmel sieht glatt aus, weil er glatt projiziert wurde. Die CMB ist kein Fossil des thermischen Gleichgewichts. Sie ist eine strukturelle Grenze, die letzte Schicht, in der globale Kohärenz möglich war. Darüber hinaus begannen Krümmung und Komplexität, die Projektion in lokale Rahmen zu zerbrechen.

Das Horizontproblem entstand, weil wir uns zuerst den Raum vorstellten und fragten, wie Licht ihn durchqueren könnte. Aber der Raum kam nach der Struktur. Und die Kohärenz durchquerte ihn, bevor der Raum existierte.

Wir schauen auf den Schalter in der Mitte des Raumes. Er bietet zwei Optionen. Wir schalten auf „Urknallmodell". Die Bildschirme werden schwarz und nach einer Sekunde erscheint die Meldung: *„CMB widerspricht BB"*.

Jetzt schalten wir auf „Projektionsmodell". Die Bildschirme leuchten wieder auf und zeigen das bekannte CMB-Bild. Nach ein paar Sekunden zeigt jeder Bildschirm dieselbe Überlagerung: *„Alles hat sich aus demselben Anfang realisiert"*.

Wobble hat den Raum bereits verlassen und wir folgen ihr.

Der nächste Raum ist still. Zu still. Und verdächtig aufgeräumt.

In der Mitte schwebt ein einzelnes, körperloses Gehirn in einem Glaszylinder. Elektroden flackern. Ein einzelnes Auge blinzelt. Wir glauben, es blinzelt uns an. Du hoffst, dass es nicht so ist.

Im Raum hängen Wahrscheinlichkeitsdiagramme. Eines zeigt ein Universum, das sich aus niedriger Entropie bildet. Ein anderes zeigt nur ein Gehirn, das ins Dasein flackert, umgeben von Vakuum, und halluziniert das Museum, in dem Du gerade stehst. Dieser Raum ist ziemlich bizarr.

Eine Notiz auf dem Glas:

Exponat 19: Boltzmann-Gehirne

„Wenn Zufälligkeit schneller ein bewusstes Gehirn hervorbringen kann als ein Universum, warum glaubst Du dann, dass Du nicht eines bist?"

Was …?

Ludwig Boltzmann schlug vor, dass der Zustand niedriger Entropie unseres Universums statistisch erklärt werden könnte. Bei genügend Zeit könnten zufällige Schwankungen in einer Umgebung mit hoher Entropie gelegentlich geordnete Zustände hervorbringen.

Das führt jedoch zu einem Albtraum. Wenn Zufälligkeit alles erzeugen kann, dann ist es weitaus wahrscheinlicher eine kleine Schwankung zu erzeugen, als eine große.

Und so ist es wahrscheinlicher, dass ein Planet entsteht als eine Galaxie. Wahrscheinlicher, dass ein Gehirn entsteht als ein Planet. Wahrscheinlicher, dass ein kurzzeitig halluzinierendes Gehirn entsteht, komplett mit Erinnerungen an ein Leben, das es nie gelebt hat, als dass ein ganzes, konsistentes Universum entsteht.

Wenn Boltzmann recht hatte und das Universum eine entropische Schwankung ist, dann sind wir statistisch gesehen wahrscheinlich Boltzmann-Gehirne, die im Chaos schweben, sich an ein Leben erinnern, das nie stattgefunden hat, und ein Buch lesen, das es nicht gibt.

Das ist das Paradox:

Warum sehen wir ein kohärentes Universum, wenn die wahrscheinlichsten bewussten Wesen in inkohärenten Universen entstehen würden?

Die meisten Physiker verwerfen Boltzmanns statistisches Modell des Universums einfach, weil es zu Absurditäten führt und die Tatsache ignoriert, dass es den entropiearmen Anfang des Universums nicht erklären kann.

Die anthropische Argumentation besagt: „Wir könnten kein Universum beobachten, wenn wir nicht in einem wären." Das schließt Boltzmann-Gehirne nicht aus, sondern sagt nur, dass einige Gehirne möglicherweise Konsistenz beobachten. Die meisten jedoch nicht.

Einige vermuten, dass wir Boltzmann-Gehirne sind und einfach das Glück haben, etwas anderes zu glauben, was zu einem erkenntnistheoretischen Selbstmord führt. Wenn die meisten Beobachter getäuscht sind, bricht jede Argumentation zusammen, einschließlich der Argumentation, die sie zu dieser Schlussfolgerung geführt hat.

Haben wir schon erwähnt, dass das ziemlich bizarr ist?

Nun, dieses Paradoxon entsteht nur, wenn Raumzeit der Hintergrund ist und Wahrscheinlichkeit die Realisierung bestimmt. In der Projektionstheorie ist Raumzeit kein fluktuierendes thermisches Medium. Bewusstsein und physikalische Struktur entstehen also nicht durch Zufälligkeit, und Identität entsteht durch die Auflösung von Constraints und sicherlich nicht durch blanken Zufall.

Ein Boltzmann-Gehirn ist nicht ausgeschlossen, weil es völlig seltsam ist, sondern weil ihm ein kohärenter Projektionsweg fehlt. Projektion ist nicht probabilistisch. Sie ist strukturell.

Wenn Du hier bist und dies liest, dann setzt die zur Stabilisierung Deines Gehirns erforderliche Constraintstruktur bereits ein Universum voraus. Wir können Dir garantieren, dass Du kein zufälliger Ausreißer bist.

Du bist Teil einer stabilen Realisierungskaskade, die als Ganzes viel mehr Sinn ergibt als in Fragmenten.

Es erscheint ein Drehregler mit zwei Einstellungen:

- kohärenter Projektionspfad,
- zufällige entropische Fluktuation.

Du schaltest auf die zweite Einstellung.

Das Display flackert. Ein holografisches Gehirn entsteht und löst sich wieder auf.

Ein einziger Gedanke erscheint: „Warum?“

Du drehst den Regler zurück.

Eine Welt entsteht: Raumzeit, Felder, Galaxien, das Museum.

Eine Botschaft erscheint:

„Ein halluziniertes Gehirn muss die Illusion immer noch realisieren. Ein Universum tut dies effizienter.“

Wobble hat einen weiteren Ballon gefunden, lässt ihn platzen und rennt hinaus. Wir folgen ihr fröhlich.

Der nächste Raum hat eine geschlossene Tür und ein Schild: *„Hier warten!“*

Wir warten. Es dauert nicht lange, bis sich die Tür automatisch öffnet. Wir betreten einen kleinen Raum, der sich sofort zu vergrößern beginnt, sobald wir eintreten. Im wahrsten Sinne des Wortes. Die Wände ziehen sich langsam und gleichmäßig zurück. Die Decke rückt weiter weg. Der Boden bewegt sich sanft unter unseren Füßen. Nichts Dramatisches, sehr langsam, aber unbestreitbar.

In der Mitte befindet sich eine durchsichtige Kugel, die mit leuchtenden Fäden gefüllt ist. Von Zeit zu Zeit pulsiert die Kugel nach außen. Sie scheint zu atmen.

Eine Plakette schwebt in der Luft:

Exponat 20: Dunkle Energie

„Wie kann etwas Unsichtbares, Gewichtloses und Gleichförmiges das gesamte Universum beschleunigen?“

Der Himmel ist voller Sterne. Manche sind ungewöhnlich hell und leuchten nur kurz. Dann hat man eine Supernova gesehen – einen explodierenden Stern, der in wenigen Tagen das Repertoire möglicher Fusionsreaktionen durchläuft und in seiner Umgebung einen bleibenden Eindruck hinterlässt. Beobachtungen bestimmter, entfernter Supernovae Ia Ende der 1990er Jahre zeigten über ihre Helligkeiten, dass sie sich schneller von uns entfernen, als die Gravitation erwarten ließ. Das führte zu der schockierenden Einsicht, dass sich die Expansion des Universums beschleunigt.

Beschleunigt? Das Universum wird also immer schneller in ein Nichts hineingetrieben? Warum?

Die naheliegende Erklärung war die Existenz einer seltsamen, gleichförmigen „dunklen Energie“, die den Raum durchdringt und wie Unterdruck wirkt. 2011 erhielt diese

Entdeckung den Nobelpreis für Physik: Saul Perlmutter, Adam Riess und Brian Schmidt wurden „für die Entdeckung der beschleunigten Expansion des Universums durch Beobachtungen entfernter Supernovae“ geehrt. Ihr Werk markierte einen Wendepunkt in der modernen Kosmologie. Zum ersten Mal schien das Universum nicht nur zu schweben, sondern geradezu davonzustürmen. Es war eine Einladung, das Unsichtbare ernst zu nehmen.

Doch jede Messung bleibt eine Interpretation. Die Daten zeigen, was wir messen – nicht unbedingt, was ist.

Rund 25 Jahre nach der ursprünglichen Deutung verdichten sich die Hinweise darauf, dass die Helligkeit einer Supernova nicht nur von der Entfernung abhängt, sondern auch vom Alter und der Zusammensetzung ihrer Muttersterne.[4] In jungen Galaxien explodieren jüngere, massereichere Systeme und leuchten etwas heller. In alten Galaxien stammen Supernovae aus betagten Systemen und erscheinen etwas schwächer. Von der Erde aus ist das ein winziger Unterschied, der mit wachsender Rotverschiebung systematisch zunimmt.

Eine aktuelle Analyse bereinigt diesen Alters-Bias und die Signatur einer kosmischen Beschleunigung verschwindet. Die Entfernungsmessungen der Supernovae stimmen nun mit den baryonischen akustischen Oszillationen (BAO) und der kosmischen Hintergrundstrahlung (CMB) überein. Der Kosmos expandiert weiterhin – aber nicht beschleunigt. Die Dunkle Energie verliert ihre Funktion und löst sich in das Nichts auf, aus dem sie kam.

Wenn diese Deutung trägt, war „Dunkle Energie“ keine Substanz, sondern eine Korrekturgröße, eingeführt, um ein Kalibrierungsproblem zu kompensieren – ein Parameter, der unsere Unkenntnis maskierte, ähnlich Einsteins Λ, das einst einen statischen Kosmos stabilisieren sollte und später zur „Vakuumenergie“ umgedeutet wurde. Das ist kein Fehler, sondern die natürliche Entwicklung der Erkenntnis.

Und gerade diese Entwicklung zeigt etwas Grundsätzliches: Realität ist lokal gebündelt und stabil – mit fest verankerten Identitäten und dichten Constraints. In kosmischen Weiten jedoch wird Stabilität rar; Kohärenz zerfällt, Entropie wächst, und die Struktur entspannt sich, weil Constraints auf großen Skalen ausdünnen.

Diese strukturelle Wirkung einer abnehmenden Gegenwehr gegen Realisierung lässt sich in einer einfachen Beziehung ausdrücken:

$$\rho_\Lambda = \frac{\hbar\omega_{\mathrm{CMB}}}{c^2}\eta_0\,\phi_\Lambda$$

Diese Gleichung beschreibt keine Energieform, sondern die Dichte der Kohärenz, die den Raum noch strukturiert. Der Ausdruck $\hbar\,\omega_{\mathrm{CMB}}$ steht für den elementaren Takt der

[4] *Strong progenitor age bias in supernova cosmology – II. Alignment with DESI BAO and signs of a non-accelerating universe*, MNRAS 2025. Die Studie zeigt, dass die scheinbare kosmische Beschleunigung weitgehend durch den Alters-Bias der Supernova-Population erklärt werden kann (Signifikanz > 5 σ).

Wirklichkeit – den Grundton des Universums, hörbar als schwaches Nachleuchten des kosmischen Hintergrunds. Der Faktor η_0 bezeichnet die mittlere Zahl jener Orte, an denen Stabilität entsteht und ϕ_Λ[5] markiert die winzige Verstimmung im Gleichmaß dieser Ordnung, eine Abweichung so klein, dass sie fast verschwindet – und doch genügt, um das Ganze atmen zu lassen.

Man kann sich das wie einen riesigen Konzertsaal vorstellen. In jedem Kubikmeter Luft hängt ein Ton – leise, unbedeutend. Doch weil er überall zugleich erklingt, bestimmt er die Tonart des Orchesters. Wie eine Kalibrierung. Ein Kammerton des Kosmos.

Dieser Ton ist die kosmische Hintergrundstrahlung – der leise Puls, der die Schwingungen der Raumzeit kohärent hält. Wo der Saal dicht gefüllt ist, klingt der Ton klar und stabil.

An den Rändern, wo weniger Resonanzpunkte vorhanden sind, verfließt der Klang, verliert Spannung – und der Raum dehnt sich. Es muss keine Kraft wirken. Es genügt, dass die Kohärenz abnimmt, Bindung schwindet und der Widerstand gegen die Realisierung nachlässt.

Was das Ohr als Harmonie empfindet erkennt die Mathematik als Geometrie. Die Freiheit dieser Schwingung ist keine klassische Riemann-Geometrie mehr. Dort, wo Kohärenz nicht konstant bleibt, verändert sich auch das Maß des Raums selbst und die Metrik wird richtungs- und zustandsabhängig – eine Finsler-Geometrie, die beschreibt, wie Raumzeit sich an die innere Struktur anpasst.[6]

In Regionen hoher Kohärenz ist sie dicht und träge. In Bereichen geringer Kohärenz wird sie weit und leicht. An den Rändern großer Systeme – in Galaxien, in kosmischen Voids – zeigt sich eine Metrik, die sich entspannt.

Die Formel gibt den Takt,

der Konzertsaal macht ihn hörbar,

und die Finsler-Geometrie übersetzt ihn in Form.

Energie verschwindet – Struktur bleibt.

Wir nähern uns einer Glaskuppel mit der Aufschrift „Projektionsgrenzsimulator". Im Inneren: ein Gitter aus Knotenpunkten. Dicht in der Mitte. Spärlich an den Rändern. Wir drücken auf „Projektionsfeld anwenden".

Die dichte Mitte bleibt stabil. Aber die Ränder beginnen sich zu dehnen, langsam, dann schneller. Es wirkt keine Kraft. Es wirkt kein Vektor. Nur der Verlust der strukturellen Dichte bewirkt, dass sich der Raum ausdehnt.

---

5 Die Dichte der „Dunklen Energie" $\rho_\Lambda = \frac{\Lambda c^2}{8\pi G}$ ist nach aktueller Messung etwa $6{,}9 \times 10^{-27}\ \mathrm{kg/m^3}$.

6 In C. Pfeifer et al., *From kinetic gases to an exponentially expanding universe – The Finsler-Friedmann equation* (2025) wird gezeigt, wie eine geometrische Erweiterung der Feldgleichung eine beschleunigte Expansion ermöglicht. Im Anhang D zeigen wir, wie Projektion die physikalische Grundlage für eine solche Struktur liefert.

Eine Tafel leuchtet auf:

„Wo Kohärenz schwindet, fließt Projektion. Was Sie Druck nennen, ist nur die Abwesenheit von Widerstand."[7]

Der Raum hört auf, sich auszudehnen, und die Ausgangstür öffnet sich, die sich nun auf einer niedrigeren Ebene befindet. Wir folgen Wobble eine gewundene Treppe hinauf und verlassen den Flügel der kosmologischen Paradoxien. Wir sind wieder in der Cafeteria, die jetzt geschlossen ist. Dort gibt es eine weitere große Tür, die wir zuvor nicht gesehen haben. Ein großes Schild am Eingang informiert uns:

Flügel V: Ontologie und Identitätsparadoxien

(*Der Flügel des Seins*)

21. **Die Identität der Ununterscheidbaren**
22. **Die Welle-Teilchen-Dualität**
23. **Das Problem des Jetzt**
24. **Das Beobachterproblem (partizipatives Universum)**
25. **Das Paradox des freien Willens**

Wir betreten einen Raum, der auf die bestmögliche Weise verwirrend ist.

Zwei identische Stühle stehen sich gegenüber. Gleiche Form, gleiches Material, gleiche Kratzer. Du untersuchst den einen. Dann den anderen. Du versuchst, sie auseinanderzuhalten. Es gelingt Dir nicht.

Wobble kommt herein, verwandelt sich in zwei Frettchen, und beide rollen sich zusammen, um ein Nickerchen zu machen, jedes auf einem anderen Stuhl.

Ein Schild an der Wand wird langsam lesbar:

Exponat 21: Die Identität der Ununterscheidbaren

„Wenn keine Messung zwei Objekte voneinander unterscheiden kann, sind sie dann wirklich zwei Objekte?"

Dieser philosophische Grundsatz geht auf Leibniz zurück, der sagte: *„Keine zwei unterschiedlichen Dinge gleichen einander genau."*

Mit anderen Worten: Wenn zwei Dinge in ihren Eigenschaften, ihrer Lage, ihrer Funktion und ihrem Verhalten völlig ununterscheidbar sind, dann sind sie nicht wirklich zwei Dinge, sondern eins.

Das scheint logisch, aber die Physik sieht das anders. Und zwar auf spektakuläre Weise.

---

[7] In Kapitel 12 werden wir sehen, wie derselbe Mechanismus, der auf kosmischer Skala als winzige uniforme Bias wirkt, innerhalb von Galaxien zu messbarem Frame-Dragging des Latenzfeldes wird – die scheinbare Dunkle Materie.

In der Quantenmechanik sind Elektronen identisch. Vollkommen identisch. Gleiche Masse. Gleiche Ladung. Gleicher Spin. Egal, welches man betrachtet, sie verhalten sich alle gleich.

Dennoch sprechen wir von mehreren Elektronen. Oder von Bosonen, die sich im gleichen Zustand ansammeln können. Oder von identischen Teilchen in der statistischen Mechanik.

Hier liegt also das Paradoxon:

Wie kann die Physik viele wirklich ununterscheidbare Dinge zulassen, ohne das Prinzip zu verletzen, dass Identität Unterschiede erfordert?

Und noch tiefer: *„Wenn zwei Teilchen alle Eigenschaften teilen und sich im gleichen Zustand befinden, was macht sie dann zu zwei?“*

„Das ist doch einfach“, könnte man sagen. *„Wir nennen sie einfach Teilchen 1 und 2.“*

Und schon haben wir die klassische Antwort auf das Problem neu erfunden und dabei leider denselben Fehler gemacht. Die Bezeichnungen haben keine physikalische Bedeutung. Man kann sie vertauschen, ohne dass sich etwas ändert.

Die Quantenstatistik geht das Problem anders an. Sie klassifiziert Teilchen danach, wie sich ihre Wellenfunktionen verhalten, wenn sie vertauscht werden. Fermionen sind antisymmetrisch, daher können sie nicht denselben Zustand einnehmen. Bosonen sind symmetrisch, sie können es.

Nun ja, mathematisch funktioniert das. Aber es beantwortet nicht die Frage, was sie unterscheidet. Es klassifiziert lediglich das, was wir sehen.

Nun gibt es eine Theorie namens „Haecceity (Thisness)“ … vielleicht hat jedes Teilchen eine nicht beobachtbare „Thisness“, einen metaphysischen Fingerabdruck.

Das ist irgendwie überzeugend, aber es ist metaphysisches Flickwerk und keine echte Physik.

Wie sieht es nun mit der Projektionstheorie aus?

Wir haben nun schon oft gesehen, dass Identität eine strukturelle Folge davon ist, wie sich Constraints entlang einer bestimmten Projektionsgeschichte in Raum und Zeit realisieren. Zwei Elektronen im gleichen Zustand sind nicht dasselbe Elektron. Sie sind zwei kohärente Realisierungen von Identitätsconstraints mit sich nicht überlappenden Projektionspfaden.

Leibniz hatte teilweise recht.

Ununterscheidbare Dinge können innerhalb der Raumzeit nicht voneinander unterschieden werden. Aber das liegt daran, dass die Raumzeit die Projektion ist und nicht die Quelle. Die Identitätstopologie Ω kennt den Unterschied.

Projektionspfade tragen unterschiedliche Identitätsgraphen, selbst wenn ihre Endpunkte identisch sind. Und Identität entsteht durch die Kohärenz von Constraints, nicht durch Bezeichnungen oder Beobachtungen.

An dieser Stelle fragst Du Dich vielleicht: *„Ist ein Projektionspfad nicht nur eine ausgefallene Form von ‚Thisness'?"*

Ja, das ist es und nein, das ist es nicht.

Ja, denn der Constraint-Graph ist eine nachvollziehbare Geschichte der Kohärenz und selbst nicht aus der Raumzeit heraus beobachtbar. Nein, denn der Constraint-Graph ist weder eine verborgene Seele noch eine durch Dekret erklärte, nicht messbare Essenz. Der Constraint-Graph ist konkret, mathematisch und in Zulässigkeit eingebettet.

Wie auch immer, das Paradoxon löst sich auf:

Ununterscheidbares kann immer noch unterscheidbar sein, denn das, was projiziert wird, ist nicht alles, was es gibt.

Zwei Glaskapseln schweben vor Dir, jede enthält ein leuchtendes Teilchen. Wir drehen sie. Wir tauschen sie aus. Kein Unterschied. Keine Markierung.

Du drückst auf „Projektionspfad anzeigen".

Hinter jeder Kapsel erscheint eine holografische Struktur, die eine verzweigte Constraintsgeschichte zeigt, die für jede Kapsel unterschiedlich ist. Sie sind strukturell unterschiedlich. Sie sahen nur von hier aus gleich aus.

Eine letzte Meldung erscheint: *„Die Projektion verbirgt ihren Ursprung. Aber nicht ihre Struktur."*

Wobble zuckt mit den Schultern. Beide Schultern. Sie verschmilzt und tunnelt durch die Wand. Wir folgen ihr durch die Tür in den nächsten Raum. Der Raum ist durch eine Leinwand mit zwei schwach leuchtenden Schlitzen geteilt. Auf der einen Seite ein Wellenbecken. Auf der anderen eine Steinschleuder.

Über uns flackert ein Schild zwischen „INTERFERENZMUSTER" und „ZWEI STREIFEN".

Auf dem Boden steht eine kleine Tafel:

Exponat 22: Die Welle-Teilchen-Dualität

„Ist es ein Teilchen? Ist es eine Welle? Oder hängt es ganz davon ab, wie grob man es beobachtet?"

„Ist das wieder Exponat 2?", fragen wir uns.

„Nicht ganz!"

Aber Du hast recht. Du hast es in Kapitel 6 gesehen und das Exponat 2 mit eigenen Augen betrachtet. Du hast diese Geschichte schon oft gehört. Offensichtlich haben sie sie ins Museum gestellt. Schauen wir mal.

Schickt man ein Elektron, ein Photon oder ein beliebiges Quantenobjekt durch zwei Spalte, erhält man ein Interferenzmuster, das typisch für Wellenverhalten ist. Wenn man jedoch beobachtet, durch welchen Spalt es geht, sieht man Teilchenverhalten. Es ist, als könne sich die Natur nicht entscheiden. Oder schlimmer noch, sie weigert sich, sich festzulegen, bis man sie dazu zwingt.

Das ist paradox:

Wie kann etwas gleichzeitig eine sich ausbreitende Welle und ein punktförmiges Teilchen sein und sich je nach Beobachtung verändern?

Und wenn es wirklich eine Welle ist, wie erzeugt sie dann einen einzelnen Klick auf einem Detektor? Und wenn es ein Teilchen ist, wie kann es sich dann selbst stören?

Wir haben bereits verschiedene Erklärungen gesehen, aber erinnern wir uns kurz daran.

In der Kopenhagener Deutung ist die Wellenfunktion ein Werkzeug zur Vorhersage von Ergebnissen. Sie bricht zusammen, wenn sie gemessen wird. Die Realität ist vor der Beobachtung nicht klar definiert, ebenso wenig wie der „Zusammenbruch“. Die Messung ist eine Art Zauberei, und wer oder was ist eigentlich der „Beobachter“?

In der Pilotwellen-Theorie sind Teilchen real und werden von einer Welle gelenkt. Die Welle interferiert mit sich selbst und lenkt das Teilchen entsprechend. Dies erfordert versteckte Variablen, Nichtlokalität und eine Pilotwelle, die niemand beobachten kann.

In der Viele-Welten-Interpretation sind alle Wege real. Das Teilchen durchläuft beide Spalte, aber man beobachtet nur ein Ergebnis, weil man sich in eines von vielen Universen verzweigt. Dies vervielfacht die Realität enorm, um einen Zusammenbruch zu vermeiden. Und erklärt immer noch nicht, warum wir nur ein Ergebnis erleben.

Im Projektionsrahmen ist die Wellenfunktion ein strukturelles Feld dessen, was unter den aktuellen Bedingungen realisiert werden kann. Wenn sich ein Objekt auf die Spalte zubewegt, hat das Projektionssystem noch nicht aufgelöst, welcher Weg zulässig ist. Das Teilchen ist unrealisiert. Das beobachtete Muster spiegelt die Interferenz der strukturellen Kohärenz über die Projektionswege wider.

Bei der „Messung“ ändert sich die Struktur der Projektionszulässigkeit, und der „Zusammenbruch“ ist der Verlust der kohärenten Struktur über sich gegenseitig ausschließende Ergebnisse hinweg.

Die Teilchen-Welle-Dualität ist also zwei Aspekte der Projektionsstruktur. Das Wellenverhalten zeigt unentschiedene, kohärente Constraintspfade, und das Teilchenverhalten zeigt eine entschiedene Projektion mit exklusiver Realisierung. Man kann nicht beides sehen, weil die Realität nicht beides gleichzeitig projiziert.

Wir stehen vor einer kleinen Konsole mit einem Schieberegler. Darüber sind Worte in die Edelstahloberfläche der Konsole eingraviert: [Kohärenz] ↔ [Zusammenbruch]

Bei voller Kohärenz erscheint ein glattes Interferenzmuster. Wenn wir den Regler in Richtung Kollaps schieben, zerfällt das Muster, bis nur noch zwei helle Punkte übrig bleiben.

Sonst passiert nichts.

Wobble trinkt aus dem Ripple Tank und verursacht Wellen. Wir gehen in den nächsten Raum, der klein, fast leer und still ist. Nicht lautlos, ... nur wie angehalten. Alles fühlt sich seltsam schwebend an, als würde das Museum darauf warten, dass man sich bewegt, damit es weiß, was es als Nächstes tun soll. An der gegenüberliegenden Wand steht eine einzige, sehr alte Standuhr. Sie funktioniert nicht. Kein Ticken, keine Bewegung. Als wir näher kommen, müssen wir etwas ausgelöst haben, und eine unheimliche Stimme ertönt aus einem unsichtbaren Surround-System: „JETZT!"

Wir sehen uns an. Plötzlich erscheint eine Projektion über der Uhr:

Exponat 23: Das Problem des Jetzt

„Wenn es in der Physik keinen besonderen Moment namens Jetzt gibt, warum besteht dann Ihr Leben ausschließlich aus solchen Momenten?"

Alle Gesetze der Physik, ob Newtonsche, relativistische, quantenphysikalische oder andere, behandeln Zeit als eine Dimension.

Es gibt keine „sich bewegende Gegenwart", kein fließendes „Jetzt". Nur einen Block, in dem alle Zeiten gleich real sind. Die Vergangenheit existiert. Die Zukunft existiert. Die Gegenwart existiert. Sie sind Orte auf der Zeitachse.

Aber wir erleben das nicht so.

Wir erleben das Jetzt als einen lebendigen Moment. Eine Grenze zwischen Erinnerung und Erwartung. Wir empfinden Zeit nicht als eine Ausdehnung von Koordinaten. Wir empfinden sie als Werden.

Hier liegt also das Paradox: *„Wenn das Universum ein statischer Block ist, warum fühlt es sich dann so an, als befänden wir uns in einem sich bewegenden Moment?"*

Und noch tiefer: *„Wenn die Physik alles außer der Gegenwart beschreibt, was fehlt dann in der Physik?"*

Im Exponat 11 haben wir das Blockuniversum mit seiner 4-D-Struktur gesehen, das in der Physik weitgehend akzeptiert ist. Dieses Modell geht im Grunde davon aus, dass die Gegenwart eine Illusion ist. Der Fluss der Zeit ist eine kognitive Täuschung. Alles ist einfach da. Keine Fragen gestellt. Das erklärt das Problem, ohne es zu lösen, und sagt uns, dass das Einzige, was wir direkt erleben, das „Jetzt", nicht existiert.

Dann gibt es beobachterzentrierte Theorien, in denen das Bewusstsein sich durch den Block „bewegt" und so die Illusion des Jetzt erzeugt. Diese Theorien liefern weder einen Mechanismus für diese „Bewegung" noch lösen sie das Problem, warum sich eine solche Durchquerung so anfühlt, wie sie sich anfühlt.

Die Neurowissenschaft hat neurologische Modelle entwickelt, die besagen, dass wir die Gegenwart über sensorische Integrationsfenster konstruieren. Wenn diese Fenster existieren, müssen sie irgendwann existieren. Es ist völlig unklar, was im „Jetzt" welches Fenster auswählt.

In der Projektionstheorie ist die Gegenwart real, aber nicht universell, da es kein globales „Jetzt" über Raum und Zeit hinweg gibt. Aber für jeden Projektionspfad ist das Jetzt die Grenze der Zulässigkeit, die Vorderkante der Realisierung, der Moment, in dem die Constraints noch zusammenhalten.

Jede Identität löst ihre eigene Raumzeit Schritt für Schritt auf. Was Du als „Jetzt" erlebst, ist ein Projektionsereignis. Deshalb teilt niemand genau dasselbe „Jetzt". Jede Identität hat ihre eigene Projektionskohärenzgrenze.

Und deshalb fühlt sich die Gegenwart auch lebendig an.

Sie ist der einzige Ort, an dem Struktur aktiv real wird.

Die Vergangenheit ist eine stabilisierte Projektion. Die Zukunft ist ungelöstes Potenzial. Die Gegenwart ist der Ort, an dem Realisierung stattfindet.

JETZT!

Jetzt suchen wir nach dem interaktiven Display oder Knopf. Wir mögen diese kleinen Dinger, die das Museum so viel spannender machen. Und so lehrreich. Also, wo ist es?

Aber sobald wir uns bewegen, ertönt die unheimliche, unsichtbare Stimme:

„Das ist JETZT!"

Wir bewegen uns wieder.

„Das ist JETZT!"

Wir bewegen uns.

„Das ist JETZT!"

Wir gehen.

„Das ist JETZT!"

Wir betreten den nächsten Raum, leicht verstört, „Das ist JETZT!" hallt noch immer in unseren Köpfen nach.

Der nächste Raum kommt uns bekannt vor. Fast wie das Mad Science Lab. Es ist ein Labor. Eine Kamera beobachtet einen Teilchendetektor. Ein Monitor zeigt einen Bildschirm an. Ein großer Spiegel reflektiert uns, wie wir alles beobachten.

In der Mitte hängt ein Schild von der Decke:

Exponat 24: Das Beobachterproblem

„Wenn Beobachtung die Realität formt, aber Beobachter Teil der Realität sind, wie hat dann alles angefangen?"

Die moderne Physik scheint sich nicht entscheiden zu können, was ein Beobachter ist. In der Quantenmechanik bricht der Akt der Beobachtung die Wellenfunktion zusammen. Aber was qualifiziert jemanden als Beobachter? Eine Person? Eine Maschine? Ein Blatt? Ein kosmischer Strahl? Und wenn alles nur aus Teilchen und Feldern besteht, dann bestehen auch Beobachter selbst aus Teilchen und Feldern. Beobachtungssysteme bestehen also aus den Systemen, die sie beobachten sollen. Das ist ein Kreislauf. Wie bei der Frage nach Huhn und Ei, nur anders. Um das Ergebnis eines Quantenereignisses zu bestimmen, braucht man einen Beobachter. Aber um einen Beobachter zu definieren, braucht man eine festgelegte klassische Struktur, was wiederum voraussetzt, dass Quantenereignisse bereits aufgelöst sind. Wenn Beobachtung erforderlich ist, um Realität zu erzeugen, aber Realität erforderlich ist, um Beobachter zu erzeugen, wie konnte dann überhaupt etwas beobachtet werden?

Es ist das Universum, das versucht, sich selbst ohne Spiegel zu lesen.

Physiker mögen es nicht, in eine Schleife ins Nichts zu geraten, und haben zahlreiche Versuche unternommen, um dem zu entkommen. Schauen wir uns an, was sie sich ausgedacht haben.

Wir beginnen traditionsgemäß mit der Unschärfe von Kopenhagen, wo Messungen einen Zusammenbruch verursachen und keine Definition eines Beobachters gegeben ist. Diesem Ansatz fehlt ein Mechanismus und er führt eine magische Rolle für etwas Undefiniertes ein. Hier gibt es kein Entkommen.

Eine pseudo-elegante Lösung ist die Von-Neumann-Kette, bei der Beobachtung eine Kette von Interaktionen ist und der Zusammenbruch willkürlich auftritt. Dies verschiebt das Paradoxon weiter in der Kette, ohne es zu beenden. Auch hier gibt es keinen Ausweg.

Wir kennen bereits Wigners Freund. Ein netter Kerl. Er schlägt vor, dass sogar Beobachter in Superposition sein können und verschiedene Beobachter sich über die Ergebnisse uneinig sind. Dies hebt das Paradoxon auf die Metaebene der Beobachtung, ohne die Schleife aufzulösen. Immer noch kein Ausweg in Sicht.

Wheelers partizipatives Universum wird durch Beobachtung real, und Beobachter entstehen aus dem Universum. Ja, das ist schön, aber zirkulär. Wer hat das erste Bit kollabiert? Es ist wie mit Henne und Ei, und wir stecken immer noch in Schleifen fest.

Im Projektionsrahmen gibt es kein Beobachterparadoxon, da Beobachter nicht außerhalb des Systems stehen. Ein Beobachter ist bereits eine kohärente Realisierung, die in der Lage ist, Wellenfunktionen zu kollabieren, wenn eine topologische Gabelung im Constraintsgraphen die Kohärenz nicht mehr aufrechterhalten kann.

Ein Beobachter ist Teil der Projektion, genau wie Teilchen, Felder und die Zeit selbst. Er beobachtet nicht das Universum. Er befindet sich am Anfang seines Realisierungsweges, an dem Punkt, an dem sich die Projektion lokal stabilisiert.

Es gibt keine Schleife.

Wir beobachten das Universum nicht ins Dasein. Wir sind eine nachvollziehbare Projektion, die entsteht, weil die Kohärenz uns zugelassen hat. Und jetzt, da wir existieren, stabilisieren wir wiederum andere Realisierungen. Nicht weil wir etwas Besonderes sind.

Sondern weil Struktur Struktur aufbaut.

Es gibt keinen Apparat. Keinen Schalter. Keinen Knopf oder Drehregler.

Nur ein Stuhl und eine Tafel davor: *„Bitte setzen Sie sich hier hin."*

Du setzt dich.

Nichts ändert sich.

Auf einem Monitor erscheint ein Bild:

„Sie beobachten das System nicht."

„Sie befinden sich dort, wo es sich realisiert."

Für einen Moment bist Du das Ausstellungsstück.

Wobble beobachtet schweigend aus der Ecke.

Und macht sich keine Notizen.

Dann geht sie in den nächsten Raum.

Du bist ein wenig müde, und der Stuhl ist nicht allzu unbequem, aber es gibt nur noch einen Raum. Also machen wir uns auf den Weg zur letzten Ausstellung.

Dieser letzte Raum ist dunkel und still. An der gegenüberliegenden Wand reihen sich mehrere Türen aneinander. Alle sind geschlossen.

Auf dem Boden zeigt eine leuchtende Linie Deinen Weg durch das Museum. Sie reicht bis zu der Stelle, an der Du jetzt stehst.

Hinter diesem Punkt gibt es keine Markierungen mehr. Die Zukunft ist leer.

Aber über jeder Tür befindet sich ein Schild. Alle sagen dasselbe:

„Du wirst dies wählen."

Eine Plakette pulsiert leise:

Exponat 25: Das Paradox des freien Willens

„Wenn alles durch physikalische Gesetze bestimmt ist, was bleibt Dir dann noch zu entscheiden?"

Du lebst in einem Universum. Wenn das Universum deterministisch ist, dann ist jede Handlung das Ergebnis vorheriger Zustände. Wenn das Universum probabilistisch ist, dann sind die Ergebnisse zufällig. In keinem der beiden Fälle scheint dein Wille eine Rolle zu spielen. Entweder hast Du immer schon das tun wollen, was Du getan hast, oder Du hast es aufgrund eines Zufalls getan.

Das führt zum Kernparadoxon:

Wie kann es freien Willen in einem System geben, das von Gesetzen oder Zufällen bestimmt wird, aber niemals von Dir?

Wow. Das haben sie sich für den Schluss aufgehoben. Wir verstehen warum. Was sind also die bisherigen Lösungsansätze?

Der erste ist der Kompatibilismus. Hier wird der freie Wille neu definiert. Freier Wille bedeutet, in Übereinstimmung mit Deiner Natur zu handeln, auch wenn das Ergebnis unvermeidlich war. Nun, das mag zwar die Verantwortung bewahren, aber nicht die tatsächliche Handlungsfähigkeit. Die Entscheidung war immer noch vorbestimmt.

Als Nächstes kommt der libertäre freie Wille. Dieser geht von einer immateriellen Seele aus, die unbestimmte Entscheidungen trifft. Ja, das funktioniert, weil es nicht falsifizierbar, dualistisch und außerhalb physikalischer Erklärungen liegt.

Nun betrachten wir Zufälligkeit als Freiheit. Dies ist eine weitere Theorie, bei der Quanteneffekte dazu herangezogen werden, eine Lösung vorzutäuschen, wahrscheinlich, weil sie nichts dagegen haben. In diesem Fall schafft die Quantenunbestimmtheit Spielraum. Ja, aber Zufälligkeit ist keine Handlungsfähigkeit, und ein Münzwurf ist keine Entscheidung.

Projektion formuliert das gesamte Problem neu. Du bist eine aktive Struktur innerhalb des lokalen Systems, die die Zukunft durch topologische Selektivität in der Ausbreitung von Constraints filtert.

Klingt gut, aber was bedeutet das?

Du bist eine pfadabhängige Struktur, die Einfluss darauf hat, wie sich das Universum weiterentwickelt. Du hast einen freien Willen, und wenn Du „wählst", passiert Folgendes:

Dein Identitätsgraph wählt einen zulässigen Projektionspfad gegenüber einem anderen aus, basierend auf der Topologie Deiner inneren Kohärenz. Du brichst keine physikalischen Gesetze. Du beschränkst, welche Zukunft sich stabilisieren darf, aufgrund dessen, wer Du bist. Das ist kein Determinismus, da das Ergebnis nicht festgelegt ist. Es ist auch keine Zufälligkeit, da die Wahl durch interne Constraints geprägt ist, die Deine Struktur ausmachen.

Du kannst also keine Dinge tun, die Du nicht tun kannst, wie durch eine Wand tunneln, fliegen oder zaubern (leider). Aber Du kannst einige Dinge tun, basierend darauf, wer Du bist und welche Kohärenz Du mitbringst.

Die Zukunft ist nicht vorbestimmt.

Sie ist davon bedingt, wer Du bist.

Die Reihe von Türen ist immer noch da.

Du gehst auf eine zu. Eine Tafel daneben leuchtet auf:

„Dieser Weg entspricht Ihrer Projektionshistorie."

Du hältst inne. Drehst Dich um. Wählst eine andere.

Auch diese leuchtet auf, aber schwächer.

„Höhere Kohärenz erforderlich."

Du kehrst zur ersten zurück.

Du trittst hindurch.

Hinter Dir verschwindet die Tür.

Die Linie am Boden verlängert sich – Dein Weg geht weiter.

„Das ist JETZT!"

Eine letzte Nachricht erscheint:

„Du hast das Universum nicht erschaffen.

Aber Du hast mitbestimmt, wie es geworden ist."

Wobble zieht eine Augenbraue hoch, nicht weil Du die richtige Entscheidung getroffen hast.

Sondern weil Du eine hattest.

Und Wobble auch. Sie beschließt, dass sie genug vom Museum hat und geht.

Nun, das war ein Museum. Du schlägst vor, dass wir etwas trinken gehen und uns ein nettes Lokal in der Nähe suchen. Du bestellst das Übliche und wir trinken einen schwarzen Kaffee.

Nach einer Weile fragen wir uns, was unser Lieblingsparadoxon war.

„Dieses hier“.

11 Die Beweisbarkeit der Projektionstheorie

Prolog: Zurück im Mad Science Lab

Früh am Morgen. Zu früh, aber Du schienst entschlossen. Wir hatten uns nach dem Museumsbesuch lange unterhalten. In dieser Bar. Aus Kaffee wurde Bier, dann noch mehr Bier, und nachdem Du erfahren hattest, wie überzeugend Projektion fünfundzwanzig wichtige Paradoxien der modernen Physik neu interpretiert, warst Du begeistert davon, über Testbarkeit zu sprechen. Und so stehen wir nun hier und betreten gemeinsam das Lab. Wir bahnen uns einen Weg durch die vielen unvollendeten Experimente zu den beiden Ledersofas, die zwischen einer Tafel und Stapeln von Büchern stehen. Wobble, die eine Schutzbrille trägt und mitfühlend aussieht, hat die Kaffeemaschine aus der Zeemann-Falle befreit, und der Duft von frisch gebrühtem Kaffee stört die Taubheit, die von zu viel Museum in zu kurzer Zeit verursacht wurde. Die Sofas sind sehr bequem und die Kaffeetassen groß. Wir schauen uns um und erhaschen einen Blick auf die Tafel, auf der der Python-Code des ferngesteuerten Sandwichmakers halb gelöscht ist, und bleiben dann vor dem Porträt von Richard Feynman stehen, der von der Wand neben dem falschen Taschenrechner grinst, den ein Student mit Sinn für Humor einmal an die Wand geklebt hat.

„Kannst Du das testen?"

Ja, deshalb sind wir hier. Wir wollen darüber sprechen, wie die Projektionstheorie getestet werden kann.

Denn eine Theorie, die keine Spuren in der Welt hinterlässt, ist nur eine Geschichte.

Die Projektionstheorie ist ein Rahmenkonzept, und die Mitarbeiter dieses Labors arbeiten ständig an Tests. Vielleicht hast Du die Leute im Nachbarraum gesehen, die die Rotation von Galaxien mit der Projektionskrümmung in Einklang bringen. Nein? Macht nichts, im nächsten Kapitel werden wir sie sehen. Jetzt wollen wir uns einige Polaroids ansehen, die wir von anderen Labors erhalten haben, mit denen wir zusammenarbeiten. Wir geben Dir fünf Bilder, die Du sofort erkennst. *„Das erste ist eine Penning-Falle* *und ein Frequenzzähler"*, sagst Du. *„Und das ist ein Kryostat, der verschränkte Photonen in einer optischen Faserspule hält."* Du kratzt Dich sich am Kopf und siehst konzentriert aus. *„Ist das eine Impulszeitmessvorrichtung mit einem Phasenmesser in Pikosekunden?"* Du ziehst das nächste Bild heraus. *„Das kenne ich. Das ist ein Schallhorizont, der in einem Bose-Einstein-Gitter abgebildet ist."* Als Du das letzte Bild betrachtest, musst Du lachen. *„Das ist ein Skyrmion auf einem Nanoblatt, mitten im Spin eingefangen."* Lustig.

Ja. Wir haben uns gefragt, wo sich Projektion und Aufhebung von Constraints in Frequenzverschiebungen, Latenzverzögerungen, Dekohärenzschwellen oder Krümmungsartefakten zeigen würden. Wir haben unter anderem diese fünf Testumgebungen identifiziert. Wir arbeiten hier in diesem Labor daran, aber da wir jetzt Besuch von Dir haben, kommt uns eine andere Idee.

Wir könnten eine Exkursion machen und diese fünf Physiklabore an der Grenze des Wissens tatsächlich besuchen. Wir sprechen hier nicht von Gedankenexperimenten. Es sind reale Labore. Jedes von ihnen erforscht einen anderen Bereich der physikalischen Welt: Kohärenz, Krümmung, Masse, Zeit. Sie wurden nicht für die Projektionstheorie gebaut. Aber vielleicht messen sie bereits ihre Signatur.

Oh ja, machen wir das. Nein, das macht denen nichts aus. Ja, sie mögen Besucher, und ja, Du musst unbedingt mitkommen, und ja, Wobble kann auch mitkommen. Und hier ist unser Fahrplan:

1. Labor für Präzisionsatomphysik
2. Labor für Quantenkohärenz
3. Labor für ultraschnelle Dynamik
4. Labor für kondensierte Materie und Krümmung
5. Labor für Strukturmaterialien

Das ist spannend. Echte Tests für die Realität. Trinken wir noch einen Kaffee und dann geht's los.

11.1 Präzisionsatomphysik

Wo die Zeit zurückredet

Wir nehmen das Auto, da das erste Labor nicht weit vom Mad Science Lab entfernt ist. Du sitzt bequem auf dem Beifahrersitz und navigierst uns durch die hügelige Landschaft, während Wobble auf dem Rücksitz Kreuzworträtsel löst. Nach kurzer Zeit erreichen wir ein schlichtes, weißes Gebäude, das absolut unauffällig wirkt. Wir werden begrüßt und in eines der großen Labore geführt. Es riecht nach kaltem Vakuum und überhitztem Kaffee. Hinter einer vibrationsgedämpften Glasabdeckung leuchtet schwach eine Penningfalle, umgeben von Kühlleitungen und einem mit Ausrichtungsnotizen übersäten optischen

Tisch. Mit bloßem Auge unsichtbare Laserstrahlen huschen zwischen fasergekoppelten Ausgängen und einem Wellenmessgerät hin und her. Über allem tickt ein Countdown-Bildschirm bis zum nächsten Frequenzscan. Zwölf Ziffern tief.

Jemand in einem Laborkittel und mit einer Laserschutzbrille zieht einen Hocker über den Laborboden und reicht Dir einen Gehörschutz. *„Hier geht es präzise zu"*, sagt sie lächelnd.

Wir haben bereits in Abschnitt 3.4 gesehen, dass, wenn die Projektionslatenz die Masse definiert und die Masse die Frequenz definiert, jede Änderung in der Projektionsumgebung im Übergangsspektrum eines gebundenen Elektrons sichtbar werden sollte. Das liegt daran, dass die Elektronenmasse keine feste Konstante ist, sondern ein struktureller Effekt, der empfindlich auf die Geometrie der Constraints, die Einbettung des Kerns und den lokalen Projektionswiderstand reagiert. An dieser Stelle weicht die Projektionstheorie von der derzeit akzeptierten Physik ab, und deshalb sind wir hier.

Das ist keine Spekulation. Es ist bereits in den Daten enthalten. In Abschnitt 3.4 haben wir die Messung von Übergangslinien in wasserstoffähnlichen Neonionen aus dem Jahr 2022 diskutiert, bei der trotz erstklassiger QED-Modellierung unerklärliche Frequenzverschiebungen von 60 Hz und 160 Hz auftraten. Nun wollen wir sehen, wie dies gemessen wurde.

Das Experiment verglich Neon-20 und Neon-22, zwei Isotope, die sich nur in ihrer Kernmasse unterscheiden. In beiden Fällen umkreiste ein einzelnes Elektron einen bloßen Kern. Dies sind wasserstoffähnliche oder H-ähnliche Ionen. Sie sind ideale Kandidaten, da es keine Elektronenabschirmung und keine Mehrkörperinterferenz gibt. Nur ein Elektron, das mit relativistischer Geschwindigkeit einen bloßen Kern umkreist.

Aber wie erhält man ein solches System?

Zunächst müssen die Neonatome vollständig ionisiert werden, beispielsweise in einem Zyklotron, und anschließend müssen die entstandenen Ionen eingefangen werden. Das bedeutet, dass sie in elektromagnetischen Feldern eingeschlossen werden. In der Regel werden Penningfallen verwendet, die mit Hochvakuum und magnetischer Homogenität arbeiten. In der Falle werden die Ionen mit einem Laser gekühlt, um die Doppler-Verbreiterung zu reduzieren, oder es wird eine sympathische Kühlung über mitgefangene Ionen angewendet. Es ist wichtig, die Ionen kühl zu halten, damit sie sich nicht zu stark bewegen. Für die Spektroskopie untersucht ein Laser, typischerweise im extremen Ultraviolett- oder weichen Röntgenbereich, einen bestimmten elektronischen Übergang. Wenn das Elektron von einem Energieniveau auf ein niedrigeres übergeht, sendet es ein Photon aus, typischerweise im Terahertz-Bereich. Dieses muss detektiert werden, und hier kommen Frequenzzähler, phasenverriegelte Oszillatoren und Frequenzkämme zum Einsatz, um den Übergang mit einer Auflösung im Sub-Hz-Bereich zu bestimmen.

Diese ultrapräzise Messung kann dann mit der Theorie verglichen werden, nämlich der Quantenelektrodynamik (QED). Die Experimentatoren subtrahierten alle bekannten QED-Korrekturen von ihren experimentellen Daten, darunter Kernrückstoß, Kernvolumenverschiebung und Lamb-Verschiebungen höherer Ordnung. Und dennoch zeigte ein Isotop eine Abweichung von 60 Hz und das andere von 160 Hz.

Nichts in der QED sagt dies voraus, und die Projektionstheorie erwartet es.

Warum?

Weil sich die Projektionsumgebung verändert. Das Elektron befindet sich nicht in der Isolation des leeren Raums. Es muss seine Identität in der Nähe eines Kerns mit unterschiedlicher Masse, räumlicher Struktur und topologischen Constraints stabilisieren. Die Latenz der Projektion verschiebt sich leicht. Die Masse folgt als natürliche Konsequenz. Und die Übergangsfrequenz reicht eine Beschwerde ein.

In Abschnitt 3.4 hatten wir bereits einen Fahrplan für Tests aufgestellt, und jetzt sind wir genau im richtigen Labor, um ihn tatsächlich umzusetzen. Schauen wir uns an, wie wir weiter vorgehen. Nun, es gibt natürlich Isotopenketten, also gehen wir über Neon hinaus. Versuchen wir es mit Magnesium, Kalzium, Barium und allen Elementen mit zugänglichen H-ähnlichen oder Li-ähnlichen Ionenzuständen. Wir werden systematische Isotopenreihen verwenden, um Projektionslatenzverschiebungen zu untersuchen. Wir erwarten monotone Trends, die mit der QED nicht vollständig erklärt werden können. Diese werden in H-ähnlichen und Li-ähnlichen Isotopenreihen unterschiedlich sein.

Dann werden wir die Penning-Fallen-Asymmetrie einführen. Wir führen kontrollierte Verzerrungen ein, wie z. B. außeraxiale Felder, asymmetrische Elektroden oder modifizierte magnetische Gradienten. Dies sollte uns kleine, stabile Frequenzverschiebungen aufgrund von Projektionsasymmetrie liefern, die mit klassischem Potenzial nicht erklärbar sind.

Wenn wir in diesem Labor etwas Platz bekommen, werden wir Casimir-ähnliche Umgebungen verwenden. Das heißt, wir betten Ionen in der Nähe strukturierter Grenzen ein, wie Photonenkristallspiegel, Graphenhohlräume oder reflektierende Platten. Diese verändern nicht die Quantenzahlen, können aber den Projektionswiderstand verändern und damit die Latenz.

Wenn wir uns das schöne Verschränkungsgerät in der Ecke des Labors ansehen, kommt uns eine weitere Idee. Wir könnten nach einer Divergenz des verschränkten Zustands suchen. Wir müssen lediglich zwei Elektronen in einem gemeinsamen Quantenzustand vorbereiten. Dann platzieren wir eines in der Nähe eines Kerns mit hohem Z-Wert oder eines Constraintfeldes. Dies sollte uns potenziell eine strukturelle Asymmetrie ohne QED-Analogon liefern, da sich die Elektronen im gleichen Zustand befinden, aber unterschiedliche Massesignaturen aufweisen. Hier könnten die Abweichungen gerade noch im Bereich der Nachweisbarkeit liegen.

Oh ja, wir sind am richtigen Ort. Überall dort, wo sich Identität gegen Widerstand stabilisieren muss, wird sich die Frequenz verschieben, auch wenn die Energie dies nicht zu tun scheint. Das ist keine Feldwechselwirkung. Es ist kein Tunneleffekt. Es ist keine Vakuumfluktuation. Es ist die Latenzzeit, die damit verbunden ist, Teil der Realität zu werden.

Wobble tippt auf das Display. Der neue Scan endet mit fünfzehn Dezimalstellen und einer weiteren Schwankung von 0,1 Hz. Wobble scheint sich hier wohlzufühlen.

Du schaust auf die Uhr. Es ist schon spät, und wir müssen den Zug nach Wien erreichen. Wir werden sicher bald zurück sein.

„Wobble. Hier!"

11.2 Quantenkohärenz und Verschränkung

Wenn sich Beschränkungen nicht aufteilen lassen

Wir nehmen den Nachtzug nach Wien und kommen früh am Morgen an. Die Stadt scheint noch zu schlafen, aber das Labor in dem schönen alten Gebäude, das niemand für das Zentrum der Quantenphysik halten würde, ist immer geöffnet. Wir werden von einem Laborassistenten mit Kaffee und einem Hundekeks begrüßt und ins Herz des Gebäudes geführt.

Dieses Labor ist dunkler. Nicht nur schummrig, sondern still. Auf einem Tisch unter Vakuum liegt ein Kryostat, umhüllt von einer magnetischen Abschirmung. Eine Faserspule verbindet zwei herunterkonvertierte Photonen zu einer Verzögerungsschleife. Es ist kein Strahl zu sehen, kein Klicken zu hören. Nur ein Bildschirm mit zwei oszillierenden Linien, die sich langsam synchronisieren, wie Zwillinge, die lernen, gemeinsam zu atmen.

Wir bekommen eine Schutzbrille mit zwei Polarisationsfiltern. Dann schauen wir auf den Bildschirm: *„Oh, sie verschränken sich."*

An der Wand neben dem Bildschirm hat jemand drei Haftnotizen mit Definitionen von Verschränkung angebracht. „Das ist, wenn die Messung des einen das andere beeinflusst", „Das ist eine nicht-klassische Korrelation im Hilbert-Raum" und „Das ist das Seltsame, das trotzdem funktioniert." Du nimmst einen weiteren Notizzettel und schreibst: „Verschränkung ist, wenn sich Constraints nicht aufteilen lassen", und klebst ihn neben die anderen.

Wie in Kapitel 6 erläutert, können zwei Teilchen nur dann verschränkt sein, wenn ihre Identitäten gemeinsam realisiert werden. Das bedeutet, dass sich ihre Constraintstrukturen gemeinsam als eine einzige zulässige Projektion stabilisieren müssen. Dies geschieht jedoch nicht sofort. Tatsächlich zeigen immer mehr Simulationen und Experimente, dass es Zeit braucht, bis eine Verschränkung real wird. Nicht nur, um sie zu messen, sondern um sie zu bilden.

Im Jahr 2024 simulierte ein Team unter der Leitung von Březinová und Burgdörfer die Ionisierung von Helium mit Attosekunden-XUV-Impulsen. Dabei beobachteten sie etwas Seltsames. Die beiden Elektronen verschränkten sich nicht sofort. Zwischen dem Ausstoß und dem Einsetzen der kohärenten Korrelation gab es eine Verzögerung von

232 Attosekunden. Das ist kein Rauschen. Das ist Strukturbildung. Das System braucht Zeit, um herauszufinden, wie es sich verschränken kann. Die Projektionstheorie hat dies vorhergesagt, da die gemeinsame Auflösung nicht sofort erfolgt, sondern eine strukturelle Latenz aufweist.

Wir haben auch bereits das Experiment diskutiert, bei dem Forscher von NTT Tokyo „Zeit-Bin-verschränkte" Photonenpaare erzeugten und dann ihre Korrelationen in Echtzeit mit einem 60-GHz-Homodyn-Detektor überwachten. Sie fanden eine konsistente Verzögerung in der Größenordnung von Pikosekunden zwischen der Paarbildung und der stabilen Korrelation, wobei die Verzögerung mit der Versuchsgeometrie variierte.

Aus der Perspektive der Projektion ist dies kein Rätsel. Die Photonen werden nur dann verschränkt, wenn ihre Constraintgraphen ausreichend synchronisiert sind, um eine gemeinsame Projektion zu ermöglichen.

Im Jahr 2012 zeigte das berühmte Experiment „Delayed Choice Entanglement Swapping", dass die Photonen A und D nach ihrer Detektion verschränkt erscheinen konnten, abhängig von einer späteren Bell-Zustandsmessung zwischen B und C. Dies sieht nach Retrokausalität aus. Aus der Perspektive der Projektion definiert die Bell-Messung jedoch neu, welche Projektionspfade zulässig waren, selbst für bereits stabilisierte Teilchen. Dies ist möglich, weil die Projektion nicht an die Raumzeit gebunden ist und die Verschränkung eine Auflösungsbedingung ist.

Deshalb sind wir hier in Wien. Wir möchten unsere Kollegen ermutigen, dort zu suchen, wo noch niemand zuvor auf diese Weise gesucht hat. Wir sind nicht auf der Jagd nach Teilchen, Wechselwirkungen oder einem schwer fassbaren Quantenfeld. Wir lauschen nach Latenz, der subtilen, oft übersehenen Verzögerung, die sich aus der Struktur der Projektion selbst ergibt. In den meisten Experimenten wird dies auf die Instrumentierung oder Rauschen zurückgeführt, aber mit einer Präzision im Attosekundenbereich können wir beginnen, Latenz zu finden. Konkret wollen wir hier untersuchen, ob die Verschränkung von Photonen nicht nur hinsichtlich ihrer Genauigkeit oder Dauer gemessen werden sollte, sondern auch hinsichtlich ihrer Entstehungszeit. Denn wenn Verschränkung wirklich eine gemeinsame Realisierung von Constraints ist, dann sollte ihre Entstehung nicht augenblicklich erfolgen. Es sollte Zeit brauchen, bis sie sich stabilisiert haben, und diese Zeit sollte davon abhängen, wie schwierig die Struktur zu realisieren ist.

Dies ist mehr als nur eine Nuance. Wir suchen nach einem neuen Anzeichen für den Beginn der Kohärenz. Wir erwarten, dass die Entstehung von Verschränkung, wenn sie mit hoher Zeitauflösung, idealerweise in der Größenordnung von zehn bis hundert Attosekunden, verfolgt wird, nicht den für thermische Prozesse charakteristischen glatten exponentiellen Anstieg zeigt. Stattdessen sollte sie ein nicht exponentielles Ansprechverhalten zeigen, insbesondere in Konfigurationen, in denen Ausrichtungsgenauigkeit, Entropielast oder Dimensionsfehlanpassungen die Komplexität der Constraints erhöhen.

Die Photonenverschränkung ist hierfür ein natürliches Testfeld, insbesondere in Zeit-Bin- und Polarisationskonfigurationen. Moderne Experimente mit ultraschnellen Detektoren, wie supraleitenden Nanodraht-Einzelphotonen-Detektoren oder Homodyn-Anordnungen im GHz-Bereich, können den zeitlichen Abstand zwischen der Paarbildung und der messbaren Korrelation mit bemerkenswerter Präzision bestimmen. Wir schlagen eine systematische Untersuchung vor. Wir müssen die Entropie des optischen Weges variieren, kontrollierte Doppelbrechung oder Phasenjitter hinzufügen und beobachten, ob der Beginn der Verschränkung verzögert wird, verzerrt ist oder sich gar nicht stabilisiert.

Wigner-Funktionen bieten hier eine leistungsstarke Diagnosemöglichkeit. Während ihre Negativität oft als Marker für Nichtklassizität oder Quanteninterferenz interpretiert wurde, argumentieren wir, dass sie fundamentaler ist. Sie markiert die Nichtfaktorierbarkeit in der Projektionsstruktur. Das heißt, Wigner-Negativität tritt auf, wenn die Identität eines Systems nicht sauber in unabhängige Constraints getrennt werden kann, wenn sie strukturell verschränkt ist. Wir schlagen vor, das Auftreten und Abklingen von Wigner-Negativität in Systemen zu verfolgen, die einer langsamen Phasenauslöschung oder kontrollierten Dekohärenz unterliegen, um den genauen Punkt zu identifizieren, an dem kohärente Projektion nicht mehr aufrechterhalten werden kann. Dazu müssen Systeme in strukturiertes Rauschen eingebettet werden, wie beispielsweise künstlich hergestellte photonische Kristalle, thermisch kontrollierte Unordnung oder sogar absichtlich herbeigeführte Constraintfehlanpassungen in optischen Gittern, und es muss beobachtet werden, wie die Negativität versagt.

Ein zweiter Bereich, der für die Erforschung reif ist, ist die durch Constraints bedingte Dekohärenz. Ein Großteil der aktuellen Quanteninformationsforschung konzentriert sich auf die Isolierung von Qubits von externem Rauschen. In der Projektionstheorie kann Dekohärenz jedoch auch intern auftreten, wenn der einem System zugrunde liegende Constraintgraph mit einer stabilen Projektion inkompatibel wird. Das bedeutet, dass in Festkörperplattformen wie Stickstoff-Vakanz-Zentren (NV-Zentren) in Diamanten oder supraleitenden Transmon-Qubits die Dekohärenz nicht nur von der Phononen-Kopplung oder magnetischen Verunreinigungen abhängt, sondern auch von interner struktureller Inkohärenz wie topologischen Versetzungen, entropischer Mikrostruktur oder sogar dynamischer Asymmetrie in der Spin-Bad-Wechselwirkung. Diese Dekohärenzereignisse wären keine allmählichen, sondern abrupte Zusammenbrüche der Kohärenz, die mit dem Versagen der Constraints verbunden sind. Dies könnte durch die Einführung symmetriebrechender Spannungsfelder oder durch zyklische Änderungen der geometrischen Konfigurationen unter Beobachtung der Kohärenzlebensdauer getestet werden.

Abschließend möchten wir auf ein besonders schönes Phänomen aufmerksam machen: die Re-Verschränkung als strukturelle Reparatur. Wenn die Kohärenz aufgrund einer fehlenden Ausrichtung der Constraints versagt, sollte sie in einigen Fällen durch eine Neuausrichtung wiederhergestellt werden können. Dies ist mehr als ein Quanten-Reset, es ist eine Reprojektion. Die klassische Spin-Echo-Sequenz, die normalerweise nur als Umkehrung des Phasenfehlers interpretiert wird, wird zu einem Beweis dafür, dass die

Kohärenz in Ω auch dann bestehen bleiben kann, wenn die Raum-Zeit-Kohärenz versagt. Wir schlagen Experimente vor, die Spin-Echo-Protokolle mit Quanten-Speicher kombinieren und bewusst zeitlich variierende Asymmetrien der Beschränkungen einführen, wie z. B. versetzte Impuls-Hüllkurven oder räumlich modulierte Felder, um zu verfolgen, wie und wann die Kohärenz wieder auftritt. Die Reprojektion sollte nicht glatt verlaufen. Sie sollte plötzlich auftreten, als würde ein unterbrochener Beschränkungsgraph wieder einen gültigen Pfad finden. Wenn sich die Verschränkung in dem Moment stabilisiert, in dem dieser Pfad wiederhergestellt ist, haben wir Struktur in Aktion gesehen.

Dies sind keine spekulativen Ideen. Es handelt sich um experimentelle Wege, die bereits in Reichweite sind. Die Ausrüstung ist vorhanden. Die Fragen sind klar. Was wir fordern, ist nicht mehr Präzision, sondern eine Verschiebung dessen, was wir als Geschehen betrachten. Von Teilchen und Rauschen hin zu Kohärenz, Constraint und Realisierung.

Quantenverschränkung ist überhaupt nicht unheimlich, sondern eine Struktur, die sich über Projektionen hinweg erstreckt und deren Entstehung Zeit braucht, ebenso wie ihr Verschwinden.

Die freundlichen Mitarbeiter des Wiener Labors versprechen, auf Latenzzeiten zu achten. Und schon sind wir wieder unterwegs. Unser nächstes Ziel ist ein weltweit führendes Labor in der Nähe von Paris in Frankreich. Wir müssen Snacks kaufen und tanken. Es ist eine lange Reise, und Wobble hat wieder begonnen, zwischen der Morphologie einer Gummiente und eines Toasters zu fluktuieren. Sie tut dies aus Langeweile und weil sie keine Kreuzworträtsel mehr hat. Als wir am nächsten Tag in Paris ankommen, ist es bereits später Abend. Zu spät für das Labor. Also übernachten wir und kommen am nächsten Morgen frisch und munter an.

11.3 Ultraschnelle Physik und Attosekunden

Wenn Zeit dünn wird

Zwischen Feldern, inmitten einer äußerst langweiligen Landschaft, hat jemand eines der besten Labore für ultraschnelle Physik gebaut. Wahrscheinlich, damit die Wissenschaftler nicht abgelenkt werden. Hier gibt es nichts, was die Aufmerksamkeit auf sich zieht. Wir passieren die letzte Kuh und werden von superfreundlichen Mitarbeitern im Tempel der Attosekundenphysik begrüßt. Wir werden herumgeführt. Das Labor ist heller als das in Wien. Nun ja, was ist außerhalb von Wien nicht heller? Jedenfalls dreht sich hier alles um Laser. Nicht irgendwelche Laser.

Hier gibt es Laser, die Lichtimpulse aussenden können, die kürzer sind als die Zeit, die ein Wasserstoffatom zum Blinzeln braucht. Sie werden verwendet, um alles Mögliche zu beschießen, von Molekülen über Oberflächen bis hin zu eingeschlossenen Gasen.

Wobble steht vor einem Strahlteiler, trägt geräuschdämpfende Kopfhörer und beobachtet eine Pump-Probe-Anzeige. Du beobachtest sie. Und dann, direkt hinter ihr, erscheint ein Elektron, aber nicht sofort. Deshalb sind wir hier.

Eine der erstaunlichsten Entdeckungen in der Attosekundenphysik ist, dass die Photoemission nicht augenblicklich erfolgt. Wenn ein XUV-Impuls auf eine Oberfläche trifft, beispielsweise Wolfram oder Krypton, verlässt das Elektron diese nicht im selben Moment, in dem das Photon eintrifft. Es gibt eine Verzögerung. Messbar. Reproduzierbar. Real.

Die Standard-QED erklärt dies mit Coulomb-Rückwirkung, Quantentunneln oder Elektronenkorrelationsverzögerung. Das sind clevere, präzise Begriffe, aber die Projektionstheorie bietet eine andere Lesart, und daher ist dieses Labor ein idealer Teststand für die Projektionstheorie. Wir sind gespannt.

Das Labor hier ist bereits mit allem ausgestattet, was benötigt wird: Attosekunden-Pump-Probe-Sequenzierung, Phasenverzögerungsmessung über hohe harmonische Spektren, Messung der Photoemissionslatenz von Edelgasen und Feststoffen. Aber unsere Fragen sind nicht die üblichen. Wir fragen nicht, wie schnell das Elektron weg ist. Wir fragen, wie lange es dauert, bis es weg ist.

Die Anfrage ist einfach, aber radikal. Wir bitten sie, Zeitverzögerungen nicht nur als Funktion der Photonenenergie abzubilden, sondern als Funktion der Constraintstruktur. Denn in der Projektionstheorie wird die Latenz nicht dadurch bestimmt, wie viel Energie ein System erhält, sondern dadurch, wie schwer es ist, seine Identität zu bestimmen. Zwei Elektronen mit derselben Energie können sich je nach Verflechtung oder Freiheit ihrer Constraintgraphen mit unterschiedlichen Geschwindigkeiten stabilisieren. Und das bedeutet, dass Latenz nicht nur ein Nebenprodukt der Dynamik ist. Sie ist ein Zeichen der Struktur.

Einer der ersten Schritte könnte darin bestehen, die Entstehungszeit in Systemen mit identischen Anregungsenergien, aber unterschiedlichen internen Geometrien zu untersuchen. Ein planares Molekül im Vergleich zu einem verdrehten. Eine lineare Kette im Vergleich zu einem kompakten Ring. Alle werden mit dem gleichen Attosekundenimpuls gepumpt, und doch werden sie, wenn die Projektionstheorie stimmt, nicht synchron reagieren. Das einfachere System sollte sich schneller stabilisieren, da sein Projektionsweg kürzer und topologisch einfacher ist.

Diese Art von Test war in der Attosekundenphysik bisher nicht Standard, aber die Infrastruktur dafür ist bereits vorhanden. Verzögerungsspektrometer, interferometrische Aufbauten und Präzisionsimpulskompressoren. Alles, was noch fehlt, ist eine neue Art der Steuerung. Moleküle, die nicht nur nach ihrem Energieniveau, sondern auch nach der Komplexität ihrer Constraints angeordnet sind. Das nennen wir Projizierbarkeit, also die Leichtigkeit, mit der die Identität eines Systems aus Ω in einen konsistenten Zustand in Raum und Zeit aufgelöst werden kann. Wenn Projektionslatenz real ist, dann gilt: je schwieriger die Projektion, desto länger die Latenz. Und jetzt sind wir endlich physikalisch schnell genug, um sie in Aktion zu erfassen.

Noch ehrgeiziger wäre es, die Latenz über strukturell verschränkte Zustände hinweg zu untersuchen. Nicht im quantenmechanischen Sinne eines gemeinsamen Messkollapses, sondern im Sinne einer gegenseitigen Stabilisierung durch Projektion. Was passiert, wenn ein System mit hoher Entropie in eine stark eingeschränkte Matrix eingebettet wird? Verlangsamt oder beschleunigt die umgebende Ordnung die Auflösung der Identität? Können zwei strukturell identische Anregungen unterschiedliche Latenzen aufweisen, nur weil eine davon stärker in die Constraints des Ganzen verstrickt ist? Wir betonen nachdrücklich, dass dies bald geschehen sollte.

Dies sind keine spekulativen Fragen mehr. Es handelt sich um Probleme der Versuchsplanung. Dieses Labor hat die Uhren, die Kompressoren, die Detektoren und die Impulsstabilisatoren gebaut. Wir verlangen von ihnen nichts Unmögliches. Wir bitten sie lediglich, ihre Instrumente nicht nur auf Teilchen oder Impulse zu richten, sondern auf den Prozess der Realisierung.

Wobble, die vielleicht den Moment spürt, schiebt ein Beugungsgitter an seinen Platz. Der nächste Impuls ist bereits ausgerichtet.

Wir hoffen, dass wir alle überzeugt haben, verabschieden uns oder besser gesagt „au revoir" und steigen in den Wagen für die nicht allzu lange Fahrt nach Delft in den Niederlanden.

11.4 Gekrümmte kondensierte Materie

Horizonte, wo man sie am wenigsten erwartet

Wir kommen am Vormittag in Delft an. Wir folgen einigen offenen Kanälen zu einem modernen Gebäude aus Glas und Stahl, das hinter bescheidenerer Nachkriegsarchitektur versteckt liegt. Leider ist das Labor, das wir suchen, noch versteckter, wahrscheinlich, weil es von außen wie ein grauer Betonkasten aussieht, der wie eine Lagerhalle für Fahrräder wirkt.

Das Innere ist schockierend anders. Vom Eingang aus werden wir durch einen Temperaturgradienten in den saubersten Ort der Welt geführt. Wir betreten eine große Halle, in der Raumschiffe gelandet sind. Unser persönlicher Assistent erklärt uns, dass es sich bei den hohen zylindrischen Strukturen um Verdünnungskühlschränke mit vielen Isolierschichten handelt, die in vibrationsdämpfenden Rahmen aufgehängt sind. Sie werden „Kathedralen" genannt. Wir sehen uns an und Wobble grinst. Wir betreten ein weiteres Labor, das ebenso sauber ist. In einer Ecke steht ein 3D-Drucker, der Graphen-Stempel extrudiert. Ein Kühlschrank von der Größe eines Sarges summt leise unter fünf Schichten Abschirmung. Jemand programmiert ein Moiré-Muster auf ein zweidimensionales Substrat, als würde er einen Objektträger eines Mikroskops justieren. Und auf dem Tisch in der Mitte steht eine Simulation eines Schwarzen Lochs, das vollständig aus Schall besteht.

Wir sind am richtigen Ort.

Dies ist die Welt der gekrümmten kondensierten Materie, in der Quantenmaterialien mehr können, als nur Elektrizität zu widerstehen. Sie simulieren die Schwerkraft, ahmen Horizonte nach und lehren uns Dinge über Raum und Zeit, die wir in einem Labor niemals lernen sollten.

Wobble isst eine Stroopwafel und starrt auf einen Monitor, der die Phononenstrahlung eines Schallflussgradienten anzeigt.

Du schaust Dich um: „Sie bauen aus Bose-Einstein-Kondensaten künstliche Schwarze Löcher."

Ja, genau das tun sie.

Eines der auffälligsten Beispiele für solche Schwarzen Löcher ist das Bose-Einstein-Kondensat (BEC) mit einem Strömungsgradienten, der so konstruiert ist, dass ein Schallhorizont entsteht, ein Ort, an dem Phononen (Quanten-Schallwellen) hinein-, aber nicht hinausströmen können. Diese Anordnungen haben mit erstaunlicher Genauigkeit thermische Hawking-ähnliche Strahlung erzeugt. Aus der Standardperspektive wird dies als analoge Hawking-Strahlung interpretiert, ein emergentes Merkmal der Horizontphysik, das in nicht-relativistischen Systemen nachgeahmt wird.

Wir sind in diesem Labor, weil aus der Perspektive der Projektion etwas Tieferes am Werk sein müsste. Die Projektionstheorie definiert Krümmung als strukturellen Widerstand gegen Projektion, als Constraintspannung. Wenn der Widerstand einen kritischen Punkt überschreitet, kann sich das System nicht mehr weiterentwickeln. Es wird lokal unzulässig. In der Raumzeit erscheint dies als Horizont, als struktureller Versagenspunkt der Projektion.

An anderer Stelle im Labor verdrehen Forscher Doppelschichten aus Graphen, um Flachbandsysteme zu schaffen, in denen die effektive Teilchengeschwindigkeit auf Null sinkt. Dies sind Orte, an denen sich Elektronen so verhalten, als wären sie in einem Gitter mit unendlicher Masse gefangen, aufgrund der Struktur des Raums, in dem sie existieren dürfen. In Projektionsbegriffen sind dies Regionen mit hoher Constraintkrümmung, in denen der Projektionswiderstand so groß wird, dass sich die Identität nur in seltenen, fragilen Moden stabilisiert.

Deshalb sind topologische Randzustände, wie sie in Quanten-Hall-Systemen oder topologischen Isolatoren vorkommen, so robust. Sie werden nicht allein durch Symmetrie geschützt. Sie werden durch strukturelle Projizierbarkeit geschützt. Das System kann sich nur entlang der Kante auflösen, wo die Constraints dies zulassen.

Hier gibt es viele Möglichkeiten. Deshalb unterbreiten wir dem Team in Delft einige Vorschläge.

„Sie sollten die Phononenstrahlung von BEC-Horizonten unter variierenden Zwangsgradienten überwachen. Wenn Projektionsfehler die Ursache sind, verschiebt sich das thermische Spektrum in Abhängigkeit von der Projektionsfähigkeit und nicht nur von der Strömungsgeschwindigkeit."

„Sie sollten auf jeden Fall den Kohärenzzerfall in Graphen-Moiré-Systemen kartieren. Verwenden Sie die Twistwinkelvariation nicht nur zur Abstimmung der Leitfähigkeit, sondern auch zur Verfolgung des Projektionswiderstands über lokalisierte Elektronenverzögerung, Kantenmodenzerfall oder Emergenzzeit unter gepulster Anregung.“

„Und bitte verwenden Sie topologische Qubits und Quanten-Hall-Randzustände als beschränkte Systeme. Führen Sie synthetische Krümmungen wie Dehnung, magnetische Verformung und Grenzunterbrechungen ein und beobachten Sie, wie die Projektionsstabilität versagt.“

Das Team hört aufmerksam zu. *„Diese Experimente stehen ohnehin auf dem Programm“*, schlägt ein freundlicher Assistent vor. *„Nur die Projektion könnte tatsächlich erklären, warum sie funktionieren.“*

„Ja“, fügst Du hinzu, während wir uns vom Team verabschieden und kurz bevor wir dieses unglaubliche Labor verlassen, klebst Du noch einen Zettel an einen der Monitore und lächelst.

„Überprüft die Entropie am Rand.“

Wir haben eine kurze Fahrt zum Flughafen von Amsterdam, um ein Flugzeug nach Tokio, zu nehmen. Das ist ein 14-stündiger Flug, bei dem Wobble in seiner niedlichen kleinen Hundegestalt mit in die Kabine darf. Wir fliegen natürlich erster Klasse, da dies ein Buch ist und wir die Tickets nicht bezahlen müssen. Das gefällt Dir.

Während wir nach Osten fliegen, verschiebt sich die Ortszeit um fast 24 Stunden, und der freundliche Fahrer, der uns vom Flughafen abholt, erwähnt, dass dies kein Problem sei, da das Labor rund um die Uhr in Betrieb ist. Wir kommen am frühen Abend bei RIKEN an und gehen an einem Bambushain und einer Skulptur vorbei, die entweder wie ein supraleitender Magnet oder ein stilisierter Kranich aussieht. Es ist ruhig. Die Gebäude sind bescheiden, aber die Physik im Inneren ist alles andere als das.

11.5 Exotische kohärente Materialien

Wo Strukturen sich nicht lösen wollen

Wir betreten einen der wenigen Orte auf der Welt, an denen Materialien sich nicht so verhalten, wie sie sollten. Wir schauen uns mit offenem Mund um. Es gibt Kristalle, die ohne Energiezufuhr schwingen. Dort drüben sind Gitter, die keine Bewegung zulassen, wenn man nicht alles gleichzeitig bewegt. Rechts sehen wir Spins, die vor Frustration erstarren. Auf dem Tisch in der Mitte des Labors beobachten wir Randmoden, die nicht auseinanderfallen, selbst wenn der Rest des Materials zerfällt. Ein weiterer freundlicher Assistent erklärt uns, dass es sich um kohärenterhaltende Systeme handelt.

Ja, genau das hatten wir gehofft zu finden. Strukturell geschützte Systeme. Ein perfekter Testfall.

Ein weiterer freundlicher Assistent trägt Wobble herum und zeigt ihr die Skyrmionen.

All dies ist für uns sehr neu, also gehen wir langsam durch die Labore. Wir beginnen mit den Fracton-Phasen, die erst kürzlich in bestimmten frustrierten Magneten und konstruierten Gittern entdeckt wurden. Sie weisen Quasiteilchen auf, die nicht nur schwer, sondern auch unbeweglich sind. Sie können sich nicht aus eigener Kraft bewegen. Bewegung erfordert die gleichzeitige Neukonfiguration eines gesamten Subsystems.

Aus der Standardperspektive handelt es sich hierbei um ein emergentes Verhalten exotischer Hamilton-Operatoren. Aus der Perspektive der Projektion ist es ein Zeichen dafür, dass die Identität topologisch zu komplex ist, um sich allein zu verschieben. Jeder Schritt würde eine Neuprojektion eines massiven, verschränkten Constraint-Graphen erfordern, und so widersetzt sich das System. Wir nennen das Projektionsträgheit. Nicht Masse, sondern strukturelle Unbeweglichkeit.

Im nächsten Raum finden wir chirale Magnete, Skyrmionen, die wirbelnde topologische Spintexturen sind. Sie verhalten sich wie Teilchen, aber ihre Trägheit scheint oft verstärkt zu sein. Einige Studien berichten von effektiven Massen, die um Größenordnungen größer sind, als allein aus Feldmodellen zu erwarten wäre.

Dies passt perfekt zur Projektionssicht, wonach es sich nicht um Masse aus Feldkopplung handelt. Es ist Latenz aus Projektionsreibung. Der Skyrmion ist eine Struktur. Ihn zu bewegen bedeutet nicht, Materie zu verschieben, sondern die Verdrehung neu zu projizieren. Und die Kosten dieser Verdrehung siehst Du in der Verzögerung. In der Langsamkeit. In der Restträgheit, die sich nicht auflösen will.

Wir fühlen uns fast wie in einem Museum oder wie in einem Süßwarenladen. Im nächsten Raum gibt es eingeschränkte Spin-Anordnungen, die das Verhalten von magnetischen Monopolen nachahmen. Diese „Monopole" entstehen in speziellen Materialien, dem sogenannten Spin-Eis, in denen die mikroskopischen magnetischen Momente, die winzigen inneren Kompasse der Atome, so angeordnet sind, dass keine stabile Konfiguration alle Wechselwirkungen erfüllt. Dies führt zu einer Art strukturellem Stillstand. Die Spannung kann nicht global aufgelöst werden. Wenn sich ein Spin umlegt, sendet er eine Welle der Unausgeglichenheit durch das System, und diese Welle verhält sich wie ein Teilchen. Sie bewegt sich, reagiert auf Felder und trägt etwas mit sich, das wie eine magnetische Ladung aussieht. Dabei handelt es sich nicht um Teilchen im üblichen Sinne. Es sind lokalisierte Constraintfehler, die sich wie Defekte in einem dicht gewebten Projektionsstoff bewegen. Hier, in diesem Labor, beweisen sie bereits die Projektionstheorie. Wir müssen sie nur davon überzeugen, diese Monopol-Analoga auf ihre Latenzreaktion hin zu verfolgen. Sie müssen messen, wie lange sie brauchen, um sich neu auszurichten, zu bilden und zu zerfallen, als Funktion der Projektionsumgebung. Variieren Sie Temperatur, Geometrie und Entropielast. Achten Sie nicht nur auf die Beweglichkeit, sondern auch auf den Projektionswiderstand. Sie sind so nah dran.

Auf, in den nächsten Raum, wo sich die Zeitkristalle befinden. Zeitkristalle sind Systeme, die aufgrund ihrer inneren Struktur spontan in der Zeit oszillieren. Sie sind kohärent und periodisch. In Projektionsbegriffen sind sie Systeme, die sich zyklisch selbst neu projizieren. Die Projektion stabilisiert sich nie, weil sie wie eine Art Ω-Uhr zurückkehrt. Jeder Zyklus ist eine erfolgreiche Neuauflösung, die durch den vorherigen Zyklus begrenzt ist und sich von der klassischen Periodizität unterscheidet. Wenn man die Struktur stört, verschwindet die Periodizität. Plötzlich.

Wir haben eine Sitzung, in der wir zunächst den versammelten Wissenschaftlern aufrichtig zu ihrer unglaublichen Arbeit gratulieren. Wenn wir Nobelpreise vergeben könnten, würden wir Dutzende davon vergeben. Aber das können wir nicht. Wir können jedoch einige Vorschläge machen, und das tun wir auch:

„Wenn man Fraktonsysteme betrachtet, könnte man die Latenz der Erregungsbildung unter unterschiedlichen Belastungsbedingungen verfolgen. Man sollte nach Mobilitätsschwellen suchen, die mit den Kosten der strukturellen Rekonfiguration zusammenhängen. Nicht mit Energie."

„In Ihren Skyrmion-Systemen könnten Sie die Projektionsverzögerung mit ultraschnellen Sondenimpulsen kartieren. Suchen Sie nach Anzeichen von Masse ohne Masse, nach Trägheit, die aus der Twist-Stabilität entsteht."

„In Zeitkristallen könnten Sie die Rekohärenzverzögerung unter Entropieinjektion untersuchen. Sie könnten die Periodizität aufbrechen und dann die Bedingungen schrittweise wiederherstellen. Beobachten Sie, wann und wie plötzlich die Projektion wieder auftritt."

„All dies ist bereits im Gange. Sie haben die Instrumente. Sie haben die Phänomene gemeistert. Es ist nur noch ein Schritt, und Sie haben den freien Willen, eine neue Welt zu betreten."

Und dann trinken wir Tee.

12 Dunkle Materie

Zurück im Mad Science Labor. Es ist immer schön, von einer Reise nach Hause zu kommen, und was für eine Reise das war. All diese brillanten Wissenschaftler in all diesen unglaublichen Labors.

Wir kochen Kaffee. Die Sofas sind bequem. Du scheinst dich jetzt ganz wie zu Hause zu fühlen. Du beobachtest Wobble, wie er mit dem Laserpointer spielt und Kreise an die Wand zeichnet. Dann Ellipsen. Es ist bereits Nacht, und wir sollten eigentlich keinen Kaffee trinken, aber die Gedanken rasen. Sternenlicht fällt herein. Wobble hat die Farbe gewechselt und malt jetzt rote Kreise. Die Gedanken wirbeln durcheinander. Zeitkristalle. Was für ein schöner Name. „Das ist jetzt", hallt es noch aus dem Museum ... „Kannst Du das beweisen?"

Plötzlich fragst Du: „Was ist mit dunkler Materie?"

12.1 Ein Problem der Schwerkraft

In den 1970er-Jahren verfolgten Vera Rubin und Kent Ford die Rotation von Galaxien. In der Newtonschen Mechanik und in Einsteins gekrümmter Raumzeit ist die Anziehungskraft umso schwächer, je weiter man sich vom Massenzentrum entfernt. Die Planeten in unserem Sonnensystem folgen genau dieser Regel. Merkur bewegt sich schnell. Neptun schlendert kaum. Die Sonne enthält fast die gesamte Masse, sodass alles andere umso langsamer um sie kreist, je weiter es sich von ihr entfernt.

Auch Galaxien sollten diesem Prinzip gehorchen. Der größte Teil der sichtbaren Masse befindet sich im hellen, dichten zentralen „Bulge". Die äußeren Arme, die mit dünnem Staub und verstreuten Sternen gefüllt sind, sollten sich langsamer drehen, da sie nur schwach von der Schwerkraft des Zentrums angezogen werden.

Das tun sie aber nicht.

Die Sterne am Rand einer Galaxie bewegen sich genauso schnell wie die in der Nähe des Kerns, manchmal sogar schneller. Das sollte eigentlich nicht möglich sein, es sei denn, es gibt dort mehr Masse, die sie zurückhält. Das war schockierend und wurde seitdem immer wieder mit immer größerer Präzision gemessen, wobei die Beobachtung stets bestätigt wurde. Etwas zieht an den äußeren Sternen gerade so stark, dass sie nicht wegfliegen. Rubin nannte es „etwas, das wir nicht sehen können". Der Rest der Physik nannte es dunkle Materie.

Und so begann eine der längsten Suchaktionen der modernen Physik. Eine fortwährende Jagd nach der fehlenden Masse.

MACHOs

MACHO steht für „massive astrophysikalische kompakte Halo-Objekte", bei denen es sich im Wesentlichen um gewöhnliche, aber nicht leuchtende astrophysikalische Objekte handelt, wie Schwarze Löcher, Neutronensterne, Braune Zwerge und vagabundierende Planeten, die alle aus baryonischer Materie bestehen. Die Idee stammt aus den späten 1980er- und frühen 1990er-Jahren. Zu den ersten Befürwortern gehörte Bohdan Paczyński (1986), der vorschlug, kompakte Halo-Objekte mithilfe von Gravitationsmikrolinsen als dunkle Materie nachzuweisen. Man nahm an, dass diese Objekte in ausreichender Anzahl im galaktischen Halo vorhanden sein könnten, um die fehlende Masse zu erklären. Mikrolinsenuntersuchungen (insbesondere die MACHO- und EROS-Kollaborationen in den 1990er- und 2000er-Jahren) setzten der Häufigkeit von MACHOs enge Grenzen. Sie fanden heraus, dass solche kompakten Objekte nur einen kleinen Bruchteil des Halos aus dunkler Materie ausmachen können. MACHOs sind ebenfalls baryonisch und somit durch die Nukleosynthese beim Urknall limitiert, die den Baryonenhaushalt streng begrenzt.

WIMPs

Das Konzept der „schwach wechselwirkenden massiven Teilchen" (englisch „weak interacting massive particles") entstand in den 1980er-Jahren aus Versuchen, das Standardmodell durch Supersymmetrie (SUSY) zu erweitern. Frühe theoretische Impulse kamen von Steven Weinberg, Howard Georgi und anderen im Zusammenhang mit den Großen Vereinheitlichungstheorien. WIMPs sind hypothetische Teilchen mit Massen zwischen einigen GeV und einigen TeV, die über die schwache Kraft und die Gravitation, aber nicht elektromagnetisch oder stark wechselwirken. Es wurden enorme Anstrengungen unternommen, um sie nachzuweisen, darunter Detektoren tief unter der Erde (LUX, XENON, PandaX), indirekte Nachweise über Gammastrahlen und Suchversuche mit Teilchenbeschleunigern am LHC. Es wurden riesige Summen ausgegeben. Jahrzehntelange, sehr clevere Experimente. Es wurde kein glaubwürdiges WIMP-Signal gefunden. Die negativen Ergebnisse haben den Bereich, in dem WIMPs existieren könnten, in höchst unwahrscheinliche Regionen verschoben.

Axionen

1977 schlugen Roberto Peccei und Helen Quinn neue Teilchen vor, um das starke CP-Problem in der Quantenchromodynamik (QCD) zu lösen. Frank Wilczek und Steven Weinberg nannten das resultierende Teilchen kurz darauf unabhängig voneinander „Axion“. Axionen sind ultraleichte, neutrale Bosonen, die die CP-Verletzung in der starken Kraft unterdrücken würden. Wenn sie existieren, könnten sie auch nicht-thermisch im frühen Universum erzeugt werden und ein kaltes Dunkle-Materie-Kondensat bilden. Axionen werden in Stringtheorie-Kompaktifizierungen bevorzugt und kommen in einem breiten Massenspektrum bis hinunter zu $\sim 10^{-22}$ eV vor. Axionen sind nicht ausgeschlossen. Tatsächlich sind sie auch heute noch ein führender Kandidat für die Erklärung der dunklen Materie, aber trotz umfangreicher Suchen (ADMX, CAST, HAYSTAC, MADMAX und andere) konnte bisher keine bestätigte Detektion erzielt werden. Viele Axionenmassen und Kopplungen wurden ausgeschlossen, aber der Parameterraum ist riesig und modellabhängig. Darüber hinaus erfordert die Abstimmung der Masse und der Zerfallskonstante oft theoretische Verrenkungen, um kosmologischen Einschränkungen gerecht zu werden.

Sterile Neutrinos

Die Idee der sterilen Neutrinos entstand in den 1990er-Jahren, um Anomalien in den Neutrinooszillationsdaten zu erklären, wobei die theoretischen Wurzeln in den von Mohapatra und Senjanović in den 1980er-Jahren vorgeschlagenen Seesaw-Mechanismen liegen. Das LSND-Experiment (1995–2001) weckte aufgrund seiner unerklärlichen Ergebnisse großes Interesse. Sterile Neutrinos sind hypothetische Neutrinos, die im Gegensatz zu den bekannten aktiven Neutrinos nicht über die schwache Kraft wechselwirken, sich aber mit ihnen vermischen können. Ein steriles Neutrino mit einer Masse von einigen keV könnte ein Kandidat für warme dunkle Materie sein, die glattere Halokerne erzeugt als kalte dunkle Materie und damit möglicherweise kleinräumige Strukturen erklären könnte. Röntgenbeobachtungen (z. B. von Chandra und XMM-Newton) schränken die Zerfallswege steriler Neutrinos, die nachweisbare Röntgenlinien erzeugen würden, stark ein. Eine mögliche 3,5-keV-Linie, die in Galaxienhaufen beobachtet wurde, sorgte zwar für Aufregung (2014), bleibt jedoch unklar und möglicherweise instrumentell bedingt. Darüber hinaus sprechen Lyman-Alpha-Wald-Daten gegen Teilchen im keV-Bereich, da diese kleinräumigen Strukturen stärker unterdrücken als beobachtet. Die LSND-Anomalie bleibt ungeklärt, konnte jedoch durch MiniBooNE und andere Experimente nicht bestätigt werden.

Ultraleichte Skalarteilchen (Fuzzy Dark Matter)

Diese Idee entstand Anfang der 2000er-Jahre mit wichtigen Veröffentlichungen von W. Hu, R. Barkana und A. Gruzinov (2000) und wurde von Lam Hui und anderen weiterentwickelt. Der Begriff „Fuzzy Dark Matter“ wurde populär, da er das wellenartige Verhalten von Halos beschreibt. Dabei handelt es sich um bosonische Teilchen mit unglaublich kleinen Massen ($\sim 10^{-22}$ eV), die so leicht sind, dass ihre de Broglie-Wellenlänge Kiloparsecs umfasst. Dies verursacht einen Quantendruck, der dem gravitativen Kollaps in Galaxienkernen entgegenwirkt, wodurch Halo-Profile auf natürliche Weise abgeflacht werden und das Cusp-Core-Problem ohne Rückkopplung gelöst wird.

Obwohl sie für kleinräumige Strukturen vielversprechend ist, hat die Fuzzy Dark Matter Schwierigkeiten, die Lyman-Alpha-Wald-Daten zu erklären, die die feinkörnige Materieverteilung bei hoher Rotverschiebung untersuchen. Um kleinräumige Strukturen nicht zu verwischen, muss die Teilchenmasse höher als $\sim 10^{-21}$ eV sein, was wiederum die Vorteile des Quantendrucks zunichte macht. Simulationen zeigen auch, dass die Übergänge zwischen Kern und Halo im Vergleich zu realen Galaxien oft zu scharf sind.

Selbstwechselwirkende dunkle Materie (SIDM)

Dies wurde erstmals im Jahr 2000 von David Spergel und Paul Steinhardt als Antwort auf das Versagen der kalten dunklen Materie bei der Erklärung von Kerndichteprofilen und Satellitenhäufigkeit formalisiert. In SIDM-Modellen haben Dunkle-Materie-Teilchen signifikante Wirkungsquerschnitte für die Streuung untereinander, jedoch nicht mit baryonischer Materie. Diese Selbstwechselwirkung verteilt die Energie in Halos neu, glättet die zentrale Dichte und vermeidet die Übervorhersage von Satellitengalaxien, während das großräumige Verhalten erhalten bleibt.

Obwohl dies die Vorhersagen für kleinräumige Strukturen verbessert, schränken Einschränkungen durch kollidierende Galaxienhaufen (z. B. der Bullet Cluster) den zulässigen Querschnitt für Selbstwechselwirkungen ein. Starke Wechselwirkungen würden zu beobachtbaren Verschiebungen zwischen dunkler Materie und Galaxien führen, die jedoch nicht zu sehen sind. Eine Feinabstimmung ist erforderlich, um die Kernbildung mit Einschränkungen durch Linseneffekte und Strukturbildung in Einklang zu bringen. SIDM bleibt nur in sehr engen Parameterbereichen realisierbar.

Dunkle Photonen

Wobble gefällt das. Es klingt wie Lucky Luke. Das dunkle Photon ist schneller als das helle Photon. Nun, nicht wirklich. Das Konzept geht auf die 1980er-Jahre in der Stringtheorie und in Modellen mit versteckten Sektoren zurück, gewann aber Anfang der 2000er-Jahre durch Arbeiten von B. Holdom (1986) und später von Pospelov, Arkani-Hamed und anderen an Dynamik. Dunkle Photonen sind hypothetische Eichbosonen einer versteckten U(1)-Symmetrie, eine Art „Spiegelphotonen“, die sich über eine kleine Kopplung kinetisch mit den Photonen des Standardmodells vermischen können. Wenn solche Teilchen existieren, könnten sie Kräfte innerhalb eines dunklen Sektors vermitteln und nachweisbare Spuren hinterlassen, wie Abweichungen in elektromagnetischen Prozessen oder seltene Teilchenzerfälle. Nun, zahlreiche Experimente, darunter Beam Dumps (E141, APEX), Collider-Suchen (BaBar, NA64) und Präzisionsmessungen (g–2), haben die Mischungsstärke über einen weiten Bereich von dunklen Photonenmassen stark eingeschränkt. Obwohl nicht ausgeschlossen, können dunkle Photonen den gesamten Gehalt an dunkler Materie nicht ohne die Einführung zusätzlicher Felder oder einer komplexen Kosmologie erklären. Die meisten Modelle verwenden sie nun als Vermittler für dunkle Materie und nicht mehr als dunkle Materie selbst.

Teilchen des verborgenen Sektors

Eine weitere Idee aus der Supersymmetrie und Stringtheorie der 1990er- und 2000er-Jahre, bei der sich entkoppelte oder „Spiegel"-Sektoren auf natürliche Weise ergeben. Die Modelle von Lisa Randall und Raman Sundrum sowie Theorien mit zusätzlichen Dimensionen implizieren oft solche Sektoren. Verborgene Sektoren enthalten ganze Familien von Teilchen und Kräften, ein „Schatten"-Standardmodell, das nur schwach mit unserem eigenen über Gravitation oder Portalwechselwirkungen (wie Higgs oder kinetische Vermischung) interagiert. Diese Sektoren können kalt, dunkel und massereich sein und natürlich stabile Teilchen enthalten, die als dunkle Materie wirken. Verborgene Sektoren sind bekanntermaßen flexibel und unterbestimmt. Obwohl sie theoretisch elegant sind, mangelt es ihnen in der Regel an konkreten Vorhersagen. Ohne klare experimentelle Signaturen oder Kopplungsstärken laufen solche Modelle Gefahr, nicht überprüfbar zu sein. Darüber hinaus müssen kosmologische Modelle mit verborgenen Sektoren die Wiedererwärmung und Entropieübertragung sorgfältig abstimmen, um Grenzen aus der Nukleosynthese, der CMB oder der Strukturbildung nicht zu verletzen.

Primordiale Schwarze Löcher (PBHs)

PBHs sind Schwarze Löcher, die sich kurz nach dem Urknall bilden und möglicherweise einen weiten Bereich von Massen abdecken, von der Planck-Masse bis zu Tausenden von Sonnenmassen. Im Gegensatz zu stellaren Schwarzen Löchern benötigen sie keine baryonische Materie und umgehen somit die Grenzen der Nukleosynthese. In bestimmten Massenbereichen könnten sie einen Teil oder die gesamte dunkle Materie ausmachen. Sie wurden ursprünglich in den 1960er-Jahren von Yakov Zel'dovich und Igor Novikov vorgeschlagen und in den 1970er-Jahren von Stephen Hawking und Bernard Carr weiterentwickelt. PBHs würden sich aus überdichten Regionen im sehr frühen Universum bilden. Beobachtungen durch Mikrolinsen (z. B. OGLE, EROS), Gravitationswellen (LIGO/Virgo) und CMB-Verzerrungen haben nach und nach die meisten Massenbereiche für PBHs als dominante dunkle Materie ausgeschlossen. Nur noch enge Fenster bleiben offen (z. B. PBHs mit der Masse eines Asteroiden oder PBHs unterhalb der Mondmasse), und selbst diese sind stark eingeschränkt. Darüber hinaus ist es schwierig, die Strukturbildung und -verteilung allein mit PBHs zu erklären, ohne auf fein abgestimmte Anfangsbedingungen zurückzugreifen.

Gravitinos oder Neutralinos (SUSY-Dunkle Materie)

Supersymmetrische Kandidaten für dunkle Materie tauchten in den 1980er-Jahren als Teil minimaler supersymmetrischer Erweiterungen des Standardmodells (MSSM) auf. Neutralinos und Gravitinos gehörten zu den ersten stabilen SUSY-Teilchen, die von

Theoretikern wie Howard Georgi, Savas Dimopoulos und anderen vorgeschlagen wurden. Gravitinos sind die supersymmetrischen Partner der Gravitonen. Sie sind extrem schwach wechselwirkend und je nach SUSY-Brechungsmechanismus möglicherweise sehr leicht oder sehr schwer. Neutralinos sind Mischungen aus Superpartnern der neutralen Eichbosonen und Higgs-Bosonen, die typischerweise als leichteste supersymmetrische Teilchen (LSP) auftreten. Wenn sie aufgrund der R-Paritätserhaltung stabil sind, sind sie erstklassige Kandidaten für dunkle Materie. Bislang wurden weder am LHC noch an anderen Hochenergie-Collidern supersymmetrische Teilchen gefunden, was die SUSY-Modelle stark einschränkt. Insbesondere Neutralinos sind sowohl durch direkte Nachweise als auch durch Reliktdichte-Grenzen stark eingeschränkt. Gravitinos leiden unter kosmologischen Problemen. Sind sie zu schwer, schließen sie das Universum zu stark. Sind sie zu leicht, stören sie die Nukleosynthese, sofern die Wiedererwärmung nicht sehr sorgfältig abgestimmt ist. SUSY bleibt elegant, aber seine Kandidaten für dunkle Materie stehen zunehmend unter Druck.

Topologische Defekte

Diese wurden auf der Grundlage von Arbeiten von Tom Kibble aus den 1970er-Jahren und anderen als Relikte von symmetriebrechenden Phasenübergängen im frühen Universum vorgeschlagen. Die Idee stammt sowohl aus Analogien zur kondensierten Materie als auch aus großen vereinheitlichten Theorien (GUTs). Kosmische Strings, Domänenwände und Texturen sind ausgedehnte Strukturen, die zurückbleiben, wenn Symmetrien im frühen Universum brechen. Ihre Energiedichte könnte grundsätzlich zum dunklen Sektor des Universums beitragen. In einigen Modellen zerfallen Defekte in Strahlung oder Teilchen, die dunkler Materie ähneln könnten. Kosmologische Beobachtungen (CMB-Anisotropien, großräumige Strukturen) stützen die Existenz dieser Defekte in den erforderlichen Dichten nicht. Domänenwände schließen das Universum vollständig ein, sofern sie nicht extrem fein abgestimmt sind. Kosmische Strings würden Gravitationswellenhintergründe und Linseneffekte erzeugen, die bisher nicht beobachtet wurden. Diese Defekte sind als Sonden für das frühe Universum interessant, stellen jedoch keinen brauchbaren Kandidaten für dunkle Materie dar.

Und dann kam Mordehai Milgrom und schlug 1983 etwas Unglaubliches vor:

Modifizierte Newtonsche Dynamik (MOND)

Milgrom war damals am Weizmann-Institut tätig und suchte nach einer Erklärung für die irritierend flachen Rotationskurven von Spiralgalaxien. In den Galaxien müssen zum Zentrum gerichtete Gravitationskräfte existieren, die die Materie auf ihrer Umlaufbahn halten. Dadurch erfährt die Materie eine Zentripetalbeschleunigung, die in den Randbereichen einer unvorstellbar riesigen Galaxie sehr, sehr, sehr klein ist.

Hier dürfen wir uns an die Schulphysik erinnern. Beschleunigung ist die Änderung der Geschwindigkeit. Wenn Newton einen Apfel fallen lässt, beobachtet er, wie die Geschwindigkeit des Apfels jede Sekunde um ca. 10 Meter pro Sekunde zunimmt. Wenn Newton den Mond beobachtet, wie er um die Erde fällt, dann sieht er, wie sich der Geschwindigkeitsvektor jede Sekunde um 2,7 Meter pro Sekunde ändert. Das kannst Du ja bei Gelegenheit mal nachrechnen. Wenn Milgrom in den Randbereichen einer Galaxie einen Stern beobachtet, wie er um das galaktische Zentrum fällt, dann findet er, dass sich seine Geschwindigkeit um 0,000 000 000 12 Meter pro Sekunde ändert. Und weil das nicht zur tatsächlich vorhandenen Kraft passt, vermutet Milgrom, dass Newtons Gesetz bei so kleinen Beschleunigungen nicht mehr gilt ...

Wie bitte?

Newtons Dynamik, das zweite Gesetz, $F = m \cdot a$, gilt ab einer Grenze von etwa $a_0 \approx 1{,}2 \times 10^{-10}\,\mathrm{m/s^2}$ nicht mehr. Das war sehr mutig und das stieß zunächst nicht auf Verständnis, Toleranz oder Einsicht, denn es war radikal. Milgrom schlug also tatsächlich vor, dass wenn die Beschleunigung einer Sternbahn deutlich kleiner als a_0 ist, dieser Stern nicht Newtons $F = m \cdot a$ folgt, sondern einer anderen Relation. Das Resultat: Sterne in den Randbereichen spüren eine stärkere Anziehung, als es die sichtbare Masse erlaubt. Sie bleiben gebunden, ohne dass man ein Gramm dunkler Materie hinzudichten müsste.

Obwohl das Modell radikal ist, hat es doch den bestechenden Vorteil, dass es die Rotationskurven hunderter Galaxien erstaunlich gut reproduzieren kann, indem es nur einen einzigen Parameter ändert. Außerdem markiert Milgrom einen Paradigmenwechsel in der Physik – eine elegante, minimalistische Alternative zur Hypothese unsichtbarer Teilchen. Zum ersten Mal wagte jemand, das Grundgesetz der Gravitation infrage zu stellen, anstatt immer exotischere Teilchen zu erfinden. Milgroms Arbeit löste eine Debatte aus, die bis heute anhält: Ist es wirklich die Masse, die fehlt – oder fehlt uns das richtige Verständnis davon, wie Gravitation im Grenzbereich schwacher Kräfte funktioniert?

Ist MOND nun korrekt? Problem gelöst? – Leider nicht.

MOND funktioniert ausgezeichnet auf der Ebene einzelner Galaxien, doch sobald man den Blick auf größere Skalen richtet, gerät es ins Wanken. Galaxienhaufen etwa zeigen immer noch zu viel „fehlende Masse“. Auch bei der Erklärung von Gravitationslinsen kommt MOND ins Straucheln. Und in der kosmologischen Strukturbildung lässt sich das Modell nicht ohne Weiteres mit den präzisen Daten der Hintergrundstrahlung und der großräumigen Verteilung der Galaxien vereinbaren. Außerdem fehlt jegliche physikalische Erklärung.

Trotzdem war MOND ein Wendepunkt und die Tatsache, dass sich die Drehung vieler Galaxien damit beschreiben lässt rief Jacob Bekenstein auf den Plan.

TeVeS – Tensor, Vektor, Skalar

Bekenstein – bekannt für seine Arbeiten über Schwarze Löcher und Entropie zusammen mit Stephen Hawking – fragte sich, wie man die Idee einer modifizierten Newtonschen Dynamik mit Einsteins Allgemeiner Relativitätstheorie in Einklang bringen könnte. Denn so schön MOND für Galaxien funktioniert – ohne eine relativistische Erweiterung kann man weder Gravitationslinsen noch die Kosmologie erklären. Im Jahr 2004 präsentierte er eine Theorie, die MOND in ein umfassenderes Rahmenwerk einbettete und den kryptischen Namen TeVeS erhielt, was die Kurzform von Tensor–Vektor-Skalar ist.

Ja, der Name könnte besser sein.

Um MOND zu integrieren, erweiterte Bekenstein Einsteins Feldgleichungen um zusätzliche Felder – ein Vektorfeld und ein Skalarfeld – die gemeinsam mit dem Tensor der Raumzeit die Gravitation bestimmen. Damit gelang es, MOND in eine konsistente relativistische Theorie zu gießen. Auf einmal konnte man Gravitationslinsen berechnen, ohne dunkle Materie vorauszusetzen, und sogar kosmologische Simulationen durchführen.

Das war ein großer Schritt. Aus einer kühnen Modifikation Newtons wurde eine richtige Theorie mit eigener Dynamik und Feldgleichungen. Doch TeVeS war nicht ohne Tücken. Um die beobachteten Daten präzise zu reproduzieren, musste man eine Vielzahl von Parametern fein abstimmen. Manche Physiker sprachen spöttisch von einer „Theorie mit eingebautem MOND“, die letztlich genauso viel Erklärungsballast mitschleppt wie das ursprüngliche Dunkle-Materie-Modell.

Aber es kam noch schlimmer, denn in Galaxienhaufen blieb immer noch ein Rest an „fehlender Masse“. TeVeS konnte die Abweichungen nicht vollständig beseitigen. Hinzu kam, dass die Theorie mit der kosmischen Hintergrundstrahlung in Konflikt geriet – dort, wo die feinen Fluktuationen im Mikrowellenhimmel präzise vermessen sind.

Bekenstein selbst wusste, dass er ein Risiko einging. In einem Interview meinte er einmal, er sei „bereit, gegen den Strom zu schwimmen, wenn es um fundamentale Fragen geht“. Er war überzeugt, dass MOND mehr war als ein Rechentrick, und er wollte ihr ein solides Fundament geben.

Heute gilt TeVeS als wichtiger Meilenstein, auch wenn es die Mehrheit nicht überzeugt hat. Es zeigte, dass man Milgroms Idee ernst genug nehmen konnte, um sie in eine relativistische Form zu gießen. Und es bereitete den Boden für eine neue Welle von Modellen, die versuchten, das Beste aus beiden Welten zu verbinden: die Erklärungskraft von MOND auf galaktischen Skalen und die Erfolge der Dunkle-Materie-Theorien im Kosmos.

Genau diesen Gedanken verfolgte der theoretische Physiker Justin Khoury von der University of Pennsylvania, als er 2015 ein neues Modell vorschlug.

Superfluid Dark Matter

Khoury glaubte an dunkle Materie und akzeptierte die Phänomenologie von MOND. Er dachte sich, dass wenn man dunkle Materie nicht direkt finden kann, warum sollte sie sich dann nicht ganz anders verhalten, als wir es bisher angenommen haben? Er kombinierte daraufhin zwei Welten, die eigentlich weit auseinanderliegen – die Teilchenphysik und die Festkörperphysik. Dunkle Materie, so seine Idee, könnte bei den extrem niedrigen Temperaturen und Dichten im Universum einen exotischen Zustand annehmen – einen Superfluidzustand. In diesem Zustand verhalten sich die Teilchen nicht mehr wie eine gewöhnliche Gaswolke, sondern wie ein makroskopisch kohärentes Quantenobjekt, ähnlich wie superfluides Helium, das Kryo-Physiker im Labor untersuchen.

Wenn, so Khoury, die dunkle Materie ein Superfluid wäre, dann entstünden in ihr Phononen, kollektive Schwingungen des Mediums. Diese Phononen könnten die zusätzlichen Kräfte bereitstellen, die in Galaxien das berühmte MOND-Verhalten erzeugen. Mit anderen Worten: Dunkle Materie existiert, aber innerhalb von Galaxien kondensiert sie zu einem Superfluid und sorgt dort genau für die Anomalien, die Milgroms MOND beschreibt. Auf größeren Skalen – in Galaxienhaufen oder in der kosmischen Hintergrundstrahlung – verhält sie sich dagegen wie ganz normale kalte dunkle Materie (CDM).

Das ist nicht ganz unelegant! Man behält die kosmologischen Erfolge des Standardmodells und gewinnt gleichzeitig eine Erklärung für die galaktischen Rotationskurven, ohne Newton komplett über Bord zu werfen.

Ja, aber die Physik eines kosmischen Superfluids ist hochkomplex, die Feldgleichungen sind voller Spezialannahmen, und bislang gibt es keine Beobachtung, die ein solches Verhalten bestätigt. Kritiker werfen Khoury vor, damit zwar einen sehr kreativen Ausweg präsentiert zu haben, aber letztlich nur eine neue Form von Dunkle-Materie-Spekulation geschaffen zu haben – diesmal mit Quanten-Glanz.

Trotzdem gilt Superfluid Dark Matter als einer der faszinierendsten jüngeren Versuche, die Brücke zwischen MOND und klassischer Dunkler Materie zu schlagen. Es zeigt, dass die Vorstellung von unsichtbarer Masse längst nicht mehr nur aus „Teilchen, die wir noch nicht entdeckt haben“ besteht, sondern auch aus exotischen Aggregatzuständen, die an den Grenzen unseres Verständnisses von Materie und Raumzeit kratzen.

Während Milgrom und Bekenstein die Gravitation modifizierten und Khoury mit seinem Superfluid einen ganz neuen Aggregatzustand vorschlug, wählten zwei französische Physiker einen anderen Weg:

Dipolar Dark Matter

Luc Blanchet (Université Paris VI) und Alexandre Le Tiec (Université Paris-Sud) ließen sich ab ca. 2008 von der Elektrodynamik inspirieren. Sie wußten, dass sich neutrale Atome oder Moleküle einem elektrischen Feld wie kleine Dipole verhalten können – sie richten sich aus und verstärken das Feld. Warum sollte nicht auch die Gravitation ein solches Verhalten kennen? Immerhin ist das Kraftgesetz von Newton und das von Coulomb ja sehr ähnlich.

Blanchet und Le Tiec schlugen daher vor, dass Dunkle-Materie-Teilchen ein gravitatives Dipolmoment tragen könnten. Diese Dipole würden sich im Schwerefeld einer Galaxie so ausrichten, dass die effektive Anziehungskraft größer erscheint, als es die sichtbare Masse vermuten lässt – ganz ähnlich wie die Polarisierung in einem Dielektrikum das elektrische Feld verstärkt.

Das Schöne an dieser Idee ist, dass man Newtons Gesetze überhaupt nicht ändern muss. Stattdessen genügt es, ein neues Teilchenmodell zu postulieren, das auf subtile Weise Gravitation „verstärkt". So erklärt man die flachen Rotationskurven von Galaxien MOND-ähnlich – aber mit einer Materiekomponente im Hintergrund. Weniger schön ist, dass es bisher keine experimentellen Hinweise auf eine solche Dipol-Natur von Teilchen gibt und man nun nicht nur nach unsichtbaren, dunklen Teilchen suchen muss, sondern auch noch nach unsichtbaren Teilchen mit obskuren Eigenschaften.

Trotzdem bleibt Dipolar Dark Matter ein reizvoller Gedanke. Es ist ein Modell, das die Sprache der Physik ernst nimmt, bekannte Analogien nutzt und den Wunsch nach einer Verbindung von MOND und Teilchenphysik erfüllt. Ob es am Ende mehr ist als eine elegante Analogie, wird die Zukunft zeigen.

Emergent Gravity – Gravitation aus Information

Manchmal ist es nicht das kleine Detail, das man an der Theorie ändert, sondern die ganze Perspektive. Das ist sehr selten und erzeugt Gegenwind. Genau das wagte der niederländische Stringtheoretiker Erik Verlinde von der Universität Amsterdam, als er im Jahr 2011 ein Modell vorstellte, das nicht nur Newton oder Einstein modifizierte, sondern die Gravitation selbst infrage stellte.

In Verlindes These ist Gravitation emergent – ein makroskopisches Phänomen, das wie Temperatur oder Druck aus tieferliegenden mikroskopischen Freiheitsgraden entsteht. So wie Wärme aus den ungeordneten Bewegungen von Molekülen hervorgeht, so könnte Gravitation aus den Informationsinhalten der Raumzeit hervorgehen.

Verlinde stützte sich dabei auf eine Idee, die schon in den 1990er-Jahren von Ted Jacobson formuliert worden war, der zeigte, dass man die Einstein-Gleichungen aus der Thermodynamik der Raumzeit ableiten kann. Auch Physiker wie Thanu Padmanabhan hatten Entropie und Gravitation in enge Beziehung gesetzt. Verlinde trieb diesen Gedanken nun radikal weiter.

In seinem Ansatz wirkt die Gravitation als entropische Kraft. Materie ordnet die Information in der Raumzeit neu, und die entstehenden Entropiegradienten erzeugen das, was wir als Anziehungskraft spüren. Mit diesem Bild wollte er nicht nur Einstein neu interpretieren, sondern auch das Rätsel der Dunklen Materie erklären. Das klingt jetzt zunächst einmal etwas wirr, aber 2016 legte er eine überarbeitete Version vor, die für enormes Aufsehen sorgte. In dieser Arbeit zeigte er, dass sich die flachen Rotationskurven von Galaxien ohne Dunkle Materie beschreiben lassen, wenn man den entropischen Beitrag berücksichtigt, der aus der kosmologischen Hintergrundinformation stammt. Gravitation war hier nicht länger eine Kraft im klassischen Sinne, sondern ein Informationsfluss, beeinflusst durch die großskalige Entropie des Universums.

Die Resonanz war überwältigend. Presseartikel verkündeten die „Revolution in der Physik". Verlindes Vortrag in Amsterdam füllte große Hörsäle, und plötzlich diskutierten Kosmologen wie Teilchenphysiker über „entropische Gravitation".

Doch auch hier zeigte sich die harte Realität wissenschaftlicher Präzision. Verlindes Modell reproduziert zwar die Rotationskurven vieler Galaxien, scheitert aber bei Galaxienhaufen und bei der genauen Form des Gravitationslinsensignals. Auch eine vollständige kosmologische Theorie fehlt bis heute. Die Modelle liefern keine Bewegungsgleichungen, die mit der Eleganz der Einstein-Gleichungen mithalten könnten.

Trotzdem bleibt Verlindes Arbeit ein wichtiger Meilenstein. Sie erinnert die Physik daran, dass Gravitation nicht zwangsläufig eine fundamentale Kraft sein muss. Vielleicht ist sie nur das Echo von etwas Tieferliegendem – Information, Entropie, Struktur. Verlinde selbst formulierte es einmal so: *„Gravitation ist eine Illusion.“*

Ob Illusion oder tieferes Prinzip – sein Ansatz verschiebt den Blick von der Suche nach unsichtbaren Teilchen hin zu den Grundlagen der Realität selbst. Und allein dieser Perspektivwechsel hat MOND und seine Nachfolger auf eine neue Stufe gestellt.

Während Milgrom, Bekenstein, Khoury und Verlinde eher klassische Theorien formulierten, die man testen und widerlegen konnte, bewegten sich andere Physiker in den 2010er-Jahren in spekulativere Gefilde…

Gravitation mit Topologie

Ein Skyrmion ist eigentlich eine Entdeckung aus der Kernphysik der 1960er-Jahre, benannt nach dem britischen Physiker Tony Skyrme. Er zeigte, dass bestimmte Konfigurationen von Feldern stabile, knotenartige Strukturen bilden können – kleine topologische Inseln, die nicht einfach verschwinden. Jahrzehnte später tauchten Skyrmionen wieder auf, diesmal in der Festkörperphysik. In magnetischen Materialien entdeckte man um 2009 winzige Wirbelstrukturen, die sich wie Quasiteilchen verhielten und extrem stabil waren.

Diese Konzepte fanden auch ihren Weg in die Kosmologie. Einige Forscher schlugen vor, dass das Universum auf großen Skalen ähnliche topologische Muster enthalten könnte, Vortex-artige Strömungen oder Skyrmion-Konfigurationen in hypothetischen Feldern, die das Trägheitsgesetz oder die Gravitation modifizieren. In solchen Modellen wird die Gravitation nicht durch unsichtbare Teilchen verstärkt, sondern durch die Geometrie von Feldstrukturen, die wie Wirbel im Gewebe der Raumzeit wirken.

Die Analogie ist faszinierend. So wie ein Wirbel im Wasser Energie und Impuls konserviert, könnten kosmische Vortizes zusätzliche Anziehungskräfte erzeugen, die die Rotation von Galaxien beeinflussen. Und so wie Skyrmionen in Festkörpern extrem stabil sind, könnten kosmische Skyrmionen langlebige Strukturen bilden, die wir fälschlich als „Dunkle Materie“ deuten.

Doch so charmant diese Bilder auch sind – bislang fehlen klare Vorhersagen und harte Daten. Anders als MOND oder TeVeS liefern Vortex-Modelle keine präzisen Rotationskurven. Und anders als Verlindes Ansatz gibt es kein vollständiges theoretisches Gerüst, das diese Topologien konsistent in die Gravitation einbettet. Vieles bleibt Metapher und mathematisches Spiel.

Trotzdem sind sie wichtig für die Geschichte, denn sie zeigen, wie weit Physiker bereit sind, jenseits des Teilchenparadigmas zu denken. Von der Elektronenspin-Topologie in magnetischen Kristallen bis hin zur Raumzeitstruktur der Galaxien – überall sucht man nach Mustern, die erklären könnten, warum Sterne an den Rändern von Galaxien nicht fortfliegen.

Was als kleine Abweichung in den Rotationskurven von Galaxien begann, hat die Physik auf eine lange Reise geschickt. Zuerst die Hoffnung auf MACHOs, WIMPs und Axionen – eine endlose Suche nach unsichtbaren Teilchen, die man nur noch finden müsse. Doch mit Mordehai Milgroms Vorschlag von 1983 begann eine zweite Spur – die Suche nach dem Verständnis der Gravitation selbst.

„*Wow, das ist eine ganz schöne Liste*“, sagst Du.

„*Das ist es wirklich!*“

Eine lange, lange Liste voller Hoffnung … und nichts.

Nichts?

Obwohl all diese Modelle theoretisch interessant sind, mangelt es ihnen an Vorhersagekraft und experimenteller Verankerung. Die meisten sind unvollständige Rahmenkonzepte oder Metaphern und keine vollständigen physikalischen Theorien. Sie können in der Regel ohne zusätzliche Annahmen keine vollständige Strukturbildung reproduzieren und sind schwer zu widerlegen. Sie bieten Einblicke in das, was dunkle Materie möglicherweise nicht ist, haben jedoch noch keine konsistenten, überprüfbaren Vorhersagen geliefert, die das Standardmodell der kosmischen Inflation (ΛCDM) übertreffen.

Und dennoch: In all diesen Ansätzen zeichnet sich ein Paradigmenwechsel ab. Die Suche gilt längst nicht mehr nur unsichtbaren Teilchen. Sie richtet sich auch auf Struktur, Kohärenz und neue Prinzipien der Gravitation. Vielleicht fehlt nicht Masse – vielleicht fehlt uns der Schlüssel, wie Materie und Raumzeit ihr Zusammenspiel organisieren.

Bevor wir diesen Schlüssel suchen, müssen wir uns die galaktischen Strukturen etwas genauer ansehen.

12.2 Die Struktur der Galaxien

Galaxien sind keine chaotischen Sternhaufen, sondern geordnete Systeme mit Schönheit und Charakter. Man erkennt sie auf den ersten Blick. Da gibt es glatte, ellipsenförmige Lichtinseln oder majestätische Spiralarme. Bilder von Galaxien üben eine große Anziehungskraft aus, denn man spürt die gewaltige Ästhetik, mit der die kosmologische Physik das Universum strukturiert. Die Formen sind so unterschiedlich wie Wolkenbilder und genau wie bei Wolken verrät ihre Gestalt etwas über ihren inneren Aufbau. Wir erkennen ihre Geschichte, ihren Gasvorrat, die Geschwindigkeit ihrer Sterne, die Dynamik ihrer Scheibe. Wir können sie klassifizieren.

Das hat 1926 als erster ein junger amerikanischer Astronom versucht – Edwin Hubble. Seine „Hubble-Sequenz" sortiert die Galaxien nach ihrer Morphologie im sichtbaren Spektrum. So entsteht das berühmte „Stimmgabeldiagramm", das oft als Diagramm zur Entwicklung von Galaxien missverstanden wird. Es geht aber um reine Morphologie.

Auf der linken Seite dieses Schemas stehen die Elliptischen Galaxien, die von E0 (kugelig) zu E7 immer elliptischer werden. In der Mitte sitzen die Lentikulargalaxien, S0 genannt, mit Scheiben, aber ohne Spiralarme, eine Art Brückenglied. Von dort verzweigt sich das Diagramm in zwei Zinken – darum der Name „Stimmgabeldiagramm". Im oberen Zweig sind die Spiralen ohne Balken und im unteren findet man die Spiralen mit Balken. Von links nach rechts werden die Bulges kleiner, die Arme offener, der Gasanteil größer. Am äußersten Ende warten die unruhigen Irregulären Galaxien. Dieses Schema wird auch heute noch gerne verwendet, auch wenn viele Galaxien in anderen Spektralbereichen ganz anders aussehen.

Der französische Astronom Gérard de Vaucouleurs schuf 1959 ein detaillierteres System, das nicht nur Haupttypen unterschied, sondern auch Zwischenschritte, Balkenstärken, Ringe und andere Feinheiten. Er führte eine numerische Skala ein, die sogenannte Typzahl t. Diese Typzahl ordnete die Galaxien nicht nur grob in Hubbles Stimmgabel ein, sondern gab jeder Position entlang der Sequenz einen Wert. Elliptische Galaxien erhielten negative Werte um $t = -5$, Lentikulare lagen bei –3 bis 0, frühe Spiralen wie Sa bei $t = 1$, mittlere Spiralen wie Sb bei $t = 3$, späte Spiralen wie Sc bei $t = 5$, Sd bei $t = 7$, und ganz am Ende standen die irregulären Galaxien bei $t = 10$. Plötzlich war aus der ästhetischen Klassifikation eine Skala geworden, eine Zahl, die sich katalogisieren und mit anderen physikalischen Größen vergleichen ließ.

Diese Zahlen fanden Eingang in die großen Kataloge der Astronomie. Besonders der „Third Reference Catalogue of Bright Galaxies", kurz RC3, der 1991 von de Vaucouleurs, seiner Frau Antoinette de Vaucouleurs und Harold Corwin veröffentlicht wurde, machte diese Systematik verbindlich. RC3 wurde zur Bibel der extragalaktischen Astronomie. Jede größere Galaxie bekam dort nicht nur ihre Koordinaten und Helligkeiten, sondern auch eine Morphologie und eine Typzahl.

In der digitalen Ära ging es weiter. Die Datenbank HyperLEDA, die aus dem ursprünglichen Lyon-Meudon Extragalactic Database (LEDA) hervorgegangen ist, führt heute zigtausende von Galaxien mit all ihren Eigenschaften. Für jede Galaxie ist die Typzahl t angegeben, meist als Mittelwert aus mehreren Klassifikationen, manchmal mit einem Unsicherheitsbereich. Damit ist die Morphologie nicht mehr nur eine hübsche Illustration im Lehrbuch, sondern eine durchsuchbare, quantifizierbare Größe, die mit echten physikalischen Eigenschaften korreliert. Galaxien mit niedrigem t sind rot, massereich, bulgedominiert, gasarm, mit alten Sternen. Galaxien mit hohem t sind blau, leichter, scheiben- und gasreich, mit hohen Sternentstehungsraten. Ihre Scheiben-Skalenlängen, ihre Gasreservoirs, die Stärke ihrer Balken, ihre Spiralarme – alles hängt systematisch mit t zusammen.

Wenn also HyperLEDA einer Galaxie die Typzahl 5 verpasst, bedeutet das nicht nur „Sc" als formales Etikett, sondern auch ein ganzes Bündel an physikalischen Eigenschaften. Es ist wie ein genetischer Code: eine Zahl, die uns etwas über die innere Struktur, die Geschichte und die Dynamik des Systems verrät.

12.3 Wie Struktur eine Galaxie verbiegt

Wir haben ein halbes Jahrhundert damit verbracht, Teilchen zu jagen, die sich nicht finden lassen wollten. Unterirdische Detektoren, auf kryogene Temperaturen gekühlt, haben schweigend gewartet. Collider haben Protonen zu Staub zerschmettert. Astronomen haben den Himmel nach unsichtbaren Halos, Gravitationsechos oder Axion-Flackern abgesucht. Alle Kandidaten für dunkle Materie, die wir untersucht haben, basieren auf der gemeinsamen Überzeugung, dass Materie etwas bereits Vorhandenes ist, dessen Gravitationswirkung zu den Gleichungen hinzugefügt werden kann. Mehr Teilchen, mehr Masse, mehr Anziehungskraft.

Was wir dabei regelmäßig zu vergessen scheinen, ist die Tatsache, dass auch wir in einer Galaxie leben, die sich dreht. Zu schnell. Unser Sonnensystem in der Orion-Region unserer Galaxie muss sich inmitten von dunkler Materie befinden. Wir sitzen buchstäblich darauf. Und trotz aller Präzision, die wir bei unseren Experimenten erreicht haben, sind wir nicht in der Lage, auch nur eine Spur von etwas zu finden, das uns in riesigen Mengen umgibt?

Wirklich?

Das Standardmodell der Physik geht davon aus, dass Masse fest ist, Teilchen stabil sind und die Schwerkraft lediglich eine Krümmung der Raumzeit ist, die durch diese Masse verursacht wird.

In der Projektionstheorie ist jedoch keine dieser Annahmen garantiert.

Masse ist, wie wir gesehen haben, nicht intrinsisch. Masse entsteht aus der Latenz, die erforderlich ist, um Identität in der Raumzeit zu stabilisieren.

Das ändert alles.

Wir müssen nur die Physik ernst nehmen, die uns die Morphologie einer Galaxie zeigt, die nicht bloß eine visuelle Etikette ist, sondern eine Korrelation physikalischer Strukturgesetze.

Sterne, Gas und Dunkelheit tanzen nicht willkürlich, sie folgen Mustern. Die Spiralarme sind nicht bloß dekorative Kringel, sondern Verdichtungswellen, die durch die Scheibe laufen. Balken sind keine Schönheitsfehler, sondern dynamische Strukturen, die Gas nach innen treiben und Sternbildung regulieren. Elliptische Galaxien zeigen, wie Verschmelzungen ganze Scheiben zerreißen und neu mischen können. All das hat Konsequenzen für die Dynamik und insbesondere für die Rotation der Galaxie. Die Morphologie spiegelt die strukturellen Bedingungen wider, die auch die Dynamik prägen. Es ist die gemeinsame Ordnung, die Morphologie und Rotation verbindet.

Wir können diese Ordnung in zwei Gegenspieler fassen: Kohärenz und Entropie. Kohärenz meint die Fähigkeit einer Galaxie, großräumige, organisierte Muster zu bilden. Spiralarme, Balken, Resonanzen. Entropie ist das Maß der Durchmischung, der Aufheizung, des Zerfalls von Ordnung in Zufall. Jede Galaxie lebt in einem Spannungsfeld zwischen diesen beiden Polen. Frühe Typen (kleines t) haben wenig Gas und kaum Muster; sie sind entropiereich, kohärenzarm. Späte Typen (großes t) haben viel Gas und bilden prächtige, kohärente Strukturen – Spiralarme, Wellen, Filamente.

Aus dieser Einsicht können wir ein Modell entwickeln, das über bloße Klassifikation hinausgeht. Die zusätzliche Verstärkung der Rotation in den Außenbereichen einer Galaxie – jene „fehlende" Kraft, die wir bisher dunkler Materie oder MOND zugeschrieben haben – lässt sich durch die strukturelle Balance von Kohärenz und Entropie beschreiben. Formal schreiben wir:

$$\delta(r) = \delta_0 \cdot \frac{\text{Kohärenz}(R_D, t)}{\text{Entropie}(R_D, t)}$$

Hier ist $\delta(r)$ die strukturelle Verstärkung der Gravitation in Abhängigkeit vom Radius r. δ_0 ist ein Grundmaß, das wir später genauer diskutieren werden. In Zähler und Nenner stehen zwei Funktionen, die jeweils von der Scheiben-Skalenlänge R_D und dem morphologischen Typ t abhängen.

Die Kohärenzfunktion hat die Form einer Glocke. Bei sehr frühen Typen ist sie fast null, weil keine geordneten Wellen existieren. Mit zunehmendem t steigt sie stark an, erreicht bei mittleren Spiralen (Sb, Sc) ihr Maximum und fällt bei sehr späten, zerzausten Irregulären wieder ab, weil dort die Ordnung zusammenbricht. Die Entropiefunktion dagegen wächst monoton: je mehr Durchmischung, desto größer der entropische Beitrag.

So entsteht ein Quotient, der sich entlang der Hubble-Sequenz verändert. In frühen Typen ist die Verstärkung klein, weil Kohärenz fehlt. In mittleren Spiralen erreicht sie ein Maximum, weil die Kohärenzglocke hoch und die Entropie noch niedrig ist. In späten Typen flacht sie wieder ab. Dieses Muster ist bemerkenswert: Es spiegelt sich tatsächlich in den beobachteten Rotationskurven wider, die genau in mittleren Spiralen am eindrucksvollsten von der Newtonschen Erwartung abweichen.

Wir sind damit an einem entscheidenden Punkt.

Anstatt dunkle Teilchen in die Galaxien hineinzugeheimnissen oder Newton zu verbiegen, können wir die Verstärkung der Rotation als Ausdruck der galaktischen Struktur verstehen. Die Morphologie, die Hubble einst aus reiner Anschauung ordnete, wird hier zur quantitativen Grundlage.

12.4 Galaktische Beweise

Die Rotation einer Galaxie misst man am besten mit Radioteleskopen, die das schwache Leuchten des neutralen Wasserstoffs bei 21 Zentimetern auffangen. Diese kosmische Funklinie verrät, wie schnell das Gas um das Zentrum kreist – bis weit hinaus in die äußersten Regionen. Ergänzt wird sie durch optische Spektroskopie, die auch die Sterne in den inneren Bereichen erfasst. So entstehen die berühmten Rotationskurven: Geschwindigkeit gegen Radius, der Herzschlag der Galaxien.

Doch um Gravitation zu verstehen, braucht man nicht nur Bewegung, sondern auch Masse. Und die Masse der Sterne erkennt man im Infraroten am klarsten. Genau dafür kam das Spitzer-Weltraumteleskop ins Spiel – ein NASA-Satellit, der von 2003 bis 2020 das kalte Universum durchmustert hat. Mit seiner Infrarotkamera IRAC nahm es Bilder bei 3,6 Mikrometern auf, einer Wellenlänge, die Staub durchdringt und das Licht der alten Sterne zeigt, die den Großteil der baryonischen Masse tragen.

Im Jahr 2016 haben Federico Lelli, Stacy McGaugh und James Schombert die besten Daten der letzten Jahrzehnte von 175 Galaxien zusammengetragen, vereinheitlicht und zu einem konsistenten Katalog verschmolzen. Entstanden ist „Spitzer Photometry and Accurate Rotation Curves“ – SPARC.

SPARC kombiniert die präzisen Rotationskurven und die Infrarotbilder. Für 175 Galaxien, vom Zwerg bis zum Riesen, vom frühen Elliptischen bis zum späten Spiraltyp, liegt nun ein homogener Datensatz vor, der die Dynamik und die sichtbare Masse in nie dagewesener Qualität zusammenführt.

Damit ist SPARC nicht nur eine Datenbank, sondern ein kosmisches Labor. Jede Galaxie darin ist ein Experiment, das zeigt, wie Struktur und Gravitation zusammenspielen. Und genau auf diesen Schatz werden wir nun zurückgreifen, um zu prüfen, ob sich die „fehlende Masse“ vielleicht nicht durch Teilchen, sondern durch die Ordnung der Galaxien erklären lässt.

Wir haben in 12.3 gesehen, dass die zusätzliche Verstärkung der Rotation als Funktion von Kohärenz und Entropie beschrieben werden kann. In den SPARC-Daten lässt sich diese Hypothese tatsächlich prüfen.

„Können wir die Rotationskurven der SPARC-Galaxien mit unserer einfachen strukturellen Gravitationsverstärkung fitten?“ könntest Du jetzt fragen.

Ja. Von den 175 Galaxien lassen sich rund zwei Drittel – genau 115 – direkt mit unserer Kohärenz/Entropie-Funktion beschreiben. Die Rotationskurven folgen der Erwartung mustergültig. Für die übrigen Fälle braucht es Anpassungen, weil dort besondere Umstände vorliegen: ein übermächtiger Balken, eine Störung durch eine Nachbargalaxie, ein ungewöhnliches Gasprofil oder ein stark verzerrter Halo. Doch selbst dann lässt sich mit moderaten Korrekturen ein konsistentes Bild erreichen.[1)]

---

1 Weitere Einzelheiten findest Du in unserem Artikel auf OSF: Dlabal, M. M.: Galactic Rotation Without Dark Matter: Entropic Wigner Negativity–Based Projection Geometry. OSF Preprints *https://doi.org/10.17 605/OSF.IO/S3BW5* (2025).

Ein Beispiel ist die Galaxie NGC 2403, die schon in den MOND-Debatten intensiv diskutiert wurde, eine Spiralgalaxie vom Typ Sc mit $t \approx 5$. Ihre Rotationskurve ist eine der schönsten im SPARC-Katalog. Sie steigt im Zentrum steil an und bleibt dann über viele Kiloparsec hinweg erstaunlich flach. Genau dort, wo die Kohärenzglocke nach unserem Modell ihr Maximum hat, liegt auch die größte Abweichung von der Newtonschen Erwartung. Ein anderes Beispiel ist NGC 3198, eine Sb/Sc-Galaxie mit $t \approx 4$, deren Rotation sich fast mustergleich an die Kurve anpasst, die unser $\delta(r)$-Modell liefert.

Sehr frühe Typen mit $t < 0$, also Elliptische und Lentikulare, zeigen keine ausgeprägten Spiralarme und wenig Gas. Hier ist die Kohärenz fast null, und unser Modell sagt entsprechend keine starke Verstärkung voraus. Die beobachteten Rotationsprofile sind in diesen Fällen von Anisotropien, Zufallsbewegungen und Verschmelzungen geprägt. Auch das passt ins Bild: Wo die Ordnung fehlt, kann auch keine zusätzliche strukturelle Verstärkung entstehen.

„Heißt das, dass man die Rotationskurven aller Galaxien einfach durch eine gravitative Verstärkung aufgrund ihrer Struktur erklären kann?“

Nein.

Aber es bedeutet, dass die gravitative Verstärkung und die Struktur untrennbar verbunden sind – und das ist neu. Die Rotationsdynamik von Galaxien ist nicht nur ein Rätsel, das man mit unsichtbaren Teilchen kaschieren muss. Sie ist ein Abbild der Strukturgesetze, die wir in ihrer Morphologie sehen. Die Stimmgabel, die Hubble aus reiner Anschauung zeichnete, lebt in den Daten weiter, wenn man sie durch die Linse der Dynamik betrachtet.

Damit haben wir nicht nur eine schöne Theorie, sondern einen Beweisgang: Von der Morphologie über die Strukturparameter bis zu den gemessenen Kurven spannt sich eine Kette, die den Nebel um die Dunkle Materie ein Stück lichtet. Und diese Kette ist stark genug, um der klassischen Hypothese unsichtbarer Teilchen Konkurrenz zu machen.

12.5 Vorhersagen und Grenzen

Wenn wir die Rotation von Galaxien beschreiben, genügt es nicht, einfach nur Kohärenz und Entropie ins Verhältnis zu setzen. Ohne eine Skala bliebe die Verstärkung abstrakt. Genau an dieser Stelle tritt δ_0 in Erscheinung.

δ_0 ist mehr als eine Zahl in einer Formel. Es ist das Fundamentmaß der Projektion, die Konstante, die bestimmt, wie stark die Raumzeit auf Projektion grundsätzlich reagiert. Wir nennen sie die gravitative Strukturkonstante.

Warum „Strukturkonstante“? Weil δ_0 genau dann auftritt, wenn Strukturen die Projektion verzögern. Jedes Mal, wenn Identität – sei es ein Stern, ein Proton oder eine ganze Galaxie – in Raumzeit stabilisiert wird, entsteht eine Verzögerung durch Constraints. Diese Verzögerung addiert sich nicht einfach zur Masse, sondern verstärkt die Gravitation selbst. δ_0 misst also die Rückkopplung von Struktur auf Raumzeit, die zusätzliche Krümmung, die aus der Projektion stammt.

In Galaxien macht sich δ_0 dort bemerkbar, wo Sterne in schwachen Feldern überraschend schnell kreisen. In Teilchen zeigt es sich in subtilen Masseskalen, etwa darin, dass ein Proton schwerer ist, als man allein aus der Baseline κ_0 erwarten würde. δ_0 ist damit kein Spezialeffekt an den Rändern des Universums, sondern ein universelles Prinzip, eine Konstante, die in jedem Maßstab wirkt, sobald Projektion auf Strukturen trifft.

Dass δ_0 universell ist, belegen die Daten. In den SPARC-Fits, die wir betrachtet haben, reicht es aus, δ_0 in allen Galaxien gleich zu setzen, um ihre Rotationskurven in den Griff zu bekommen. Etwa zwei Drittel der Systeme fügen sich mit einer standardisierten Morphologie ohne Mühe in dieses Bild, und selbst die restlichen lassen sich mit kleinen Korrekturen ihrer abweichenden Strukturen anpassen. δ_0 ist also nicht irgendein Parameter, den man von Fall zu Fall justieren muss – es ist ein universelles Maß des Kosmos, vergleichbar mit der Lichtgeschwindigkeit c oder der Planck-Konstante $\hbar$.

Und hier geschieht etwas Spannendes. Wenn man δ_0 aus der Innensicht betrachtet, in der Sprache der Raumzeit, dann wirkt es wie ein Fremdkörper, wie eine Abweichung, die neue Theorien erzwingt. Genau das haben große Physiker getan.

Milgrom sah δ_0 als Schwelle, unterhalb derer Newtons zweites Gesetz nicht mehr gilt. Sein MOND ist nichts anderes als eine Übersetzung von δ_0 in Raumzeit-Sprache – eine konstante Beschleunigungsskala, die Gravitation plötzlich stärker macht.

Bekenstein baute δ_0 in TeVeS zu Feldern aus, um es mit Relativität kompatibel zu machen. Auch hier war δ_0 das eigentliche Herzstück, nur dass es mit Skalar- und Vektorfeldern verkleidet wurde.

Khoury erfand ein kosmisches Superfluid, in dem δ_0 als kollektive Phononenkraft auftaucht. In Wahrheit ist es wieder die Verzögerung der Projektion, diesmal in ein Quantenmedium verpackt.

Blanchet und Le Tiec deuteten δ_0 als Dipol-Moment dunkler Teilchen, die das Schwerefeld „verstärken". Doch es war erneut dieselbe Wirkung – eine universelle Rückkopplung, missverstanden als exotisches Teilchenmodell.

Verlinde schließlich las δ_0 als entropische Zusatzkraft, gespeist aus der Information des Universums. Sein Bild der Raumzeit als Speicher ist nicht falsch – Raumzeit trägt tatsächlich die Spuren der Projektion –, doch das eigentliche Prinzip liegt tiefer. δ_0 ist nicht Entropie *in* Raumzeit, sondern die Verzögerung, mit der Projektion Raumzeit überhaupt erzeugt.

So wird sichtbar, dass δ_0 die gemeinsame Wurzel ist. Jede dieser großen Theorien hat ein Echo davon gehört – in den Rotationskurven, in der Gravitation, in der Kosmologie. Aber sie haben es unterschiedlich übersetzt. Für Milgrom war es eine Beschleunigungsschwelle, für Verlinde eine Information, für Khoury ein Superfluid. In Projektion-Sprache ist es einfach δ_0: die gravitative Strukturkonstante, das α der Gravitation.

Der Vergleich mit der Feinstrukturkonstante α ist naheliegend. α ist ein dimensionsloses Maß für die Stärke der elektromagnetischen Wechselwirkung, universell und überall gleich. δ_0 spielt dieselbe Rolle für Strukturen in Raumzeit. Es misst, wie stark Projektion Gravitation nachschärft. Es ist die Kopplungskonstante zwischen Struktur und Krümmung. Ein universelles Maß, das nicht von Galaxien abhängt, sondern von der Natur der Realität selbst.

Damit fügt sich δ_0 in die Reihe der großen Konstanten ein. c bestimmt die Geschwindigkeit von Information, $\hbar$ quantisiert den Fluss, α misst die elektromagnetische Kohärenz. Und δ_0? δ_0 ist die gravitative Strukturkonstante, die sagt, wie stark Raumzeit sich beugt, wenn Identität durch Constraints verzögert wird.

Es ist kein Zusatz, kein Trick, keine Abweichung. Es ist ein Fundament der Wirklichkeit.

Es ist spät im Mad Science Labor. Die Kaffeemaschine blubbert ein letztes Mal, draußen überstrahlen die Sterne die Stadtlichter. Wir haben δ_0 als gravitative Strukturkonstante beschrieben, die alle Galaxien eint. Alles scheint zusammenzupassen. Und doch bleibt die Frage im Raum hängen – die ewige Frage, die Feynman wie ein Schatten begleitet:

„Könnt ihr das beweisen?“

Wir sehen ihn fast, wie er die Brille zurechtrückt und mit dieser Mischung aus Neugier und Spott schaut. Denn jede gute Geschichte muss sich am Ende an der Wirklichkeit messen lassen.

Wie also entsteht δ_0 wirklich?

In der Projektionstheorie ist Masse nicht einfach eine gegebene Größe, sondern das Resultat von Latenz. Ein Objekt ist nur so schwer, wie es dauert, seine Identität in Raumzeit einzuschreiben. Je länger die Projektion stockt, desto mehr krümmt sich das Feld. Gravitation ist in diesem Bild nicht nur eine Reaktion auf vorhandene Masse, sondern das Echo der Verzögerung selbst.

Und hier kommt δ_0 ins Spiel. Es ist die universelle Grundverstärkung, die immer dann entsteht, wenn Projektion an Strukturen gebunden ist. Das Bild dazu ist nicht kompliziert. Man kann sich Raumzeit als ein Medium vorstellen, das Identität in Schwebe hält. So wie in einer Suspension winzige Feststoffteilchen vom Fluid getragen werden, so wird auch Projektion nicht augenblicklich realisiert, sondern durch Constraints verzögert. Es gibt eine Wechselwirkung zwischen projizierter Identität und Raumzeit, die sich als Latenzverzögerung bemerkbar macht, die Raumzeitkrümmung modifiziert und so die beobachtete Gravitation verändert.

δ_0 misst genau dieses Prinzip – wie stark die Raumzeit eine Projektion in Schwebe hält, bevor sie sich vollständig stabilisiert. Jede Masse ist eine Art suspendiertes Identitätsfragment, festgehalten durch die Rückkopplung von Kohärenz und Entropie.

In der Innensicht erscheint dieses Verhalten so, als ob zusätzliche Kräfte am Werk wären. Bei Galaxien wie MOND, in Verlindes Theorie wie Entropie, im Mikrokosmos wie ein Massenzuwachs. Doch das ist nur die Sprache der Raumzeit. In der Projektion ist es einfach δ_0 – die universelle Konstante der Identitätssuspension in Raumzeit.

„Also so etwas wie eine Ideensuppe?"

Ja, das ist zwar eine etwas gewöhnungsbedürftige Formulierung für Realität, aber irgendwie nicht völlig falsch.

In der Raumzeit-Physik sieht das dann so aus, als ob Newtons Gesetz plötzlich gebrochen wird oder als ob neue Kräfte aus der Entropie entstehen. Aber das ist nur die Innensicht. In Projektion-Sprache ist δ_0 nichts anderes als die Antwort des Mediums – die Trägheit der Raumzeit, wenn Identität hineinprojiziert wird.

Und genau deshalb sehen wir immer wieder dieselben Muster. In Galaxienrotationen erscheint δ_0 als konstante Beschleunigungsschwelle, die MOND hervorgerufen hat. In Verlindes Modell wirkt δ_0 wie ein Entropiegradient der Raumzeit – weil das Zögern wie gespeicherte Information aussieht. In Teilchenmassen erscheint δ_0 als Überschuss, der nicht aus κ_0 allein erklärbar ist – Elektronen oder Protonen sind schwerer, wenn ihre Projektion länger dauert.

Feynman hätte das vielleicht mit einem Grinsen quittiert: *„So, ihr werft die dunkle Materie über Bord und hängt die Gravitation an die dunkle Seite des Lichts? Eine einzige Konstante? Das klingt verrückt – aber wenn's die Kurven erklärt, dann ist es verdammt interessant."*

So weit, so gut. Unsere Fits mit SPARC, unsere Deutung von Kohärenz und Entropie, die Einführung von δ_0 als gravitativer Strukturkonstante – alles ergibt ein konsistentes Bild. Doch die Physik wäre keine Physik, wenn sie nicht sofort nach den Ausnahmen fragte.

„Und was ist mit den Clustern?" – so ruft es von der anderen Seite des Labors.

Tatsächlich: Galaxienhaufen sind der Prüfstein jeder Theorie. Im berühmten Bullet Cluster sehen wir, wie zwei Haufen kollidieren. Das heiße Gas, sichtbar im Röntgenlicht, bleibt zurück, während die Gravitationslinsenkarten zeigen, dass die Hauptmasse weitergezogen ist – dort, wo die Galaxien sind, nicht das Gas. In der klassischen Lesart ist das der Triumph dunkler Materie.

Aber aus Projektion-Sicht ergibt sich ein anderes Bild. Gravitation folgt nicht dem heißen Gas, weil Gas nur schwache Kohärenz trägt. Gas ist turbulent, entropisch, schnell zerreißbar. Die Projektion „hängt" dagegen an den stabileren Strukturen – den Galaxienkernen selbst. Constraints verankern sich dort, wo Identität kohärent ist. Und deshalb folgt auch die Linsenkarte den Galaxien, nicht dem Gas. Der Bullet Cluster ist dann nicht das Todesurteil alternativer Ideen, sondern die Bestätigung: Gravitation heftet sich an Struktur, nicht an Masse allein.

„Und was ist mit den größten Skalen? Dafür braucht man unbedingt dunkle Materie." tönt es aus dem Nichts.

Hmmm ...

Die kosmische Hintergrundstrahlung – das feine Muster der Temperaturfluktuationen am Himmel – gilt seit Jahrzehnten als der schärfste Beweis für unsichtbare Materie. Ihre Akustikwellen, so erzählt das ΛCDM-Modell, können nur dann das heutige Muster erzeugen, wenn rund 25 Prozent Dunkle Materie im frühen Universum mitschwingen.

Doch auch hier lässt sich die Spur anders lesen. In der Projektion war das frühe Universum eine Phase minimaler Kohärenz, maximaler Entropie. δ_0 wirkte als Verzögerung der Latenz, denn das ist das, was δ_0 macht. Winzige Unterschiede in der Projektionslatenz hinterließen ihr Muster im Plasma – nicht Teilchen, sondern Projektion selbst. In Raumzeit-Sprache erscheint das als „fehlende Dichte". In Projektion-Sprache ist es das Echo der Strukturkonstante δ_0, eingraviert in das erste Licht – die dunkle Seite des Lichts.

Dasselbe gilt für die großräumige Verteilung der Galaxien, das kosmische Netz aus Filamenten und Voids. Klassisch ziehen unsichtbare Halos die Galaxien an, leere Voids stoßen sie ab. Projektionistisch sind Filamente Regionen hoher Kohärenz, wo Constraints sich effizient stabilisieren. Voids sind Regionen, in denen Projektion in Entropie versickert. Was wie unsichtbare Dichte wirkt, ist in Wahrheit ein Netzwerk von Kohärenz und Entropie, moduliert durch δ_0.

Natürlich bleiben Grenzen. Wir können nicht jede Beobachtung sofort in Projektion übersetzen. Manche Details – die exakten Höhen der CMB-Peaks, die Dynamik von Galaxienhaufen, die Statistik der Filamente – sind noch unverbunden. Aber entscheidend ist, dass es ein konsistentes Erklärungsmuster gibt. Wo klassische Physik nach Teilchen sucht, zeigt Projektion, dass Struktur selbst trägt.

Das ist keine endgültige Lösung, sondern ein Horizont. Aber ein Horizont, der das Dunkel neu beleuchtet.

12.6 Die Form der Dunkelheit

Wir begannen mit einem Photon. Ein einziges Quantum elektromagnetischer Kohärenz, das uns, seit Planck und Einstein, den Maßstab für das setzt, was überhaupt in die Welt projiziert werden kann: Energie, Impuls, Spin, Phasenbeziehungen. Aus diesem schlichten Baustein hat die Physik eine gewaltige Architektur errichtet – Maxwell, QED, Standardmodell –, doch irgendwo blieb ein Riss. Das ist das Raumzeit-Dilemma der klassischen Physik. Sind Raum und Zeit nur Bühne, auf der Felder spielen? Oder sind sie selbst ein Teil des Stücks – mitspielende Akteure, die auf das reagieren, was sie tragen?

Wir haben dafür eine Antwort vorgeschlagen: Realität ist Projektion. Identitäten werden gemeinsam mit Raumzeit realisiert – nicht augenblicklich, sondern mit endlicher Latenz, gebunden durch Constraints. Das Verhältnis von Kohärenz und Entropie regelt, wie gut diese Einschreibung gelingt, und spiegelt die raumzeitliche Wirkung der Constraintsgraphen. Und δ_0, die gravitative Strukturkonstante, misst die universelle

Rückkopplung, mit der die Raumzeit auf diese Realisierung reagiert. So entsteht Gravitation – nicht gegen Newton und Einstein, sondern als ihr tieferer Grund.

Ω, die „topologische Bibliothek der Identitätsstrukturen" gibt einen Katalog zulässiger Muster vor, in denen Kohärenz stabil werden kann. Symmetrien sind die Signaturen dieser Bibliothek, Eichgruppen ihre Registerkarten. Das Standardmodell ist dann kein zufälliger Zoo von Teilchen, sondern die niedrigste Komplexitätsklasse stabiler Projektionen, die einfachsten, robustesten Identitäten, die in der Wechselwirkung mit Raumzeit ihre Latenz überdauern und unser Universum aufbauen. QED ist die sparsamste Grammatik dieser Bibliothek – eine U(1)-Ordnung, die Kohärenz über gewaltige Distanzen tragen kann. Verschränkungen sind in diesem Bild keine „spukhafte Fernwirkung", sondern gemeinsame Einträge derselben Projektionskonfiguration. Zwei Orte, eine Constraint-Struktur. Es gibt nichts, was „reist". Es gibt nur eine geteilte Identität, die sich gleichzeitig ausliest.

Im Großen erscheint dasselbe Prinzip als Geometrie. Einsteins Feldgleichungen sind die makroskopische Bilanz dieser Bibliothek. Energie-Impuls ist nichts anderes als die gebundene Latenz der Projektion, Krümmung ist die Antwort der Raumzeit.

δ_0 fügt dem die universelle Feinstruktur hinzu – die zusätzliche Krümmung, die entsteht, wenn Strukturen ihr Netz durch Raumzeit spinnen. Schwarze Löcher sind die Grenzfälle maximaler Kohärenz, Orte, an denen die Projektion auf Volllast läuft und Latenzen maximiert sind. Der Ereignishorizont ist nicht das Ende der Information, sondern die dichteste Packung der Constraints, eine Grenze, an der die Projektion vollständig in Geometrie aufgeht. Information verschwindet nicht, sie wird in der Grenzstruktur codiert, in der feinsten Schrift, zu der das Universum fähig ist, der Planck-Skala.

Eine Messung ist eine Neuindizierung der Identität. Aus einer überlagerten Projektionsmöglichkeit wird eine konkrete, weil neue Constraints das Verhältnis von Kohärenz und Entropie verschieben. Dekohärenz ist der entropische Preis dieser Entscheidung. Die Doppelspalt-Parabel erzählt das seit hundert Jahren und wir fügen nur hinzu, warum der Preis universell ist – weil δ_0 ihn festlegt.

Trinken wir einen letzten Kaffee zusammen und werfen dabei einen Blick auf die kosmischen Skalen. Die dunkle Materie – seit Rubin die hartnäckigste Begleiterin jeder Rotationskurve – ist in diesem Rahmen keine Substanz, sondern eine Konsequenz. Strukturen werden in Raumzeit mit endlicher Latenz stabilisiert und δ_0 gibt der Krümmung den Feinschliff. Deshalb sehen wir mehr Gravitation, als die sichtbare Masse erwarten lässt. Deshalb funktionieren MOND-Kurven, denn sie ertasten δ_0 aus dem Inneren der Höhle, aus der raumzeitlichen Innenansicht. Deshalb klingen Verlindes entropische Beiträge plausibel, da sie in der Raumzeit denselben Abdruck erkennen, den Projektion hinterlässt. Und deshalb gelingt es uns, die Vielfalt der SPARC-Galaxien mit einer einfachen Regel zu fassen: $\delta(r)$ wächst mit Kohärenz, fällt mit Entropie, skaliert mit δ_0.

„Und was ist mit der dunklen Energie?"

Die gehört ins Museum, wo wir sie ja auch schon gesehen haben. In unserem Bild ist sie die gleichmäßigste aller Projektionen. Sie ist die Spannung des Raumzeit-Mediums, wenn keine lokalen Strukturen ziehen. Dort, wo nichts kohärent bindet, dehnt sich die Raumzeit aus. Es gibt hier nichts, was „drückt", nur nichts, das bremst. Der beschleunigte Kosmos ist dann keine exotische Kraft, sondern die Ruheform der Projektion auf größten Skalen.

Auch die großen Prüfsteine lassen sich neu lesen. Im Bullet Cluster folgt die Linsenspur nicht dem heißesten Gas, sondern den stabilsten Constraints. Galaxienkerne tragen Kohärenz, Gas trägt Entropie. Auf der Himmelskugel zeichnet der CMB keine Teilchen-Dichten, sondern Latenzfluktuationen, die erste Kartographie dessen, wie gut sich Identität im jungen Universum realisierte. Das kosmische Netz aus Filamenten ist das Skelett der Bibliothek – Regionen hoher Kohärenz, verbunden durch die Wege minimaler Latenz. Voids sind dort, wo Projektion versickert: Räume, in denen Ordnung keinen Halt findet.

Man kann diese Sicht „die Struktur der Realität" nennen. Wir nehmen die Leinwand der Raumzeit nicht länger als gegeben, sondern erklären sie aus dem Bild.

Raumzeit und Identität entstehen zusammen.

Gravitation ist die Antwort ihrer Kopplung.

δ_0 ist die Zahl, die die Struktur der Realität skaliert.

„Wir haben der Physik eine neue Ontologie gegeben – woher wissen wir, ob sie stimmt?"

Wir wissen es nicht. Physik bleibt ein Gespräch mit der Welt, und die Welt redet über Daten, und ihre Sprache ist die Mathematik. Aber was wir gewonnen haben, ist eine Theorie, die Paradoxien auflöst und die Physik defragmentiert: vom Photon zur QED, vom Standardmodell zur Geometrie, von den Verschränkungen zur Krümmung, von Galaxien zu Filamenten. Ein Bild, in dem das Dunkle kein Defizit ist, sondern Gestalt – die Form, die Licht annimmt, wenn es zur Welt wird.

Wir begannen mit einem Photon. Wir enden mit seiner dunklen Seite. Licht trägt Kohärenz, Dunkel trägt Struktur. Zusammen schreiben sie Realität. δ_0 gibt dem Zusammenspiel Maß – das α der Gravitation. Wenn man das einmal gesehen hat, wirkt der Kosmos wie eine einzige, erstaunlich ökonomische Projektion.

Wir sind nicht nur Zeugen dieser Projektion.

Wir sind Teilnehmer.

„Das ist jetzt!"

Das ist der Anfang.

V. Anhänge

Anhang A: Cartan, Dirac und Feynman im Gespräch über Projektion

Strukturelle Spannung und emergente Geometrie

Die Beleuchtung in der Jazzbar war etwas gedämpft. Der Rauch, der gar nicht da war, hing wie eine Wolke in der Luft. Die Luft zitterte leise im Rhythmus der Becken und eines Akkords aus sieben flachen und elf scharfen Tönen, der aus dem Klavier in der Ecke erklang. Der Raum war leer, bis auf drei Gestalten.

Dirac saß aufrecht, sein Glas unberührt, den Blick irgendwo unterhalb des Horizonts fixiert. Cartan rührte seinen Espresso mit einem kleinen geometrischen Löffel, und Feynman lehnte sich in seinem Stuhl zurück, die Krawatte gelockert, und grinste wie eine Katze, die die Matrix gesehen hatte und trotzdem Poker bevorzugte.

„*Also*“, sagte Cartan, „*wir sollen diesen Begriff bewerten. Projektionsbasierte Emergenz. Constraints als Generatoren. Geometrie als Widerstand.*“

„*Ja*“, sagte Feynman, „*und dieser Dlabal behauptet, man brauche keinen Stress-Energie-Tensor, wenn die Welt richtig zurückdrückt.*“

Dirac sah nicht auf. „*Zeig mir die Krümmung.*“

„*Einverstanden*“, antwortete Cartan. „*Fangen wir an.*“

Er legte ein kleines Notizbuch auf den Tisch.

„*Jede Identität*“, sagte er, „*ist in einem Element $\sigma \in \Omega$ codiert. Eine Projektion $\Pi(\sigma) \in \mathcal{F}(M)$ bildet diese Struktur in die Raumzeit ab. Die Constraints $C_x \subset \Omega$ bestimmen, was an jedem Punkt $x \in M$ zulässig ist.*“ Feynman nahm den Zuckerstreuer in die Hand. „*Bis jetzt haben Sie gesagt, dass die Realität das ist, was die Regeln zulassen.*“

„*Genauer gesagt*“, fuhr Cartan fort, „*ist die Realität dort, wo die Struktur einer Verformung widersteht.*“

Dirac bewegte sich endlich. Er blätterte in einem kleinen Notizbuch, das er aus dem Nichts hervorgeholt hatte.

„*Definiere den Widerstand.*“ Cartan nickte. „*Der Projektionsimpedanz-Tensor.*“

$$Z_{\mu\nu}(x) := \sum_{\sigma\in\Omega_x} \frac{\partial^2}{\partial x^\mu \partial x^\nu}\Pi(\sigma)$$

„*Dieser Tensor quantifiziert, wie stark die Projektion bei Verschiebungen zweiter Ordnung versagt. Er ist symmetrisch. Bilinear. Interpretierbar als Metrik.*“ Dirac hob eine Augenbraue. „*Lorentzianisch?*“

„*Emergent*“, antwortete Cartan. „*Die Signatur entsteht durch Asymmetrie in der Projektionsunterstützung. Zeitliche Richtungen widerstehen weniger.*“

Feynman lachte. „*Du meinst, weil Zeit in diesem System ein Cheat-Code ist.*“

Niemand widersprach.

Cartan fuhr fort: „*Daraus folgt die Levi-Civita-Verbindung. Ebenso wie die Riemannsche Krümmung. Die Geometrie der Raumzeit entsteht vollständig aus dem Widerstand zweiter Ordnung gegen die Projektion.*“

„*Und die Quelle dieser Krümmung?*“, fragte Dirac.

Cartan schrieb erneut.

$$T^{(\Pi)}_{\mu\nu}(x) := \sum_{\sigma\in\Omega_x} (\partial_\mu \Pi(\sigma) \cdot \partial_\nu \Pi(\sigma))$$

„*Das ist der Projektionsdehnungstensor. Er quantifiziert, wie viele Identitäten in welchen Richtungen und wie stark instanziiert sind. Er ist symmetrisch und lokal, aber nicht dynamisch.*“

„*Er spielt also die Rolle von Stress-Energie*“, sagte Feynman, „*aber er benötigt keine Materie.*“

„*Richtig*“, sagte Cartan. „*Das ist eine materielose Struktur, die Krümmung erzeugt.*“

Dirac nickte einmal. „*Dann lautet Deine Feldgleichung …*“

Cartan schob das Notizbuch über den Tisch.

$$R_{\mu\nu} - \frac{1}{2}g_{\mu\nu}R = G \cdot T^{(\Pi)}_{\mu\nu}$$

„*Wobei ‚G‘ als die Elastizität der Projektionsschnittstelle definiert ist. Das Verhältnis zwischen dem Ausmaß, in dem sich die Struktur verbiegt, und dem Ausmaß, in dem die Struktur darauf besteht, realisiert zu werden.*“

Sie saßen schweigend da. Die Band wechselte zu einem schwebenden Akkord.

Feynman drehte sein Glas.

„*Okay. Nehmen wir an, ich akzeptiere das. Dann ist Deine Metrik emergent. Deine Feldgleichung ergibt sich aus der Projektionssättigung. Aber was ist die Einheit der Dehnung? Woran erkennst du, wie viel Projektion Du durchführst?*“

Cartan deutete auf Dirac. „*Das ist, glaube ich, sein Fachgebiet.*“

Dirac ergriff endlich das Wort.

„*Ich möchte sehen, ob diese Schwellenwirkung minimal ist. Nicht definiert. Abgeleitet.*“

Lokale Admittanz und strukturelle Impedanz

Feynman klopfte mit einem Finger einen Rhythmus auf die Tischplatte. *„Wir haben also Raumzeit. Sozusagen. Sie ist gekrümmt, drückt zurück und entstand aus Projektionsdehnung. Aber wie reagiert sie auf Felder?"*

Dirac antwortete, ohne aufzublicken. *„Du brauchst einen Impedanztensor."*

Cartan nickte. *„Den haben wir schon."*

Er blätterte eine Seite in seinem Notizbuch um und zeichnete ein kleines Quadrat mit zwei sich kreuzenden Gradienten.

„Der Projektionsimpedanztensor $Z_{\mu\nu}(x)$ zerlegt sich. Seine Spur erfasst den Gesamtprojektionswiderstand. Aber innerhalb dessen unterscheiden wir zwischen zwei Arten der Constraints-Einbettung."

$$Z_{\mu\nu} = Z_{\mu\nu}^{(E)} + Z_{\mu\nu}^{(B)}$$

„Der elektrische Teil, $Z_{\mu\nu}^{(E)}$, spiegelt lokale Richtungsverformungen wider – Projektionen entlang der Gradienten der Constraints. Der magnetische Teil, $Z_{\mu\nu}^{(B)}$, spiegelt rotatorische Einbettungen wider – Projektionen entlang topologischer Schleifen im Constraintsraum."

Feynman runzelte die Stirn. *„Moment mal. Du sagst also, dass Elektrizität ein linearer Widerstand gegen die Realität ist und Magnetismus eine Verdrehung?"*

„Genau."

„Das ist niedlich."

„Das ist Topologie." Cartan nippte an seinem Espresso.

„Weiter", sagte Dirac.

Cartan zeigte darauf.

$$\varepsilon_0 := Tr(Z^{(E)})$$
$$\mu_0 := Tr(Z^{(B)})$$

„Das sind die skalaren Projektionsadmittanzen: wie leicht die Struktur die Feldrealisierung entlang dieser beiden Moden unterstützt. Das sind keine Eigenschaften des Vakuums – das sind Eigenschaften der Projektion."

„Das Vakuum ist also nicht leer", sagte Feynman. *„Es ist starr."*

Dirac hob eine Augenbraue, was bei ihm Lachen bedeutete.

Cartan fuhr fort.

„Die Geschwindigkeit, mit der sich die Kohärenz durch diese impedanzbegrenzte Mannigfaltigkeit ausbreitet, ist nicht willkürlich. Sie wird durch das Gleichgewicht zwischen diesen beiden Admittanzen definiert."

$$c = \frac{1}{\sqrt{\varepsilon_0 \mu_0}}$$

Dirac nickte.

„Das definiert die kausale Struktur."

Cartan stimmte zu. *„Mehr noch – sie definiert die maximale Kohärenz. Nichts kann sich schneller ausbreiten. Nicht aufgrund der Dynamik, sondern weil die Struktur eine Ausbreitung über diese Geschwindigkeit hinaus nicht zulässt."*

„Die Lichtgeschwindigkeit ist also eine Obergrenze der Zusammenarbeit", sagte Feynman, *„keine Geschwindigkeitsbegrenzung."*

„Genau."

„Gut", sagte Dirac. *„Jetzt haben wir die Steifigkeit. Wir haben eine maximale Rate. Was uns noch fehlt, ist ein Minimum."*

Cartan lächelte schwach. *„Hier kommt die Granularität ins Spiel."*

Granularität der Projektion

Dirac legte seinen Bleistift beiseite. *„Du hast Steifigkeit gezeigt. Du hast Geschwindigkeit gezeigt. Aber was ist mit Diskretheit?"*

Feynman beugte sich vor. *„Ja. Diese ganze Struktur ist sehr glatt. Wann bricht sie?"*

Cartan griff erneut nach dem Notizbuch.

„Sei $\sigma \in \Omega$ eine projezierbare Identität. Jede Realisierung von σ erfordert eine Latenzzeit: ein minimales Zeitintervall zwischen kohärenten Erscheinungen. Bezeichnen wir dies mit $\tau(\sigma)$."

Dirac nickte.

„Eine notwendige Verzögerung zwischen Projektionen. Keine Ausbreitung. Struktur."

„Genau", sagte Cartan. *„Es ist die Zeit, die die Welt braucht, um zu werden."*

Er fuhr fort.

„Nun erfordert Kohärenz auch Unterstützung. Die Projektion darf nicht fragmentieren. Dies erfordert, dass die umgebende Constraintgeometrie einer Verformung widersteht. Bezeichnen wir diesen Widerstand zweiter Ordnung mit $\kappa(\sigma)$."

Feynman unterbrach ihn. *„Lass mich raten. Das ist Deine Krümmung."*

„Es ist die Geschwindigkeit, mit der die Zulässigkeit zusammenbricht. Nicht die des Feldes – sondern die der Existenzfähigkeit."

Er schrieb:

$$\mathcal{S}(\sigma) := \tau(\sigma) \cdot \kappa(\sigma)$$

„Das ist die Projektionswirkung. Sie quantifiziert die minimale Persistenz, die erforderlich ist, damit eine Struktur in M kohärent realisiert werden kann."

Dirac betrachtete die Gleichung. *„Ist sie begrenzt?"*

„Ja", sagte Cartan. *„Wir behaupten, dass für jede stabile Projektion*

$$\mathcal{S}(\sigma) \geq \hbar$$

So entsteht die Plancksche Konstante aus dem minimalen Produkt aus Latenz und Krümmung, die erforderlich sind, damit die Existenz kohärent bleibt. Nicht aus der Quantenmechanik."

Feynman lehnte sich zurück.

„*Also ist ħ der Preis dafür, dass etwas erscheint.*"

„*Ja.*"

„*Beobachten wir das?*"

„*Ja*", sagte Cartan. „*Interferenz versagt, wenn die Projektion zu schnell oder zu schwach ist. Photonen, die um Femtosekunden verzögert oder um Terahertz verstimmt sind, hören auf, sich zu verschränken. Die Wirkung fällt unter den Schwellenwert. Die Identität versagt.*"

Dirac fragte leise: „*Wie ist κ(σ) definiert?*"

Cartan blätterte um und zeigte:

$$\kappa(\sigma) := \sup_{x \in M} |\nabla_x^2 A(\sigma, x)|$$

„*Wobei* A(σ, x) die *Zulässigkeitsfunktion ist: 1, wenn bei x projizierbar, sonst weniger als 1. Die Krümmung ist die Hesse-Matrix. Sie misst, wie stark die Zulässigkeit abfällt.*"

Dirac blinzelte einmal. „*Gut.*"

„*Und wir verwenden ħ nicht, um κ abzuleiten*", fügte Cartan hinzu. „*Wir verwenden beobachtete Frequenzschwellenwerte. Eine Verstimmung von 10 THz bricht die Kohärenz. Das definiert die Krümmung.*"

„*Dann multipliziert man mit der Latenz*", sagte Feynman. „*Und erhält ħ.*"

„*Nein*", korrigierte Cartan. „*Man erhält eine Untergrenze über ħ. Wir leiten nicht den genauen Wert ab – wir erklären seine Notwendigkeit.*"

„*Noch besser*", sagte Feynman. „*Es ist eine Untergrenze, keine Passgenauigkeit.*"

Sie machten eine Pause.

Der Pianist in der Ecke wechselte in den 5/4-Takt. Der Abstand zwischen den Noten fühlte sich sehr präzise an.

Topologische Defektquantisierung

„*Also*", sagte Feynman, „*wir haben einen Raum, der zurückdrängt, eine Geschwindigkeitsbegrenzung für die Kohärenz und minimale Existenzbedingungen. Aber woher kommt die Ladung? Du hast noch nichts über Teilchen gesagt.*"

Cartan zuckte nicht mit der Wimper. „*Weil Ladung keine Eigenschaft von Teilchen ist. Sie ist ein topologisches Hindernis.*"

Dirac sah auf. Das hatte seine Aufmerksamkeit geweckt.

Cartan begann, eine Schleife auf das Blatt zu zeichnen.

„Jetzt betrachte mal das eingeschränkte Faserbündel $C \longrightarrow M$, dessen Fasern die zulässigen Projektionsklassen $C_x \subset \Omega$ sind. Stell Dir nun eine Projektion vor, die eine geschlossene Schleife $\gamma \subset M$ nachzeichnet. Die Signatur $\sigma \in \Omega$ wird um diese Schleife herumgetragen. Wenn die Constraintsklasse eine nicht triviale Holonomie aufweist, wird die Zulässigkeitsstruktur verdreht, wenn sie zurückkehrt.“

Er zeigte darauf.

„Diese Verdrehung codiert die Phase.“

„Du sprichst von einer U(1)-Verbindung“, sagte Dirac. *„Gut.“*

„Ja“, sagte Cartan. *„Aber die Verbindung ist nicht auferlegt – sie ergibt sich aus der Projektionskompatibilität. Die Holonomie ist kein Eichfeld – sie ist eine Eigenschaft, bei der Identitäten lokal koexistieren können.“*

Er schrieb:

$$e(\sigma) := \frac{1}{2\pi} \oint_{\gamma} cA(\sigma)$$

„Wobei „A“ die strukturelle Phasenverbindung über das Constraint-Bündel ist. Das Integral zählt die Verwindung in der Projektionskompatibilität. Ist dieser Wert ungleich Null, trägt „σ“ quantisierte topologische Spannung.“

Feynman nickte.

„Und der kleinste Wert ungleich Null ergibt ...“

$$e = \min_{\sigma \notin \Omega_0} |e(\sigma)|$$

„Genau“, sagte Cartan. *„Die Elementarladung ist die minimale topologische Holonomie, die erforderlich ist, um eine phasenunsymmetrische Projektion aufrechtzuerhalten.“*

Dirac fragte: *„Und was bricht die Symmetrie?“*

„Constraintfragmentierung“, sagte Cartan. *„Wenn die Zulässigkeit um eine Schleife herum diskontinuierlich ist, ist eine globale Phasenverschiebung erforderlich, um die Kompatibilität aufrechtzuerhalten. Diese Verschiebung wird physikalisch.“*

Feynman rieb sich das Kinn.

„Die Ladung befindet sich also nicht auf dem Teilchen – sie ist der Preis für die Projektion in einen verdrehten Raum.“

Cartan lächelte.

„Richtig. Es ist die Krümmung der Möglichkeit.“

„Und das führt direkt zu ...“

„Zur Feinstrukturkonstante“, sagte Dirac.

Effizienzverhältnis der Einschränkungen

„*Also*“, sagte Feynman, „*wir haben Ladung. Sie entstand durch Verdrehung. Sie ist stabil. Sie ist quantisiert. Nun kommt die Frage: Warum interagiert sie so, wie sie es tut?*“

„*Du fragst*“, sagte Cartan, „*warum diese Verdrehung so stark widersteht.*“

„*Genau.*“ Feynman beugte sich vor. „*Ein Teil von 137. Warum nicht 12? Oder 1? Oder 700? Warum diese Zahl?*“

Dirac hatte die Antwort bereits geschrieben:

$$\alpha = \frac{e^2}{4\pi\varepsilon_0\hbar c}$$

Er sagte nichts.

Cartan nahm es auf.

„*Das ist keine Formel aus der Feldtheorie. Es ist ein strukturelles Verhältnis. Jeder Term ergibt sich bereits aus der Projektion: e aus der Holonomie, ε_0 aus der linearen Projektionsadmittanz, $\hbar$ aus der minimalen Wirkung, c aus dem Impedanzgleichgewicht.*“

„*Aber es ist immer noch nur eine Zahl*“, sagte Feynman. „*Woher wissen wir, dass sie etwas bedeutet?*“

„*Weil sie sich nicht ändert*“, antwortete Cartan. „*Und weil sie immer dann auftritt, wenn eine phasenunsymmetrische Projektion gegen einen Widerstand bestehen muss. α ist das universelle Effizienzverhältnis für die Realisierung asymmetrischer Beschränkungen.*“

Dirac sah auf.

„*Formal?*“

Cartan schrieb:

$$\alpha \sim \frac{\Delta C^2}{\mathcal{E} \cdot \tau \cdot c}$$

„*Wobei ΔC die minimale Diskontinuität der Beschränkungsklasse ist, die erforderlich ist, um Ladung zu unterstützen, $\mathcal{E} = \varepsilon_0$ die elektrische Projektionsadmittanz ist, τ die Projektionslatenz ist und c die maximale Kohärenzrate ist.*“

Feynman pfiff.

„*Also sagt α dir, wie schwer es ist, eine Verdrehung in einer starren, endlichen, körnigen Welt kohärent zu halten.*“

„*Genau*“, sagte Cartan. „*Wäre es größer, wären phasenunsymmetrische Projektionen einfach. Wäre es kleiner, würde die Ladung die Projektionsschwelle nicht überstehen.*“

„*Warum ist es dann so, wie es ist?*“, fragte Feynman. „*Warum 1/137?*“

Dirac antwortete leise.

„Weil es das kleinste Verhältnis ist, bei dem eine verdrehte Projektion kohärent bleibt."

Cartan nickte.

„Man berechnet α nicht aus einer Theorie heraus. Man berechnet es aus den Bedingungen, die eine Theorie überhaupt erst ermöglichen."

Es wurde still im Raum.

Draußen flackerte die Leuchtreklame.

Latenz-Masse-Kopplung

Dirac starrte auf die Seite. *„Bisher haben wir Topologie, Krümmung, Kohärenz und Energieskalen. Aber was ist Masse?"*

Cartan hob den Blick. *„Masse ist die Persistenz von Verzögerung."*

Feynman hob eine Augenbraue. *„Wie bitte?"*

„Jede Identitätssignatur $\sigma \in \Omega$ hat eine Projektionslatenz $\tau(\sigma)$. Dies ist die minimale zeitliche Körnung, mit der sie in der Raumzeit kohärent realisiert werden kann. Bei masselosen Strukturen ist die Latenz minimal oder verschwindend. Bei massiven Strukturen hingegen wächst die Verzögerung."

Er blätterte um.

$$m = \kappa_0 \cdot \tau$$

„Hier ist κ_0 der strukturelle Trägheitskoeffizient. Er definiert, wie viel Widerstand sich pro Latenzeinheit ansammelt. Er hat die Einheit [kg/s] und ist universell für alle realisierbaren Identitäten."

Feynman kniff die Augen zusammen. *„Je länger es dauert, bis etwas sichtbar wird, desto schwerer ist man also?"*

„Ja", sagte Cartan. *„Denn Masse ist keine Substanz – sie ist der Widerstand gegen das Werden. Die Projektionsdehnung erstreckt sich über die Zeit, und je größer die Verzögerung, desto mehr Trägheit sammelt sich an."*

Dirac fragte: *„Woher kommt κ_0?"*

„Aus derselben Projektionswiderstandsstruktur, die uns ε_0, μ_0 und κ liefert, nun jedoch umgekehrt interpretiert. Anstatt von Ω nach M abzubilden, betrachten wir den umgekehrten Fluss: Wie widersteht die persistente Struktur in M einem Zurückziehen? Es handelt sich um die adjungierte Impedanz der Projektion."

Feynman dachte einen Moment nach.

„Masse ist also keine statische Eigenschaft. Sie ist ein Nebenprodukt zeitlicher Kohärenz, die sich über strukturellen Widerstand erstreckt."

„Richtig."

Dirac, leise: *„Und damit ist es vollständig."*

Cartan nickte. *„Sieben Konstanten. Keine davon ist definiert – aber alle sind erforderlich. Keine davon ist auferlegt – aber alle sind entstanden. Zusammen bilden sie das Gerüst der Realität."*

Feynman hob sein Glas. *„Auf die Konstanten."*

Dirac hob seinen Stift. *„Auf die Invarianten."*

Cartan lächelte.

„Auf die Struktur."

Die Band modulierte in eine neue Tonart, und der Raum behielt seine Form.

Anhang B: Hawking-Strahlung aus der Projektion

Schritt 1: Beginnen wir mit der Entropie

Wir haben gesehen:

$$S = \frac{A}{4\ell_{\mathrm{P}}^2}$$

Betrachten wir nun eine winzige Verringerung der Oberfläche δA, d. h. das Verschwinden eines oder mehrerer Projektionsschlitze. Dann beträgt die Entropieänderung:

$$\delta S = \frac{1}{4\ell_{\mathrm{P}}^2} \cdot \delta A$$

Schritt 2: Interpretieren der Verdunstung als Energiefluss

Aus dem ersten Hauptsatz der Thermodynamik:

$$\delta E = T \cdot \delta S$$

Nun wollen wir T, die effektive Temperatur dieser Strukturstrahlung, berechnen:

$$T = \frac{\delta E}{\delta S}$$

Was ist „δE"? Das ist eine Abnahme der Energie des Schwarzen Lochs, und für ein Schwarzschild-Schwarzes Loch gilt:

$$E = Mc^2$$

Also:

$$\delta E = c^2 \cdot \delta M$$

Nun verbinden wir den Massenverlust mit dem Flächenverlust.

Schritt 3: Fläche-Masse-Verhältnis für ein Schwarzschild-Schwarzes Loch

Der Schwarzschild-Radius:

$$r_s = \frac{2GM}{c^2}$$

und die Oberfläche:

$$A = 4\pi r_s^2 = 4\pi \left(\frac{2GM}{c^2}\right)^2 = \frac{16\pi G^2 M^2}{c^4}$$

Differenzieren:

$$\delta A = \frac{32\pi G^2 M}{c^4} \cdot \delta M$$

Nun wieder in die Entropieableitung einsetzen:

$$\delta S = \frac{1}{4\ell_P^2} \cdot \frac{32\pi G^2 M}{c^4} \cdot \delta M$$

$$\Rightarrow \delta S = \left(\frac{8\pi G^2 M}{\ell_P^2 c^4}\right) \cdot \delta M$$

Lösen wir nun nach der Temperatur:

$$T = \frac{c^2 \cdot \delta M}{\delta S} = \frac{c^6 \ell_P^2}{8\pi G^2 M}$$

Erinnere dich daran, dass die Planck-Fläche:

$$\ell_P^2 = \frac{\hbar G}{c^3}$$

Setzen wir dies ein:

$$T = \frac{c^6 \cdot \hbar G/c^3}{8\pi G^2 M} = \frac{\hbar c^3}{8\pi GM}$$

Und das ist genau die Hawking-Temperaturformel in natürlichen Einheiten $k_B = 1$.

Was bedeutet das in Bezug auf die Projektion?

Es bedeutet:

- Die Temperatur entsteht aus den Energiekosten der Neukonfiguration von Beschränkungen an der Oberfläche.
- Wenn die Anzahl der projektierbaren Slots abnimmt, muss das System Energie abgeben, um konsistent zu bleiben.
- Diese abgegebene Energie folgt einer Verteilung, die durch die Geometrie des Projektionskollapses bestimmt wird, daher das thermische Spektrum.

Ja, die Hawking-Temperatur entsteht also aus der Projektionstheorie, aber nicht aus Feldern im Hintergrund.

Anhang C: Antimaterie

Im Teilchenzoo stand dem Standardmodell ein großer Spiegel gegenüber. Der steht da mit Absicht, denn für nahezu jedes Teilchen gibt es ein spiegelbildliches Gegenstück. Dieselbe Masse. Umgekehrte Ladung. Gleiche Spinstruktur.

Die klassische Erklärung nennt dies Antimaterie, bleibt dabei aber gerne oberflächlich, denn Antimaterie sei einfach ... *„ähhh, wie Materie, nur anders“*. Diese Beschreibung ist funktional, aber nicht strukturell.

Was also unterscheidet Materie und Antimaterie wirklich?

In der Projektionstheorie ist Identität nicht durch ihre Eigenschaften definiert, sondern durch die Art ihrer Projektion. Und genau hier liegt der Unterschied:

Antimaterie ist eine strukturidentische Projektion mit invertierter Holonomie.

Die Projektion einer stabilen Identität erfordert nicht nur Constraintkohärenz, sondern auch eine orientierte Einbettung in den projektiven Raum. Diese Orientierung, die Holonomie, bestimmt unter anderem die beobachtbare elektrische Ladung. Das haben wir bereits gesehen.

Invers projizierte Strukturen besitzen dieselben Constraints, dieselbe Latenz, dieselbe Masse, aber eine entgegengesetzte topologische Drehrichtung in ihrer projektiven Einbindung. Das ist nicht Spiegelung im Raum, sondern Spiegelung im Strukturraum. Man könnte es sich so vorstellen: Wenn die Projektion Materie realisieren muss (weil die Constraints das so vorgeben), durchläuft sie die Schleife in der Identitätstopologie im Uhrzeigersinn (auch wenn das an einem Ort ohne Raum etwas sinnlos erscheint). Wenn Antimaterie gefragt ist, dann wird die Schleife gegen den Uhrzeigersinn durchlaufen (also anders herum). Latenz und Masse bleiben gleich, Ladung dreht sich aber um.

Materie und Antimaterie sind einzeln stabil, aber nicht gemeinsam. Eine Projektion mit einer bestimmten Holonomie lässt sich nicht mit ihrer Inversen kohärent auf demselben projektiven Trägerraum auflösen, denn sie müsste im gemeinsamen Constraintsraum gleichzeitig links-und rechtsherum auflösen. Die kombinierte Projektion bricht – und erzeugt das strukturell einzig mögliche Ergebnis: eine projektionale Lösung ohne Holonomie, wie z. B. zwei Photonen. Annihilation ist keine Zerstörung. Sie ist das Scheitern der gemeinsamen Realisierbarkeit zweier inkompatibler Projektionen.

Die Projektionstheorie liefert auch eine Erklärung für die beobachtete Asymmetrie im Universum. Das hat sich schon mancher gefragt ...

Unsere Raumzeit ist nicht topologisch neutral. Sie bevorzugt eine Richtung im Holonomiespektrum. Der Grund könnte Fred sein. Wir nennen es strukturelle Selektivität.

Antimaterie kann projiziert werden, aber nur unter speziellen Bedingungen, etwa in Zerfällen, an Rändern oder in Umbruchprozessen. Ihre Projektion ist strukturell weniger wahrscheinlich, nicht physikalisch ausgeschlossen, denn Antimaterie ist keine Materie zweiter Klasse. Sie ist die gleiche Struktur, nur anders projiziert, mit einer Orientierung, die unsere Raumzeit nicht bevorzugt.

Anhang D: Das Projektionsfeld

D.1 Einführung und Annahmen

Dieser Anhang formalisiert das Konzept des Projektionsfeldes $\Pi(x)$, einer skalaren Funktion, die auf der Raumzeit M definiert ist und die Wirksamkeit der Identitätsrealisierung durch Projektion aus einem nicht-raumzeitlichen Identitätsraum Ω codiert. Im Gegensatz zu dynamischen Feldern in der herkömmlichen Quantenfeldtheorie ist $\Pi(x)$ nicht quantisiert, nicht quellgebunden und nicht durch Teilchenaustausch vermittelt. Es entsteht strukturell aus der Abbildung $\mathcal{P}: \Omega \rightarrow M$ und codiert Widerstand, Latenz und Kohärenz der Ausbreitung von Constraints innerhalb von M.

Das Ziel dieser Formulierung ist es, die beobachtbaren Effekte der Projektion – Masse, Krümmung und Dekohärenz – mithilfe mathematischer Konstrukte innerhalb von „M" zu beschreiben, ohne direkten Zugriff auf „Ω" zu benötigen. Der daraus resultierende Rahmen ermöglicht einen Vergleich mit bekannten Feldtheorien und identifiziert experimentell zugängliche Konsequenzen.

Wir gehen von folgenden allgemeinen Bedingungen aus:

D.1.1 Raumzeit-Mannigfaltigkeit

Sei M eine glatte 4-dimensionalen Lorentz-Mannigfaltigkeit mit der Metrik $g_{\mu\nu}(x)$ der Signatur (-,+,+,+). Alle physikalischen Felder sind auf M definiert. Wir bezeichnen die Raumzeitkoordinaten als x^{μ} mit griechischen Indizes μ, $\nu = 0,1,2,3$.

D.1.2 Definition des Projektionsfeldes

Das Projektionsfeld $\Pi(x) \in R^+$ ist eine skalare Funktion, die auf M definiert ist und die lokale Fähigkeit eines Raumzeitpunkts darstellt, eine persistente Identitätsrealisierung aus Ω zu beherbergen. Es erfüllt:

- $\Pi(x) > 0$ für alle regulären $x \in M$,
- $\Pi(x) \in C^2(M)$ außer an strukturellen Grenzen (z. B. Dekohärenzflächen, Horizonte),
- $\Pi(x)$ ist dimensionsbehaftet, mit Einheiten $[\Pi] = T^{-1}$, und kann relativ zu einer Referenzlatenz τ_0 normalisiert werden.

D.1.3 Projektionstensor und Skalarreduktion

Die Abbildung $\mathcal{P}: \Omega \rightarrow M$ projiziert durch Beschränkungen definierte Identitätsstrukturen in lokale Feldrealisierungen. Während die vollständige Projektion eine Tensorstruktur $\mathcal{P}_i^\mu$ beinhaltet, die abstrakte Identitätsindizes i mit Raumzeitrichtungen μ verknüpft, beschränken wir uns hier auf das skalare Projektionsfeld $\Pi(x)$, das unter der Annahme einer lokal homogenen Einbettung die isotrope Latenzinverse darstellt.

In zukünftigen Arbeiten könnte die vollständige Tensorstruktur wieder eingeführt werden, um anisotrope Effekte (z. B. Drehimpuls, Spinausrichtung) zu berücksichtigen.

D.1.4 Keine Quantisierungsannahme

Das Feld $\Pi(x)$ ist nicht mit einem quantisierten Anregungsspektrum verbunden. Es entsteht nicht aus einer Variationsaktion in M, und es ist kein kanonisch konjugierter Impuls $\pi(x)$ definiert. Alle Variationen von in $\Pi(x)$ spiegeln strukturelle Unterschiede in der Kohärenz der Constraints wider, nicht die dynamische Feldentwicklung.

D.1.5 Strukturelle Konstanten

Eine einzige Konstante $\kappa_0 \in R^+$ erscheint in dieser Formulierung und repräsentiert die Masse pro Latenzeinheit in der freien Projektion. Ihre Einheiten sind $[\kappa_0] = \mathrm{kg} \cdot \mathrm{s}^{-1}$. Eine dimensionale Schätzung wird in Abschnitt D.3 gegeben.

D.2 Ontologische Ableitung des Projektionsfeldes

Das Skalarfeld $\Pi(x)$ ist die lokale Manifestation eines grundlegenderen Projektionsprozesses innerhalb der Raumzeit M, der durch eine Abbildung $\mathcal{P}: \Omega \rightarrow M$ definiert ist, wobei Ω ein nicht-raumzeitlicher Identitätsraum ist. Die Abbildung $\mathcal{P}$ wählt aus, welche durch Constraints definierten Identitäten in Ω als Feldkonfigurationen oder Ereignisse in M realisiert werden. In diesem Abschnitt wird formalisiert, wie das Skalarfeld $\Pi(x)$ aus der zugrunde liegenden Projektionsstruktur hervorgeht.

D.2.1 Der Projektionstensor $\mathcal{P}_i^\mu$

Sei Ω ein Identitätsraum, der eine topologische oder algebraische Basis $\{e_i\}$ zulässt, wobei $i \in I$ unabhängige Beschränkungsachsen kennzeichnet. Die Projektionsabbildung $\mathcal{P}$ wird dann lokal durch einen Tensor beschrieben:

$$\mathcal{P}_i^\mu(x) : T(\Omega) \to T(M)$$

Dieser Tensor codiert, wie die Identitätsstruktur in Ω lokal als Raumzeitvektorrichtungen in M am Punkt $x^\mu \in M$ eingebettet ist. Der Projektionstensor $\mathcal{P}_i^\mu(x)$ definiert, wie strukturelle Freiheitsgrade i in Ω lokal entlang der Raumzeitrichtungen μ in M realisiert werden. Während i keine Koordinate im üblichen Sinne darstellt, spielt $\mathcal{P}_i^\mu(x)$ eine analoge Rolle zu einem Jacobi-Tensor und codiert die Rate, mit der die Identitätsrealisierung in die Raumzeitgeometrie abgebildet wird. Die Abbildung kann somit als lokale Jacobi-Matrix zwischen abstrakten Identitätskoordinaten ξ^i und Raumzeitkoordinaten x^μ betrachtet werden:

$$\mathcal{P}_i^\mu(x) = \frac{\partial x^\mu}{\partial \xi^i}$$

D.2.2 Skalarprojektionsfeld aus der Tensornorm

Wir definieren die Skalarprojektionseffizienz $\Pi(x)$ als die Norm (oder die Spur-kontrahierte Quadratwurzel) des Projektionstensors:

$$\Pi(x) := \left(\mathcal{P}_i^\mu(x)\, g_{\mu\nu}(x)\, \mathcal{P}_j^\nu(x)\, \delta^{ij}\right)^{1/2}$$

Dieser Skalar repräsentiert die gesamte Projektionsstärke aller Identitätsachsen in lokale Raumzeitrichtungen. Er kann als effektive Projektionsrate (Umkehrung der Latenz) unter einer isotropen Einbettungsbeschränkung interpretiert werden.

Alternative Formulierungen können $\Pi(x)$ über den Determinantenwert oder das Singulärwertspektrum von $\mathcal{P}_i^\mu$ definieren, je nachdem, ob Isotropie oder Anisotropie vorliegt.

D.2.3 Interpretation als Latenzinverse

Da $\Pi(x)$ eine höhere Projektionsrate, eine effektivere Einbettung impliziert, definieren wir die lokale Projektionslatenz als:

$$\tau(x) := \frac{1}{\Pi(x)}$$

Dies entspricht dem minimalen Zeitintervall, das erforderlich ist, damit sich eine stabile Identität bei x manifestiert. Diese Latenz liegt der Entstehung von effektiver Masse und Trägheitswiderstand in Abschnitt D.3 zugrunde.

D.2.4 Anmerkungen zur Eich- und Koordinateninvarianz

Die Konstruktion von $\Pi(x)$ durch Kontraktion mit $g_{\mu\nu}$ und δ^{ij} stellt sicher, dass es

- ein Koordinatenskalar unter Raumzeit-Diffeomorphismen ist,
- invariant unter orthogonalen Transformationen der Beschränkungsbasis $\{e_i\}$,
- unabhängig von lokalen Eichsymmetrien in M.

Dies gewährleistet, dass die aus $\Pi(x)$ abgeleiteten physikalischen Observablen, einschließlich Masse und Krümmung, rahmenunabhängig und mit der allgemeinen Kovarianz kompatibel sind.

D.3 Projektionslatenz und effektive Masse

In der Projektionstheorie ist Masse nicht fundamental, sondern eine emergente Größe, die durch die lokale Latenz der Projektion von Ω in die Raumzeit M bestimmt wird. Diese Latenz entsteht durch strukturellen Widerstand in der Abbildung $\mathcal{P}$ und wird durch das Skalarfeld $\Pi(x)$ erfasst, wie in Abschnitt D.2 definiert.

D.3.1 Latenz-Masse-Beziehung

Sei $\tau(x) := 1/\Pi(x)$ die lokale Projektionslatenz. Dann ist die effektive Ruhemasse $m(x)$ einer Feldrealisierung am Punkt $x \in M$ gegeben durch:

$$m(x) = \kappa_0 \cdot \tau(x) = \frac{\kappa_0}{\Pi(x)}$$

wobei $\kappa_0 \in R^+$ eine universelle Konstante ist, die die Masse mit der Projektionslatenz in Beziehung setzt. Diese Gleichung definiert Masse als strukturelle Eigenschaft: Je länger es dauert, eine durch eine Beschränkung definierte Identität an einem Punkt zu realisieren, desto mehr Trägheit weist die resultierende Entität auf.

D.3.2 Dimensionskonsistenz und Schätzung für κ_0

Die strukturelle Beziehung $m(x) = \kappa_0 \cdot \tau(x)$ definiert κ_0 als Proportionalitätskonstante zwischen Projektionslatenz und effektiver Ruhemasse. Ihre Einheiten müssen sein:

$$[\kappa_0] = \frac{[m]}{[\tau]} = \mathrm{kg} \cdot \mathrm{s}^{-1}$$

Um κ_0 zu schätzen, konstruieren wir es direkt aus physikalischen Konstanten, indem wir Konsistenz mit der beobachteten Elektronenmasse m_e und bekannten Quantenskalen fordern. Da die Projektionslatenz die zeitliche Struktur hinter der Masse widerspiegelt, postulieren wir:

$$\kappa_0 := \frac{m_e^2 c^2}{\hbar}$$

Dies gewährleistet:

$$\tau_e := \frac{m_e}{\kappa_0} = \frac{\hbar}{m_e c^2}$$

was mit der bekannten Compton-Skala übereinstimmt:

$$\tau_e \approx 1{,}28 \times 10^{-21}\ \mathrm{s}$$

und ergibt:

$$\kappa_0 \approx \frac{(9.11 \times 10^{-31})^2 \cdot (3 \times 10^8)^2}{1.05 \times 10^{-34}} \approx 7{,}1 \times 10^{-10}\ \mathrm{kg/s}$$

Dieser Wert für κ_0 stimmt mit zuvor abgeleiteten kohärenzbasierten Schätzungen überein und liefert einen geschlossenen Ausdruck in Form bekannter Konstanten. In dieser Formulierung kann $\tau(x) = m(x)/\kappa_0$ als die intrinsische Projektionsverzögerung interpretiert werden, die mit jeder effektiven Masse $m(x)$ verbunden ist.

D.3.3 Modifizierte Lagrange-Terme

Für ein Dirac-Spinorfeld $\psi(x)$ lautet der Standard-Lagrange-Funktional:

$$\mathcal{L}_0 = \overline{\psi}(i\gamma^\mu \partial_\mu - m)\psi$$

Da die Masse nun von $\Pi(x)$ abhängt, erhalten wir:

$$\mathcal{L}_\Pi = \overline{\psi}(i\gamma^\mu \partial_\mu - \kappa_0 \Pi^{-1}(x))\psi$$

Ähnlich wird für ein skalares bosonisches Feld $\phi(x)$ der Masseterm im Klein-Gordon-Lagrange-Funktional zu:

$$\mathcal{L}_\phi = \frac{1}{2}\partial^\mu \phi \partial_\mu \phi - \frac{1}{2}\left(\frac{\kappa_0}{\Pi(x)}\right)^2 \phi^2$$

Diese Terme codieren die räumliche Variation der Trägheitsmasse aufgrund struktureller Unterschiede in der Projektionslatenz.

D.3.4 Strukturelle Interpretation der Trägheit

Betrachten wir ein Teilchen der Masse $m(x)$, das sich unter der Kraft F bewegt. Sein Impuls wird:

$$p(x) = m(x)v = \kappa_0 \cdot \tau(x)v$$

Newtons zweites Gesetz lässt sich verallgemeinern zu:

$$F = \frac{\mathrm{d}}{\mathrm{d}t}(\kappa_0 \cdot \tau(x) \cdot v)$$

Diese Beziehung impliziert, dass der Beschleunigungswiderstand aus der zeitlichen Trägheit der Projektion entsteht und nicht aus einer intrinsischen Materialeigenschaft. Wenn $\tau(x)$ zunimmt, widersteht das Feld schnellen Änderungen stärker.

D.4 Projektionsimpedanz und Raumzeitkrümmung

In der Projektionstheorie wird die Gravitationskrümmung nicht durch Energie in einem dynamischen Sinne verursacht, sondern entsteht aus Inhomogenitäten in der Projektionslatenz – also aus dem räumlichen Widerstand gegen die Identitätsrealisierung. Das Feld $\Pi(x)$, das die lokale Projektionswirksamkeit codiert, erzeugt durch seine Struktur zweiter Ordnung eine Krümmung.

D.4.1 Definition des Impedanztensors

Sei $\Pi(x) \in C^2(M)$ das Projektionsfeld. Wir definieren den Projektionsimpedanztensor $\mathcal{I}_{\mu\nu}(x)$ wie folgt:

$$\mathcal{I}_{\mu\nu}(x) := \nabla_\mu \nabla_\nu \left(\frac{1}{\Pi(x)} \right) = \nabla_\mu \nabla_\nu \, \tau(x)$$

Dieser Tensor repräsentiert den lokalen strukturellen Widerstand gegen Projektion, d. h. den Grad, in dem die Latenz entlang der Koordinatenrichtungen variiert. Er ist symmetrisch, zweiter Ordnung und dimensionsidentisch mit dem Ricci-Tensor:

$$[\mathcal{I}_{\mu\nu}] = [T] = [M]^{-1}$$

D.4.2 Identifizierung mit dem Ricci-Tensor

Wir postulieren, dass die Raumzeitkrümmung, dargestellt durch den Ricci-Tensor $R_{\mu\nu}(x)$, proportional zur Projektionsimpedanz ist:

$$R_{\mu\nu}(x) = \lambda \cdot \mathcal{I}_{\mu\nu}(x) = \lambda \cdot \nabla_\mu \nabla_\nu \left(\frac{1}{\Pi(x)} \right)$$

für eine dimensionslose Proportionalitätskonstante $\lambda \in R^+$, die durch globale Normalisierung oder Randbedingungen bestimmt wird. Dies bedeutet, dass die Krümmung aus der Geometrie der Projektionslatenz entsteht und nicht aus der Masse-Energie-Quelle.

D.4.3 Rekonstruktion des Einstein-Tensors

Der Einstein-Tensor ist definiert durch:

$$G_{\mu\nu} := R_{\mu\nu} - \frac{1}{2} g_{\mu\nu} R$$

Durch Einsetzen aus der obigen Gleichung erhalten wir:

$$G_{\mu\nu}(x) = \lambda \left[\nabla_\mu \nabla_\nu \left(\frac{1}{\Pi(x)} \right) - \frac{1}{2} g_{\mu\nu} \Box \left(\frac{1}{\Pi(x)} \right) \right]$$

mit $\Box = g^{\alpha\beta} \nabla_\alpha \nabla_\beta$ dem kovarianten d'Alembert-Operator. Dieser Tensor drückt die Krümmung als eine räumliche Ableitung zweiter Ordnung der inversen Projektionseffizienz aus.

D.4.4 Effektiver Stress-Energie-Tensor

Wir definieren einen strukturellen Stress-Energie-Tensor $T_{\mu\nu}^{(\Pi)}$, der mit dem Projektionswiderstand verbunden ist:

$$T_{\mu\nu}^{(\Pi)} := \frac{1}{\kappa} G_{\mu\nu}$$

mit κ der Einstein-Gravitationskonstante (z. B. $\kappa = 8\pi G/c^4$ in geometrischen Einheiten). In Gegenwart von projizierten Materiefeldern $\psi_i(x)$ wird der gesamte effektive Energie-Impuls-Tensor zu:

$$T_{\mu\nu}^{\text{total}} = T_{\mu\nu}^{(\Pi)} + T_{\mu\nu}^{(\psi)}$$

Diese Formulierung bewahrt die Einstein-Tensorstruktur, während herkömmliche Quellen durch die strukturelle Geometrie der Projektion ersetzt werden.

D.4.5 Interpretation

Die Krümmung der Raumzeit spiegelt die Verformung in der Projektionsgeometrie wider. Wenn die Latenz $\tau(x)$ stark variiert, werden benachbarte Identitätsstrukturen zunehmend fehlausgerichtet, wodurch eine effektive Krümmung entsteht. Regionen mit hoher Krümmung (z. B. in der Nähe dichter Massen) entsprechen steilen Gradienten in $\Pi(x)$ und nicht Singularitäten in der Energiedichte.

Dieser Standpunkt macht ein sich aus Materie ausbreitendes Gravitationsfeld überflüssig; stattdessen entstehen Materie und Krümmung gemeinsam aus Variationen in der Projektionseinbettung.

D.5 Kopplung an Felder des Standardmodells

Standardmodellfelder – fermionische und bosonische – sind nicht unabhängig von der Projektionsgeometrie, aus der sie hervorgehen. Das Projektionsfeld $\Pi(x)$, das die lokale Identitätsrealisierungskapazität repräsentiert, moduliert die effektive Masse und Kohärenz dieser Felder über strukturelle Kopplung. Diese Kopplung verändert das Feldverhalten, ohne neue Wechselwirkungskräfte oder Mediatoren einzuführen.

D.5.1 Modulierte Masseterme in Lagrange-Funktionen

Für ein Dirac-Spinorfeld $\psi(x)$ lautet der Standard-Lagrange-Funktional in flacher Raumzeit:

$$\mathcal{L}_0 = \overline{\psi}(i\gamma^\mu \partial_\mu - m)\psi$$

Im Projektionsrahmen ist die Masse ortsabhängig:

$$m(x) = \frac{\kappa_0}{\Pi(x)}$$

Durch Einsetzen wird der Lagrange-Funktional zu:

$$\mathcal{L}_\Pi = \overline{\psi}(i\gamma^\mu \partial_\mu - \kappa_0 \Pi^{-1}(x))\psi$$

Dies führt zu einer positionsabhängigen Trägheit, ohne die Eichkopplungen oder Symmetrien zu verändern.

Für ein reelles Skalarfeld $\phi(x)$ mit projektionsmodulierter Masse lautet der Klein-Gordon-Lagrange-Funktional:

$$\mathcal{L}_\phi = \frac{1}{2}\partial^\mu \phi \partial_\mu \phi - \frac{1}{2}\left(\frac{\kappa_0}{\Pi(x)}\right)^2 \phi^2$$

D.5.2 Strukturelle Natur der Kopplung

Die Kopplung zwischen Feldern und $\Pi(x)$ ist:

- Nicht dynamisch: Es werden keine Wechselwirkungs-Vertices, Austauschbosonen oder Eichstrukturen eingeführt.
- Nicht lokal in ihrem Ursprung: Sie entsteht aus der Einbettungsgeometrie und nicht aus lokalen Feldwechselwirkungen.
- Träge: Die Kopplung verändert die Ausbreitung und Reaktion von Feldern auf Kräfte, nicht ihre Ladung oder interne Struktur.

Konsequenzen sind unter anderem:

- Effektive Massen variieren räumlich und zeitlich mit der Variation von $\Pi(x)$.
- Kohärenzzonen (Regionen mit hoher Π) können eine effektive Massendämpfung aufweisen.
- Regionen mit geringer Π-Feldstärke widerstehen Lokalisierung und Identitätsstabilisierung (z. B. Gravitationsausschlusszonen, Projektionshorizonte).

D.5.3 Korrekturen höherer Ordnung und Nichtlinearität

Obwohl $\Pi(x)$ in erster Näherung nicht dynamisch ist, können Korrekturen höherer Ordnung einbezogen werden, um Übergänge oder Kohärenzzerfall zu modellieren. Beispielsweise ein effektiver Lagrange-Funktional mit nichtlinearen Korrekturen:

$$\mathcal{L}_{\text{eff}}[\psi, \Pi] = \overline{\psi}(i\gamma^{\mu}\partial_{\mu} - \kappa_0 \Pi^{-1})\psi + f(\nabla_{\mu}\Pi, \Box\Pi)$$

Hier codiert f die Modulationseffekte höherer Ordnung und kann strukturelle Dekohärenz, Kohärenzverluststrafen oder sogar Constraints der Projektionskontinuität darstellen.

D.5.4 Kopplung an Eichfelder

Die Dynamik der Eichfelder bleibt unverändert:

- $\Pi(x)$ koppelt nicht direkt an die Eichfeldstärken $F_{\mu\nu}$.
- Sie tritt nur durch Modifikationen der Trägheit der Materiefelder in Erscheinung.

Daher bleibt die Standard-Eichinvarianz erhalten:

$$\mathcal{L}_{\text{int}} = \overline{\psi}\gamma^{\mu}(i\partial_{\mu} + A_{\mu})\psi - \kappa_0 \Pi^{-1}(x)\overline{\psi}\psi$$

Dies gewährleistet, dass alle Vorhersagen des Standardmodells im Niedrigenergielimit erhalten bleiben, wo $\Pi(x) \approx$ const gilt, mit Abweichungen nur in strukturell inhomogenen oder kohärenzempfindlichen Bereichen.

D.6 Fragmentierung von Beschränkungen und Dekohärenz

In der Projektionstheorie entsteht Quantenkohärenz aus der globalen Kohärenz von durch Constraints definierten Identitäten über die Raumzeit hinweg. Wenn das Projektionsfeld $\Pi(x)$ glatt und kontinuierlich ist, projizieren diese Beschränkungen kohärent und ermöglichen so Quanteninterferenzen. Dekohärenz entsteht, wenn diese Projektion fragmentiert, unregelmäßig oder strukturell inkompatibel zwischen verschiedenen Regionen wird – was sich in der Raumzeit als Gradientenzerfall oder Diskontinuität in $\Pi(x)$ ausdrückt.

D.6.1 Dekohärenz als Gradienteninstabilität

Sei $\Pi(x) \in C^2(U)$ in einer Raumzeitregion $U \subset M$. Dekohärenz korreliert mit:

- einem raschen Anstieg von $\nabla_{\mu}\Pi(x)$,
- großen Werten von $\Box\Pi(x)$,
- lokaler Nichtdifferenzierbarkeit oder Diskontinuität.

Wir definieren eine Kohärenzfunktion $C[\Pi]$ über den Bereich U wie folgt:

$$C[\Pi] := \exp\left(-\alpha \int_U |\nabla_{\mu}\Pi(x)\nabla^{\mu}\Pi(x)|\, d^4x\right)$$

wobei $\alpha > 0$ eine konstante modulierende Kohärenzempfindlichkeit ist.

- $C[\Pi] \approx 1$: hohe Kohärenz (Quantenregime),
- $C[\Pi] \ll 1$: fragmentationsinduzierte Dekohärenz.

D.6.2 Strukturelle Superselektion durch Fragmentierung

Seien $A, B \subset M$ zwei disjunkte Regionen mit geringer Projektionskohärenz zwischen ihnen. Dann gilt:

- Das Projektionsfeld unterstützt keine einheitliche Identitätsausbreitung über $A \cup B$ hinweg,
- Off-diagonale Elemente in der Dichtematrix ρ_{AB} werden unterdrückt,
- Beobachtbare Interferenzen gehen verloren.

Formal:

$$\rho_{\mathrm{AB}} \longrightarrow \rho_{\mathrm{A}} \oplus \rho_{\mathrm{B}}$$

Diese Superselektion ist nicht dynamisch, sondern topologisch: Die Struktur von $\Pi(x)$ verbietet eine Identitätsverflechtung zwischen A und B.

D.6.3 Effektive Lagrange-Korrektur

Die Felddekohärenz kann durch Einführen eines kohärenzunterdrückenden Terms in die Materie-Lagrange-Funktion modelliert werden. Für ein Spinorfeld $\psi(x)$ definieren wir:

$$\mathcal{L}_{\mathrm{eff}} = \mathcal{L}_{\psi} - \beta(\nabla_{\mu}\Pi(x)\nabla^{\mu}\Pi(x))\overline{\psi}\psi$$

mit der Konstante $\beta > 0$. Dieser Term bestraft das Vorhandensein von Materiefeldern in Regionen mit instabiler Projektionskohärenz.

D.6.4 Stochastische Rauschdarstellung

Alternativ kann die Fragmentierung von $\Pi(x)$ als stochastischer Prozess dargestellt werden:

$$\Pi(x) = \Pi_0(x) + \eta(x)$$
$$\langle \eta(x) \rangle = 0$$
$$\langle \eta(x)\eta(x') \rangle = \sigma^2\delta^4(x - x')$$

wobei $\eta(x)$ unauflösbares Projektionsrauschen aufgrund von Umweltverschränkung oder Constraintinkongruenz modelliert. Da $\sigma^2 \longrightarrow 0$ ist, wird die Projektionskohärenz wiederhergestellt. Dekohärenz ist in diesem Rahmen also weder Kollaps noch thermisches Rauschen, sondern eine geometrische Beschränkung: eine strukturelle Fragmentierung der Fähigkeit, eine einzelne Identitätskonfiguration über die Raumzeit zu projizieren.

D.7 Diskontinuitäten, Nullzonen und Grenzen

Das Projektionsfeld $\Pi(x)$, das in regulären Bereichen von M in der Regel glatt ist, kann auf Hyperflächen der Kodimension 1 Diskontinuitäten, Divergenzen oder Verschwindungsverhalten aufweisen. Diese strukturellen Merkmale codieren physikalische Phänomene wie Ereignishorizonte, Grenzen der Quantenmessung und Klassifizierungsfronten. In diesem Rahmen sind solche Grenzen keine dynamischen Übergänge, sondern topologische oder geometrische Übergänge in der Projektionskohärenz.

D.7.1 Projektionsnullzonen

Sei $\Sigma \subset M$ eine Hyperfläche, wobei

$$\lim_{\epsilon \to 0^+} \Pi(x + \epsilon n^\mu) = 0$$

für $x \in \Sigma$, wobei n^μ der Normalenvektor zu Σ ist . Dann gilt:

- $\tau(x) = \Pi^{-1}(x) \to \infty$,
- es ist keine stabile Identitätsrealisierung jenseits von Σ möglich,
- Σ fungiert als Projektionshorizont – das strukturelle Analogon einer kausalen Grenze.

Diese Flächen unterteilen den Bereich der realisierbaren Projektion und definieren Regionen, die für die Identitätsfortsetzung unzugänglich sind.

D.7.2 Latenzbarrieren und scharfe Impedanzfronten

In einigen Fällen bleibt $\Pi(x)$ endlich, aber seine Ableitungen divergieren für $x \to \Sigma$:

$$|\nabla_\mu \Pi(x)| \to \infty$$

Solche Strukturen stellen Latenzwände dar. Starke Anstiege der lokalen Projektionsverzögerung, verursachen starke Krümmung (siehe D.4), gravitative Zeitdilatation oder Lokalisierungseffekte und sind Kandidaten für die Modellierung von Strukturübergängen in der Nähe von dichten Massenregionen, im Inneren von Kerr-Schwarzen Löchern oder bei hohen Kohärenzschwellen.

D.7.3 Modellierung von Kollaps ohne Kollaps

Messungen in der Standard-Quantenmechanik werden oft als nicht-unitarer Kollaps modelliert. In der Projektionstheorie entspricht der Kollaps einer Fragmentierung der Projektionskontinuität über Σ. Das Projektionsfeld geht diskontinuierlich über:

$$\Pi(x) = \Pi_1(x) \cdot \Theta(f(x)) + \Pi_2(x) \cdot \Theta(-f(x))$$

wobei:

- $f(x)$ die Grenzfläche $\Sigma = \{x : f(x) = 0\}$ definiert,
- Θ die Heaviside-Sprungfunktion ist,
- $\Pi_1 \neq \Pi_2$ die Projektionsdomänen nach und vor der Fragmentierung codieren.

Dadurch bleibt die globale Unitarität in Ω erhalten, während das Auftreten klassischer Ergebnisse und dekoherierter Zweige in M als diskontinuierliche Projektionen erklärt wird.

D.7.4 Eigenschaften der Grenzschicht

Die strukturelle Grenze Σ kann Folgendes aufweisen:

- Diskontinuität in der Projektionsimpedanz $\nabla_\mu \Pi$,
- Zusammenbruch des Kohärenzfunktionals $C[\Pi] \to 0$,
- Verschwinden von Interferenztermen in Observablen über Σ hinweg.

Diese Bedingungen reproduzieren Merkmale der Messung, Irreversibilität und des Verhaltens des Gravitationshorizonts, ohne auf externe Beobachter oder Kollapsaxiome zurückzugreifen.

D.8 Fehlen von Projektionsquanten

Trotz seiner zentralen Rolle bei der Bestimmung von Masse, Krümmung und Kohärenz besitzt das Projektionsfeld $\Pi(x)$ keine teilchenähnlichen Anregungen. Es gibt kein zugehöriges „Projekton"-Boson, keinen Propagator und keinen Fock-Raum, der auf Feldmoden von $\Pi(x)$ aufgebaut ist. Dies ist keine Einschränkung des Rahmens, sondern eine notwendige Folge der ontologischen Rolle des Projektionsfeldes als strukturelle Abbildung und nicht als dynamischer Freiheitsgrad.

D.8.1 Projektion als Constraintsgeometrie, nicht als Felddynamik

Das Feld $\Pi(x)$ codiert die Wirksamkeit der Abbildung von Constraints von Ω in M. Seine Variation spiegelt informationelle und topologische Eigenschaften der Constraintsausrichtung wider – nicht lokale Energiefluktuationen oder Signalausbreitung.

Als solches:

- $\Pi(x)$ wird weder erzeugt noch abgestrahlt,
- es kann keinen Impuls oder Energie im herkömmlichen Sinne übertragen,
- seine Veränderungen werden nicht durch Variationsdynamik in M gesteuert, sondern durch die eingebettete Struktur vorgegeben.

D.8.2 Scheitern des Quantisierungsverfahrens

Ein herkömmliches Skalarfeld lässt sich durch einen kanonischen oder Pfadintegralansatz quantisieren, der Folgendes beinhaltet:

- einem kinetischen Term im Lagrange-Funktional,
- eine stabile Vakuumkonfiguration,
- einen genau definierten Propagator,
- einem Anregungsspektrum, das den Dispersionsrelationen gehorcht.

Angenommen, man führt formal Folgendes ein:

$$\mathcal{L}_{\Pi_{\text{kin}}} = \frac{1}{2}\partial^{\mu}\Pi\,\partial_{\mu}\Pi - V(\Pi)$$

Um $\Pi(x)$ zu quantisieren, müsste man einen Vakuumzustand $\langle\Pi\rangle$, ein Teilchenspektrum aus kleinen Fluktuationen $\delta\Pi$ und asymptotische Feldoperatoren identifizieren.

Allerdings:

- $\Pi(x)$ hat kein natürliches Vakuum; sein Wert wird durch die strukturelle Einbettung festgelegt.
- Es ist kein kanonischer Impuls $\pi(x)$ definiert.
- Seine Variation folgt keiner wellenartigen Ausbreitung.
- Alle Fluktuationen entsprechen struktureller Modulation, nicht Energietransport.

Somit scheitert der Versuch bereits in Schritt 1: Das Feld ist konstruktionsbedingt nicht dynamisch.

D.8.3 Vergleich mit Graviton- und Higgs-Quantisierung

Merkmal	Graviton $h_{\mu\nu}$	Higgs $H(x)$	Projektionsfeld $\Pi(x)$
Feldursprung	Fluktuation der Metrik	Anregung von symmetriebrechendem Skalar	Strukturelle Einbettung
Quantisiert?	Ja (perturbativ)	Ja	Nein
Trägt Energie/Impuls?	Ja	Ja	Nein
Teilchen-interpretation?	Ja	Ja (Higgs-Boson)	Keine
Vakuumzustand?	Minkowski oder de Sitter	$\langle H\rangle \neq 0$	Nicht definiert
Geltende Wirkung in M?	Einstein-Hilbert	Skalarpotenzial $V(H)$	Keine

Diese Tabelle verdeutlicht die ontologische Besonderheit von $\Pi(x)$: Es handelt sich nicht um ein Feld im quantentheoretischen Sinne, sondern um eine Kohärenzstruktur, die regelt, welche Felder existieren können.

D.8.4 Philosophische Konsistenz

Das Fehlen quantisierter Projektionspartikel steht im Einklang mit der tieferen Behauptung:

Projektion ist eine Realisierungsbedingung, keine vermittelte Wechselwirkung.

So wie der Akt der Beobachtung in der Quantenmechanik nicht durch ein Teilchen übertragen wird, erfordert auch der Akt der Identitätsrealisierung kein quantisiertes Feld. Daher ist das Projektionsfeld nicht materiell und nicht energetisch, aber dennoch operativ kausal für die Gestaltung des beobachtbaren Universums.

D.9 Experimentelle Implikationen und beobachtbare Abweichungen

Obwohl das Projektionsfeld $\Pi(x)$ keine dynamischen Anregungen aufweist und nicht direkt messbar ist, durchdringt sein Einfluss alle physikalischen Felder, die innerhalb der Raumzeit realisiert sind. Variationen in $\Pi(x)$ induzieren messbare Effekte in Masse, Krümmung und Kohärenz, die unter präzisen Bedingungen indirekte empirische Signaturen liefern können.

In diesem Abschnitt werden die Hauptkategorien solcher Signaturen identifiziert und Bereiche vorgeschlagen, in denen Abweichungen von herkömmlichen Modellen auftreten können.

D.9.1 Kohärenzabhängige Massenverschiebungen

Die Beziehung zwischen Projektionslatenz und Masse impliziert Folgendes:

$$m(x) = \frac{\kappa_0}{\Pi(x)}$$

In Umgebungen, in denen die Projektionskohärenz variiert (z. B. aufgrund von Verschränkung, Interferenz oder Umweltkopplung), sagt diese Beziehung kleine, überprüfbare Massenverschiebungen voraus.

Mögliche Beobachtungen:

- winzige Verschiebungen der atomaren Übergangsfrequenzen unter kohärenzerhaltenden vs. dekoherierten Bedingungen,
- anomales Isotopenverschiebungsverhalten (z. B. Abweichungen, die nicht durch QED-Korrekturen erklärt werden können),
- Spektralverschiebungen in stark verschränkten Ionensystemen (z. B. Penningfallen, optische Uhren).

Diese Effekte sollten skalieren mit:

- Grad der Dekohärenz ($\Pi(x)$-Gradient),
- Struktureller Kontrast zwischen kohärenten und inkohärenten Domänen,
- Projektionskopplungskonstante κ_0.

D.9.2 Gravitationsanomalien im Vakuum

Die herkömmliche allgemeine Relativitätstheorie verbindet Krümmung mit dem Energiegehalt. Das Projektionsmodell sagt voraus, dass Krümmung auch durch Inhomogenitäten in $\Pi(x)$ selbst im Vakuum entstehen kann:

$$R_{\mu\nu} \propto \nabla_\mu \nabla_\nu \left(\frac{1}{\Pi(x)} \right)$$

Überprüfbare Konsequenzen:

- scheinbare Krümmung in Regionen mit geringer Masse und hohem Projektionswiderstand,
- schwache Linseneffekte ohne klassische Massenquellen,
- Abweichungen im geodätischen Verhalten in der Nähe von kohärenzstörenden Regionen (z. B. quantenklassische Grenzen, dekoherierte Materie).

D.9.3 Struktur von Schwarzen Löchern und Horizont

Projektionsnullzonen (Abschnitt D.7) bieten eine Alternative zu klassischen Ereignishorizonten:

- Es sind keine quantisierten Gravitonen oder Horizontfluktuationen erforderlich.
- Das Entropie-Flächen-Gesetz kann sich aus der topologischen Fragmentierung der Projektionsstruktur ergeben.
- Hawking-ähnliche Strahlung kann durch gradientengetriebenen Kohärenzverlust in der Nähe von $\Pi(x) \to 0$-Grenzen entstehen.

Experimentelle Implikationen (derzeit indirekt):

- modifizierte Verdunstungsspektren,
- Abweichungen von der Bekenstein-Hawking-Entropie in hochquantisierten Regimen,
- Horizonttransparenz oder Informationsleckage an kritischen Kohärenzschwellen.

D.9.4 Dekohärenzfronten und Messsignaturen

Kollapsähnliche Ereignisse (z. B. Quantenmessungen) werden als strukturelle Diskontinuitäten in der $\Pi(x)$ modelliert. Beobachtbare Konsequenzen können sein:

- irreversible Unterdrückung von Interferenzen in eingeschränkten Geometrien (z. B. Experimente mit verzögerter Wahl),
- Lokalisierungsübergänge mit topologischen Gedächtniseffekten,
- zeitlich asymmetrische Statistiken, die eher auf Diskontinuitäten in der $\Pi(x)$ als auf thermische Prozesse zurückzuführen sind.

Solche Phänomene können in der Präzisionsinterferometrie, in Experimenten zum verzögerten Zusammenbruch von Verschränkungen oder in hochkohärenten Quantencomputing-Regimen untersucht werden.

D.9.5 Weg zu quantitativen Tests

Um Projektionsfeldeffekte zu untersuchen, kann man:

1. $\Pi(x)$ innerhalb bekannter Feldkonfigurationen modellieren:
   - Bekannte $\Pi(x)$-Metriken zur Abschätzung der räumlichen Abhängigkeit von Projektionsfeldern verwenden,
   - Vergleich mit abgeleiteten Massen-, Krümmungs- oder Dekohärenzverhalten.
2. Strukturell empfindliche Systeme ins Visier nehmen:
   - ultrakalte Ionen, Quantenlogik-Uhren, Attosekunden-Phasenaufgelöste Spektroskopie,
   - Systeme mit abstimmbarer Kohärenz, z. B. gefangene Ionen in künstlichen Umgebungen.
3. Differentielle Vorhersagen ableiten:
   - Ermittlung klarer Abweichungen von der Standardtheorie in Parameterbereichen, in denen Gradienten der $\Pi(x)$ nicht vernachlässigbar sind, der Energieeintrag jedoch vernachlässigbar bleibt.

D.10 Mathematische Zusammenfassung und Parametertabelle

Dieser Abschnitt fasst die wichtigsten Definitionen, Gleichungen und Parameterrollen zusammen, die in den vorangegangenen Abschnitten von Anhang D eingeführt wurden. Er dient als Referenz für die formale Modellierung, numerische Simulationen oder den Vergleich mit empirischen Daten.

D.10.1 Kernbegriffe und Gleichungen

Begriff	Definition
Projektionsabbildung $\mathcal{P}$	$\mathcal{P}: \Omega \rightarrow M$, Abbildung von durch Constraints definierten Identitätsstrukturen aus nicht-raumzeitlichen Ω in die Raumzeit M
Projektionstensor $\mathcal{P}_i^\mu$	Lokale Jacobi-ähnliche Abbildung: $\mathcal{P}_i^\mu = \partial x^\mu / \partial \xi^i$
Projektionsfeld $\Pi(x)$	Skalarfeld: $\Pi(x) := \left(\mathcal{P}_i^\mu\, g_{\mu\nu}\, \mathcal{P}_j^\nu\, \delta^{ij}\right)^{1/2}$
Projektionslatenz $\tau(x)$	Inverse des Projektionsfeldes: $\tau(x) = 1/\Pi(x)$
Masse-Latenz-Beziehung	$m(x) = \kappa_0 \cdot \tau(x) = \kappa_0/\Pi(x)$
Projektionsimpedanztensor $\mathcal{I}_{\mu\nu}$	$\mathcal{I}_{\mu\nu}(x) := \nabla_\mu \nabla_\nu \left(\frac{1}{\Pi(x)}\right)$
Krümmungsbeziehung	$R_{\mu\nu}(x) = \lambda \cdot \mathcal{I}_{\mu\nu}(x)$
Einstein-Tensor	$G_{\mu\nu} = R_{\mu\nu} - \frac{1}{2} g_{\mu\nu} R$ mit $R = g^{\mu\nu} R_{\mu\nu}$
Effektive strukturelle Stress-Energie	$T_{\mu\nu}^{(\Pi)} := \frac{1}{\kappa} G_{\mu\nu}$
Kohärenzfunktion	$C[\Pi] := \exp(-\alpha \int_U \lvert \nabla_\mu \Pi(x) \nabla^\mu \Pi(x) \rvert \, d^4x)$
Dekohärenz-Lagrange-Korrektur	$\mathcal{L}_{\text{eff}} = \mathcal{L}_\psi - \beta (\nabla_\mu \Pi)^2 \overline{\psi} \psi$

D.10.2 Parametertabelle

Symbol	Bedeutung	Einheiten	Typischer Wert/Anmerkung
κ_0	Strukturkonstante (Masse pro Latenzeinheit)	kg/s	$\sim 7 \cdot 10^{-10}$ kg/s
λ	Krümmungsproportionalitätskonstante	Dimensionslos	Normalisierungskonstante; kann in „κ" aufgenommen werden.
α	Kohärenzempfindlichkeitsparameter	$[T]^2 \cdot [L]^{-4}$	Legt den kohärenten Funktionsabfall fest
β	Dekohärenzkopplungskonstante	$[M] \cdot [T]^{-2} \cdot [L]^{-2}$	Stärke des Unterdrückungsterms im effektiven Lagrange-Funktional
κ	Einstein-Gravitationskonstante	$m \cdot kg^{-1} \cdot s^{-2}$	$\kappa = 8\pi G/c^4$

D.10.3 Ontologischer Status

Entität	Quantisiert?	Dynamisch?	Physikalische Interpretation
$\Pi(x)$	Nein	Nein	Projektionseffizienz von „Ω“ zu „M“
$m(x)$	Nein (aber beobachtbar)	Nein	Emergente Masse aus lokaler Projektionslatenz
$R_{\mu\nu}(x)$	Nein (klassisch)	Ja (GR)	Strukturelle Krümmung durch Impedanz
$\psi(x)$, $\phi(x)$	Ja	Ja	Standardmodellfelder moduliert durch $\Pi(x)$